全国电力行业"十四五"规划教材

高等教育新型电力系统系列教材

Dielectric Withstand
Testing Technology

介电耐受测试技术

张乔根　吴治诚　赵军平　刘轩东　编

郝艳捧　主审

中国电力出版社
CHINA ELECTRIC POWER PRESS

内 容 提 要

本书在传统课程"高电压试验技术"的基础上进行了大幅度更新，侧重介绍各种高电压产生和测量技术的基本原理、历史由来、仪器使用以及试验方法等。为强调高电压试验本质是介质耐受场强测试的认知，本书以"介电耐受测试技术"为书名。由此增加了高电压试验方法和统计分析所必需的基础知识，并根据实际需要和技术发展，增加了现场试验技术、直流局部放电和介电响应测试技术等。本书着重介绍物理概念和基本原理，精简数学推导过程和各类设备结构的具体介绍。读者在学习本书时，可掌握介电耐受测试技术的基本原理、一般试验方法以及结果评价方法，了解高电压试验技术最新版本的国家或国际标准等。

本书可作为高等院校本科生、研究生的教材，也可供电力系统和电工制造部门的工程技术人员和研究人员参考。

图书在版编目（CIP）数据

介电耐受测试技术 / 张乔根等编. -- 北京：中国
电力出版社，2025.5（2025.7重印）.-- ISBN 978-7-
5198-9884-7

Ⅰ. O482.4

中国国家版本馆 CIP 数据核字第 2025EG7121 号

出版发行：中国电力出版社
地　　址：北京市东城区北京站西街 19 号（邮政编码 100005）
网　　址：http://www.cepp.sgcc.com.cn
责任编辑：陈　硕（010—63412532）
责任校对：黄　蓓　朱丽芳
装帧设计：赵姗杉
责任印制：吴　迪

印　　刷：三河市航远印刷有限公司
版　　次：2025 年 5 月第一版
印　　次：2025 年 7 月北京第二次印刷
开　　本：787 毫米×1092 毫米　16 开本
印　　张：16.75
字　　数：376 千字
定　　价：56.00 元

前言

　　高电压技术是电气设备绝缘设计的基础，主要研究各种电场下电介质材料性能，以便合理地解决电气设备的绝缘问题。电力系统中，电气设备的绝缘介质不仅经常受到工作电压下的电场作用，而且还会受到例如大气过电压、内部过电压等的作用。为了验证在长时间电场应力及暂态过电压的瞬时电场应力下电气设备是否能可靠工作，所施加电压的种类和幅度应能反映上述电场的作用。电气设备的结构尺寸或体积都比较大，所以需要各种高电压试验来验证不同电气设备所能承受的各种耐受电场，这在已有教材或文献中直观地称为高电压试验技术。为了强调高电压试验的本质是介质耐受电场测试的认知，本书书名不再为"高电压试验技术"，而称为"介电耐受测试技术"。

　　本书内容除了传统的"高电压试验技术"课程所包含的各种高压试验设备和测量技术、介质损耗以及局部放电测试等内容外，还介绍了高电压试验技术最新版本的国家标准和国际标准，并增加了介电耐受测试技术基础、介电响应以及现场介电耐受试验技术，等等。由于介质放电或设备绝缘击穿现象都是基于某种随机过程，具有很强的随机性与统计性，而且介电耐受测试时的加压方式也会影响放电或击穿的随机过程，因此本书还更深入地介绍了加压测试方式和数据统计方法。

　　本书编写过程中，作者结合了自身的科研成果来组织本书内容。例如，采用冲击电压发生器的紧凑型结构设计来降低本体电感、射频耦合直流高压产生；在局部放电测量中，补充了直流电压下的局部放电以及现场局部放电测试、局部放电测试用超声传感器等。

　　随着科学技术的发展以及高电压试验相关标准的变化，本书在编著过程中对传统的"高电压试验技术"课程内容进行了大幅度更新，侧重介绍各种高电压产生和测量技术的基本原理、历史由来、仪器使用以及试验方法等。在内容上讲清物理概念，精简数学推导过程，简化各类设备具体结构的介绍。读者在学习本书后，可以掌握介电耐受测试技术的基本原理、一般试验方法以及结果评价方法。

　　本书编写分工为，第1、3、4、5、10章由张乔根编著，第7、8章由吴治诚编著，第2章由赵军平编著，第6、9章由刘轩东编著，赵军平、刘轩东、庞磊进行了详细的校阅。全书由张乔根统稿和总校阅，吴治诚负责图表的绘制。华南理工大学郝艳捧教授担任本书主审。

　　限于作者水平，书中难免有错误和不当之处，希望读者批评指正。

作　者
2025 年 2 月

目 录

第 1 章

介电耐受测试技术基础

1.1 概　述

在过去的一百多年中，高压输电电压等级从 10kV 发展到接近 1200kV（见图 1 - 1），这也带动了高电压工程的巨大发展，包括许多新型绝缘材料和技术的引入、电场的精确计算、电场下介电现象的认识以及气体放电过程的掌握等。然而，迄今为止，仍然离不开高电压试验来验证电气设备的仿真计算、结构设计以及制造工艺等的合理性。究其原因，是由于绝缘材料存在不可避免的缺陷、结构设计与加工的偏差以及制造和装配的误差等。不管是交流输电，还是直流输电，输电系统中所有的一次（高压）设备都必须进行高电压试验，希望通过高电压试验来校验材料选择、结构设计以及制造与装配工艺等的合理性，并发现上述过程中的潜在缺陷，以保证电气设备在实际使用中能够长期地可靠、安全运行。可见，高电压试验对高电压与绝缘技术十分重要，加之其所采用的一些手段非常特殊、技术非常复杂，它已成为高电压与绝缘技术领域的一个重要方面。

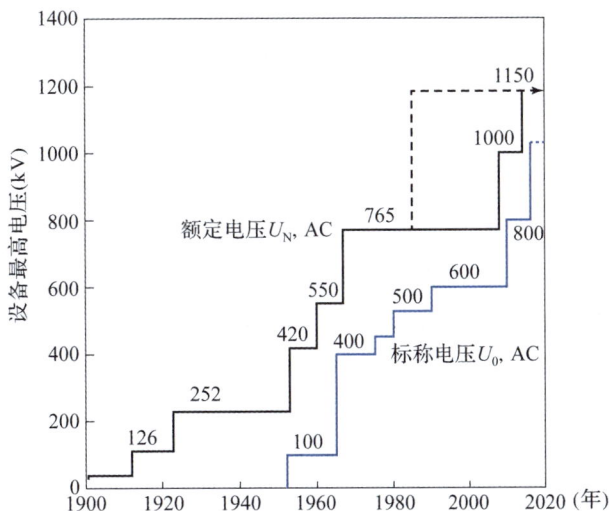

图 1 - 1　交直流输电电压等级的发展历程

高电压试验的本质就是介质耐受场强的测试：对被试设备施加几倍于额定电压的高电压，在设备内部介质材料上形成几倍于运行时的电场应力，并持续一定时间，以验证被试设备的绝缘性能。对于电力系统中的电气设备，其绝缘介质不仅经常受到工作电压下的电场作用，而且还会受到例如大气过电压、内部过电压下的电场作用。为了验证

1

电气设备在长时工作的电场应力及暂态过电压的瞬时电场应力下是否能可靠工作，所施加电压的种类和高低应能反映上述电场应力的作用。电气设备所受到的电场应力种类和高低取决于电力系统的配置、采用的设备类型、环境条件等。随着高压输电向超特高压发展，设备的结构尺寸也越来越大，这就需要施加更高的电压，来满足大尺寸电气设备耐受场强的测试要求，如图1-2所示。近几年来，由于超特高压输电工程的发展，要想研究设备内绝缘以及外绝缘在各种电场应力下的绝缘击穿规律与介电耐受数值，所需要的电压比电气设备耐受试验电压还要高。因此，目前我国和世界上大多数工业发达国家都具有2250kV试验变压器以及6000kV冲击电压发生器。

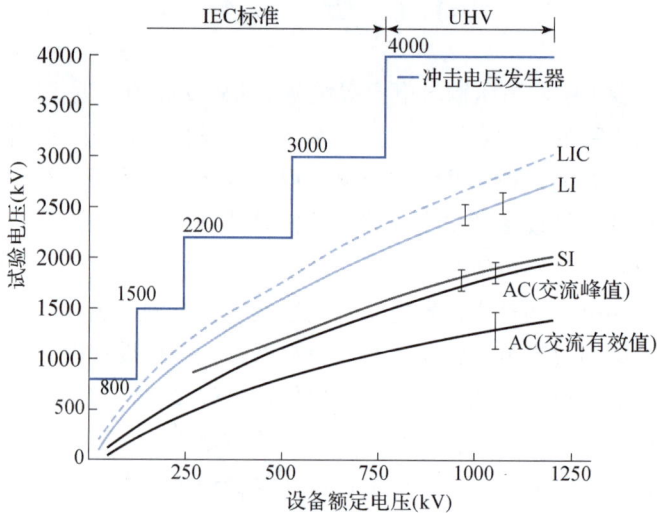

图1-2 高压交流输电设备的最高试验电压与冲击电压发生器的选择
LIC—雷电截断波；LI—雷电冲击电压；SI—操作冲击电压

随着大容量电力输送的需要，交流输电和直流输电相互配合构成了现代电力传输系统，介电耐受试验内容也发生了变化。对于高压直流输电，除了要进行交流设备需要进行的工频、雷电和操作冲击耐受试验外，还要进行直流耐受以及直流极性反转的耐受试验。但对于直流输电设备，不存在额定电压的概念，这是因为高压直流输电的标称电压和电流是根据电力电子元件进行优化的（当HVDC输电网形成后，也可以引入额定电压）。因此，绝缘配合标准IEC 60071.5并没有规定直流输电设备的试验电压，只提供了由标称电压来计算试验电压的公式。另外，高压直流设备的雷电冲击和操作冲击试验电压间的差异要小于高压交流设备（参考图1-2和图1-3）。对于额定电压相同的高压交流设备，由于绝缘配合对可靠性、安全性及经济性有不同的要求，其保护水平也就不同，试验电压也就会存在差异。

电力系统的可靠性不仅依赖于所有电气设备在各种电场应力下的绝缘性能，而且依赖于不同设备耐受电压间的配合关系。因此，绝缘配合（Insulation Coordination）对保证电力系统安全可靠运行至关重要。绝缘配合的目的在于综合考虑电气设备可能承受的各种电压（工作电压以及各种过电压等）、过电压防护装置的保护水平以及设备的绝缘材料和绝缘结构对各种电压的耐受特性等因素，并且考虑经济上的合理性，以确定输电

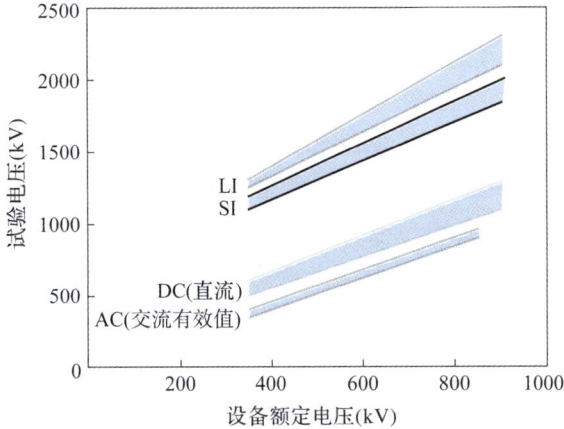

图 1-3 高压直流输电设备的耐受试验电压范围

系统和电气设备的绝缘水平。为此，我国及国际上都制定了相关标准，以规范绝缘水平的制定原则和确定方法，并为电气设备高压耐受试验提供依据，其中 IEC 标准是覆盖面最广、最具权威性的标准。随着高压输电工程的发展，高电压试验以及测试装备和方法等方面的国家、国际标准也得到了迅速发展。

国际电工委员会（International Electrotechnical Commission，IEC）是电气工程、电子和信息技术领域国际标准制定的世界性组织，其组织架构如图 1-4 所示。它成立于 1906 年，目前有 62 个国家委员会是 IEC 成员。在成立最初的几年里，IEC 试图协调不同的国家标准，目前越来越多的国家委员会则致力于维持现有或建立新的 IEC 标准，这些 IEC 标准后续又会成为国家和地区标准。本教材编写参考了 IEC 标准、国家标准以及行业标准等，考虑到高电压试验技术的新发展，编写过程中还吸收了科研院所实际工作的最新经验。为了加强对"高电压试验是电场等效试验"这一概念的认识，本教材将传统的"高电压试验技术"改为"介电耐受测试技术"。

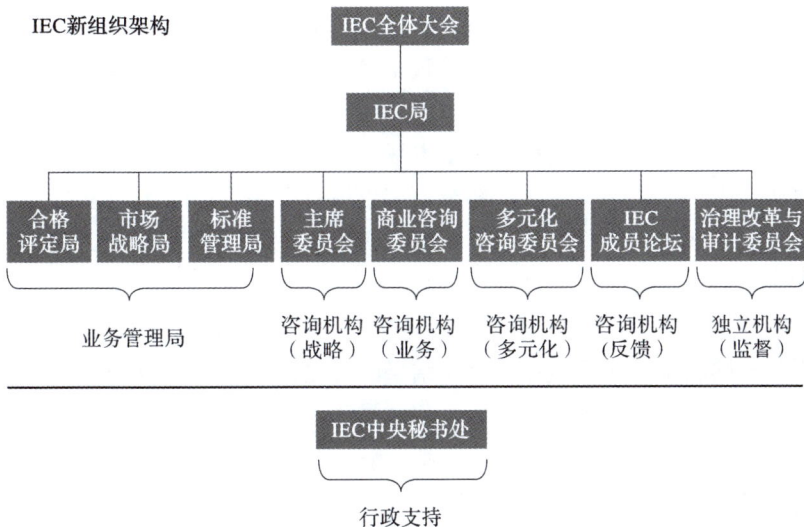

图 1-4 IEC 组织架构示意图

1.2 介电耐受的基本概念

介电耐受是指绝缘材料或电气设备绝缘能承受的最大电场强度。在一定电场作用下介电绝缘材料或电气设备绝缘会因电离而发生放电现象。放电一般起始于最高电场处，可能从高电位电极起始并向低电位电极发展，也可能从低电位电极起始并向高电位电极发展。放电会导致流过绝缘介质材料的电流急剧增加，并导致介质材料的绝缘性能丧失，也称介电耐受失效。

1.2.1 破坏性放电

击穿是绝缘材料在电场应力下的介电耐受失效。如果放电完全桥接被测绝缘体或被测设备的高低压端，并造成电压崩溃，在 IEC 60060.1 中被称为"破坏性放电"。如果破坏性放电发生在固体介质与气体或液体介质的交界面，则称为闪络；穿过固体介质的破坏性放电称为击穿，而气体或液体介电质内的破坏性放电则称为火花放电。

在均匀或稍不均匀电场中，当电场强度达到介电耐受的临界值时则会发生击穿，并造成被测绝缘体或设备绝缘层的完全性破坏，即发生破坏性放电。在极不均匀电场中，当局部电场达到介电耐受的临界值时，绝缘体或设备绝缘层被局部性破坏，称为局部放电。

1.2.2 内、外绝缘

装置和设备的内部、未暴露于大气条件的绝缘体，称为内绝缘，例如变压器、气体绝缘开关设备（GIS）、旋转机器或电缆的固体或液体绝缘介质、固体/液体或固体/气体的组合绝缘介质等。内绝缘介电性能的测试一般不需要特殊的测试条件，但内绝缘会受到水分或气体的侵入以及污秽杂质等影响，测试时应防止外部水分、气体或污秽的侵入造成介电耐受特性的影响。固体、液体以及液体浸渍层压绝缘元件是非自恢复绝缘，而一些绝缘材料是部分自恢复绝缘，包括气体介质和固体材料组成的绝缘体，如 SF_6 气体和环氧盆式绝缘子组成的 GIS 内绝缘。对于用油或 SF_6 绝缘的设备击穿后，其绝缘性能不会完全丧失，而是部分恢复。但在大量击穿后，部分自恢复绝缘的介电耐受性能会显著降低。

外绝缘是指空气绝缘，还包括暴露于电场、大气条件（气压、温度、湿度）和其他环境因素（雨、雪、冰、污染、火、辐射、害虫等）下的设备固体绝缘外表面。在大多数情况下，外绝缘在击穿或沿面闪络后可恢复其绝缘性能，称为自恢复绝缘。对于外绝缘的高压测试，必须考虑大气和环境的影响。

介电耐受测试程序应保证在实际高电压条件下测试结果的准确性和可重复性。内、外绝缘所需的不同测试程序应能保证测试结果的可比性。因此，测试时需要考虑各种因素：例如击穿过程和测试结果的随机性，测试或测量特性的极性相关性，测试对象对测试条件的适应性，测试时对运行条件的模拟，测试条件和运行条件的差异性校正以及多次重复耐受测试对内、外绝缘的影响等。

1.3　介电耐受测试系统概述

介电耐受测试一般采用高压测试系统，对被测试材料或装备施加直流、交流或冲击等不同形式的高电压，来满足材料或装备介电耐受测试时的电场要求。高压测试系统是指执行高压测试所需的设备和全套仪器，包括高压发生器、电源装置、高压测量系统、控制系统和相应的介电特性测量设备，例如局部放电测量仪或介质损耗测量系统等。特别地，在任何情况下都不能忽视被测试对象，因为它也构成了高压测试回路的一部分，如图 1-1 所示。

高压发生器是将低电压转换为测试用高电压的装置，其类型决定于被试品对测试电压类型的要求。高压交流测试时常采用的是一种交流试验变压器（见图 3-2），也可采用电抗器与电容性试品构成的串联谐振电路来产生交流高压（见第 3.3 节串联谐振交流高压的产生）。高压直流试验电压一般通过对高压交流电进行整流来产生，例如第 4.2 节中介绍的半波整流电路［参见图 4-6（a）］、倍压整流电路（见图 4-8）等。冲击电压用于模拟高空闪电或开关暂态脉冲，通常采用电容器、开关（球间隙）和电阻器等构成的特殊电路来产生（如冲击电压发生器，见第 5.2 节中图 5-5）。

高压测试系统的所有组件和介电耐受测试对象都构成了高电压试验回路。测试对象不仅会影响高压发生器的输出电压特性，而且会造成发生器输出电压波形的畸变。在所有介电耐受测试电路中，都会存在高压发生器与测试对象之间的相互作用。如测试对象为容性负载时，容性效应或谐振效应会导致输出电压升高，甚至波形畸变；而测试对象为阻性负载时，阻性电流增加或出现局部电弧会导致输出电压的下降。因此，介电耐受测试时需考虑测试对象对测试系统输出电压特性和波形的影响。另外，由于高压发生器和测试对象之间的高压引线和保护电阻等的影响，测试对象上的电压可能与高压发生器的输出电压不同，这意味着必须直接测量测试对象上的电压，而不是测量高压发生器的输出电压（见图 1-5）。

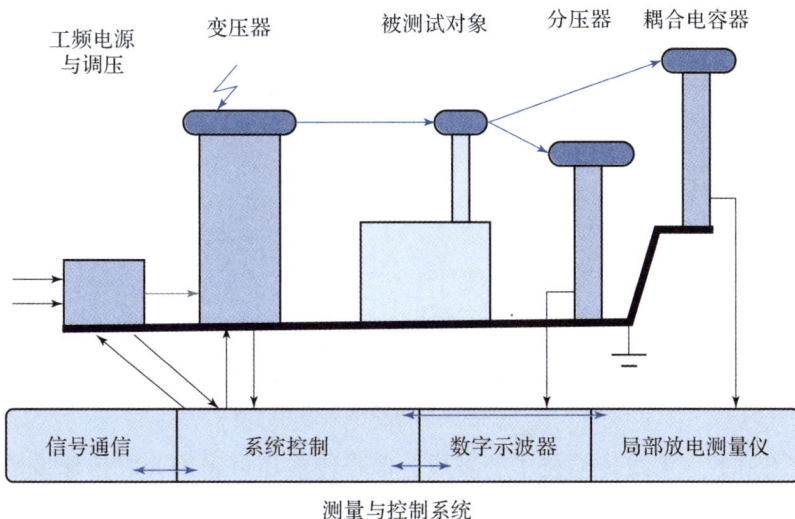

图 1-5　高压测试系统及其组成

高压测量系统是介电耐受测试系统的一个重要组成部分，一般直接连接到被测试对象（见图1-5）。通常，在交流或直流电场下介电耐受测试时还需进行介电特性的测试。除了高压测量系统外，一些介电特性测试用设备，如介质损耗测量仪、局部放电测量仪等，也都直接连接到被测试对象。这些测量仪器都属于低压测量仪器，需通过一些高压组件（如分压器、耦合或标准电容器）连接到交流或直流介电耐受测试系统。

介电耐受的高压测试回路应有尽可能低的阻抗，这意味着回路应尽可能紧凑。在保证安全距离条件下回路中的所有连接、高压引线和接地连接都应该尽可能短，并保证回路电感尽可能低。为了降低回路电感，接地回路应采用铜箔连接（宽度10~25cm，厚度取决于接地回路的电流），同时应避免接地连接中出现任何环路。局部放电测量的高压回路中，高压引线应采用最高测试电压下回路无局部放电发生、直径适合的金属导电杆或导电管。

1.4 测量系统与测量不确定性

1.4.1 高压测量系统概述

高压测量系统是指高电压或冲击大电流测量的整套测量装置，主要包括高电压或大电流的转换装置、信号传输装置以及测量仪器等。转换装置是将被测的高电压转换成测量仪器可测量或记录的装置，通常采用高压分压器，其基本组成和种类如图1-6所示。特殊场合下还可采用电压互感器、电压转换阻抗或电场探头（转换电场的幅度和时间参数）。信号传输装置是将转换装置输出的信号传递至测量仪器的一种子系统。除以上外，信号传输装置还应该包括转换装置与测量仪器之间连接的衰减器、放大器、阻抗变换器以及其他装置。信号传输一般采用带阻抗匹配的同轴电缆，有时还包括暂态电压抑制器等。

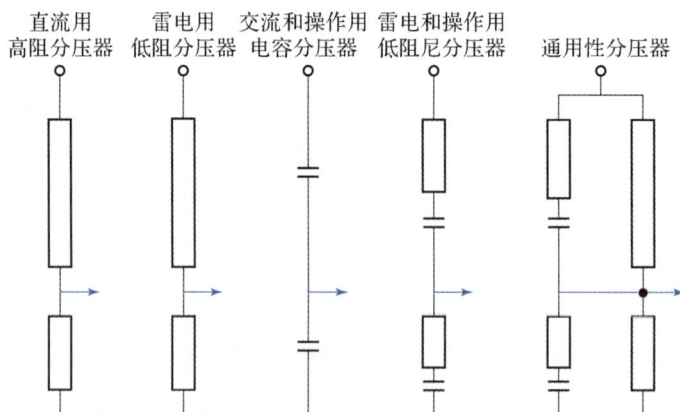

图1-6 高电压分压器基本组成与种类

随着光纤和数字无线传输技术的发展，信号传输还可采用光纤传输或数字无线传输。光纤传输包括光发射器、光缆和光接收器以及信号放大器等。无线传输包括模数转换、数字信号发射器和接收器等。必须指出的是，传输系统的电路参数也会影响转换装置的性能指标，根据被测信号的不同，其电路参数可全部或部分地计入转换装置的相关参数。测量仪器用于采集、记录和存储相应的被测信号，现在常用的是数字示波器。测量仪器是高压测量系统不可分割的一部分，其性能参数和输入阻抗等都会影响整个测量系统的性能指标。因此，测量系统的性能参数和输入阻抗，甚至包括测量软件的影响，也需要计入转换装置的参数中。不同电压测试需满足 GB/T 16927 或 IEC 61083 标准规定的要求。

在 IEC 标准和国家标准中，将高压测量系统分为标准测量系统（Reference Measuring System，RMS）和认可的测量系统（Approved Measuring System，AMS）两类。标准测量系统是指具有足够准确度和稳定度的测量系统，在特定波形和电压或电流范围内的比对测量中，它被用来评价其他测量系统。认可的测量系统是经过标准测量系统校准并认可的测量系统，通常用于实验室、现场等常规测试过程中。

1.4.2　测量系统的不确定度

介电耐受高压测试时需要明确不确定度、误差和容差这三个术语。不确定度是与测量结果相关的参数，它表征了由于测量系统特性而导致的测量分散性。测量系统的不确定度可用标准偏差来表示，也称为标准不确定度。但在实际测量中，往往需要知道测量结果的置信区间，测量不确定度也可用标准偏差的倍数或置信区间的半高宽来表示，称为扩展不确定度。误差是指一个参数的实际测量值与其参考值之间的偏差，而容差则是实际测量值和规定值之间的允许偏差。误差与容差在标准介电测试程序中发挥作用，而不确定度对判定一个测量系统是否适用于验收测试起决定性作用。

测量系统的刻度因子是指与测量仪器的读数相乘便可得到被测系统输出量值的系数，分别包括转换装置的刻度因子、传输装置的刻度因子和测量仪器的刻度因子等。如作为转换装置的分压器，其刻度因子就是分压比；传输装置和测量仪器的刻度因子有时可以计入分压器的分压比。最近一次性能试验所确定的测量系统刻度因子称为标定刻度因子（Assigned Scale Factor）。某些情况下，对于可直接显示实际测量值的测量系统，其刻度因子为 1，此时测量仪器的刻度因子是整个测量系统刻度因子的倒数。

对于所有的高压测量系统，相关标准规定了 4 种类型的试验，即型式试验、例行试验、性能试验和性能校核。本书主要介绍性能试验和性能校核。

高压测量系统按照标准要求进行相关性能试验和性能校核后，就可成为认可的测量系统，可在认可的高压测试领域中进行应用。性能试验和性能校核主要用于确定以下方面：

（1）比例因子值及其线性度和动态行为；

（2）短期和长期稳定性；

（3）环境温度效应，即环境温度的影响；

（4）邻近效应，即附近接地或带电的影响；

（5）软件效应，即软件对测量分散度的影响；

（6）测试系统的介电耐受性能，耐受水平按照转换装置额定电压的 110％ 来确定。

性能试验一般应在实际工作条件下，按照其具体位置对整个测量系统进行试验，进而确定刻度因子值及其线性度和动态行为。

转换装置与附近接地或带电物体之间的净空距可能会因邻近效应而影响测量系统的不确定度，尤其是在交流或暂态电应力条件下。测量系统的不确定度评估应考虑这种邻近效应。为了降低邻近效应对测量不确定度的影响，高压测量系统的转换装置应按照标准推荐的净空距来布置，如图 1-7 所示。如果转换装置始终处于固定位置并且测量系统在现场校准，可以忽略邻近效应，但必须满足安全距离的要求。

高压测量系统刻度因子的校核一般采用两种方法：与标准测量系统比对；组件法。

1. 与标准测量系统比对

高压测量系统刻度因子校准的优选方法是通过与标准测量系统的比对来确定。如图 1-8 所示，需要校核的测量系统与标准测量系统并列，同时施加同一电压，通过比较被校准测量系统（AMS）读数（U_X）和标准测量系统（RMS）读数（U_N），可校准并认定该测量系统的刻度因子（F_X）。

$$V = F_X U_X = F_N U_N \qquad (1-1)$$

可得

$$F_X = F_N U_N / U_X \qquad (1-2)$$

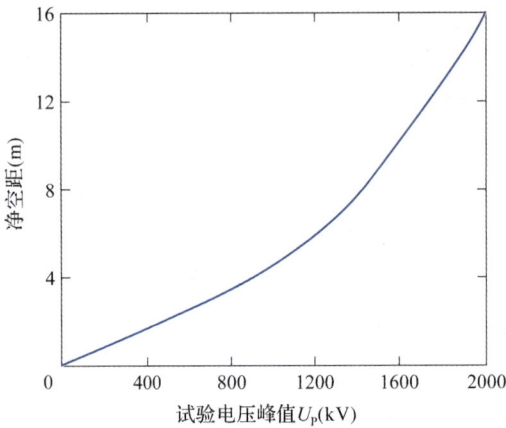

图 1-7　IEC 标准推荐的净空距

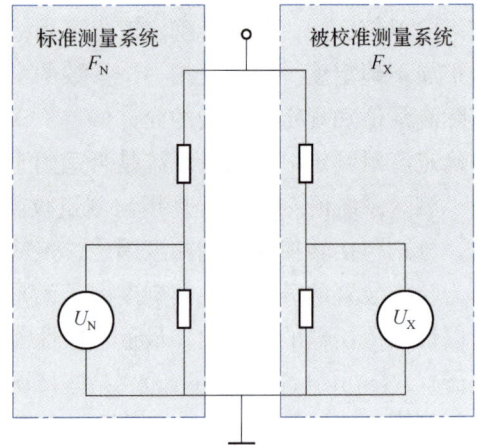

图 1-8　比对法校准时的测量系统布置

校准时，尽量采用与被校准测量系统尺寸结构相近的标准测量系统，两个测量系统应与电压施加端子保持相同的距离，并排除邻近效应的影响。一般地，标准测量系统的额定电压应不低于被校准测量系统的额定电压，此时可采用 5 级电压比对法，基本方法如图 1-9 所示，来确定测量系统的刻度因子和线性度。校准过程应从 $g=1$ 到 $h \geqslant 5$，至少在 5 个电压水平上分别进行 $n \geqslant 10$ 次的电压施加。每一次电压施加需同步读取同一冲击电压（对于雷电或操作冲击）或同一时间（对于交流或直流）下测量系统的输出值。

根据图 1-9 所示方法和式（1-2），可得到每级电压下刻度因子的平均值 F_g，即

$$F_g = \frac{1}{n} \sum_{i=1}^{n} F_{i,g} \qquad (1-3)$$

假定每级电压下刻度因子的分散性满足高斯分布，则刻度因子的相对标准偏差满足

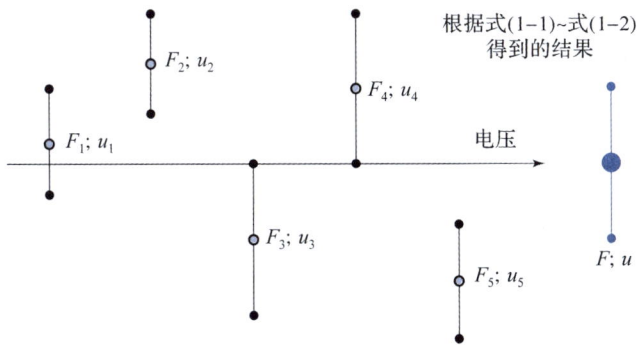

图 1 - 9　5 级法全电压范围校准示意图

$$s_g = \frac{1}{F_g} \sqrt{\frac{1}{n-1} \sum_{i=1}^{n} (F_{i,g} - F_g)^2} \tag{1-4}$$

刻度因子平均值的标准偏差称为 A 类标准不确定度 u_a，根据高斯分布可得

$$u_g = \frac{s_g}{\sqrt{n}} \tag{1-5}$$

高电压测量系统在额定电压范围内 5 级电压校准后，其认可的刻度因子为

$$F = \frac{1}{h} \sum_{g=1}^{h} F_g \tag{1-6}$$

此时，A 类标准不确定度即为 5 级电压校核时的最大值，可表示为

$$u_A = \max_{1 \leqslant g \leqslant h} u_g \tag{1-7}$$

另外，测量系统存在的刻度因子非线性，可用 B 类不确定性分布来分析。A 类不确定性分布是基于与平均值的偏差服从高斯分布的假设。B 类不确定性分布，则是基于宽度为 $2a$ 的矩形分布假设，平均值 $x_m = (a_+ + a_-)/2$，标准不确定度 $u = a/\sqrt{3}$，详细如图 1 - 10 所示。经过 5 级电压比对后，根据密度分布函数，测量系统的 B 类不确定度可表示为

$$u_{B0} = \frac{1}{\sqrt{3}} \max_{1 \leqslant g \leqslant h} \left| \frac{F_g}{F} - 1 \right| \tag{1-8}$$

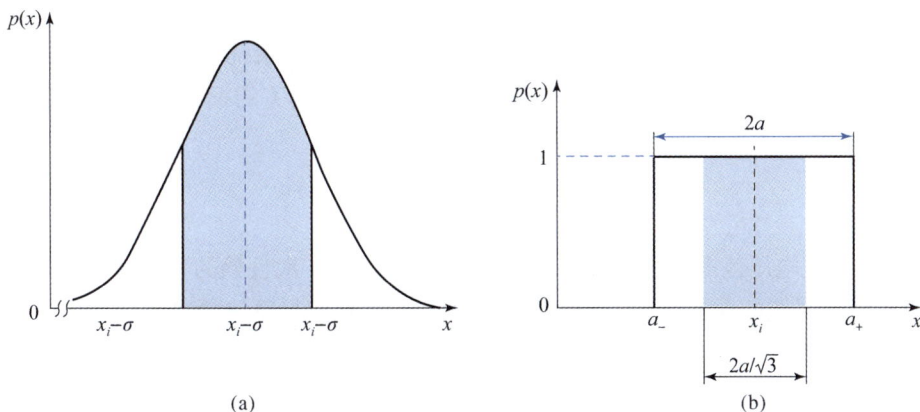

(a)

(b)

图 1 - 10　不确定性估计的分布函数

（a）A 类不确定性的高斯密度分布；（b）B 类不确定性的矩形密度分布

如果校准时标准测量系统的额定电压低于认可的测量系统额定电压时，IEC 60060-2 规定可在不低于认可的测量系统额定电压的 20%（$U_{RMS} \geqslant 0.2U_{AMS}$）范围内进行至少 $a \geqslant 2$ 级的比对，另外还需补充至少 $b \geqslant (6-a)$ 级的测量系统线性度试验，如图 1-11 所示。

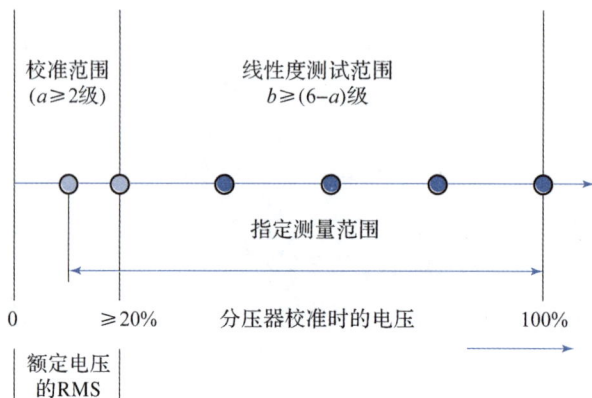

图 1-11　限定电压下刻度因子校准与线性度校核

若采用图 1-11 所示的校准方法，会出现校准的非线性。此时，刻度因子、标准不确定度以及校准的非线性贡献可分别参考式（1-6）~式（1-8）来估算，此时式中 h 采用 a 来替代。

当在有限范围内对高压测量系统进行校准时，需要进行线性度校核测试，以验证测量系统的刻度因子在额定工作电压下的线性度。线性度校核可采用额定电压足够高的认可测量系统或采用直流输入电压的雷电或操作冲击发生器，采用符合 IEC 60052 的标准测量间隙、甚至电场传感器等方法进行比对，线性度测试应在测量系统额定电压范围内进行 $b(\geqslant 4)$ 级电压的比对校准，如图 1-12 所示。我们不必关注比例因子 R（$R=U/U_x$，U 是比对时所加电压；U_x 是被校准系统的输出电压）与测量系统刻度因子的差异，重要的是比例因子 R 在线性度校核的额定电压范围内是稳定的，如图 1-12 所示。根据图 1-12 可得到 $g=b$ 时比例 R_g（$R_g=U_x/U_{CD}$，U_{CD} 为比对系统的输出电压）与其平均值 R_m 的最大偏差，由此可得到与测量系统非线性效应相关的标准不确定度 B 类估计 u_{Bl}，可表示为

$$u_{Bl} = \frac{1}{\sqrt{3}}\max_{1 \leqslant a \leqslant b}\left|\frac{R_g}{R_m}-1\right| \tag{1-9}$$

式中：b 为额定电压范围内比对校核的电压级数；R_m 为 b 次校核的平均值。

校核测量系统的动态特性，采用已知幅值、频率在测量系统频率范围内的正弦波电压或被测脉冲波形范围内的脉冲电压，通过获得归一化频率响应，可以校核测量系统刻度因子的动态特性，由此可得到动态特性对标准不确定度的影响。另外，动态特性还可以通过单位阶跃方波响应来获得。

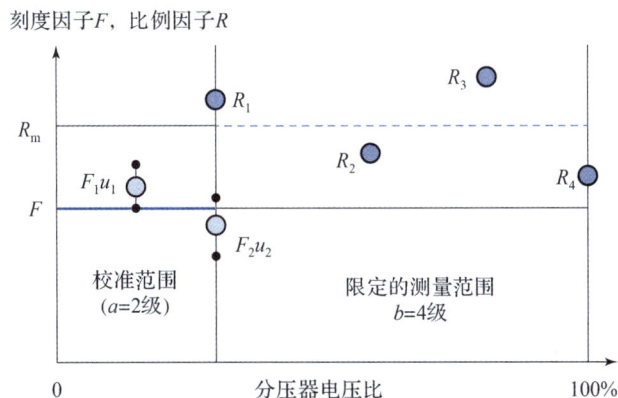

图 1-12　全电压范围内测量系统的线性度校核

除了非线性效应和动态特性外，测量系统还需进行短时和长期稳定性效应、环境温度效应、邻近效应以及软件效应等对标准不确定度的影响。另外，还需对测量系统进行扩展不确定性以及时间参数校准的不确定性等试验，具体可参见本章参考文献［2］的第二章。

2. 组件法

组件法是高压测量系统刻度因子校准的替代方法，主要通过校准测量系统组件的刻度因子来校准整个测量系统的刻度因子。组件刻度因子校准主要有以下几种方法：

（1）与标准组件比对（如分压器与标准分压器比对）；

（2）电桥法或精确的低压校准器；

（3）基于所测阻抗的计算来确定刻度因子；

（4）同步测量高压测量系统的输入量和输出量。

组件法校准测量系统刻度因子时，应采用扩展不确定度不大于1％的内部或外部校准器来校核每一个组件的刻度因子。如果每一个组件的刻度因子与其先前校准值的差别不大于±1％，则认为该测量系统的刻度因子是有效的、可认可的；如果任一差值超过了1％，则应按照标准规定的校准或性能试验方法，重新确定该测量系统刻度因子。

1.5　介电耐受测试方法

介质放电或设备绝缘击穿现象，与自然界、社会和技术中的大多数其他现象一样，都是存在某种随机过程，具有很强的随机性。这一现象经常被忽视而采用平均值来描述其击穿特性，但决定一个系统或设备性能的往往不是平均值，而是极值，尤其是在考虑系统或设备安全系数的时候。介电耐受测试时的加压方式也会影响放电或击穿的随机过程，需采用统计方法来描述该随机过程，而且不同的加压方式可能会有不同的统计方法。因此，需要规范介电耐受测试方法，包括加压方式和测试结果的统计方法。

1.5.1　渐进加压法

渐进加压法（Progressive Stress Method，PSM）可分为连续升压法（交、直流电

11

压)、阶梯升压法（交、直流电压）和阶梯升压法（冲击电压），通过逐渐增加电压而使得介质放电或设备击穿。击穿过程是必然的，但击穿电压是随机的，随机变量即为击穿电压值。这样的介电耐受测试也称为渐进耐压试验（Progressive Increasing Test），试验方法如图 1-13 所示。

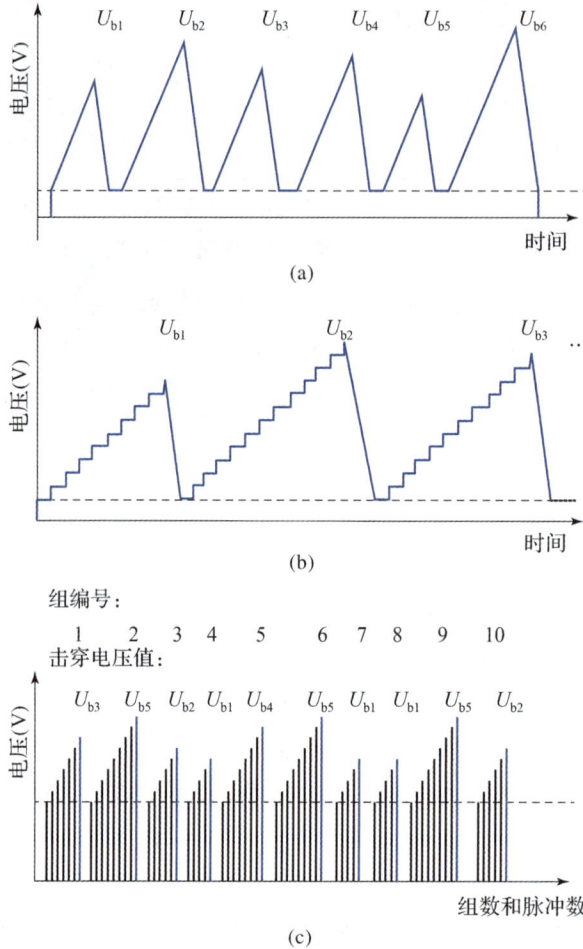

图 1-13　渐进耐压试验程序示意图
(a) 连续升压法（AC、DC）；(b) 阶梯升压法（AC、DC）；(c) 阶梯升压法（冲击电压）

持续电压（如交流电压、直流电压）下介电耐受测试可采用连续升压法或阶梯升压法，初始电压的设定必须足够低以避免对结果产生影响。采用连续升压法时，试品上的直流电压或交流电压幅值以一定速度连续上升，直至试品发生绝缘击穿，此时的电压值即为绝缘击穿电压。击穿后经一定时间间隔 Δt_{p}，再进行下一次试验，以保证这一次的击穿电压不受前一次击穿的影响，每一次的击穿电压具有独立性。测试时，电压的上升速率还应能保证电压测量的可靠性。若采用阶梯升压法，试品上电压以一定速度上升至某一数值，在此电压下保持一定时间 Δt_{s}，若试品未发生击穿，则将电压升高一定数值 ΔU，同时仍保持同样时间间隔 Δt_{s}，…，直至试品发生击穿。击穿后同样需经一定时间间隔 Δt_{p}，再进行下一次试验。

冲击电压下渐进耐压试验则一般可采用阶梯加压法。用阶梯加压法进行试验前，应先估计绝缘的 50％冲击击穿电压 U_{50} 以及击穿电压标准差，然后选取一击穿概率极低（甚至为零）的电压作为初始电压 U。试验时施加于试品的电压阶梯增加，若试品未发生击穿，则将电压升高一定数值 ΔU……直至试品发生击穿。每次增加的电压值 ΔU 应满足一定的条件，两次阶梯加压试验的时间间隔 Δt_p 应保证击穿电压的独立性。

对于渐进耐压试验中击穿电压这一随机变量 X，有 n 个击穿电压数据 $x_i(i=1\sim n)$，其分布规律服从

$$F(x_i)=P(X<x_i) \tag{1-10}$$

它表示随机变量 X 小于某一确定值 x_i 的概率，而分布函数 $F(x_i)$（见图 1-14）是具有以下属性的任何数学函数：

(1) $0\leqslant F(x_i)\leqslant 1$（处于不可能与确定事件之间的概率）；

(2) $F(x_i)\leqslant F(x_{i+1})$（单调递增）；

(3) $\lim\limits_{x\to-\infty}F(x)=0$，$\lim\limits_{x\to+\infty}F(x)=1$ 边界条件）。

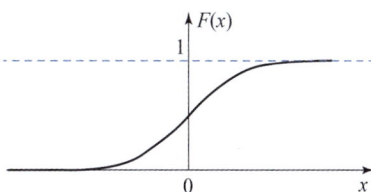

图 1-14 随机变量的分布函数

分布函数的特征在于描述击穿电压平均值和离差等参数，需要选择合适的分布函数类型及其参数对渐进耐压试验结果进行评估，包括假设的检验、参数的估计以及相关和回归的分析等。对于渐进耐压试验，可采用以下理论分布函数。

高斯（Gauss）或正态分布函数，其特征在于参数 μ（算术平均值或 50％分位数 U_{50}）和标准偏差 $\sigma=x_i-\mu$ 的均方根或分位数之差 $x_{84}-x_{50}$ 或 $x_{50}-x_{16}$，可表示为

$$F(x,\mu,\sigma^2)=\frac{1}{\sqrt{2\pi}\sigma}\int_{-\infty}^{x}\mathrm{e}^{-\frac{x-\sigma^2}{2\sigma^2}}\mathrm{d}z \tag{1-11}$$

该分布函数的应用是基于其随机模型，而且其随机变量是大量相互独立、随机分布影响构成的集合体。

耿贝尔（Gumbel）或双指数分布函数是一种无限极值函数，其特征在于 63％分位数 η 的离散程度 γ 由 $\gamma=\dfrac{x_{63}-x_{05}}{3}$ 来估算，可表示为

$$F(x,\eta,\gamma)=1-\mathrm{e}^{-\mathrm{e}^{\frac{x-\eta}{\gamma}}} \tag{1-12}$$

该分布函数各个样本最大值的概率分布函数趋于广义极值分布。在介电耐受测试时，可反映介电耐受的最小值，是稍不均匀电场中介电击穿发生在最薄弱处的数学描述，可用于解释稍不均匀电场中介电击穿具有较高分散性的现象。

威布尔（Weibull）分布函数也是描述极值的分布函数，它由三个参数来限制和表征，即 63％分位数（$\eta=x_{63}$）、离散程度的威布尔指数 δ 和初始值 x_0，即

$$F(x,\eta,\delta,x_0)=1-\mathrm{e}^{-\left(\frac{x-x_0}{\eta}\right)^\delta}\quad(x>x_0)$$
$$F(x,\eta,\delta,x_0)=0\quad(x\leqslant x_0)$$
$$\delta=1.2898/\lg(x_{63}/x_{05})$$

威布尔分布函数取决于其参数值，具有多种形状，可适用于不同问题。以介电耐受击穿为例，当 $x_0=0$ 时，为击穿时间的双参数威布尔分布函数；当时 $x_0>0$，初始值是击穿概率为零的理想耐受电压。

上述三个理论分布函数，可以构建概率网格。图 1-15 是三种理论分布函数概率网络不同纵坐标的比较。可以看出，在 $x_{15} \sim x_{85}$ 区域中，不同函数的概率网格非常相似，只在概率更低或很高时才出现显著差异。这意味着对于介电耐受电压的估计，需要合理选择理论分布函数，以适应不同加压方式下的测试结果。

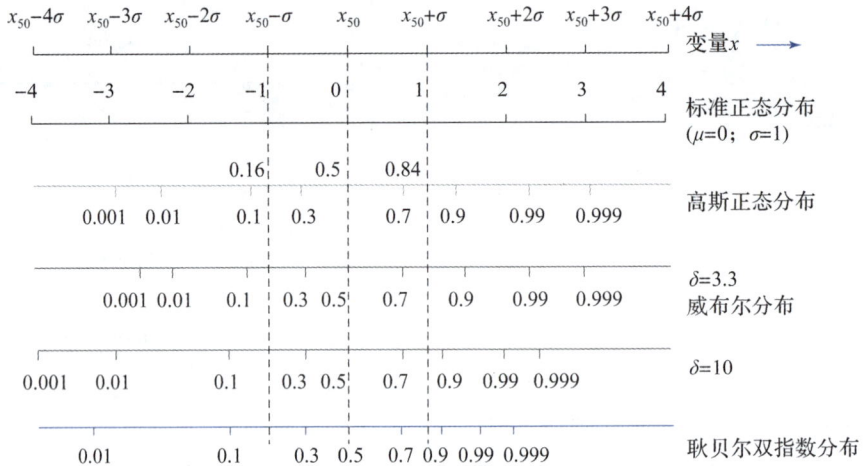

图 1-15　50%分位数时不同概率网络纵坐标的对比

对于某一随机现象，可在相同条件下得到 n 个相互独立的数据，这些数据称为由某一总体得到的、大小为 n 的一个样本。由总体得到的 n 个数据 $x_i (i=1 \sim n)$，其分布规律除依赖于总体的分布规律外，还与样本大小 n 有关。因样本数据具有统计性质，一般称为统计量。该统计量可用经验分布函数来描述，实际上是总体分布函数的一种非参数估计。在介电耐受测试时，经验分布函数通常是由非常有限的击穿电压数据样本来确定，一般样本数 $10 \leqslant n \leqslant 100$。在此情况下，应根据 $x_{\min}$ 和 $x_{\max}$ 间的变化幅度来合理安排数据样本数 x_i，并统计其相对累积频率。相对累积频率的统计方法可参照

$$h_{\Sigma i} = \sum_{m=1}^{i} \frac{h_m}{n+1} \qquad (1-13)$$

式中：n 为总的击穿电压样本数；h_m 为 m 级电压下绝对累积击穿次数。

这样，在概率网络中可得到"阶梯"状经验分布函数，称为累积频率分布函数，如图 1-16 所示。此时，这一"阶梯"状经验分布函数可采用正态分布的高斯网络中的一条直线来拟合，表明正态分布可充分反映这一击穿特性的随机性。

利用概率网络除可对分布规律进行经验分布函数的假设检验外，还可以对分布参数进行置信估计。此时，可采用所谓的测试分布、平均值置信估计的 t 分布和标准偏差的 χ^2 分布来进行参数置信估计。必须注意的是，不同的检验方法有不同的适用性，包括样本的大小、分布类型等。

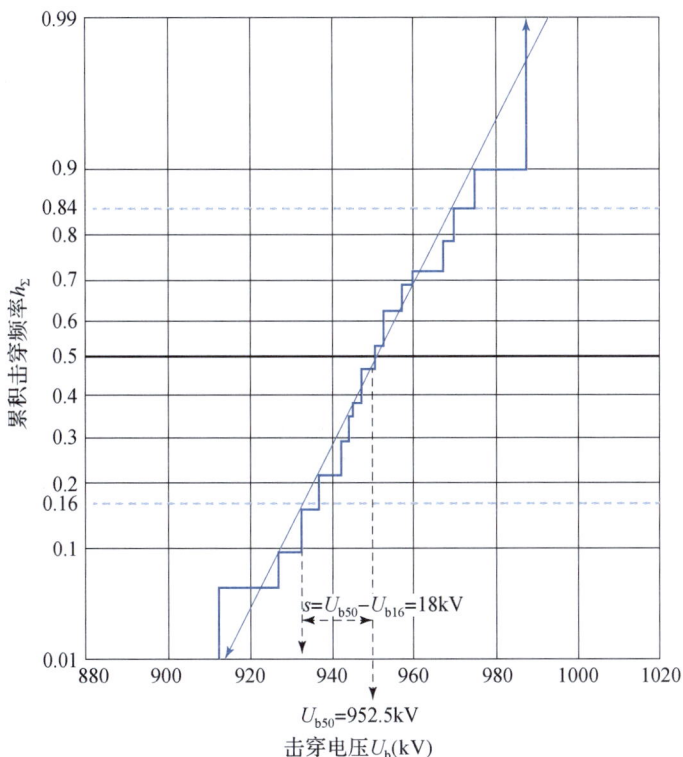

图 1-16　概率网络中的累积频率分布函数

最大似然法可对参数点进行有效评估，包括置信区间，得到给定样本的最大概率值。该方法采用似然函数 L 来进行数值计算。设 n 次独立试验中，事件出现 k 次的概率是 n、m 及未知的"一次试验中该事件出现概率 p_R"的函数，这种由已知数据和未知的理论参数所构成的函数，称为似然函数，可表示为

$$L = Ap_R = A \prod_{i=1}^{m} f_{Ri}(x_i/\delta_1, \delta_2) = L(x_i/\delta_1, \delta_2) \qquad (1-14)$$

式中：A 为归一化因子；参数 δ_1、δ_2 是似然函数 L 取得极大值时的最大似然估计值（参见图 1-17 中 δ_1^*，δ_2^*），可分别由 $\mathrm{d}L/\mathrm{d}\delta_1 = 0$ 和 $\mathrm{d}L/\mathrm{d}\delta_2 = 0$ 计算得到。

图 1-17 给出了两参数 δ_1，δ_2 的三维似然图，通过"似然山"的横截面可得到两参数的置信区间 $[(\delta_{1min}，\delta_{1max})，(\delta_{2min}，\delta_{2max})]$，置信区间的每一个参数组合在概率网络上构成一条直线，直线束的上下边界线被认为是整个分布函数的置信区间，如图 1-18 所示。

最大似然法也可用于"截断"的试验结果分析，如介电耐受的寿命试验。若试验在一定时间后被终止，n 个试验样本中只有 k 次发生击穿，此时式（1-14）所示的似然函数可改写为

$$L = Ap_R = A \prod_{i=1}^{k} f_{Ri}(x_i/\delta_1, \delta_2) \prod_{i=k+1}^{n-k} [1 - f_{Ri}(x_i/\delta_1, \delta_2)] \qquad (1-15)$$

15

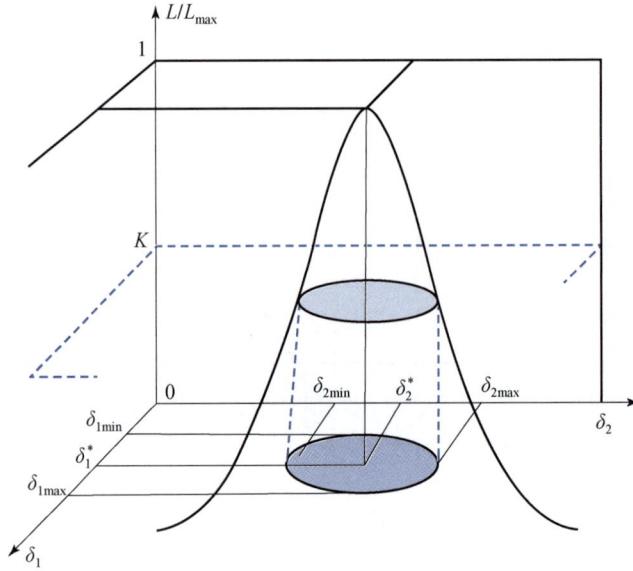

图 1-17　最大似然函数的极值点与置信估计示意图

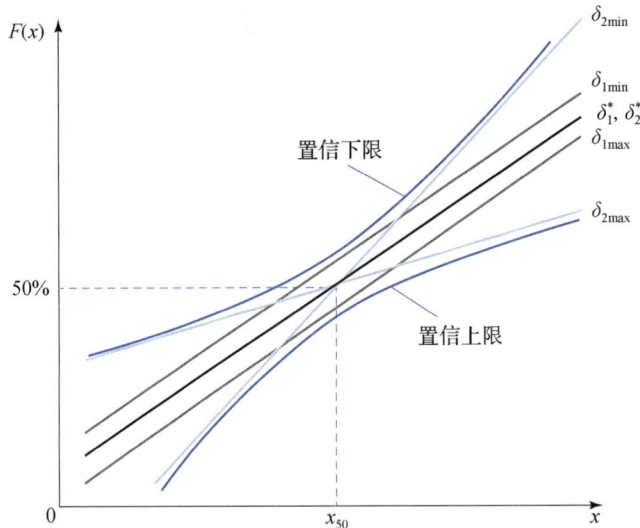

图 1-18　图 1-17 中分布函数置信区间的上下限

1.5.2　多级法

多级法（Multiple-Level Method，MLM）是指在多个电压级上进行恒压测试，其基本程序如图 1-19 所示。对于每个电压级，保持电压不变，测试该级电压下的击穿概率，包括其置信上下限。采用多级法，可获得每级电压与击穿概率的关系，但这样的电压与击穿概率的关系并不是统计意义上的分布函数，此处称为"性能函数"（有时也称为"反应函数"）。多级法获得的性能函数不一定单调增长，甚至会出现减少的现象，例如在介电放电机理随着电压变化而变化的情况下。但性能函数可提供了电力系统可靠性评估和绝缘配合所需的必要信息，尤其是过电压作用下设备的击穿概率。

16

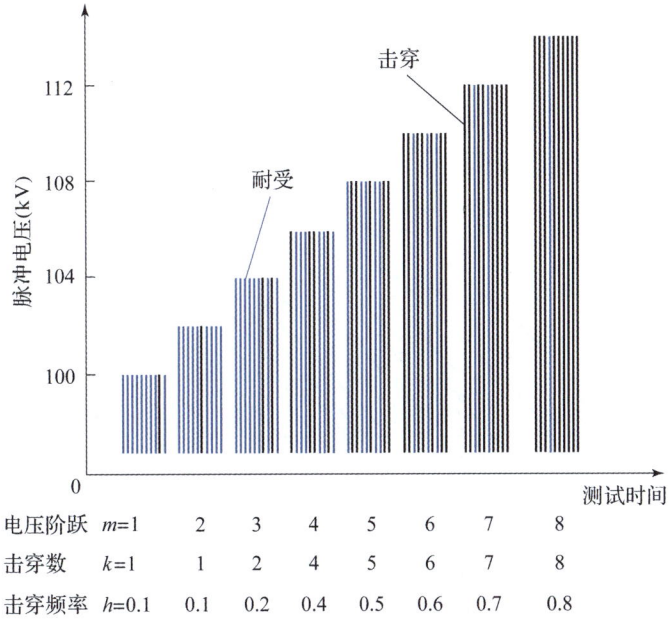

图 1 - 19 多级法试验程序

在大多数情况下，多级法获得的性能函数呈现单调增长，该性能函数也可以通过理论分布函数来进行数学描述。图 1-20 显示了性能函数 $U(x)$（由 $\mu=0$ 和 $\sigma=0$ 的标准化正态分布来模拟）与多级法测试中不同电压步长 Δx 下得到的累积频率函数 $S_{\Delta x}(x)$ 之间的差异。出于统计原因，存在 $S_{\Delta x}(x)>U(x)$。这两个函数具有不同的含义：累积频率函数考虑在达到某个电压级时全部电压的累积击穿概率，而性能函数是指某个电压级时的击穿概率。阶梯加压法的累积频率函数应转换为性能函数。

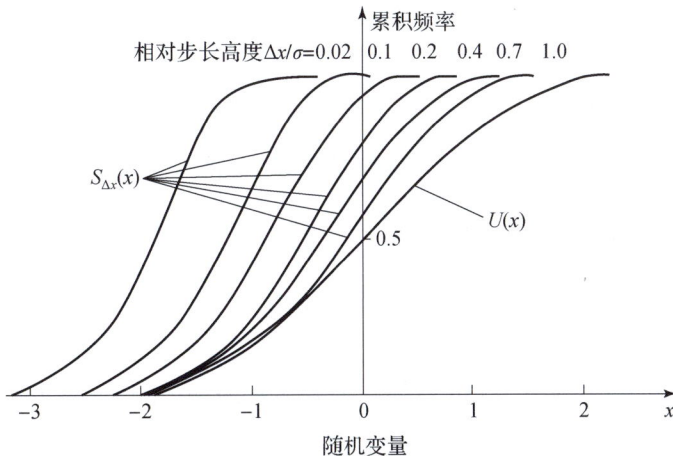

图 1 - 20 基于同一性能函数计算得到的不同电压步长下的累积频率函数

采用多级法进行介电耐受测试时，电压级至少应满足 $m \geqslant 5$，每一个电压级下测试次数 $n \geqslant 10$，不同电压级下的测试次数不必都相同。如果考虑介电耐受，低电压级下由于击穿频率很低，测试次数可能会很多。测试结束后，需检查每一电压级下测试结果的独立性，确定击穿概率的置信估计，并绘制在概率网格中，如图 1 - 21 所示。

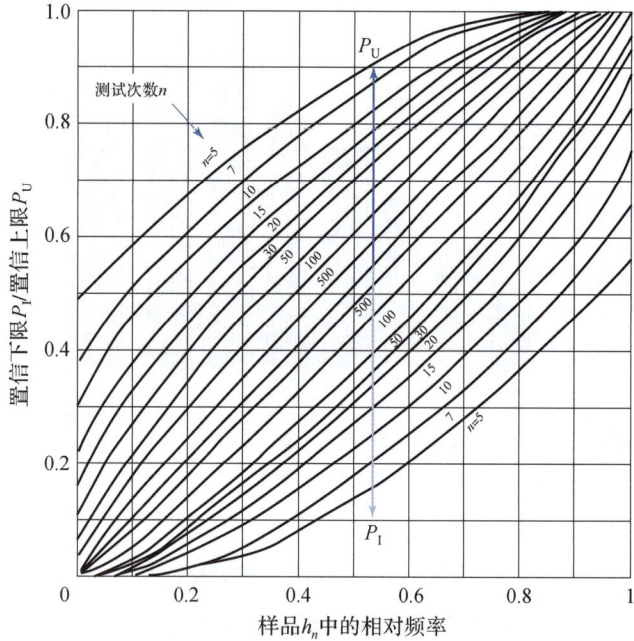

图 1 - 21　95％置信度下击穿概率的置信上下限与样本大小的关系

采用多级法时需要注意以下两个问题：①电压级数及各级电压值的选择。对于电压级数，前面已经讨论过，至少为 5 级，而各级电压值的选择，应使试验点能较均匀地分布在"击穿概率不大于 0.15"至"击穿概率不小于 0.86"的这一范围。②每级电压下加压次数的选择。例如，空气间隙击穿试验，某一条件下击穿概率为 0.8，但不同加压次数下击穿概率为二项分布。如加压 20 次，发生 16 次击穿的概率为 0.218，而发生 14 次击穿的概率为 0.109。加压次数越少，真实击穿概率范围越宽；加压次数过多，真实击穿概率范围缩小，但试验工作量很大。因此，每级电压下试验加压次数以 20～40 较为合适，具体加压次数还取决于击穿电压的标准偏差 σ。当 $\dfrac{\sigma}{U_{50}} \leqslant 3\%$，$n$ 可取 10 次；$3\% < \dfrac{\sigma}{U_{50}} \leqslant 5\%$，$n$ 取 20 次，等等。

当性能函数可近似于某个分布函数（参数 δ_1，δ_2）时，也可采用最大似然函数来估计。根据图 1 - 19 所示方法，有 $j=1,\cdots,m$ 个电压级，在每个电压级 u_j 上施加 n_j 次相同电压，在电压 u_j 下获得 k_j 次击穿和 $q_j = n_j - k_j$ 次耐受的概率可由基于性能函数 $U(u_j) = U(u_j/\delta_j, \delta_2)$ 给出的击穿概率的二项分布来表示，即

$$P(X=k) = (nk) p^k (1-p)^{n-k} \qquad (1\text{-}16)$$

式中，$k=0,1,2,\cdots,n$；$(nk) = \dfrac{n!}{k!\,(n-k)!} = \dfrac{n(n-1)\cdots(n-k+1)}{1\times 2\times 3\times\cdots\times k}$。

对于全部的 m 级电压、每级施加 n_j 次相同电压，其对应的似然函数为

$$L = \prod_{j=1}^{m} U(u_j/\delta_j, \delta_2)^{k_j} [1 - U(u_j/\delta_j, \delta_2)]^{q_j} \tag{1-17}$$

根据式（1-17），并假定测试结果服从威布尔分布，通过改变参数（δ_1, δ_2），可获得最大似然值，得到整个性能函数的置信估计和置信区间。但是，根据已知数据 u_j、n_j 和 k_j，无法采用简单方法得到相关参数，需要采用最大似然方法进行迭代计算。图1-22 所示为某一多级法试验结果，经数据的独立性检验后，通过最大似然迭代计算，得到威布尔网络中累积击穿频率分布。

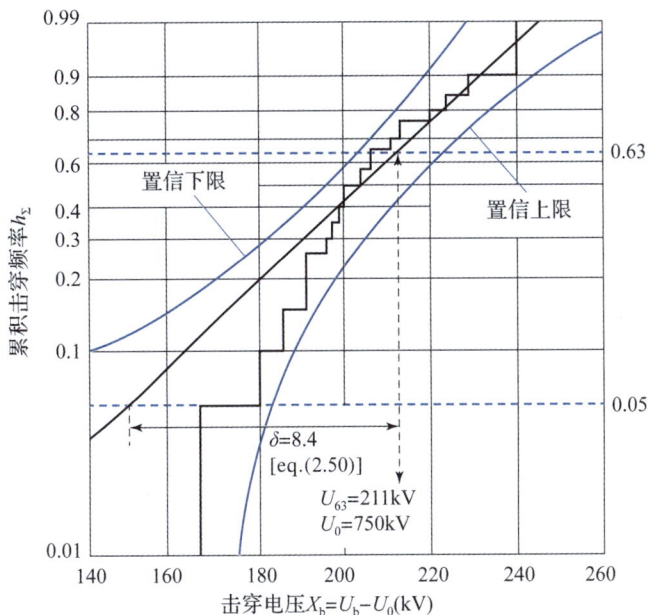

图 1-22　威布尔网络中多级法的累积击穿频率函数

前面提到，多级法测试时应使选择的电压级数均匀地分布在"击穿概率不大于0.15"至"击穿概率不小于0.86"的这一范围，这样可使得击穿电压标准方差的偏差较小，但为使击穿电压偏离 U_{50} 的方差较小，应在击穿概率为 0.5 处的电压级进行测试。这是相互矛盾的。根据经验，将试验集中在击穿概率为 $p = 0.1 \sim 0.2$ 以及 $p = 0.8 \sim 0.9$ 间的某两个电压下进行，并增加每一电压下的试验次数 n_i，可使所获得的结果更为可靠。这样的试验方法称为两点法，这实际上是多级法的特例，但此方法主要用于获得50%的击穿电压。

两点法的试验过程是：在两个电压 U_1 和 U_2 下各自进行 $n_1 = n_2 = n$ 次的加压测试，分别得到各自电压下的击穿次数 k_1、k_2 及相应的击穿频率 $f_1 = \dfrac{k_1}{n_1}$、$f_2 = \dfrac{k_2}{n_2}$。f_1 应处于 0.1～0.2 之间，f_2 应处于 0.8～0.9 之间。将 f_1 和 f_2 分别作为 n_1 和 n_2 的近似值，根据正态分布，可得到标准正态变量 t_1 和 t_2。在正态概率网络上，电压 U 与相应的击穿概率 $P(U)$ 呈直线关系，实际上 U 和 $P(U)$ 相对应的 t 之间也是直线关系，且满足 $t = \dfrac{U - U_{50}}{\sigma}$，由此可列方程

$$\begin{cases} U_{50}+t_1\sigma=U_1 \\ U_{50}+t_2\sigma=U_2 \end{cases} \qquad (1\text{-}18)$$

解上述方程，可得

$$U_{50}=\frac{t_2U_1-t_1U_2}{t_2-t_1} \qquad (1\text{-}19)$$

$$\sigma=\frac{U_2-U_1}{t_2-t_1}$$

1.5.3 升降法

介电耐受测试并不是每一次都必须获得完整的性能函数。如确定设备许用场强时，只需要低概率或 10% 的击穿电压，而有些情况下也只需要 50% 或 90% 的击穿电压。因此，1948 年 Dixon WJ 等人提出了升降法（Up-and-Down Method，UDM）来获得 50% 击穿电压 U_{50}。

用升降法试验前，应先估计被试样品的 U_{50} 及 σ 值，选取一低于 U_{50} 的数值作为初始电压，施加于被试介质或设备上，一般在该电压下不会发生击穿。然后升高电压，直到某个电压下发生击穿，记为 u_1。u_1 为第一个有效计数点的电压值，而 u_1 前一级电压记为 u_0，基本方法如图 1-23 所示。与多级法不同的是，升降法每次加压后都要改变电压的大小。如果本次加压介质发生击穿，则下次加压时，电压应降低 Δu；如果本次加压介质不击穿（耐受），则下次加压时，电压应增加 Δu。该方法要求电压以固定电压步长 Δu 升高或降低电压，Δu 还应满足条件 $0.5<\dfrac{\Delta u}{\sigma}<1.7$。重复该过程，直到获取预定数量（$n\geqslant20$）的电压值为止，这些电压的平均值作为 50% 击穿电压 U_{50} 的初始估值，可表示为

$$U_{50}^*=\frac{1}{n}\sum_{i=1}^{n}u_i \qquad (1\text{-}20)$$

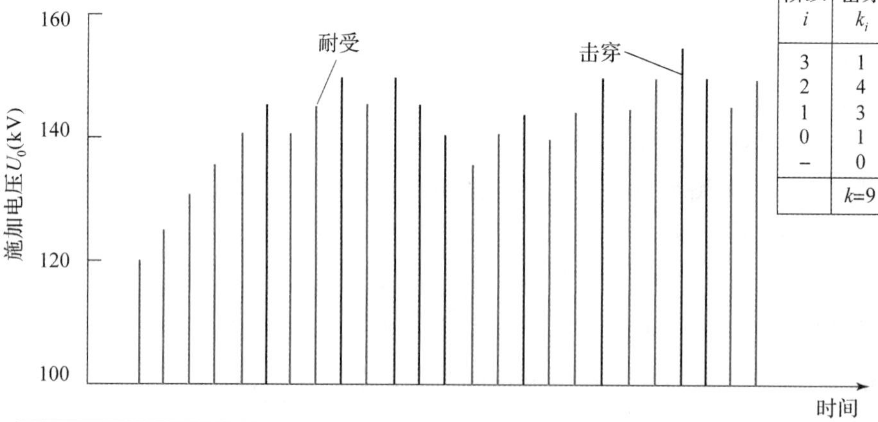

阶跃 i	击穿 k_i	耐受 q_i	电压 u_i(kV)
3	1	0	155
2	4	2	150
1	3	5	145
0	1	3	140
—	0	1	135
	$k=9$	$q=11$	$q+k=20$

施加电压序号：	I=1 2 3 4 5 6 7 8 9 10 11 12 13 14 15 16 17 18 19 n=20
施加电压值 U(kV)：	145 150 145 145 135 145 145 145 155 145
	140 150 150 140 140 140 150 150 150 150

图 1-23 升降法求 50% 击穿电压 U_{50} 的程序

升降法需要详细评估每次电压步长和变化的电压级 u_1 或电压步长的数量 $i(0,1,\cdots,r)$ 对 50% 击穿电压 U_{50} 估值的影响。试验结束后，统计每级电压下的耐受次数 q_i 和击穿次数 k_i，并计算耐受总次数 q 和击穿总次数 k，$n=q+k$。

图 1-23 给出了一个由 20 个有效点组成的样本，取得这一样本的概率可由式（1-17）求得。根据最大似然原理，可求得 50% 击穿电压 U_{50}，即

$$U_{50} = u_0 + \Delta u \left(\frac{\sum\limits_{i=1}^{r} i k_i}{k} \pm \frac{1}{2} \right) \tag{1-21}$$

式中：当 $k \leqslant q$ 时，式（1-21）中取 $-\frac{1}{2}$；当 $k > q$ 时，式（1-21）中取 $+\frac{1}{2}$。

由于 $U_{50\%}$ 遵从正态分布，当置信度系数为 95% 时，测试结果的统计误差应小于 3%，这与击穿电压的标准差以及升降法试验时总的耐受次数 q 和击穿总次数 k 有关。近似令 $q=k$，通过蒙特卡罗计算，可计算不同 $\dfrac{\sigma}{U_{50}}$ 值时升降法必要的加压次数。一般地，当 $\dfrac{\sigma}{U_{50}} \leqslant 3\%$，$n$ 不少于 20 次；$3\% < \dfrac{\sigma}{U_{50}} \leqslant 5\%$，$n$ 不少于 40 次。但是，如果每次电压步长 $\Delta u/\sigma=1$ 时，为了达到 50% 击穿电压 U_{50} 测试准确度的要求，所需要的加压次数还要增加。

升降法进行介电耐受测试时，如果某一级电压的施加并不呈现出下降或上升的平均趋势，说明测试数据是独立的。根据升降法测试程序，也可以从一个较高的、一定会发生击穿的电压开始进行加压测试，然后逐渐降低电压，直到某个电压下不发生击穿，该电压即为第一个有效计数点。然后采用上述方法，可获得 50% 击穿电压 U_{50}。

不管采用哪一种方法，应采用最大似然函数来计算置信区间，而不是根据粗略估算的离散度来评估置信区间。

实际上，由升降法获得的击穿电压 U_{50} 和标准差 σ 一般都会偏离 U_{50} 和 σ 的真实值，都会存在各自的偏差。对于某一确定的击穿概率 p，相应的电压预期峰值 U_p 可由公式 $U_p = U_{50} + t\sigma$（t 为概率 p 对应的标准正态变量值）来计算。如果采用 U_{50} 和 σ 的估计值来计算 U_p，所得到的数值也是一个估计值，也会偏离其真实值。Carrara G 和 Dellera L 在 1972 年提出了扩展升降法，如图 1-24 所示。可通过试验直接获得 U_p，而不是通过 U_{50} 和 σ 的估计值来计算 U_p，这样可提高 U_p 的准确度。

前面介绍的一般升降法是每一次改变电压后仅加压一次：若该次加压介质击穿，则下次要降低电压再加压；若该次加压介质耐受，则下次加压时需升高电压。而扩展升降法则不同，它的试验过程虽基本上与一般升降法相同，但每次改变电压后将加压 l 次：若 l 次加压中只要介质未发生击穿，则升高一级电压继续试验；若某级电压下加压至 l 次时介质均发生击穿，则降低一级电压，继续试验。试验程序如图 1-24（a）所示。由于介电耐受试验开始于某一击穿电压，如果未发生击穿，则升高一级电压进行试验，可得到概率 $p \geqslant 0.5$ 的电压峰值 U_p。如果介电耐受试验开始于某一耐受电压，某级电压下加压至一定次数（$\leqslant l$）时，只要发生击穿，则降低一级电压继续试验；如果某一电压

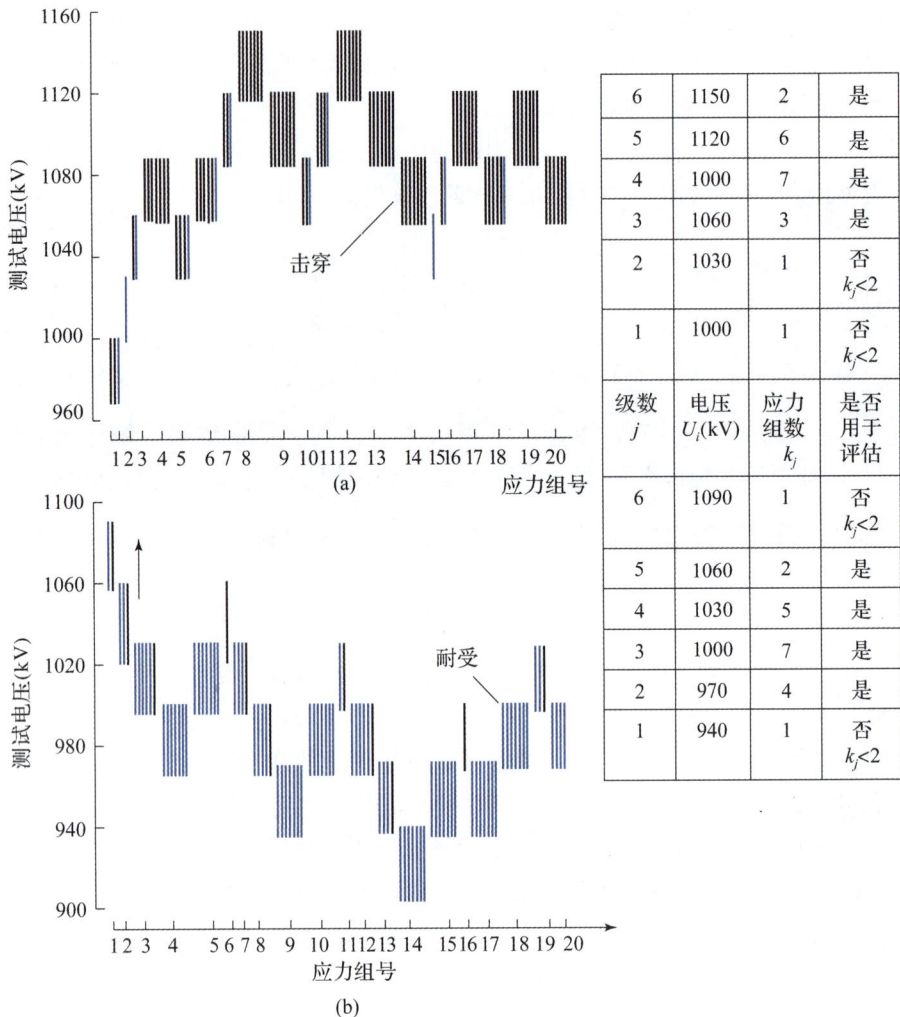

级数 j	电压 U_i(kV)	应力组数 k_j	是否用于评估
6	1150	2	是
5	1120	6	是
4	1000	7	是
3	1060	3	是
2	1030	1	否 $k_j<2$
1	1000	1	否 $k_j<2$

级数 j	电压 U_i(kV)	应力组数 k_j	是否用于评估
6	1090	1	否 $k_j<2$
5	1060	2	是
4	1030	5	是
3	1000	7	是
2	970	4	是
1	940	1	否 $k_j<2$

图 1-24　扩展升降法示例

(a) 90％击穿电压 U_{90} 的确定；(b) 10％击穿电压 U_{10} 的确定

下加压 l 次均未发生击穿，则升高一级电压，继续试验。这样可获得概率 $p<0.5$ 的电压峰值 U_p，如图 1-24（b）所示。图 1-24 给出了耐受电压的统计估计方法，每一级电压施加 7 次，共进行了 6 级，两种不同的升降方法，分别得到 90％和 10％击穿电压 U_{90} 和 U_{10}。

扩展升降法的一个重要参数是每次改变电压后的加压次数 l，它取决于所希望求取的 U_p 的 p 值。以空气间隙放电为例，如果一定条件下施加一次电压空气间隙的击穿概率为 $p^{(1)}$，则在相同条件下施加相同电压 l 次时，发生击穿的概率 $p^{(l)}$ 为

$$p^{(l)}=1-(1-p^{(1)})^l \tag{1-22}$$

扩展升降法得到的是 50％击穿电压 U，可令 $p^{(l)}=0.5$。若令 $p^{(1)}=p$，则由式（1-22）可得

$$l=\frac{\ln(1-p^{(l)})}{\ln(1-p^{(1)})}=\frac{\ln0.5}{\ln(1-p)}=\frac{0.693}{\ln[1/(1-p)]} \tag{1-23}$$

当 $p<0.5$ 时，可根据式（1-23）计算参数 l；当 $p>0.5$ 时，以 $1-p$ 代替式（1-23）中的 p，可计算参数 l。

一般升降法得到的击穿电压是正态随机变量，而扩展升降法得到的击穿电压则是遵从式（1-22）所示规律的随机变量。当 $l=1$ 时，击穿电压的概率分布曲线出现为一条直线，而当 $l>1$ 时，击穿电压的概率分布曲线则不再是一条直线。同样地，可采用最大似然函数来计算扩展升降法的性能函数及其置信区间，每一级电压下相对击穿频率及其置信区间，可将其绘制在合适的概率网络中。图 1-25 给出了扩展升降法 10％分位数附近性能函数确定的最大似然估计。

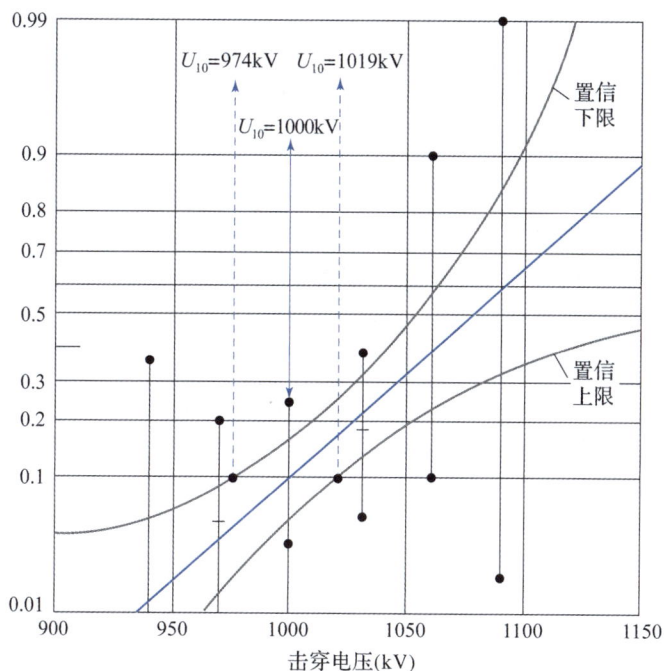

图 1-25　10％分位数附近性能函数确定的最大似然估计

1.6　标准化介电耐受测试方法

介电耐受测试是对电气设备或其组件进行高电压耐受测试，以确定其绝缘性能，检测出设备设计、制造和安装等过程中可能引入的绝缘缺陷，并保证该设备在额定电压以及暂态电压下的安全、可靠运行。因此，需要一种标准化耐受电压测试程序，例如型式试验和例行试验的程序，被测试对象在约定的测试程序中必须承受绝缘配合所规定的测试电压。更重要的是，标准化测试程序是设备制造者与设备使用者之间的一种约定，IEC 等国际标准组织在 20 世纪初根据测试经验，建立了相关的介电耐受测试程序，并通过引入统计分析，逐步形成了国际通用的测试程序。测试过程中，必须严格按照标准化测试程序进行测试，哪怕是很简单的程序更改也是不被允许，测试结果也不会被接受。由于介电耐受特性不仅受介质击穿机理的影响，而且受测试程序及其统计方法的影响，还需了解这些测试程序的统计结果，并根据测试目的，合理选择测试程序。

介质放电的随机特性导致有缺陷的测试对象可能会通过测试。以一定的低概率通过测试并在运行过程中发生绝缘失效或故障，称之为用户风险。但也可能发生无缺陷的测试对象在测试中未能通过的情况，称之为制造商风险。哪个风险更高不仅取决于测试对象的设计和生产质量，也取决于测试程序。如果实际击穿电压和测试电压之间裕度很小，用户风险可能会高于制造商风险，但在足够安全裕度下，双方风险均可接受。

传统测试方法中，电压应迅速增加到测试电压值的75%，然后以每秒约2%的试验电压值升高。当达到测试电压值时，必须在测试持续时间 T_t 内保持测试电压的波动在 $\pm 1\%$ 以内。然后将电压降到50%后，再迅速降至零。这样的测试属于一种恒压测试，测试电压是为单一应力。如果不了解恒压法程序制定的细节，则无法对单一测试进行统计判断。如果测试许多相同类型的测试对象，则应对耐受测试中绝缘失效进行统计评估，以改进产品设计和/或制造工艺。

随着局部放电（Partial Discharge，PD）测试技术的发展，交流和直流耐受测试越来越多地结合局部放电测试来完成（也称为PD监测耐受试验）。结合局部放电监测进行耐受测试时，必须采用阶梯测试程序，如图1-26（b）所示。采用阶梯升压时，要求向上和向下相对应的阶梯电压应保持相同，以便能够比较耐受测试过程中局部放电的起始与熄灭特性，局部放电测试也应在耐受电压下在规定的测试持续时间内进行。在阶梯升压时，必须规定局部放电测量时的阶梯持续时间，对于每一个阶梯，持续时间至少需要1min。耐受和局部放电测试的组合是当今交、直流测试最常规方法，对产品的绝缘考核也是最有效的方法。

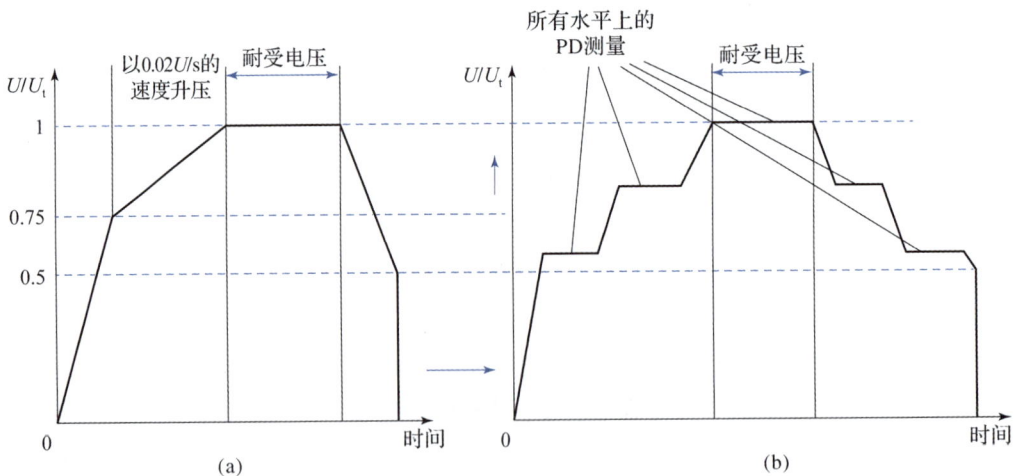

图1-26 交流或直流耐受试验程序

(a) 传统测试方法（IEC 60060.1给出的测试程序）；(b) 含局部放电测试

对于雷电（Lightning Impulse，LI）和操作冲击（Switching Impulse，SI）耐受测试，IEC 60060-1推荐了多种试验方法。例如：

1）当性能函数的10%分位数高于规定的耐受电压时，外绝缘耐受可通过测试，而10%分位数可通过测定的性能函数或升降法试验来确定；

2）对于外绝缘，可施加正负极性各 15 次的冲击电压，当击穿次数 $k\leqslant2$ 时，测试通过；

3）对于内绝缘，可施加正负极性各 3 次的冲击电压，不允许出现击穿。

可以依据二项分布评估这些试验方法对冲击耐受性能考核的有效性。图 1-27 给出了不同击穿概率下被试对象可通过测试的概率，该概率也依赖于测试对象在测试电压下的击穿概率。程序（1）有一个苛刻的判据：当击穿概率达到 $p=0.10$ 时，测试对象不通过测试。程序（2），当击穿概率达到 $p=0.08$ 时，10％的测试对象不合格，而根据程序（1），则认为是可以接受的。但是，当击穿概率达到 $p=0.30$（如存在设计或加工缺陷）时，根据程序（1），测试对象通过的概率为 15％；但根据程序（3），测试对象甚至会以 30％的概率通过测试。可以看出，尽管国家标准、IEC 标准给出了标准化的测试程序，但不同测试对象采用不同测试程序时，会给用户和制造商带来不同的风险。

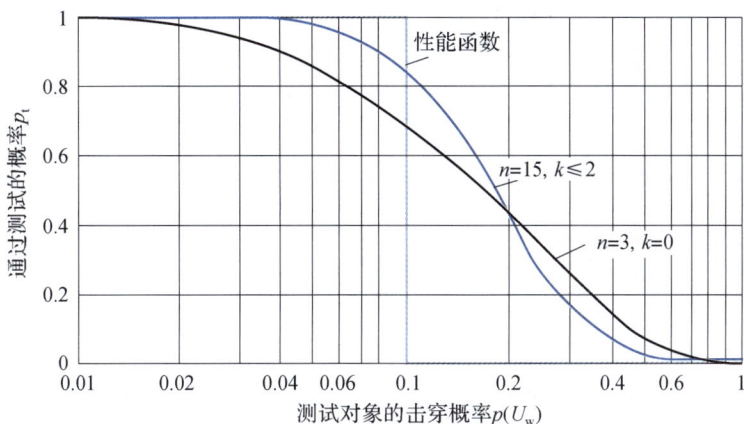

图 1-27　可通过雷电和操作电压耐受测试的概率估算

思考题

1-1　什么是介电耐受？介电耐受发生的破坏性放电又是什么？

1-2　试解释内、外绝缘的概念，并举例说明。

1-3　介电耐受测试系统都包括哪些部分？为什么交流输电设备需要进行雷电等冲击耐受试验？

1-4　什么是认可的测量系统，其刻度因子是如何校准的？

1-5　什么是测量系统的不确定度，它会受到哪些因素的影响？

1-6　如果要获得工频电压下油纸绝缘系统的局部放电起始电压和1％击穿概率的耐受电压，如何选择加压方式？

1-7　为什么一些电气设备通过了标准规定的各项耐受试验，为何在运行中还会出现绝缘击穿现象？

— 第 2 章 —

介电耐受特性的统计分析

2.1 概率统计基本概念

2.1.1 试验与随机事件

介电耐受试验是一种非常普遍意义上的试验，其结果在某些可能的范围内是不确定的，主要取决于试验时的物理环境，而且在相同的外部条件下，理论上可以任意重复。因此，介电耐受试验是一种随机实验。

介电耐受试验总伴随着随机（混沌）过程，在随机过程的影响下，试验结果（耐受特性）是一个随机事件。随机事件可由大写字母如 A、B、C 等表示。用来表示随机现象、随机事件结果的量称为随机变量。例1：采用恒压法对同一个绝缘介质施加同一电压，而加压耐受期间，初始电子、带电粒子产生会随机增加到一定强度，并导致局部放电，甚至绝缘击穿。在此随机过程中，多种事件都可看作本次试验的结果，包括击穿（D）和非击穿（N）的交替变化事件、有稳定局部放电（T）和无局部放电（F）的击穿过程事件等。因此，介质击穿次数、频率（击穿次数与加压次数之比）以及有无局部放电的次数等即为随机变量。在反复恒压测试过程中，总事件数（N）等于事件（T）和（F）的总和，也可得到事件 D 和 N 以及 D、T 和 F 发生概率。例2：上述同样的绝缘介质，如果施加电压足够高，可保证绝缘介质一定会发生击穿，击穿时间则为随机事件，由于击穿过程随机性的影响，击穿时间在一定范围内波动。例3：仍为上述同样的绝缘介质，如果采用升压法进行试验，则击穿是确定事件，但击穿电压的数值是随机变量。由此可见，控制随机过程的不同变量，会出现不同的随机现象。对于某一随机事件，个别试验结果似乎无确定的规律，但在同一条件下进行大量的、相互独立的重复试验后，就可以找出其统计规律。

概率统计就是研究当试验次数极多时某一类随机现象、事件所遵循的统计规律。对某一事件出现的可能性，只能用试验次数极多时该事件出现频率的稳定值，即其出现的概率来表示。显然，必然事件 U 出现概率为1，必不可能事件 V 出现概率为0，随机事件 A 出现概率在 0 与 1 之间，即

$$P(U)=1, P(V)=0 \tag{2-1}$$

$$0<P(A)<1 \tag{2-2}$$

随机变量按其取值可分为离散型和连续型两大类。离散型的有恒压法施加冲击电压时绝缘介质的放电次数、变电站内开关操作次数、雷暴日等。连续型的有操作过电压倍

数或幅值、雷电压和雷电流的幅值等。

随机事件之间的关系通常采用集合论来描述。这里需要解释几个术语：

（1）如果事件 $V(I)$ 在每次试验中均会发生（如上例 3 中的击穿事件），则该事件称为确定事件。

（2）如果事件 $V(\Phi)$ 在任一试验中均不会发生（如上例 3 中的未击穿事件），则该事件称为不可能事件。

（3）如果事件 $\overline{A}$ 恰好在事件 A 不发生时发生，则事件 $\overline{A}$ 则称为事件 A 的互补事件（如击穿 D 和不击穿 N 的相互补充）。

（4）当两个事件不可能同时发生时，它们被称为不可组合或不相交（如例 1 中的事件 T 和 F）。

（5）两个事件的逻辑和（$A\cup B$）称为并集。这意味着事件 A 或 B 至少会发生一件（如上述例 1 中，关系 $N=T\cup F$ 适用）。

（6）两个事件的逻辑积（$A\cap B$）称为交集或相遇。例如：如果要求两个并联的绝缘介质 1 和 2 不发生击穿，则两者都不发生击穿，即 $N=N_1\cap N_2$。

（7）如果随着事件 A 的发生，第二个事件 B 也一定发生，则称事件 A 导致事件 B，记作 $A\subset B$（例如，介电击穿总是以放电开始为前提）。

2.1.2　相对频率和概率

以介电耐受试验为例，高电压试验重复 n 次；随机事件 A 发生了 m 次，其参考数为

$$h_n(A)=\frac{m}{n} \tag{2-3}$$

称为相对频率。由于 $0\leqslant m\leqslant n$，相对频率则处于

$$0\leqslant h_n\leqslant 1 \tag{2-4}$$

对于确定事件 I，$h_n(I)=1$；而对于不可能的事件中，$h_n(\Phi)=1$。对于两个不相交的事件 B 和 C，其相对频率是它们的逻辑和，即 $h_n(B\cup C)=h_n(B)+h_n(C)$。对于高电压工程问题，两个互补事件 A 和 $\overline{A}$，其相对频率具有特别重要的意义：$h_n(\overline{A})=1-h_n(A)$。例如，对一种绝缘结构进行介电耐受试验，采用恒压法重复施加电压 $n=20$ 次，击穿事件（D）发生 $m=7$ 次。根据式（2-1），发生击穿事件的相对频率为 $h_n(D)=0.35$。非击穿事件（N）与其互补，其相对频率 $h_n(N)=1-h_n(D)=0.65$。如果由 n 次试验组成的系列测试重复多次，则始终可得到相同的 $h_n(A)$。随着 n 的增加并趋于极限值，相对频率 $h_n(A)$ 也将围绕一个固定值变化，该固定值即为击穿概率 $p(A)$，如图 2-1 所示，有

$$\lim_{n\to\infty}h_n(A)=P(A) \tag{2-5}$$

式（2-5）给出的极限值称为随机事件（绝缘击穿）的统计概率。概率 $P(A)$ 可以用于任何随机事件 A，作为其发生的确定程度的维数。$P(A)$ 本身无法通过实验确定，一般通过相对频率 $h_n(A)$ 来估算其概率。

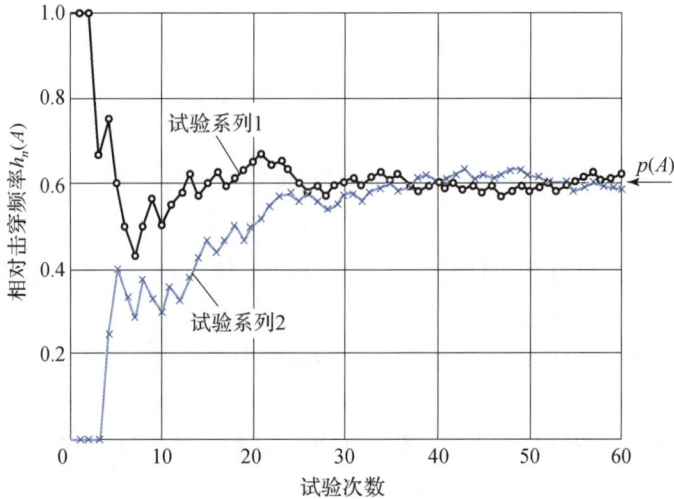

图 2 - 1　相对击穿频率随试验次数的变化

2.1.3　条件概率与独立事件

试验中出现事件 A，同时也肯定会出现事件 B。事件 B 的出现可为事件 A 的研究提供额外信息。也就是说，可根据事件 B 出现的条件来研究事件 A 出现的概率，这就是条件概率，可记为 $P(A/B)$。

例如：对于某绝缘介质，采用恒压法进行介电耐受测试。测试过程中，非击穿事件（N）总会受到其他事件的影响。如稳定局部放电（T）与非击穿（N）同时出现，此时的非击穿事件的条件概率为 $P(N/T)$。另外，$P(N/F)$ 是指无放电现象（F）占优的非击穿条件概率。自然地，$P(N)=P(N/T)+P(N/F)$。在研究均匀场中产生电子崩而导致击穿的概率时，需预设初始状态作为条件。如电场中某点 x 处达到或超过一定数量电子的概率是在阴极（$x=0$）处产生的电子数量 n_0 为初始条件时才能表示，即 $P\left[n(x)\geqslant\dfrac{n_k}{n(0)}\right]$，其中 $n(0)=n_0=1$。

根据上述例子，当事件 B（或 A）中对事件 A（或 B）相互依赖，通常需要考虑一事件的出现对其相互依赖的另一个事件出现的条件概率。如在事件 B 约束条件下事件 A 的条件概率可定义为逻辑积 $A\bigcap B$ 和事件 B 的概率商，可写成

$$P(A/B)=\frac{P(A\bigcap B)}{P(B)} \tag{2-6}$$

这里，$P(B)>0$。同样地，也可得到

$$P(B/A)=\frac{P(A\bigcap B)}{P(A)} \tag{2-7}$$

由式（2-6）和式（2-7），可得非独立事件概率的乘法表达式

$$P(A\bigcap B)=P(B)P(A/B)=P(A)P(B/A) \tag{2-8}$$

当两个事件不相互依赖时，它们恰恰是相互独立的。此时

$$P(A/B)=P(A)\text{和}P(B/A)=P(B) \tag{2-9}$$

对于两个独立事件，也可得到独立事件概率的乘法表达式

$$P(A\bigcap B) = P(A)P(B) \tag{2-10}$$

式 (2-10) 乘法表达式也称为击穿概率的"放大 (尺度) 效应",在假设一些过程相互独立的条件下,可用于计算体积或面积效应、电压作用时间等对击穿概率的统计影响。

例如,某电气设备中有两个绝缘子,通过恒压法得到两个绝缘子在某一电压下的闪络概率分别是 $p_1 = 0.55$ 和 $p_2 = 0.60$,如果两绝缘子并联,而且绝缘子沿面闪络也相互独立,则该设备在此电压下的闪络概率 $p_{\text{ü}}$ 是多少?该设备不发生闪络击穿是以每一个独立绝缘子不闪络为前提,而每个绝缘子不闪络是闪络的互补事件,不闪络概率分别是 $1 - p_1 = 0.45$ 和 $1 - p_2 = 0.40$。因此,该设备不发生闪络的概率为 $1 - p_{\text{ü}} = (1 - p_1)(1 - p_2) = 0.18$,而闪络概率为 $p_{\text{ü}} = 1 - 0.18 = 0.82$,绝缘子并联的放大效应造成了该设备闪络概率的增加。

另外,在确定随机事件的统计特征量时,需要特别注意随机事件的独立性。例如,对一个绝缘介质进行多次介电耐受测试,前一次的随机 (如击穿) 会影响测试样品的状态,进而影响下一次试验的结果。因此,需要通过独立试验来检验测试结果的有效性,也就是说,多次介电耐受测试结果是相互独立的。

2.2　随机变量的特征函数

随机事件通常需要根据其数量的"维数" (即个数) 区分一维、二维等随机变量,随机变量用 X、Y、Z 等字母表示,随机变量维数的确定不是取决于数学处理的需要,而是取决于随机变量发生的物理过程。例如,在升压法测试时,介电耐受特性就需要知道一维的击穿电压变化规律,并可得到介电耐受电场强度。又例如,间隙放电过程经常采用放电电压和放电时间的二维随机变量表示等。本节主要介绍随机变量特征函数与分布规律的一些基本概念。

2.2.1　分布函数

变量的分布规律可通过所谓的分布函数来描述。对于一维连续型随机变量 X (见图 2-2),其分布规律可由下述形式之一来确定,即

(1) 微分分布规律,即 X 在 x 点的概率密度函数值 $f(x)$,定义为

$$f(x)\mathrm{d}x = P(x < X \leqslant x + \mathrm{d}x) \tag{2-11}$$

(2) 积分分布规律 $F(x)$,定义为

$$F(x) = P(X \leqslant x) = \int_{-\infty}^{x} f(x)\mathrm{d}x \tag{2-12}$$

$F(x)$ 又称为 X 的分布函数,存在 $f(x) = \mathrm{d}F(x)/\mathrm{d}x$。分布函数具有以下性质:

(1) 分布函数的定义范围来自概率的定义范围,即 $0 \leqslant F(x) \leqslant 1$;

(2) 分布函数单调增加 (对自变量 x 非降),即对于 $x_1 \leqslant x_2$,$F(x_1) \leqslant F(x_2)$;

(3) 边界条件为 $\lim\limits_{x \to -\infty} F(x) = F(-\infty) = 0$ 和 $\lim\limits_{x \to +\infty} F(x) = F(+\infty) = 1$;

(4) 密度函数的属性有 $f(x) \geqslant 0$ 和 $\int_{-\infty}^{+\infty} f(x)\mathrm{d}x = 1$。

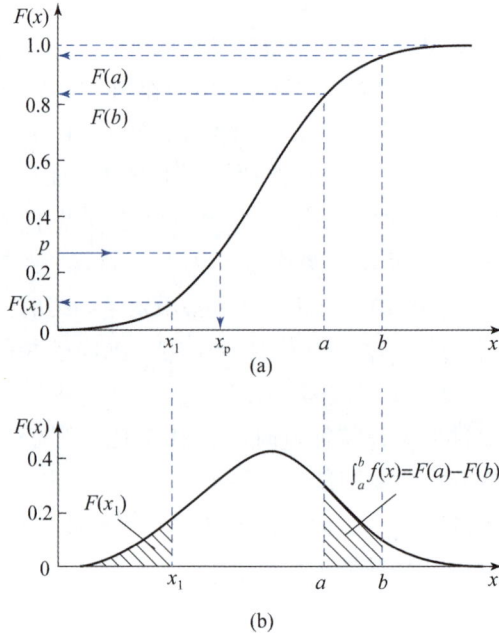

图 2-2 连续型变量的分布函数

(a) 分布函数；(b) 密度函数

任何具有上述属性的函数都可看作连续型变量的密度函数。分布函数和密度函数均可用于描述一个变量，但从理论和实际应用角度，分布函数会更具优势。连续变量 X 落入区间 $[a,b]$ 的概率可表示为

$$P(a \leqslant X \leqslant b) = \int_a^b f(x)\mathrm{d}x = F(b) - F(a) \qquad (2-13)$$

对于一个很小间隔 Δx，近似的 $P(x \leqslant X \leqslant x + \Delta x) \approx f(x)\Delta x$。

离散型变量的分布函数可表示为

$$F(x) = P(X \leqslant x) = \sum_{x_i < x} P(X = x_i) = \sum_{x_i < x} p_i \qquad (2-14)$$

式中：x_i 为变量可能的离散值；p_i 为相关个体概率。

如果分布是有限的，则

$$\sum_{i=1}^n p_i = 1 \qquad (2-15)$$

如果分布是无限的，则

$$\sum_{i=1}^\infty p_i = 1 \qquad (2-16)$$

除了离散分布函数，个体概率也可以用作离散密度函数来表征离散变量［见图 2-3 (b)］。离散变量也可用概率表［见图 2-3 (c)］来描述，即

$$X: \begin{pmatrix} x_1 & x_2 & x_1 & \cdots \\ p_1 & p_2 & p_1 & \cdots \end{pmatrix}$$

式中：个体或累积概率都取决于离散值 x。

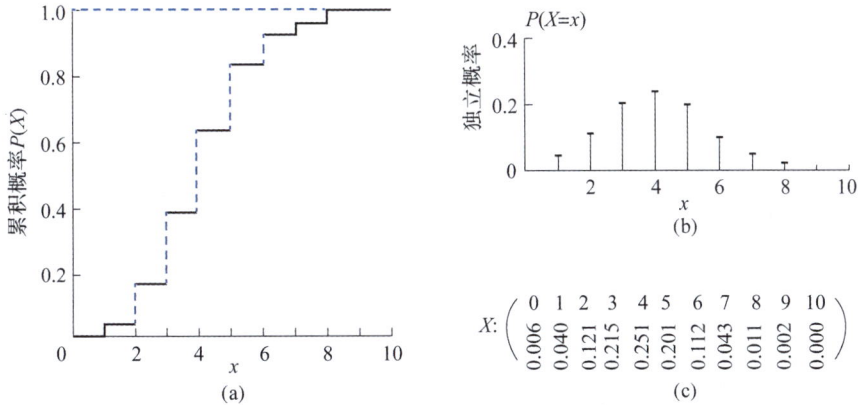

图 2 - 3 离散型变量的分布函数

(a) 离散分布函数（累积概率）；(b) 离散密度函数（个体概率）；(c) 概率表

2.2.2 随机变量的数字特征

如果要了解一个随机变量的分布规律，知道分布函数固然最好，但更多的时候我们并不需要知道完整的分布函数，此时只需要几个参数甚至一个参数就可以确定一个随机变量的分布规律。这样的参数称为随机变量的数字特征。这里需要区分任意分布函数参数，如期望、方差、分位数、均值等（称为函数参数）以及理论分布函数参数（称为分布参数）。显然，这两类参数之间存在着密切关系，如函数参数通常可表示为分布参数的函数。

1. 期望

定义 1：对于分布律为 $p_i = P(X = x_i)$ 的离散型随机变量 X，其期望（Expectation）为

$$\mu = E(X) = \sum_i x_i p_i \tag{2-17}$$

期望值的直观含义就是对 x_i 进行加权平均，而权重为概率 p_i。

定义 2：对于概率密度函数 $f(x)$ 的连续型随机变量 X，其期望

$$\mu = E(X) = \int_{-\infty}^{+\infty} x f(x) \mathrm{d}x \tag{2-18}$$

式（2-18）的本质也是加权平均，$E(X)$ 称为期望算子，满足

$$E(X+Y) = E(X) + E(Y)$$

$$E(kX) = kE(X)$$

2. 方差

定义：随机变量 X 的方差（Variance）为

$$\sigma^2 = E((X - E(X))^2) \tag{2-19}$$

方差其实是期望的特例，是以自变量为 $[X - E(X)]^2$ 的期望，即偏离期望的期望。方差反映了随机变量的波动幅度。对于离散变量，计算时直接从概率表中采用个体概率 p_i 要比采用分布函数更具优势，其方差可表示为 $\sigma^2 = \sum_i (x_i - \mu)^2 p_i$。方差的平方根称为标准差（Standard Deviation），记为 σ。标准差 σ 可表示为

31

$$\sigma = \sqrt{\frac{1}{n} \sum_{i=1}^{n} (x_i - \overline{x})^2}$$

$$\overline{x} = \frac{1}{n} \sum_{i=1}^{n} x_i$$

3. 矩

如果以上各定义中的积分不收敛，没有期望和方差，那么就需要找到一个更加一般的数字特征，即各阶矩（Moment）。对于随机变量 X 与任意函数 $g(X)$，称随机变量函数 $g(X)$ 的期望 $E[g(X)] = \int_{-\infty}^{+\infty} g(x)f(x)\mathrm{d}x$ 为矩。对于连续变量关于 a 的第 k 阶矩定义为

$$\mu_k = E[(X-a)^k] = \int_{-\infty}^{+\infty} (x-a)^k f(x)\mathrm{d}x \tag{2-20}$$

对于离散变量，$(X-a)^k$ 的期望通常称为变量 X 相对于 a 的 k 阶矩，可表示为

$$\mu_k = E[(X-a)^k] = \sum_i (x_i - a)^k p_i \tag{2-21}$$

式（2-21）的特例具有以下意义：

$k=1$、$a=0$ 称为原定矩，实际上就是期望 μ，表示随机变量的平均值；

$k=2$、$a=\mu$ 称为二阶中心矩 μ_2，实际上就是方差 σ^2，表示随机变量的波动程度；

$k=3$、$a=\mu$ 称为三阶中心矩 μ_3，表示密度函数的不对称性，其偏度为 $\gamma = \mu_3/\sigma^3$；

$k=4$、$a=\mu$ 称为四阶中心矩 μ_4，表示密度函数在最高处有多"尖"、在尾部有多"厚"，用于计算偏离正态分布的超额峰度 $\sigma = \mu_4/\sigma^4 - 3$。

可以看出，三、四阶矩在一定程度上也可用于密度函数特征的描述，某个随机变量的峰度如果比较大，那么密度函数在两侧更"厚"。

2.2.3 理论分布函数

理论分布函数用于描述数学模型中的随机过程所产生变量的分布规律。下面介绍高电压工程以及介电耐受测试中常用的理论分布函数。

1. 离散变量

模型 1：变量 X 仅能假设为一个固定值 $x=a$，概率的整个单位质量集中于 a [见图 2-4（a）]，这种分布称为个体分布。该事件实质上并不是随机（混沌）事件，可以进行确定性的处理。

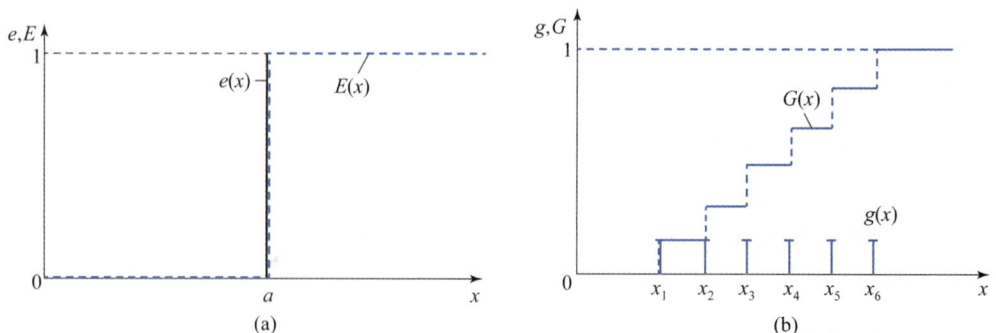

图 2-4 离散变量的理论分布

（a）单点分布；（b）均匀分布

个体概率（密度函数）可用概率表来表示：

$$X: \begin{pmatrix} a \\ 1 \end{pmatrix} \tag{2-22}$$

也即 $p_1 = P(X=a) = 1$。累积概率（分布函数）为

$$E(x) = \begin{cases} 0 & x \leqslant a \\ 1 & x > a \end{cases} \tag{2-23}$$

因此，其期望 $\mu = a$，方差 $\sigma^2 = 0$。

模型 2：变量 X 可假设为 n 个不同值 $x_i (i=1,2,\cdots,n)$，每一个值的概率均为 $p_i = \dfrac{1}{n}$ ［见图 2-4（b）］，称为离散均匀分布。其个体概率（密度函数）可用概率表来表示

$$X: \begin{pmatrix} x_1 & x_2 & \cdots & x_n \\ \dfrac{1}{n} & \dfrac{1}{n} & \cdots & \dfrac{1}{n} \end{pmatrix} \tag{2-24}$$

累积概率（分布函数）可用累积概率表来表示：

$$X: \begin{pmatrix} x_1 & x_2 & \cdots & x_n \\ \dfrac{1}{n} & \dfrac{2}{n} & \cdots & 1 \end{pmatrix} \tag{2-25}$$

其中，$x_1 < x_2 < \cdots < x_n$。其期望 $\mu = \dfrac{1}{n} \sum\limits_{i=1}^{n} x_i$，方差 $\sigma^2 = \dfrac{1}{n} \sum\limits_{i=1}^{n} |x_i^2 - \mu^2|$。

模型 3：伯努利试验（见图 2-5）中两个互补事件 A 和 $\overline{A}$（如击穿和非击穿），出现的概率分别为 $p(A) = p$ 和 $p(\overline{A}) = q(p+q=1)$，对每一个 k 值（$0 \leqslant k \leqslant n$），事件 $\{X=k\}$ 即为 n 次独立试验中事件 A 恰好发生 k 次，随机变量 X 的离散概率分布即为二项分布，其二项系数为

$$\binom{n}{k} = \frac{n!}{k!(n-k)!} = \frac{n(n-1)\cdots(n-k+1)}{1 \times 2 \times \cdots \times k} \tag{2-26}$$

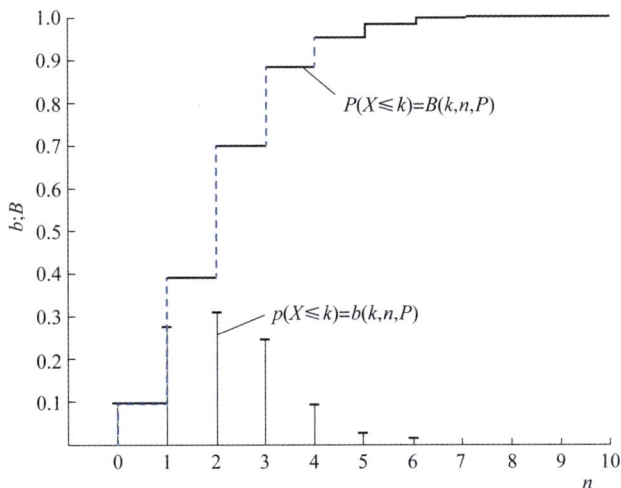

图 2-5　$p=0.2$、$n=10$ 时的二项分布

n 次试验中正好得到 k 次击穿的概率由概率质量函数给出，也即

$$P(X=k)=\binom{n}{k}p^k(1-p)^{n-k} \tag{2-27}$$

累积概率（分布函数）可表示为

$$P(X\leqslant k)=\sum_{m=0}^{k}\binom{n}{m}p^m(1-p)^{n-m} \tag{2-28}$$

因此，其期望 $\mu=np$，方差 $\sigma^2=np(1-p)$。

模型 4： 当一个随机事件，以固定的平均瞬时速率 λ（或称密度）随机且独立地出现时，那么该事件在单位时间（面积或体积）内出现的次数或个数就近似地服从泊松分布。泊松分布适合于描述单位时间（或空间）内随机事件发生的次数。当试验次数 n 趋于无穷，且同一时刻 $np=\lambda$ 保持不变时，存在

$$\lim_{\substack{n\to\infty\\np=\lambda}}\binom{n}{k}p^k(1-p)^{n-k}=\frac{\lambda^k}{k!}e^{-\lambda} \tag{2-29}$$

式中：$k=1,2,\cdots;\lambda=\dfrac{1}{n}\sum_{i=1}^{n}x_i$。

对于一个较大的 n，概率 p 很小，而且 $np=\lambda$ 为常数，因此，泊松分布描述的是稀有事件。其概率密度函数可表示为

$$P(X=k)=\frac{\lambda^k}{k!}e^{-\lambda} \tag{2-30}$$

累积概率分布函数为

$$P(X\leqslant k)=\sum_{m=0}^{k}\frac{\lambda^m}{m!}e^{-\lambda} \tag{2-31}$$

因此，其期望 $\mu=\lambda$，方差 $\sigma^2=\lambda$。

2. 连续变量

模型 1： 在区间 $a\leqslant X\leqslant b$ 内，变量 X 在任一间隔内都以相等概率出现（见图 2-6），变量 X 称为连续均匀分布，其密度函数为

$$f(x)=\begin{cases}0 & x<a\\[2mm]\dfrac{1}{b-a} & a\leqslant x\leqslant b\\[2mm]0 & x>b\end{cases} \tag{2-32}$$

其分布函数为

$$F(x)=\begin{cases}0 & x<a\\[2mm]\dfrac{x-a}{b-a} & a\leqslant x\leqslant b\\[2mm]0 & x>b\end{cases} \tag{2-33}$$

因此，其期望 $\mu=\dfrac{1}{2}(a+b)$，方差 $\sigma^2=\dfrac{1}{12}(b-a)^2$。

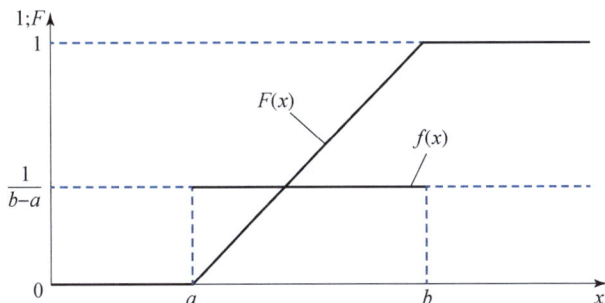

图 2-6 连续均匀分布的密度函数和分布函数

模型 2：一个随机过程会产生一个正态分布变量，该正态分布变量可看作大量独立的随机分布变量的总和，而且这些随机变量对总和的贡献微不足道，则这个随机变量称为正态随机变量，正态随机变量服从的分布称为正态分布，记作 $X \sim N(\mu, \sigma^2)$。该模型可应用于许多随机现象，如放电过程、高压测量误差分布等，其概率密度函数为

$$\varphi(x, \mu, \sigma^2) = \frac{1}{\sqrt{2\pi}\sigma} e^{-\frac{(x-\mu)^2}{2\sigma^2}} \tag{2-34}$$

而分布函数为

$$\Phi(x, \mu, \sigma^2) = \frac{1}{\sqrt{2\pi}\sigma} \int_{-\infty}^{x} e^{-\frac{(t-\mu)^2}{2\sigma^2}} \mathrm{d}t \tag{2-35}$$

式中：μ 为位置参数，即期望（中心值、均数）；$\sigma^2 > 0$，为方差；σ 为标准差。两个参数 μ 和 σ^2 为正态分布。为了便于描述和应用，常将正态变量进行变换，转化成标准正态分布，如图 2-7 所示。令 $z = (x-\mu)/\sigma$，$\mu = 0$，$\sigma^2 = 1$，标准正态分布的概率密度函数为

$$\varphi(z) = \frac{1}{\sqrt{2\pi}} e^{-\frac{z^2}{2}} \tag{2-36}$$

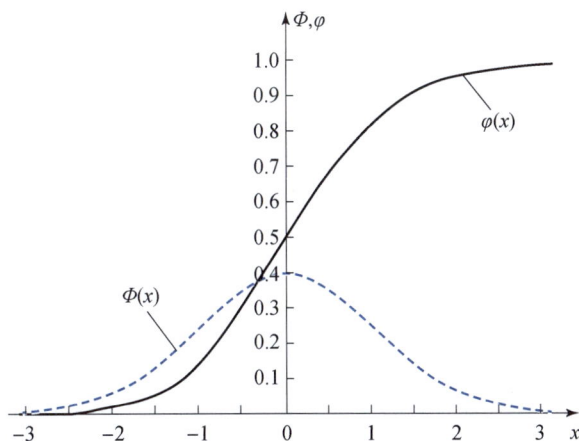

图 2-7 标准正态分布的密度函数和分布函数

（1）点估计。正态分布的点估计可表示为

$$\mu : \mu^* = \overline{x} = \frac{1}{n} \sum_{i=1}^{n} x_i = x_{50}^* \tag{2-37}$$

$$\sigma^2 : \sigma^* = s^2 = \frac{1}{n-1} \sum_{i=1}^{n} (x_i - \overline{x})^2 = (x_{50}^* - x_{16}^*)^2 \qquad (2-38)$$

式中：x_{50}^* 和 x_{16}^* 分别为经典分布函数的 50％和 16％分位数。

（2）置信估计。这里假定正态分布的两个参数是未知的，μ 的置信区间可由 t 分布得到，而 σ^2 的置信区间可由 χ^2 分布得到。

（3）容许区间。当 σ 和 μ 已知时，可通过标准正态变换 $u = (x - \mu)/\sigma$，将正态变量 x 变换成标准正态变量值 u，按照标准正态变量值的分布规律得到容许区间。但通常 μ 和 σ 未知，常采用大样本资料的 $\overline{x}$ 和 s 分别作为 μ 和 σ 的估计值，来得到容许区间的参考值范围，但由于个体变异的关系以及最不利置信区间的叠加，可能会出现高估。

正态分布在许多统计估计和检验中至关重要。它通常适用于描述高压工程中的随机过程，特别是气体介质击穿和绝缘子闪络，目前也成功应用于其他绝缘结构与介电耐受分析。高压工程中的许多统计都首先考虑采用正态分布，因为在高电压工程的许多方面，正态分布都是最容易处理的分布函数。

模型 3：一个随机过程，其随机变量的产生总是发生在所有可能出现的极值点（极大值、极小值）（例如并联的气体绝缘间隙，其介电击穿总是随机发生在绝缘最薄弱点），这一极值分布称为威布尔分布。为了得到极值分布，考虑随机变量 X_j 发生于 n 次基本事件，每个事件均服从 $F_A(x)$ 分布，变量 X 则是所有可能的最小值，即

$$X = \min(X_j) \qquad (2-39)$$

根据乘法定律，可以得到事件 X 不发生的概率为

$$P(X \geqslant x) = [1 - F_A(x)]^n \qquad (2-40)$$

因此，变量 X 的分布函数为

$$F_n(x) = P(X < x) = 1 - [1 - F_A(x)]^n \qquad (2-41)$$

当 $n \rightarrow \infty$，而且 $F_A(x) \rightarrow \infty$ 同时收敛时，可得到极值分布函数

$$\lim_{\substack{n \to \infty \\ F_A(x) \to 0}} \{1 - [1 - F_A(x)]^n\} = F(x) \qquad (2-42)$$

而极值分布函数依赖于初始分布函数 $F_A(x)$，可表示为

$$F_A(x) = \frac{1}{n} \left(\frac{x - x_0}{\eta} \right)^{\delta} \qquad (2-43)$$

这里，$x > x_0$，$\eta > 0$，$\delta > 0$。当 $x_0 = 0$，$\delta = 1$ 时，就变为威布尔分布的一个特例，即指数分布。

威布尔分布的密度函数为

$$f(x) = \begin{cases} \dfrac{\delta}{\eta} \left(\dfrac{x - x_0}{\eta} \right)^{\delta-1} \exp\left[-\left(\dfrac{x - x_0}{\eta} \right)^{\delta} \right] & x \geqslant x_0 \\ 0 & x < x_0 \end{cases} \qquad (2-44)$$

分布函数可表示为

$$F(x) = \begin{cases} 1 - \exp\left[-\left(\dfrac{x - x_0}{\eta} \right)^{\delta} \right] & x \geqslant x_0 \\ 0 & x < x_0 \end{cases} \qquad (2-45)$$

指数分布时，$x_0=0$，$\delta=1$，$\eta=\dfrac{1}{\lambda}$。

威布尔分布有三个参数，$\eta=x_{63}-x_0$（比例参数，63%分位数）；δ（形状参数，威布尔指数）；x_0（位置参数，初始值）。当 $x_0=0$ 时，三参数威布尔分布就变成双参数威布尔分布。当 $x_0=0$，$\delta=1$ 时，指数分布仅有一个参数 $\lambda(=1/\eta)$。

期望可表示为

$$\mu=x_0+\eta\Gamma\left(\frac{1}{\delta}+1\right) \tag{2-46}$$

式中：$\Gamma(1/\delta+1)$ 为 γ 的函数；指数分布的期望 $\mu=\eta=1/\lambda$。

方差可表示为

$$\sigma^2=\eta^2\left[\Gamma\left(\frac{2}{\delta}+1\right)-\Gamma\left(\frac{1}{\delta}+1\right)^2\right] \tag{2-47}$$

指数分布的方差为 $\sigma^2=\eta^2=1/\lambda^2$。

威布尔分布在分析设备可靠性和寿命时，应用较广泛。例如，对电力变压器油纸绝缘在一定电场强度 E（kV/cm）下工作 τ（h）时间后，发生故障的概率 $P(\tau,E)$ 可根据威布尔分布得到。

（1）点估计。威布尔分布的点估计是比较复杂的。如果知道初始值或初始值为零，点估计问题就变成双参数分布，可根据经验分位数来进行简化估计，即

$$\eta:\eta^*=x_{63}$$

$$\delta:\delta^*=\frac{\lg\left(\ln\dfrac{1}{1-F(x_1)}\right)-\lg\left(\ln\dfrac{1}{1-F(x_2)}\right)}{\lg\left(\dfrac{x_1}{x_2}\right)} \tag{2-48}$$

对于特别分位数 x_{63} 和 x_{05}，存在

$$\delta:\delta^*=\frac{1.2898}{\lg\left(\dfrac{x_{63}}{x_{05}}\right)}$$

对于一般三参数威布尔分布，初始值 x_0 的估计是极其关键和非常重要的，而最常用的还是图形方法。可以根据实际获得的三参数威布尔分布，在概率纸上得到两参数分布。以 $y=x-x^*$ 进行替换，可得到一条直线（见图 2-8），然后通过对 x^* 进行适当假设和图形检查可估计 x_0。如果理论偏斜度 γ_b 仅与威布尔指数 δ 相关，也可采用矩方法对三参数进行估计。对于指数分布的点估计，可表示为

$$\lambda=\frac{1}{\eta}=\frac{1}{x_{63}}=\frac{n}{\sum\limits_{i=1}^{n}x_i} \tag{2-49}$$

（2）置信估计。威布尔分布参数的置信估计存在极大的困难。对于初始值 x_0 几乎没有任何可以推广的估计方法。其他两个参数 μ 和 δ 的置信区间可按照表 2-1 进行。

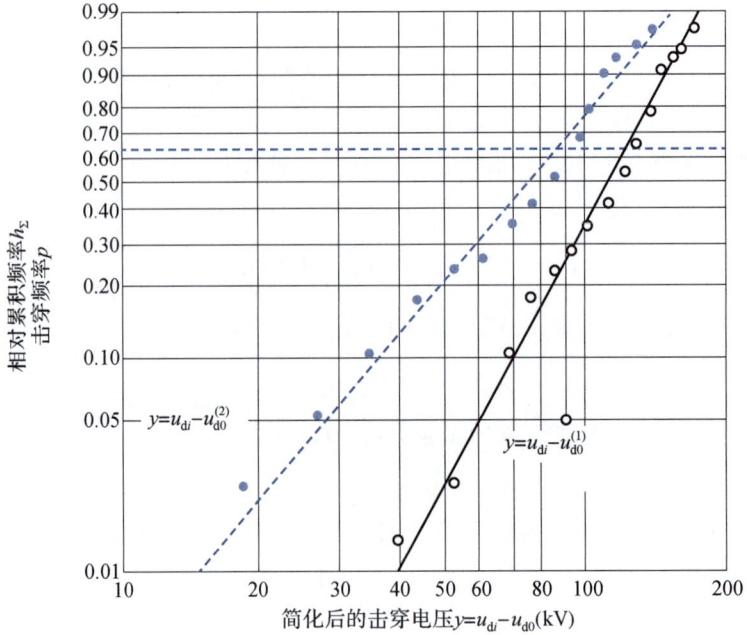

图 2-8　三参数威布尔分布的概率纸（油中尖板间隙击穿的概率分布）

u_{di}—第 i 次击穿电压；u_{d0}—初始值的估计值

表 2-1　威布尔分布参数的置信区间

参数	置信区间	注释
63%分位数 η	$[g_u, g_0]$ $$g_u = \eta^* \exp\left[\frac{-W_{ni1+\varepsilon/2}^{(1)}}{\delta^*}\right]$$ $$g_0 = \eta^* \exp\left[\frac{-W_{ni1+\varepsilon/2}^{(1)}}{\delta^*}\right]$$	当 $5 \leq n \leq 120$ 时，$W_{n,q}^{(1)}$ 参数值见表 2-2； 当 $n > 120$ 时，$W_{n,q}^{(1)} = \lambda_q \sqrt{\dfrac{1.108}{n}}$，$\lambda_q$ 为正态分布的分位数
威布尔指数 δ	$[g_u, g_0]$ $$g_u = \frac{\delta^*}{-W_{ni1+\varepsilon/2}^{(2)}}$$ $$g_0 = \frac{\delta^*}{-W_{ni1-\varepsilon/2}^{(2)}}$$	当 $5 \leq n \leq 120$ 时，$W_{n,q}^{(2)}$ 参数值见表 2-2； 当 $n > 120$ 时，$W_{n,q}^{(2)} = \lambda_q \sqrt{\dfrac{0.608}{n}}$，$\lambda_q$ 为正态分布的分位数

表 2-2　计算威布尔分布置信区间的相关参数

样本数量 n	$W_{n,q}^{(1)}$				$W_{n,q}^{(2)}$			
	$q=$				$q=$			
	0.02	0.05	0.95	0.98	0.02	0.05	0.95	0.98
5	−1.631	−1.247	1.107	1.582	0.604	0.683	2.779	3.518
7	−1.196	−0.874	0.829	1.120	0.639	0.709	2.183	2.640

样本数量 n	$W_{n,q}^{(1)}$				$W_{n,q}^{(2)}$			
	$q=$				$q=$			
	0.02	0.05	0.95	0.98	0.02	0.05	0.95	0.98
10	−0.876	−0.665	0.644	0.851	0.676	0.738	1.807	2.070
15	−0.651	−0.509	0.499	0.653	0.716	0.770	1.564	1.732
20	−0.540	−0.428	0.421	0.549	0.743	0.791	1.449	1.579
30	−0.423	−0.338	0.334	0.135	0.778	0.820	1.334	1.429
40	−0.360	−0.288	0.285	0.371	0.801	0.839	1.273	1.351
50	−0.318	−0.254	0.253	0.328	0.817	0.852	1.235	1.301
60	−0.289	−0.230	0.229	0.297	0.830	0.863	1.208	1.267
80	−0.248	−0.197	0.197	0.255	0.848	0.878	1.173	1.222
100	−0.221	−0.174	0.175	0.226	0.861	0.888	1.150	1.192
120	−0.202	−0.158	0.159	0.205	0.871	0.897	1.133	1.171

与正态分布一样，威布尔分布是高压工程中应用最广泛的分布函数之一，它非常适合分析介电寿命或设备绝缘寿命，最初用于分析固体绝缘材料中的击穿与时间的关联性。在高分子绝缘材料的情况下，将威布尔分布应用于击穿电压或耐电强度的研究，可推导出服役寿命的表达式。

模型 4：一个随机过程中，两个相互独立、相同概率分布的随机变量之间的差别是按照指数分布的随机时间布朗运动，并遵循拉普拉斯分布，这个随机过程可看作是两个不同位置的指数分布背靠背拼接在一起，这一分布称作双指数分布。双指数分布属于极值分布的一种，其基本模型与威布尔分布模型相同，其初始分布可表示为

$$F_A(x) = \frac{1}{n} \exp\left(\frac{x-\eta}{\gamma}\right) \qquad (2-50)$$

式中：η 为实数；$\gamma > 0$。

密度函数为

$$f(x) = \frac{1}{\gamma} \exp\left[\frac{x-\eta}{\gamma} - \exp\left(\frac{x-\eta}{\gamma}\right)\right] \qquad (2-51)$$

分布函数为

$$F(x) = 1 - \exp\left[-\exp\left(\frac{x-\eta}{\gamma}\right)\right] \qquad (2-52)$$

式中：η 为 63% 分位数；γ 为离散度度量。

双指数分布的期望 $\mu = \eta - \gamma C$（C 为欧拉常数），方差 $\sigma^2 = \frac{1}{6}\pi^2\gamma^2$。通过变换 $y = (x-\eta)/\gamma$，双指数分布可转化为 $\eta=0$，$\gamma=1$ 的标准形式（见图 2-9）。一般双指数分布的 q 阶分位数可根据标准形式 d_q 来计算，即 $d_{q,\eta,\gamma} = d_q\gamma + \eta$。

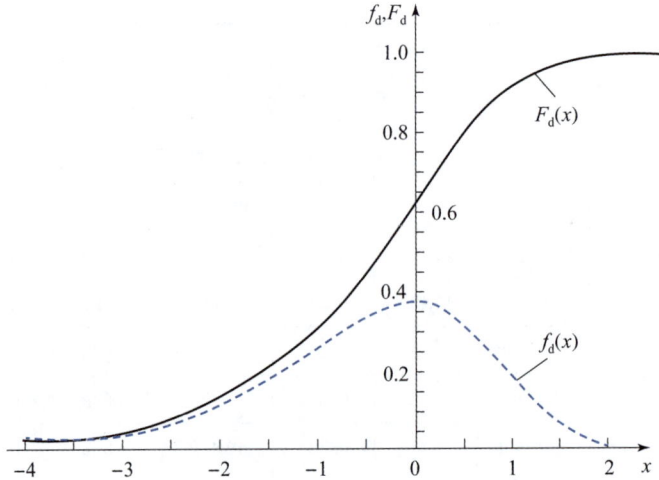

图 2-9　双指数分布的密度函数和分布函数（$\eta=0$，$\gamma=1$）

（1）点估计。参数估计可根据经典分布函数的分位数来进行。

$$\eta：\eta^* = x_{63}$$

$$\gamma：\gamma^* = \frac{1}{3}(x_{63} - x_{05})$$

也可以使用经验矩进行点估计，但需要考虑有限的样本量以获得符合预期的估计。

（2）置信区间。双指数分布参数的置信估计尚不清楚。在双指数分布的中心区域计算出一个"控制区域"，可视为置信区域。

双指数分布可方便描述击穿电压和耐电强度的变化，特别适用于高气压气体绝缘。对于较大的威布尔指数（$\delta \rightarrow \infty$），双参数威布尔分布收敛于双指数分布：当 $\delta > 20$ 时，双指数分布似乎更合理些。当应用放大定律时，随着放大系数的增加（$n \rightarrow \infty$），正态分布也收敛于双指数分布，这种收敛特性增加了双指数分布的应用范围。

2.3　相关性与回归的概念

测试过程中同一试品会同时测量几个随机特征参量（如一定电压下局部放电强度和击穿电压的高低），大家会关心这些随机特性参量之间的关联性、关联强度以及如何进行量化等问题，而相关性和回归可为这些问题提供解决方法。

2.3.1　基本概念

相关性分析首先通过参考相关系数来检查所研究的随机特征变量 X 和 Y 之间是否存在任何线性关系以及它们的关联强度等问题。一般假设变量 X 和 Y 呈正态分布，理论相关系数取值为 $|\rho| \leqslant 1$。若 $\rho=0$，X 和 Y 不相关［见图 2-10（a）、（b）］，即两者之间没有线性关系。$|\rho|$ 越接近 1，X 和 Y 的相关性就越强。当 $\rho > 0$ 时，X 和 Y 一起增加或减少，这是"正相关"［见图 2-10（c）］。当 $\rho < 0$ 时，X 和 Y 负相关［见图 2-10（d）］。$|\rho|=1$ 表示完全相关，存在完美的函数依赖［见图 2-10（e）］。

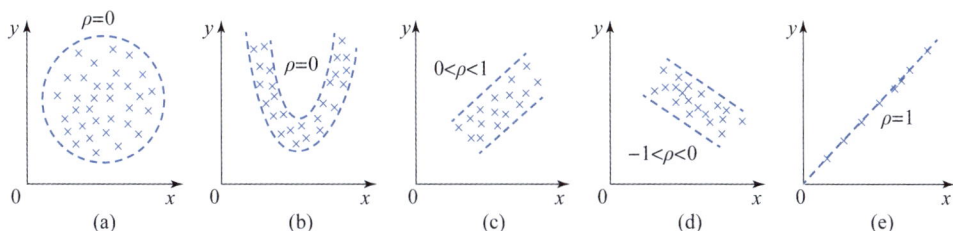

图 2 - 10 特征 X 和 Y 样本分布

（a）特征不相关；（b）特征不线性相关；（c）正相关；（d）负相关；（e）完全相关（函数关系）

回归分析通过参考样本研究特征变量 X 和 Y 之间或变量和参数之间（例如击穿时间与施加电压的依赖性）功能关联的可能性。在高压工程中，人们往往对一个参数的依赖性特别感兴趣，因此下面重点考虑这种情况。在最简单的情况下，可以用图形描述一对参数 x_i、y_i 的回归。这里我们只考虑特征变量 X 和 Y 之间存在线性关系，或者可通过简单变换 $\left[如 X^* = f_1(X)、Y^* = f_2(Y)\right]$ 进行线性回归的情况。

例如，高分子绝缘材料的击穿时间 t_d 与施加的击穿电压 u_d 的关系，可通过对数变换得到经典的线性关系，即

$$\lg u_d = -\frac{1}{n}\lg t_d + \lg u_{d0} \tag{2-53}$$

对于线性回归，假定变量呈正态分布，随机特征的均值可表示为线性函数，回归线则代表期望

$$E(Y) = \alpha + \beta E(X) \tag{2-54}$$
$$Y = \alpha + \beta X \tag{2-55}$$

如果样本大范围分散在回归线周围，回归系数 β 会较小，特征变量 X 和 Y 之间存在弱线性关系；如果分散很小，回归系数 β 较大，则存在较强的线性相关。

另外，需要仔细区分从属和独立特征（参数）。在 y 对 x 的回归估计时，经验回归线可进行最佳拟合

$$y = a_{yx} + b_{yx}x \tag{2-56}$$

此时，垂直偏差的总和应最小。相反地，存在

$$x = a_{xy} + b_{xy}y \tag{2-57}$$

同样地，水平偏差的总和也应最小。随着相关性的增加，式（2 - 56）和式（2 - 57）所描述的回归线之间的差异逐渐消失。对于相关系数 $|r| = 1$，回归线重合。当回归系数存在

$$b_{xy} = \frac{1}{b_{yx}} \tag{2-58}$$

则经验相关系数为

$$r = \sqrt{b_{yx}b_{xy}} \tag{2-59}$$

一般 $|r| \leqslant 1$。

后续将介绍在简单线性情况下如何计算相关系数和回归系数。

41

2.3.2 相关系数和回归线的估计

1. 相关系数的估计

取一个由 n 对 (x_i, y_i) 值组成的样本，并分别得到 (x_i, y_i) 的算术平均值 $(\overline{x}, \overline{y}_i)$ 和均方偏差 (s_x, y_s)，并引入经典协方差连接特征 X 和 Y 并表示平均偏差的乘积，即

$$s_{xy} = \frac{1}{n-1} \sum_{i=1}^{n} (x_i - \overline{x})(y_i - \overline{y}) \tag{2-60}$$

由此可得到经验相关系数

$$r = \frac{s_{xy}}{s_x s_y} = \frac{\sum\limits_{i=1}^{n} x_i y_i - n \overline{x}\, \overline{y}}{\sqrt{\left(\sum\limits_{i=1}^{n} x_i^2 - n\overline{x}^2\right)\left(\sum\limits_{i=1}^{n} y_i^2 - n\overline{y}^2\right)}} \tag{2-61}$$

根据式（2-61）可得到经验相关系数的置信区间。如果置信区间内不包括 $\rho = 0$ 的值，可认为 $\rho \neq 0$，也即存在相关性。

例如，对 10 台电压互感器进行局部放电和介电耐受试验，通过确定某电压下的局部放电量，确定破坏性试验是否可用非破坏性局部放电试验来代替。根据试验结果，建立局部放电脉冲电荷量 q_i 与击穿电压 u_d 的回归线，如图 2-11 所示。假定局部放电量与击穿电压服从正态分布，可计算出相关系数及其置信区间。由此可得到：$\overline{q}_i = 34.5\text{pC}$，$s_q = 26.0\text{pC}$，$\overline{u}_d = 98.6\text{kV}$，$s_u = 6.1\text{kV}$。协方差 $s_{qu} = 85.4\text{kV} \cdot \text{pC}$。可得到相关系数 $r = 85.4/(26.0 \times 6.1) = 0.54$，置信区间为 $(g_u = -0.12, g_0 = +0.84)$，包含了 $\rho = 0$ 的值。这表明局部放电量与击穿电压之间的相关性不能完全确定，需要增加样本量来进一步确定。

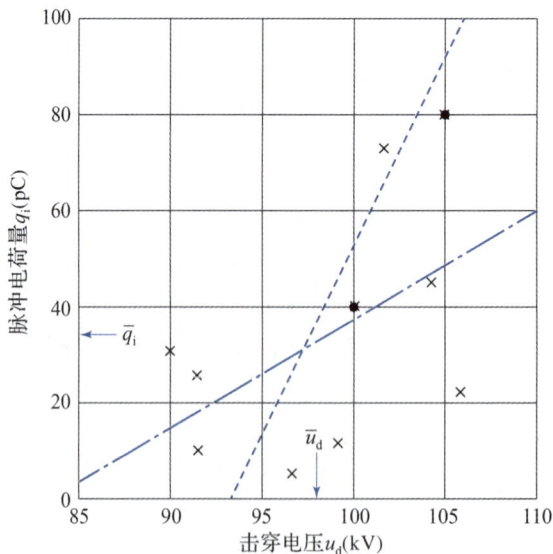

图 2-11 局部放电量与击穿电压间的回归线

（——·——：从 q_i 到 u_d 回归；---------：从 u_d 到 q_i 回归）

$\overline{q}_i$、$\overline{u}_d$——表示平均值

2. 回归线的估计

同样取一个由 n 对（x_i, y_i）值组成的样本，进行由 y 至 x 的回归，回归系数可按照下式计算

$$b_{yx} = \frac{s_{xy}}{s_x^2} = r\frac{s_y}{s_x} = \frac{\sum\limits_{i=1}^{n}(x_i - \overline{x})(y_i - \overline{y})}{\sum\limits_{i=1}^{n}(x_i - \overline{x})^2} \qquad (2\text{-}62)$$

同样地，可得到 x 至 y 的回归系数

$$b_{xy} = \frac{s_{yx}}{s_y^2} = r\frac{s_x}{s_y} = \frac{\sum\limits_{i=1}^{n}(x_i - \overline{x})(y_i - \overline{y})}{\sum\limits_{i=1}^{n}(y_i - \overline{y})^2} \qquad (2\text{-}63)$$

上述两种情况下回归线的位置系数 a 可分别表示为

$$\left.\begin{aligned} a_{yx} &= \overline{y} - b_{yx}\,\overline{x} \\ a_{xy} &= \overline{x} - b_{xy}\,\overline{y} \end{aligned}\right\} \qquad (2\text{-}64)$$

仍以上文中的 10 台电压互感器为例，可计算得到回归线如图 2-11 所示。局部放电量 q_i 与击穿电压 u_d 的回归线满足

$$b_{qu} = 2.29(\text{pC/kV}), \quad a_{qu} = -191.3(\text{pC})$$
$$q_i(\text{pC}) = -191.3 + 2.29u_d(\text{kV})$$

同样地，可得到击穿电压 u_d 与局部放电量 q_i 的回归线

$$b_{uq} = 0.216(\text{kV/pC}), \quad a_{uq} = 94.2(\text{kV})$$
$$u_d(\text{kV}) = 94.2 + 0.216q_i(\text{pC})$$

由图 2-11 可以看出，样本分散在回归线周围，可采用剩余方差来描述此类分散性，即

$$\left.\begin{aligned} s_{\text{R}yx}^2 &= \frac{1}{n-2}\sum_{i=1}^{n}(y_i - a_{yx} - b_{yx}x_i)^2 \\ s_{\text{R}xy}^2 &= \frac{1}{n-2}\sum_{i=1}^{n}(x_i - a_{xy} - b_{xy}y_i)^2 \end{aligned}\right\} \qquad (2\text{-}65)$$

位置系数 a 和回归系数 b 的方差可用剩余方差来描述。此处只考虑由 y 对 x 的回归，位置系数和回归系数的方差分别为

$$\left.\begin{aligned} s_{ayx}^2 &= s_{\text{R}yx}^2\left[\frac{1}{n} + \frac{\overline{x}^2}{(n-1)s_x^2}\right] \\ s_{byx}^2 &= \frac{s_{\text{R}yx}^2}{(n-1)s_x^2} \end{aligned}\right\} \qquad (2\text{-}66)$$

采用式（2-66）中所得方差，可分别计算位置系数 a 和回归系数 b 的置信区间

$$\left.\begin{array}{l} a_0 \\ a_u \end{array}\right\} = a_{yx} \pm t_{n-2,(1+\varepsilon)/2}\, s_{ayx} \atop \left.\begin{array}{l} b_0 \\ b_u \end{array}\right\} = b_{yx} \pm t_{n-2,(1+\varepsilon)/2}\, s_{byx} \right\} \tag{2-67}$$

式中：分位数 $t_{m,q}$ 遵从自由度 $m = n - 2$ 和阶数 $q = (1+\varepsilon)/2$ 的 F 分布。另外，完整回归线置信区间的计算还可参考其他分布函数，也可采用统计检验来比较两条回归线。

2.4　介电耐受特性的统计方法

用统计方法研究和分析介电耐受特性（气体、液体、固体绝缘的击穿以及气固界面的闪络）试验的主要任务是，确定具有给定概率的介电耐受特性。对于具有不同统计分布规律的介电放电电压，希望通过试验获得其分布参数的估计值。在通过试验求得这些估计值后，由分布规律就很容易得到具有一定耐受概率的介电耐受特性。例如，介电耐受时的放电电压遵从正态分布规律，在求得 50% 放电电压 U_{50} 及放电电压标准差 σ_d 的估计值后，根据 $U_{90} = U_{50} - 1.3\sigma$ 就可求得耐受概率为 90%（放电概率为 10%）的介电耐受电压。

介电耐受主要考虑的是"电击穿"这一随机过程，该击穿过程可用不同变量来描述，但最本质的变量是耐受场强或击穿场强。由于介电耐受的电击穿通常采用高电压来进行测试，"击穿电压"则是反映电击穿过程的最直观变量。

在稍不均匀电场或均匀电场条件下，大家更关注击穿电压的归一化。对于间隙距离为 d、电场不均匀系数为 f 的稍不均匀的绝缘结构，其最大击穿场强 E_{dh} 与击穿电压 U_d 之间存在

$$E_{dh} = \frac{U_d}{df} \tag{2-68}$$

在绝缘击穿过程中，电极曲率是影响击穿过程的主要因素。通过引入曲率因子 e_h，可以得到绝缘材料的介电强度 E_d 为

$$E_d = \frac{E_{dh}}{e_h} = \frac{U_d}{d f e_h} \tag{2-69}$$

另外，介电强度也是施加电压持续时间的函数，通常采用随机时间因子 K_t 来描述击穿过程的随机特性

$$K_t = \frac{E_d(t)}{E_{d0}} \tag{2-70}$$

式中：E_{d0} 为给定时间（如工频 1min，$t_0 = 1$min）下的介电强度。

脉冲电压下上述方法证明更有效，这是因为脉冲电压下介电击穿的随机特性，是时间相关的初始电子产生的随机条件以及时间相关的随机放电发展过程所造成的。与时间因子类似，也可引入某一变量来描述其随机击穿过程，并归一化试验结果。

在介电耐受的许多随机问题都需要考虑击穿时间。如恒压试验需要获得耐受时间或击穿时间 T_d、升压试验需要确定经验分布函数 $T^*(t_d)$ 等。性能函数对击穿电压及其衍

生变量特别重要，但性能函数又是专门为击穿时间给出的分布函数。在特殊情况下，例如，相同幅度但不同持续时间的脉冲，确定击穿时间性能函数尤为重要。

2.4.1　空气绝缘

大气压空气是众多电气设备中最常见、最重要的一种绝缘介质，也是研究最深入的绝缘介质。大气空气可认为是仅有的可完全自恢复的绝缘材料，但其绝缘性能易受大气条件（温度、气压和湿度等）的影响。因此，其击穿电压需要修正到标准大气条件。另外，大气压空气的击穿电压还受紫外线、灰尘等因素影响。由图 2-12 可以看出，一般大气压空气和过滤后的空气表现出不同的放电规律。空气经过滤后，降低了灰尘对电极表面电场的畸变以及带电灰尘对放电起始过程的影响，击穿时间更长、分散性更大。

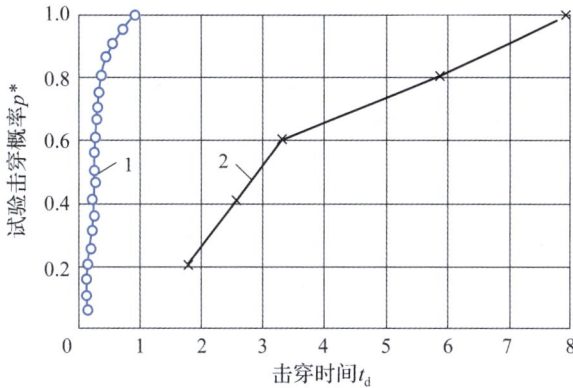

图 2-12　空气中灰尘对球间隙击穿时间的影响
1—正常空气；2—过滤空气

在介电耐受试验中，测试结果还受试品布置方式、测试程序和试品参数的影响。另外，测试结果还会受到试验设备输出电流的影响，特别是在击穿前的大电流放电过程，如长间隙先导放电、污秽试验的局部电弧，需要合理地选择串联保护电阻或试验设备的功率。因此，在看似完全相同的条件下测得的击穿电压分布函数却无法完全重现，而有限样本数导致的不确定性估计会加剧这一情况。因此，在确定大气压空气的击穿电压统计规律时，需要对上述因素加以考虑。

1. 空气间隙

采用连续均匀升压法，获得稍不均匀电场下空气间隙的工频击穿电压，击穿电压的分散性较小。假设边界条件（大气条件以及气流、灰尘等）具有高度的随机性，则空气绝缘的击穿电压概率分布服从正态分布。因为是正态分布，概率密度曲线左右对称，U_{50} 即为击穿电压的期望 $\bar{u}_d^*$。对于空气间隙绝缘，存在

$$\bar{u}_d^* = E_{dh} d f \qquad (2-71)$$

式中：d 为空气绝缘的间隙距离；E_{dh} 可参照图 2-13。

电压施加时间对击穿电压的预期影响很小，时间效应可以忽略，但电极的面积效应会影响击穿电压的预期。对于一定的粗糙表面，微凸起造成的电场局部增强会显著降低宏观最大击穿场强，甚至会低于 25kV/cm。

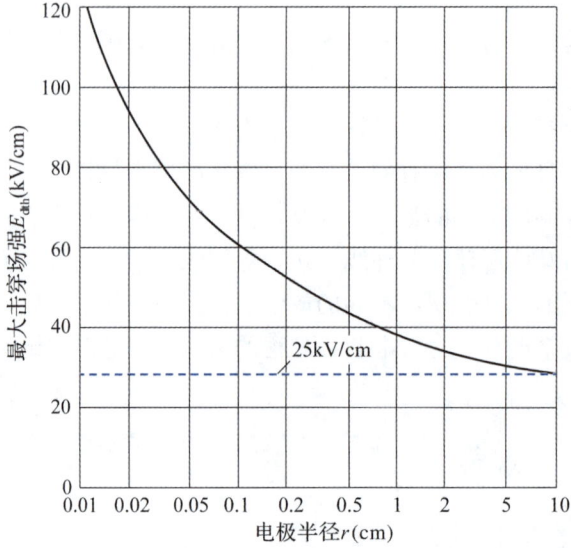

图 2-13 同轴结构中空气间隙的最大击穿场强与电极曲率半径的关系
（假设间隙距离远大于电极半径）

对于极不均匀电场中的空气间隙，间隙击穿前先发生局部放电（或电晕），而击穿前发生稳定局部放电的电压决定了整个空气绝缘击穿电压的幅值。发生稳定局部放电时的电压 u_p 定义为一种"特殊"的击穿电压（u_d/d）。以棒—板间隙为例，雷电冲击和直流电压下棒—板间隙击穿电压的期望正比于间隙距离，比例系数为稳定局部放电所要求的电压 u_p（见图 2-14 中曲线 1），即

$$\overline{u}_d^* = u_p d \tag{2-72}$$

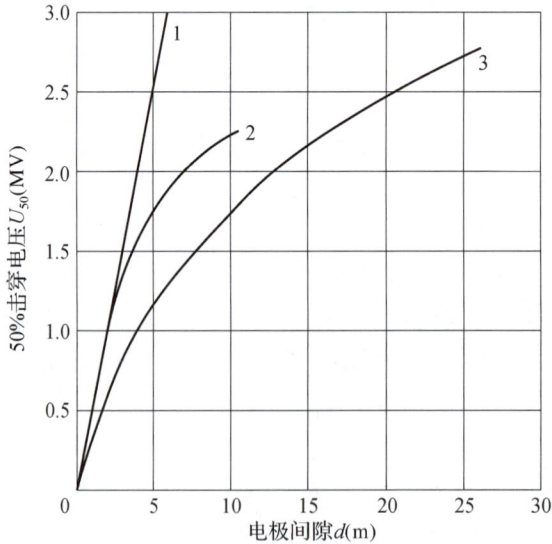

图 2-14 棒—板间隙 50％击穿电压
1—直流和正极性雷电；2—50Hz 交流；3—正极性操作

式（2-72）也适用于交流和操作冲击电压，但要求间隙击穿前流注放电处于一种稳定状态，一般要求 $d<d_0\approx1.5\mathrm{m}$。当 $d>d_0$ 时，交流和操作冲击电压下棒—板间隙击穿电压随间隙距离的增加仅略有增加（见图 2-14 中曲线 2、3），此时击穿电压的期望决定于流注放电电压 u_s 和先导放电电压 u_1，即

$$\overline{u}_\mathrm{d}^*=u_1d+(u_\mathrm{s}-u_1)d_0\left(1+\ln\frac{d}{d_0}\right) \tag{2-73}$$

式中：d_0 可根据测得的击穿电压值来计算得到。如果不通过初始试验来确定 d_0，击穿电压的期望也可根据尖—板电极结构特征以及不同结构电极的火花间隙系数 k 来估计，即

$$\overline{u}_\mathrm{d}^*=k\overline{u}_{\mathrm{d(rod-plane)}}^* \tag{2-74}$$

持续电压（工频电压、直流电压）作用下空气间隙进行介电耐受试验时，施加电压的方式可以是：①连续升压法；②逐级升压法。在持续电压作用下，对于一定的空气绝缘进行 n 次试验得到 n 个观测值后，就得到样本大小为 n 的该空气绝缘击穿电压的样本。设样本均值为 $\overline{U}$，样本标准差为 s。由于击穿电压服从正态分布，击穿电压的期望可采用击穿电压样本均值 $\overline{U}$ 作为其估计值，而击穿电压的总体标准差 σ 可采用样本标准差 s 作为其估计值。显然，估计值会偏离真正的 U_{50}，即会出现抽样误差 e_s。试验次数 n 越多，样本均值 $\overline{U}$ 更接近 U_{50} 的可能性或 s 更接近 σ 的可能性就越大。不管样本大小如何，其样本均值 $\overline{U}$ 也遵从正态分布，即围绕 U_{50} 波动。采用样本均值 $\overline{U}$ 作为 U_{50} 的估计值时，U_{50} 的置信区间为 $\left(\overline{U}-\dfrac{t_{\mathrm{a}/2}s}{\sqrt{n}},\overline{U}+\dfrac{t_{\mathrm{a}/2}s}{\sqrt{n}}\right)$，即当置信系数为 95% 时，$\overline{U}$ 与 U_{50} 的最大偏差为 $\dfrac{t_{\mathrm{a}/2}s}{\sqrt{n}}$，其中 $t_{\mathrm{a}/2}$ 可根据 t 分布获得。为使抽样误差 e_s 不超过某一允许值 e，则试验次数 n 应满足

$$e_\mathrm{s}=\frac{\dfrac{t_{\mathrm{a}/2}s}{\sqrt{n}}}{U_{50}}\leqslant e \tag{2-75}$$

可改写为

$$n\geqslant\left(\frac{t_{\mathrm{a}/2}s}{eU_{50}}\right)^2 \tag{2-76}$$

试验前先估计一个值 s/U_{50}，再根据式（2-76）计算试验次数 n。试验后由获得的样本来计算 s 及 $\overline{U}$（作为 U_{50} 的估计值）。若不满足式（2-76），则应增加试验次数。

暂态电压（雷电冲击、操作冲击）作用下空气间隙击穿（或绝缘子闪络）进行试验时，施加电压的方式可以是：①多级法（或两点法）；②升降法，具体试验方法可参照 1.4 节。

对于一定的空气间隙（或绝缘子），其冲击击穿或闪络电压遵从正态分布，其概率可表示为

$$P(U)=\frac{1}{\sqrt{2\pi}\sigma}\int_{-\infty}^{U}\exp\left[-\frac{1}{2}\left(\frac{u-U_{50}}{\sigma}\right)^2\right]\mathrm{d}u \tag{2-77}$$

式中：U 为冲击电压的预期峰值；$P(U)$ 为冲击电压预期峰值为 U 时的击穿概率；U_{50} 为空气击穿的 50% 冲击击穿电压；σ 为击穿电压的标准差，反映击穿电压偏离 U_{50} 的程度。

由于击穿电压服从正态分布，多级法得到各级电压下的击穿概率，将不同电压下的击穿概率画在正态概率纸上，可用"目测法"画出一条比较靠近这些点的直线，由此直线可得到击穿概率为 50% 和 15.9% 的电压 U_{50} 和 $U_{15.9}$，这样 U_{50} 和 σ 的估计值可分别由 $\hat{U}_{50} = U_{50}$，$\hat{\sigma} = U_{50} - U_{15.9}$ 求得。$\hat{U}_{50}$ 和 $\hat{\sigma}$ 还可通过最小二乘法或加权平均法或最大似然法求得。

升降法得到相应的试验结果后，统计每级电压下的耐受次数 q_i 和击穿次数 k_i，并计算耐受总次数 q 和击穿总次数 k，$n = q + k$。然后根据最大似然法，由 $\dfrac{\partial \ln L}{\partial U_{50}} = 0$，$\dfrac{\partial \ln L}{\partial \sigma} = 0$，列出求解 $\hat{U}_{50}$ 和 $\hat{\sigma}$ 的方程，可求得 $\hat{U}_{50}$ 和 $\hat{\sigma}$，即

$$\hat{U}_{50} = \upsilon_0 + \Delta \upsilon \left(\frac{\sum\limits_{i=1}^{r} i k_i}{k} \pm \frac{1}{2} \right) \tag{2-78}$$

$$\hat{\sigma} = 1.62 \Delta \upsilon \left(\frac{k \sum\limits_{i=1}^{r} i k_i - \sum\limits_{i=1}^{r} i^2 k_i}{k} + 0.029 \right) \tag{2-79}$$

式中：u_0 为最低一级电压值；Δu 为升降电压步长。

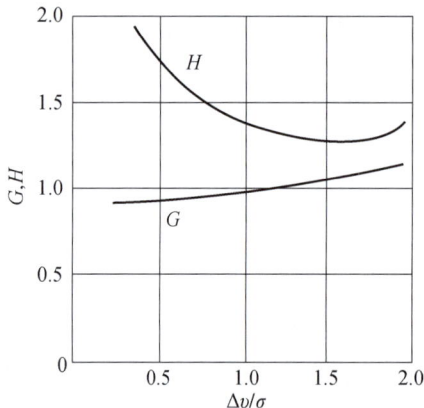

图 2-15　G、H 与 $\Delta \upsilon / \hat{\sigma}$ 的关系

当 $k \leqslant q$ 时，式（2-78）中取 $-\dfrac{1}{2}$，当 $k > q$ 时，式（2-78）中取 $+\dfrac{1}{2}$。而 $\hat{U}_{50}$ 偏离 U_{50} 和 $\hat{\sigma}$ 偏离 σ 的标准差则分别为

$$\sigma_{\hat{U}_{50}} = G \frac{\hat{\sigma}}{k} \tag{2-80}$$

$$\sigma_{\hat{\sigma}} = H \frac{\hat{\sigma}}{k} \tag{2-81}$$

式中：G、H 可根据图 2-15 来选取。

2. 绝缘子污秽闪络

通常情况下，绝缘子的闪络电压取决于固体材料与空气界面的状态特性。绝缘子表面染污后，由于污层为局部电弧提供了电流通道，闪络电压会显著降低。随着污层受潮、表面电导增加，闪络电压也随之降低 [见图 2-16（a）]。交流和直流电压下湿闪和污闪试验过程中，当绝缘子表面出现局部电弧时绝缘子两端的交流和直流电压降落不能超过 20% 和 10%，以保证局部电弧能持续发展，并导致绝缘子整个沿面的闪络。这对交、直流电源的要求非常高，同时也说明交、直流电源会对测试结果产生显著影响。由于自然污秽极其多样，几乎无法再现，而实验室的人工污秽模拟也只能在一定范围内重现。正态分布也适用于绝缘子的干闪和湿闪概率统计，但由于人工污秽试验的样本量通常非

常小，闪络电压的性能函数近似为威布尔分布，采用对数表示时闪络特性与污层电导率的关系遵循一条直线，如图 2-16（a）所示。这表明不同电导率污秽条件下绝缘子闪络电压可转换为一定的电导率下的闪络电压，并且遵循威布尔分布，如图 2-16（b）所示。

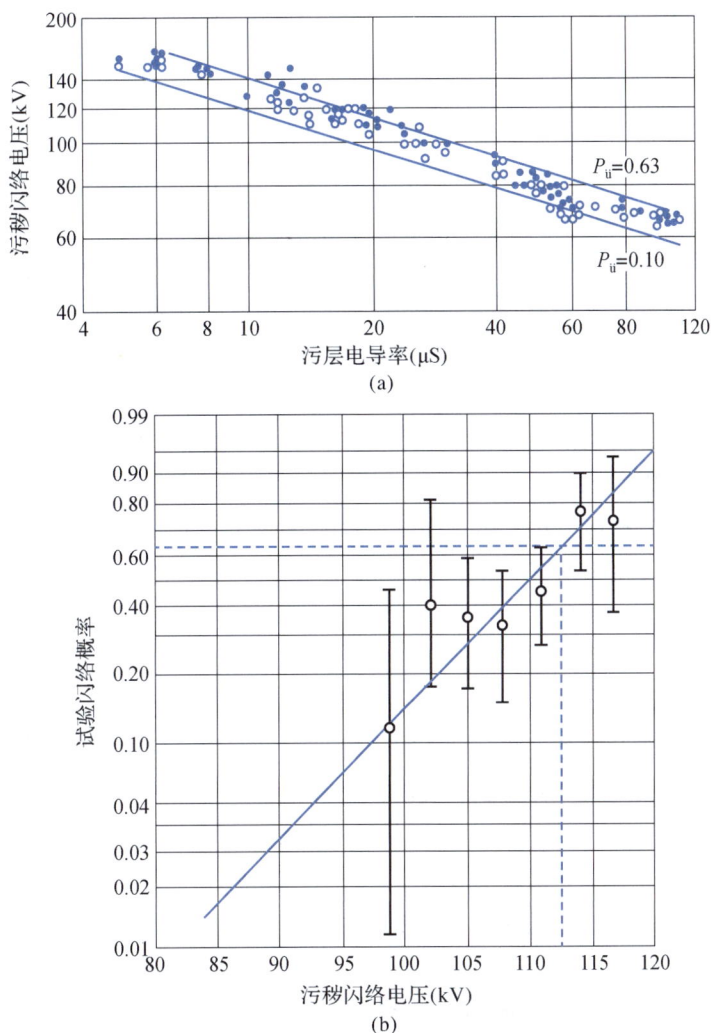

(a)

(b)

图 2-16　棒型绝缘子污秽闪络电压

（a）污秽闪络电压与污层电导率的关系；（b）闪络电压的威布尔分布

　　不同加压方式对绝缘子沿面污秽放电特性的影响不同，直流与交流之间也存在着差异。交流电压下存在电压零点，绝缘子闪络过程中电弧存在熄弧现象，飘弧现象相对较弱，因此均匀升压法和恒压升降法两种试验方法获得的试验数据有一定的规律性，两种方法获得的试验电压间可以相互修正计算。而直流电压不存在电压零点，在直流电压下绝缘子闪络过程中电弧不存在熄弧现象，但绝缘子飘弧现象相对较严重，对试验结果影响较大。一般地，污秽闪络试验采用恒压法和电压升降法的结合，即恒压升降法。

　　恒压升降法是 IEC 标准中推荐的试验加压方式，可获得绝缘子试品具有 50％闪络概率的污闪电压。在该方法中，第一次试验时对试品施加一恒定电压，然后使试品逐渐受潮（即将雾室充满符合标准的蒸汽雾），在此过程中电压保持恒定不变至试验结束（耐受 60min 或出现闪络），一般在该电压下不会发生闪络。然后升高电压，直到某个电压下发生闪络，记为 υ_1，υ_1 为第一个有效计数点的电压值。然后按照 1.4.3 节的电压升降法进行试验，耐受则电压升高 $\Delta\upsilon$，反之则电压降低 $\Delta\upsilon$。污秽试验时也要求以固定电压步长 $\Delta\upsilon$ 升高或降低电压，$\Delta\upsilon$ 还应满足条件 $0.5 < \dfrac{\Delta\upsilon}{\sigma} < 1.7$。重复上述过程，直到获取预定数量的电压值。这些电压的平均值作为 50% 击穿电压 U_{50} 的初始估值，绝缘子闪络的 U_{50} 和 σ 的估计值可参考威布尔分布来计算。

2.4.2 压缩气体绝缘

当压缩气体中发生放电时，气体的绝缘强度不会像在自由空气中那样快速地完全恢复。绝缘强度的恢复以及一系列测试的独立性将受到压缩气体中放电能量的限制。一定体积的压缩气体发生放电时，放电等离子体产生的空间电荷会影响后续的放电过程。另外，压缩气体发生火花放电时还会产生大量金属颗粒。压缩气体的绝缘恢复、气体中残余的空间电荷以及金属颗粒等都会影响压缩气体介电耐受测试的独立性。因此，在介电耐受测试时必须加以考虑。

采用恒压法进行冲击电压介电耐受测试时，压缩气体击穿后的残余空间电荷会影响测试的独立性，即使每一次加压的间隔时间相对较长，也无法完全消除空间电荷的影响。为解决这一问题，可采用升压法进行测试，并将累积频率函数转换为性能函数来得到压缩气体的放电特性。

压缩气体绝缘，如 SF_6 气体绝缘，一般采用稍不均匀电场结构。对于高气压 SF_6 气体，由于初始电子产生的随机性，其击穿过程呈随机特征，且相互独立性，该随机过程产生极值分布的击穿电压。大量试验表明，高气压 SF_6 气体的电气强度不适合采用正态分布来描述 [见图 2-17（a）]，更适合采用极值分布函数来描述 [见图 2-1（b）、(c)]。这是由于威布尔分布的初始值（u_{d0} 或 E_{d0}）对测试过程中的各参数特别敏感，而高气压 SF_6 气体绝缘中出现电极毛刺、金属颗粒等细微缺陷会显著影响试验参数，而且很难控制，因此，双指数分布函数更适合于描述 SF_6 等压缩气体绝缘的击穿特性。对于稍不均匀场中高气压 SF_6 气体绝缘的放电特性，采用双参数指数分布来描述时，其参数（u_{d63}^*，γ_u^*）的期望可表示为

$$u_{d63}^* = E_{d63} d\eta \tag{2-82}$$

$$\gamma_u^* = \gamma_E d\eta \tag{2-83}$$

式中：d 为间隙距离；η 为电场不均匀系数。

从物理角度考虑，实际上双指数分布的描述也是一种折中，只是因为高气压下间隙击穿特性的拟合比低气压下更好，而且参数范围不受限制，不像威布尔分布。

在压缩气体绝缘的介电耐受研究中，击穿时间也是大家经常关注的问题。三参数威布尔分布可用来处理雷电冲击下 SF_6 气体击穿电压—时间的关系。在此情况下，击穿时间的初始值可根据物理过程来确定。由于雷电冲击下电压—时间关系是确定的，其击穿时间的初始值可定义为雷电冲击电压由零上升到稳态击穿电压 [可根据式（2-73）来

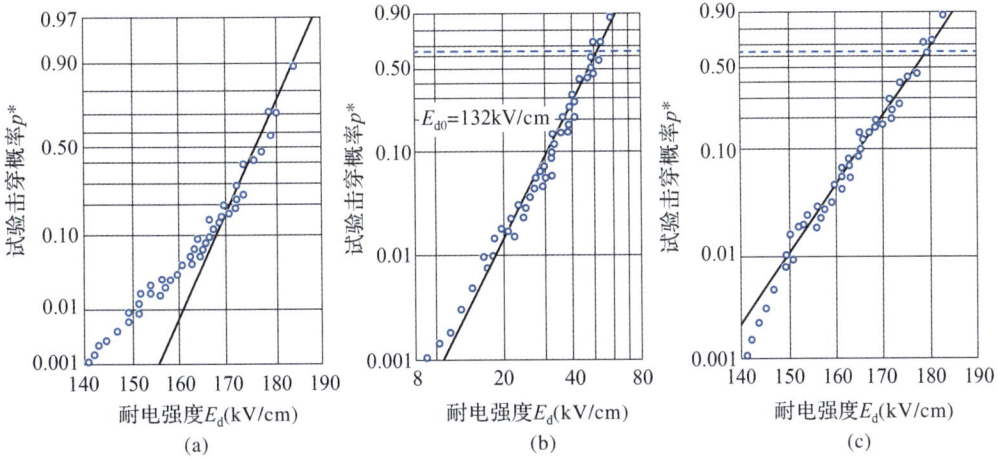

图 2-17　$p=0.25\text{MPa}$ SF$_6$ 气体电气强度的分布函数

（a）正态分布；（b）威布尔分布；（c）双指数分布

计算］所需要的时间，这样三参数威布尔分布就降为两参数威布尔分布。

对于稍不均匀场气体间隙结构，其耐电强度可类似地采用双参数指数分布［见图 2-18（a）、（b）］来描述，而击穿电压的期望等参数可根据式（2-73）、式（2-74）以及相应的耐电强度来计算。如果间隙结构内不可避免地出现电场畸变，则对高气压 SF$_6$ 气体绝缘危害很大，此时 SF$_6$ 气体的耐电强度和击穿电压可近似采用正态分布［见图 2-18（c）］来描述。当然，如果采用双参数指数分布来近似，其偏差也在可接受的范围内。

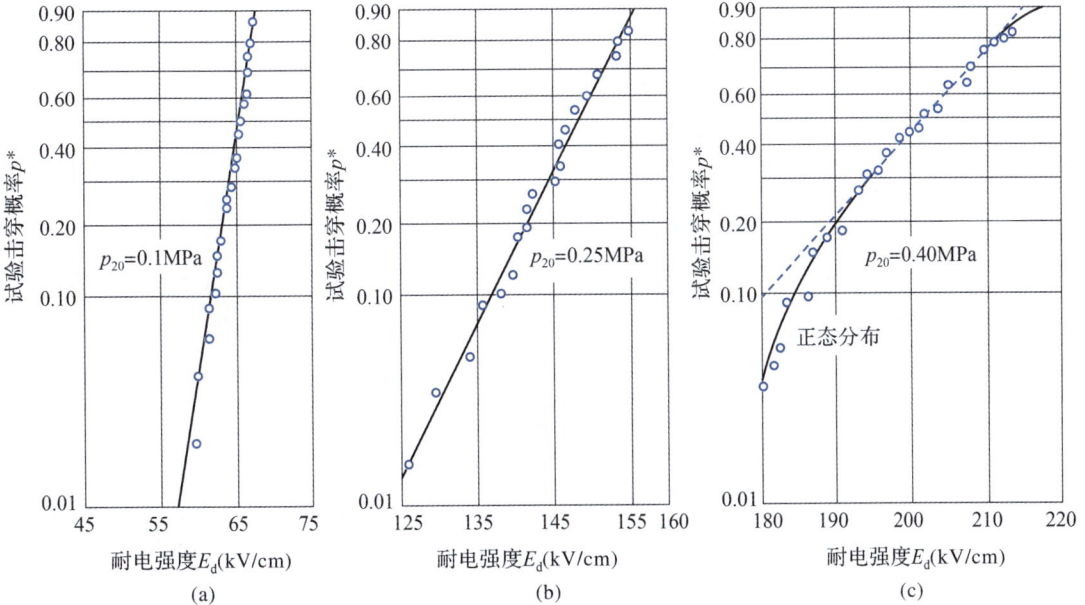

图 2-18　SF$_6$ 气体中稍不均匀场间隙的耐电强度

（a）$r_i=5\text{cm}$，$r_a=15\text{cm}$ 的同轴结构；（b）、（c）$r_i=0.675\text{cm}$，$r_a=2.0\text{cm}$ 的同轴结构

可以看出，在制造、安装或运行过程中，不可避免地会造成压缩气体绝缘结构的电场畸变，从而导致压缩气体绝缘中的局部放电。这种电场的畸变可能是静止的（如毛刺、镀层脱落、边缘尖刺等），或者在静电场力作用下自由移动（如金属微粒、毛发等）。这些造成电场畸变的缺陷会严重影响压缩气体绝缘的耐电强度，此时极值分布不再适用。对于静止缺陷，一般会出现辉光、流注或脉冲式的局部放电。如果击穿起始于上述局部放电的一种形式，则击穿电压近似服从正态分布，否则会出现混合型分布。对于自由导电微粒，在工频交流、直流以及操作冲击下单个微粒的击穿特性仍可采用正态分布来近似，但在多个微粒存在时，由于放大效应，随着微粒数量的增加，交流电压下击穿特性的分布越来越接近双指数分布，如图 2-19 所示。当然，如果对压缩气体绝缘施加混合电压（如直流叠加操作），则击穿电压也会服从一种混合分布。

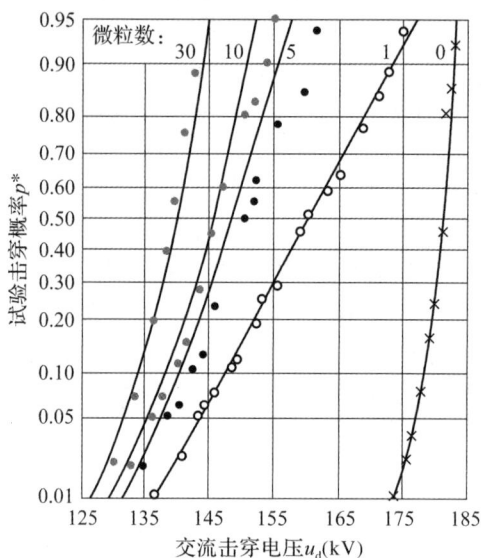

图 2-19　存在自由微粒时交流电压下 SF_6 气体绝缘的分布函数
（同心球结构，r_i=5cm，r_a=10cm；p=0.1MPa；球形颗粒 r_p=1mm）

2.4.3　液体绝缘

绝缘液体的耐电强度与它们的状态有很大关系，一般处于 $100\sim1000kV/cm$ 之间。绝缘液体的耐电强度还与电极形状、电场分布等密切相关。油（变压器油、电容器油、蓖麻油等）绝缘是最常见的液体绝缘。均匀与稍不均匀电场中，电极面积较大的油间隙可看作是由很多电极面积较小的油间隙并联而成，这些电极面积较小的油间隙处于基本相同的电场作用下，这样击穿电压会在最薄弱环节处发生。因此，整个油间隙击穿电压的概率分布也将是一个极值（极小值）分布，如图 2-20 所示。油间隙击穿后，油绝缘能力会受到放电后油分解产物包括低分子气态碳氢化合物和单质碳（烟灰）的影响，产生的气体会在油中形成气泡，气泡和烟灰都会显著降低油绝缘能力。另外，油击穿后会残留大量空间电荷，从而导致连续加压时击穿过程的依赖性。因此，与压缩气体绝缘一样，液体绝缘采用升压法替代恒压法。

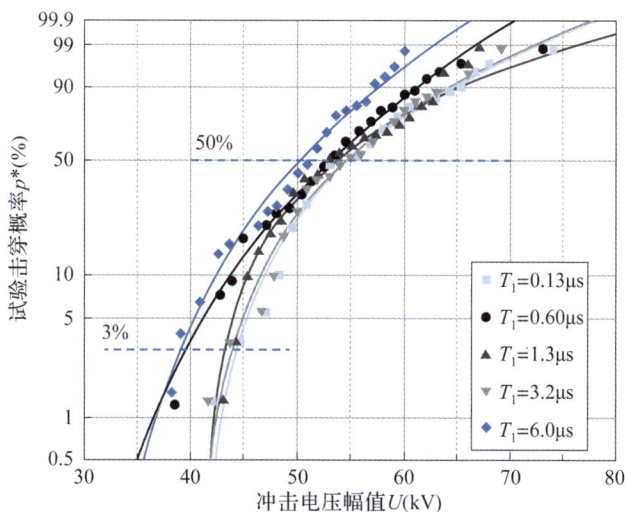

图 2-20　不同波头时间冲击电压下油间隙的击穿电压概率分布（稍不均匀电场）

T_1—冲击电压波头时间

　　由大量已有研究结果可知，油间隙以及油纸组合绝缘的单次击穿电压服从三参数威布尔分布，有些情况下也可采用双参数威布尔分布来近似描述。当然，在冲击电压下，由于波形参数是已知的，三参数威布尔分布也可降为双参数威布尔分布。

　　式（2-44）已表达了威布尔分布的概率分布函数，这里采用另一种表达形式，即

$$f(x)=\begin{cases}1-\exp\left[-\left(\dfrac{x-x_0}{\eta}\right)^{\delta}\right] & x\geqslant x_0 \\ 0 & x<x_0\end{cases} \tag{2-84}$$

其中，x_0、η、δ 的定义与式（2-44）相同，是威布尔分布参数。分布参数的估计值可由测试数据得到。由试验样本得到 3 组数据 $[x_i,F(x_i),i=1,2,3]$，且令

$$y_i=\lg\left[\ln\frac{1}{1-F(x_i)}\right] \tag{2-85}$$

则 $\hat{x}_0$ 可由式（2-87）求出，即

$$\frac{y_1-y_2}{y_1-y_3}=\frac{\lg\dfrac{x_1-x_0}{x_2-x_0}}{\lg\dfrac{x_1-x_0}{x_3-x_0}} \tag{2-86}$$

而 $\hat{\eta}$、$\hat{\delta}$ 分别为

$$\hat{\eta}=x_{63}-\hat{x}_0 \tag{2-87}$$

$$\hat{\delta}=\frac{1.2898}{\lg\left(\dfrac{x_{63}-\hat{x}_0}{x_{05}-\hat{x}_0}\right)} \tag{2-88}$$

　　液体绝缘放电的起始过程是造成随机击穿的一个主要因素。假设放电起始过程为泊松过程，每一次放电不存在累积效应，相互独立。此处"不存在累积效应"是指时刻 t

53

电极面积微元上放电的起始概率与时刻 t 之前的事件无关。因此，时刻 t 内电极表面起始的累积概率为

$$P(t) = 1 - \exp(-H) \tag{2-89}$$

其中：电场效应对时间和面积的积分函数 $H(t)$ 可表示为

$$H(t) = \int_0^t \left[\iint_s \mu(E) \mathrm{d}s \right] \mathrm{d}t \tag{2-90}$$

当施加的冲击电压 U 为定值时，统计时延 t_s 服从指数分布，其概率密度函数为

$$f(t_s) = \left[\iint_s \mu(E) \mathrm{d}s \right] \exp\left[-t_s \int_s \mu(E) \mathrm{d}s \right] \tag{2-91}$$

其中：$\mu(E)$ 为单位时间内产生有效初始电子的概率，是外施电场 E 的函数。

t_s 的累积概率函数为

$$P(t_s) = 1 - \exp\left[-t_s \int_s \mu(E) \mathrm{d}s \right] = 1 - \exp\left(-\frac{t_s}{\bar{t}_s} \right) \tag{2-92}$$

其中：$\bar{t}_s$ 为平均放电统计时延。

当液体间隙内电场为均匀场，电极面积为 S 时，函数 $H(t)$ 与 $P(t)$ 可表示为

$$H(t) = S \int_0^t \mu(E) \mathrm{d}t \tag{2-93}$$

$$P(t) = 1 - \exp\left[-S \int_0^t \mu(E) \mathrm{d}t \right] \tag{2-94}$$

对于稳态电压，根据式（2-93），存在

$$H(t) = S\mu(E)t \tag{2-95}$$

根据式（2-91）放电统计时延 t_s 的概率密度函数，函数 $\mu(E)$ 可表示为

$$\mu(E) = \frac{1}{S\bar{t}_s} \tag{2-96}$$

考虑测试中不同电极形状对放电随机性的影响，式（2-96）中的电极面积需要采用等效电极面积 S_{eff} 来替换。再根据试验测试求得平均放电统计时延，可得到不同电场强度下有效初始电子的概率分布。

对于极不均匀电场中液体绝缘击穿的统计分布，若电场强度较高的电极面积较小，其击穿电压的概率分布一般服从正态分布。

用升压法进行直流或交流电压试验时，电压的上升率变化3~5倍对绝缘油耐受场强测试没有明显的影响。因此，由调压器引起的电压上升速率变化不会影响测试结果。

绝缘液体的介电强度对水分含量的依赖性很大（见图2-21），需要采取严格的干燥措施来滤除油中水分，而且在测试过程中应防止油受潮。即使是采用干燥良好的油，如果测试是开放的，测试时间也只能持续不到一天。如果是密封腔，允许油循环和干燥，可用于较长时间的测试。电极和测试腔的清洗、干燥、充油过程和油循环速率应按照一定的规范进行。

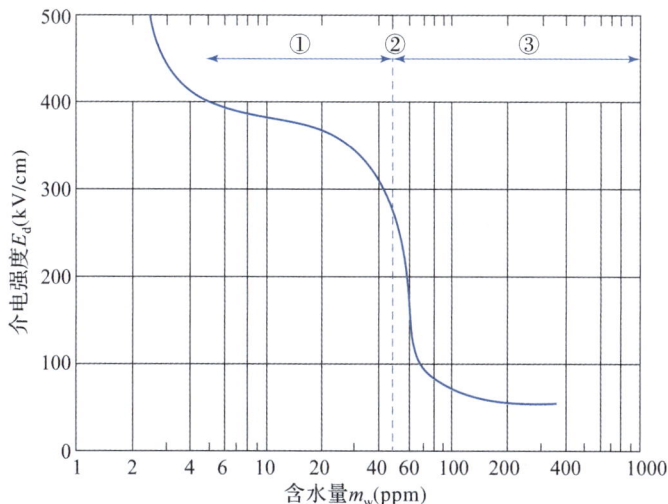

图 2-21 不同含水率时绝缘油的介电强度
①—水分溶解；②—溶解度限制；③—水分乳化

2.4.4 固体绝缘

固体绝缘种类繁多，其耐电强度可高达到 1000kV/cm，但它们的击穿特性与材料种类、电场分布、电压作用时间等很多因素有关。另外，有机和无机绝缘材料在时间依赖方面差异较大，无机绝缘材料（如瓷器、玻璃等）击穿特性对时间依赖性相对较小，而有机绝缘材料（如环氧树脂、聚乙烯等）则显著相关，可采用寿命特性来描述。固体材料的击穿电压和击穿时间的概率分布可采用多种分布函数（如对数正态分布、威布尔分布、贡贝尔分布等）来描述，这取决于材料种类、电压形式以及作用时间等因素。

图 2-22 给出了聚乙烯绝缘材料工频击穿电压和击穿时间的概率分布特性（升压速率为 100kV/h），其击穿电压遵从对数正态分布，而击穿时间遵从威布尔分布。近年来的研究经验也表明，固体绝缘击穿电压的累积频率和性能函数也可采用威布尔分布来描述，而击穿时间则可采用对数正态分布来描述，但考虑寿命特性或放大效应时，威布尔分布比对数正态分布具有数学优势，而且这样的极值分布模型更接近于物理概念。

介电耐受测试程序的选择取决于试验目的。采用恒压法可得到击穿时间的分布函数，但非常耗费时间。首先考虑恒压法，假定一定电压 u_{dl} 下进行 n 次试验，获得击穿时间为变量的 n 个样本，其击穿时间的分布函数可用威布尔分布来表示，即

$$F(t_d, u_{dl}) = 1 - \exp\left\{ -\left[\frac{t_d}{t_{d63}(u_{dl})} \right]^{\delta_t} \right\} \tag{2-97}$$

击穿电压与击穿时间的关系，即所谓的"寿命特性"，可根据其服从的概率分布，通过选定分位数来构建。经验表明，寿命特性在双对数坐标上形成一条直线。对于击穿时间的 p 阶分位数，寿命特性可表示为

$$u_{dp} = k_{dp} t_{dp}^{-1/r} \tag{2-98}$$

式中：k_{dp} 为表征固体绝缘结构几何形状的常数；r 为主要取决于绝缘材料的寿命指数（如聚乙烯 $r \approx 9$，环氧树脂 $r \approx 12$）。

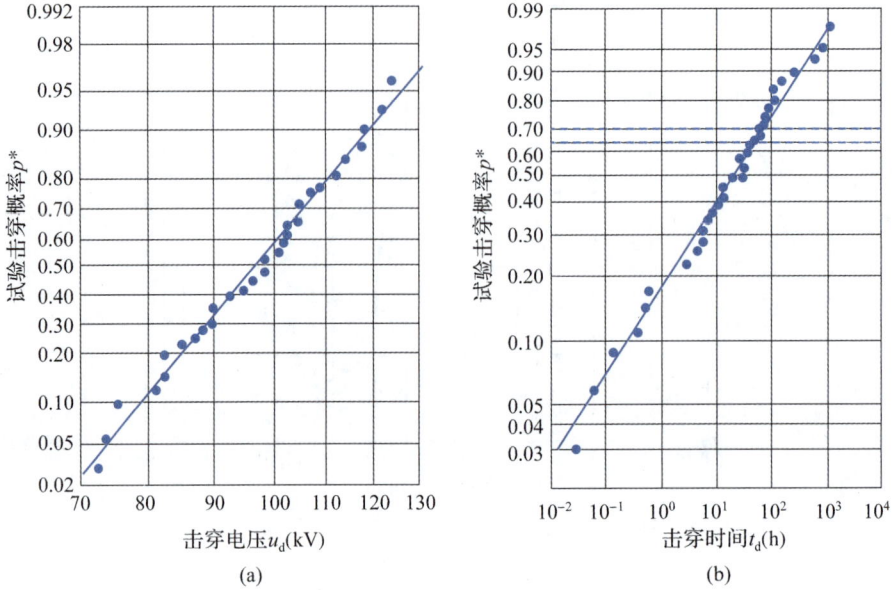

图 2-22　聚乙烯材料工频击穿电压和击穿时间的概率分布
(a) 击穿电压的对数正态分布；(b) 击穿时间的威布尔分布

寿命特征的变化表明老化机制（分解过程）的变化。

如果一定的击穿时间下击穿电压也服从威布尔分布，通过与式（2-97）类比，得到

$$F(u_{\mathrm{d}}, t_{\mathrm{d1}}) = 1 - \exp\left[-\left(\frac{u_{\mathrm{d}}}{u_{\mathrm{d63}}(t_{\mathrm{d1}})}\right)^{\delta_u}\right] \qquad (2\text{-}99)$$

如果击穿概率相等，即 $F(t_{\mathrm{d}}, u_{\mathrm{d1}}) = F(u_{\mathrm{d}}, t_{\mathrm{d1}})$，则

$$u_{\mathrm{d63}}(t_{\mathrm{d1}})[t_{\mathrm{d1}}]^{\delta_t/\delta_u} = u_{\mathrm{d1}}[t_{\mathrm{d63}}(u_{\mathrm{d1}})]^{\delta_t/\delta_u} \qquad (2\text{-}100)$$

假定寿命指数适用于任一分位数，由式（2-99）可得

$$u_{\mathrm{d63}}(t_{\mathrm{d1}})[t_{\mathrm{d1}}]^{1/r} = k_{\mathrm{d63}} \qquad (2\text{-}101)$$

比较式（2-100）和式（2-101），可得到威布尔分布指数击穿时间和击穿电压与寿命指数的关系，即

$$r = \frac{\delta_u}{\delta_t} \qquad (2\text{-}102)$$

需要明确指出的是，只有当变量 t_{d} 和 u_{d} 都服从威布尔分布时，式（2-102）才能成立。

升压法可获得一定升压速率下击穿电压累积频率函数（见图 2-23），并由此求得寿命特性。与恒压法相比，升压法更快捷经济，但它提供的寿命特征信息较少，需要建立升压法和恒压法之间的关系。

一般采用损伤累积模型来建立升压法和恒压法之间的关系。损伤累积模型最初由斯塔尔（Starr）和思迪科特（Endicott）提出，用于表征固体绝缘结构的不可逆损坏与相对寿命的关系。一定温度下采用恒电压 u_{b} 进行固体绝缘的寿命试验，其击穿时间 t_{d} 也即寿命可表示为

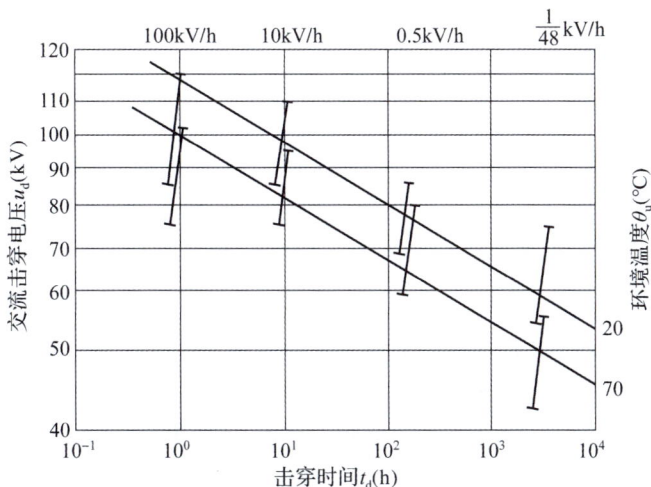

图 2-23　两种温度条件下环氧树脂击穿电压与击穿时间的关系

[试验采用升压法，球（$r=5$mm）—板（$d=1$mm）结构]

$$t_{\mathrm{d}}=\frac{k_{\mathrm{dp}}}{u_{\mathrm{bc}}^r} \tag{2-103}$$

式中：r 为一定温度下某一固体材料的寿命指数；k_{dp} 为常数。

如果击穿发生在总损伤 D_{f} 之后，则任意时刻的累积损伤 D 满足

$$\int u_{\mathrm{bc}}^r \mathrm{d}t = k_{\mathrm{dp}}\frac{D}{D_{\mathrm{f}}} \tag{2-104}$$

式中：D/D_{f} 为归一化损伤速率。

为方便起见，可令 $D_{\mathrm{f}}=k_{\mathrm{dp}}$，则

$$\int u_{\mathrm{bc}}^r \mathrm{d}t = D \tag{2-105}$$

对式（2-105）求导，可得损伤速率 R

$$R=\frac{\mathrm{d}D}{\mathrm{d}t}=u_{\mathrm{bc}}^r \tag{2-106}$$

若用 D_{c} 代表恒压法击穿时刻 t_{c} 的总损伤，则

$$D_{\mathrm{c}}=u_{\mathrm{bc}}^r t_{\mathrm{c}} \tag{2-107}$$

如果升压法的升压速率为 λ，$u_{\mathrm{bp}}=\lambda t$。同样可得到升压法击穿时刻 t_{p} 的总损伤 D_{p} 为

$$D_{\mathrm{p}}=\frac{\lambda^r t_{\mathrm{p}}^{(r+1)}}{r+1}=\frac{u_{\mathrm{bp}}^r t_{\mathrm{p}}}{r+1} \tag{2-108}$$

对于某一固体绝缘，无论恒压法还是升压法，其击穿时刻的总累积损伤是相等的，即 $D_{\mathrm{c}}=D_{\mathrm{p}}$。根据式（2-107）和式（2-108），可得

$$u_{\mathrm{bc}}^r t_{\mathrm{c}}=\frac{u_{\mathrm{bp}}^r t_{\mathrm{p}}}{r+1} \tag{2-109}$$

$$u_{\mathrm{bc}}^r t_{\mathrm{c}}=\frac{\lambda^r t_{\mathrm{p}}^{(r+1)}}{r+1} \tag{2-110}$$

如果已知固体绝缘的累积损伤指数 r，根据式（2-109）式（2-110），就可进行恒压法和升压法之间试验电压和击穿时间的转换。

2.5 局部放电的统计特性

绝缘介质在足够强电场作用下会在局部范围内发生放电，这种放电仅造成导体之间的绝缘局部导电而不形成完整的导电通道，称之为局部放电（Partial Discharge，PD）。每一次局部放电对绝缘介质都会有一些影响，轻微的局部放电会逐渐造成绝缘介质的老化以及绝缘强度的逐渐降低；而强烈的局部放电，则会使绝缘强度快速下降，这是使高压电气设备绝缘损坏的一个重要因素。因此，高压电气设备绝缘设计时，要考虑在长期工作电压下，绝缘结构内局部放电需要控制在一定的范围内。

随着绝缘介质电气强度利用率的提高，局部放电测量变得越来越重要。采用局部放电测量系统，可以测量局部放电的各种特征量（如脉冲放电量、最大脉冲放电量、视在放电量、累积脉冲放电量、平均局部放电电流、局部放电能量、局部放电脉冲频率等），其中的所有参量均可视为变量。在本教材范围内，主要考虑局部放电最重要的参量，即脉冲放电量（视在放电量）。此时，需要特别关注随机过程和测量电路之间的相互作用。

对于大多数局部放电测量系统，测量间隔（"采样时间"）可根据测试电压和持续时间调整到所需的相角［见图 2-24（a）、（b）］。局部放电的随机放电过程在测试电路中

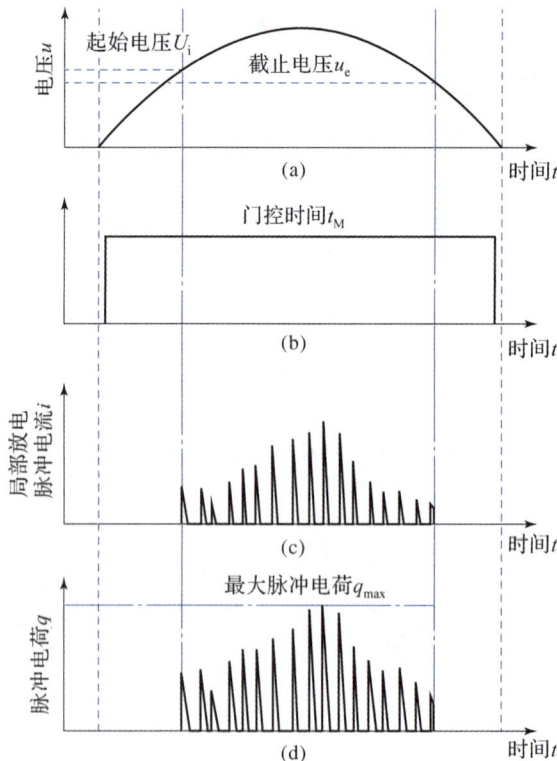

图 2-24 局部放电脉冲电荷的形成示意图

产生的脉冲电流，通常由单个电流脉冲组成，这些电流脉冲具有随机幅度、持续时间、电荷量和重复率［见图 2-24（c）］。局部放电脉冲的电荷量是在局部放电测量仪中根据脉冲电流、时间、脉冲面积来确定的，每个电流脉冲都有一个相应的电荷脉冲，其幅度与脉冲电荷成正比［见图 2-24（d）］。另外，局部放电测量系统的性能参数会影响局部放电电流脉冲的确定，如测量系统的带宽等，从而影响局部放电的统计特性。

局部放电测试需要评估其脉冲电荷量和脉冲频率，因此需确定局部放电脉冲的分布函数。在一定程度上，脉冲电荷量与绝对脉冲频率之间的关系可作为绝对频率分布，也即脉冲电荷的幅值达到某一水平时的放电脉冲频率［见图 2-25（a）］。实际上，在局部放电评估中很少采用由图 2-25（a）所确定的分布函数 $F(q_i)$［见图 2-25（b）中曲线 1］，而是采用其互补的频率函数 $H_{ü}(q_i)$［见图 2-25（b）中曲线 2］，即

$$H_{ü}(q_i) = 1 - F(q_i) \tag{2-111}$$

根据局部放电测量系统的原理，多数情况下可假定 $F(q_i)$ 服从正态分布，尤其是仅有一个局部放电点时。实际上，对于电气设备来说，人们更关心最大脉冲电荷量。最大脉冲电荷量在 $H_{ü}(q_i)$ 中与低概率相关联，在 $F(q_i)$ 情况下对应于高的分位数，是局部放电测量系统一个主要测试参数。另外，在局部放电测量系统中还包括采样时间内局部放电量的平均值，但平均值也会存在很大波动。局部放电量最大值或平均值的波动，一方面是由于放电过程的随机性所造成的，但另一方面也可能是测量系统所造成的。如果两个原始局部放电脉冲之间的时间间隔很小，则放电脉冲在测量时就会出现重叠，造成视在放电量的大幅增加。因此，在密集或多分枝放电情况下，特别是多个并行放电情况下，大量电流脉冲叠加会形成脉冲群，这就造成测量系统测得的局部放电量不准确。对于局部放电测量系统，其性能取决于局部放电脉冲信号的传递特性与测量功能，需要考虑脉冲重复率、采样时间、传递过程以及干扰噪声的影响。只有消除测量系统影响，而且所测参量不会叠加时，统计方法才能适用于局部放电测量系统。

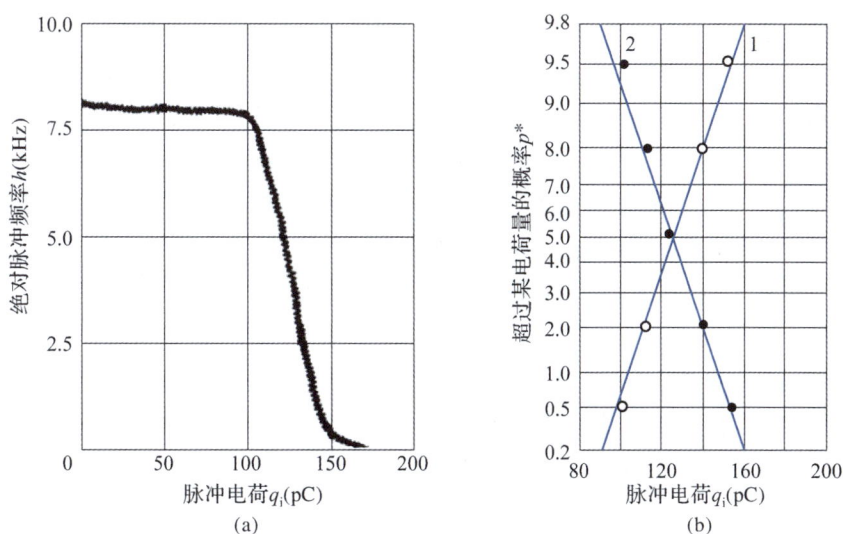

图 2-25 局部放电脉冲电荷的分布函数

（a）脉冲频率与脉冲电荷量的关系；（b）脉冲电荷量的分布函数

局部放电受绝缘结构、材料特性、工艺的影响较大，因此局部放电起始电压是一种随机变量。与局部放电最大放电量、视在放电量以及放电频次不同，起始电压的测试主要受局部放电测量系统干扰噪声的影响。对于稍不均匀场中固体绝缘结构，其局部放电起始电压一般遵从对数正态分布，而对于油纸绝缘结构以及尖—板油间隙，局部放电起始电压则遵从威布尔分布。

交流电压下进行局部放电测试时，可采用逐级升压法或连续升压法。逐级升压法是从某一电压开始，分级加压，直至局部放电起始为止，要求相邻两级电压间的级差及每级电压下的持续时间应保持不变。连续升压法是电压从零开始，以恒定速率连续升压，直至局部放电起始为止。加压方式的不同，作用在绝缘介质上的电压及相应的持续时间也不同，因此对同样的绝缘结构，不同加压方式下局部放电起始电压也不同。

如果某一绝缘结构承受电压为 u、持续时间为一个交流正弦电压周期时的局部放电概率称为特征概率 $P_e(u)$。显然，采用逐级升压法或连续升压法的局部放电概率与特征频率有关，特征概率分布函数可用威布尔分布函数来描述，即

$$P_e(u) = \begin{cases} 1 - \exp\left[-\left(\dfrac{u - u_0}{\eta} \right)^{\delta} \right] & u \geqslant u_0 \\ 0 & u < u_0 \end{cases} \tag{2-112}$$

2.6 放电概率的放大效应

高电压设备中的绝缘结构在实验室或工厂内进行绝缘性能试验时，通常是对单个绝缘部件或部分绝缘结构进行测试，如单个绝缘子、一定长度的电缆等。实际运行设备中的绝缘结构会因为长度、表面积及体积的增加，或电压作用时间增长等因素，其绝缘电压或耐受电场强度等数值相比实验室或工厂测试数据会出现一定程度的降低。

从统计概率的角度来看，可采用统计学中的放大定律来分析绝缘结构增大对绝缘性能的影响。放大定律是基于独立事件发生概率的乘法定律，对于绝缘结构中的放电来说，互不相关的两个放电过程同时发生的概率可通过乘法律来描述，即 $P(A \cap B) = P(A)P(B)$。

而实际上，放电的发生也可能发生相互影响，妨碍放大定律的适用性。对时间上的连续过程尤为如此，例如固体绝缘寿命的预测在统计意义上就是时间累积的过程，只有一些特定情况下才能使用放大定律正确评估固体绝缘的寿命。

使用放大定律分析绝缘问题时，须确保不同放电过程之间的非依赖性，即不同放电事件之间相互没有影响和关联性，这样基于并联的多个独立绝缘部件的放电概率模型就可用来分析放大后绝缘结构中的放电概率问题。

放大倍数 n 定义为绝缘结构的初始状态与放大后的结构状态的比值，即

$$n = \frac{V_n T_n}{V_1 T_1} \tag{2-113}$$

多个绝缘部件并联时，n 为并联数量。在连续介质绝缘系统中，对体积效应来说，

$n=\dfrac{V_n}{V_1}$，$T_1=T_n$；对面积效应来说，$n=\dfrac{A_n}{A_1}=\dfrac{V_n}{V_1}$，$T_1=T_n$；对时间效应来说，$n=\dfrac{T_n}{T_1}$，$T_1=T_n$。

若绝缘结构在外部作用 x_0 下具有放电概率 $p_1=F_1(x_0)$，根据概率的乘法定律可直接推导出当绝缘系统放大 n 倍，即放大倍数为 n 时，系统的放电概率 $p_n=F_n(x_0)$，考虑放大后的系统不发生击穿的概率为 $1-p_n$。

相同作用条件下，n 个相同绝缘组件并联构成某绝缘系统。其不发生绝缘击穿的概率为 $(1-p_1)_i$，$i=1,\cdots,n$，存在 $(1-p_n)=(1-p_1)_1(1-p_1)_2\cdots(1-p_1)_n=(1-p_1)^n$。若并联组件完全相同，可以认为 $(1-p_1)_1=(1-p_1)_2=\cdots=(1-p_1)_n$，则系统发生绝缘击穿的概率为

$$p_n=1-(1-p_1)^n \tag{2-114}$$

对于放大后的绝缘结构，在外部作用 x 下发生放电的概率函数 $F_n(x)$ 为

$$F_n(x)=1-[1-F_1(x)]^n \tag{2-115}$$

当各绝缘部件具有不同的击穿概率分布时，例如同轴型绝缘结构中，不同半径处电场强度不同则对应各部分的放电概率不同。此时，放电概率可表示为 $p_n=1-\prod\limits_{i=1}^{n}(1-p_{1i})$，其放电概率函数 $F_n(x)=1-\prod\limits_{i=1}^{n}[1-F_{1i}(x)]$。这种处理适用于由多个分散的绝缘部件构成的绝缘结构，但对于具有连续分布特点的绝缘结构来说，会遇到难以处理的情况。例如对于电缆等同轴圆柱形的绝缘结构，评估其增加了 n 个相同长度后的放电概率特性，上述方法是适用的，如图 2-26（a）所示。但对于电缆长度不变而半径增大的情况，就需要将半径方向分为多个具有不同击穿概率的壳层，最终需要进行积分计算来获得半径增大对击穿概率的影响，如图 2-26（b）所示。

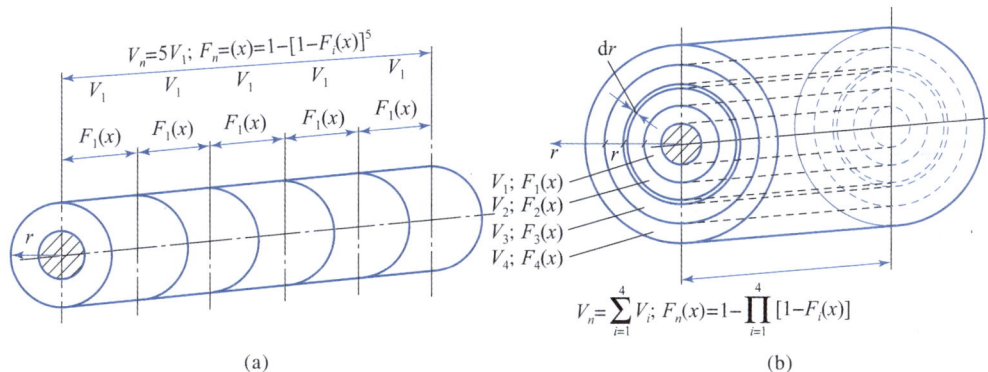

图 2-26　同轴圆柱形绝缘结构的放大

（a）长度放大；（b）半径放大

选择用于放大定律的参考体积 V_1 需要确保其是在均匀电场的条件下，由于电场变化会导致击穿概率的变化，一般不选择非均匀场中的体积作为 V_1。而对于参考时间 T_1 的选择则没有限制。

由于放电特性的差异，不同的绝缘结构具有不一样的统计分布类型，如正态分布、双指数分布、对数正态分布、威布尔分布等。由于结构增大所引起的放电概率的放大效应也具有不同的统计特征。

对于单点分布的概率函数特性来说，这样的绝缘结构不存在放大效应，即无论结构放大多少倍，如果其发生放电的条件都不变，每一部分都会在同样条件下发生放电，如图 2 - 27（a）所示。

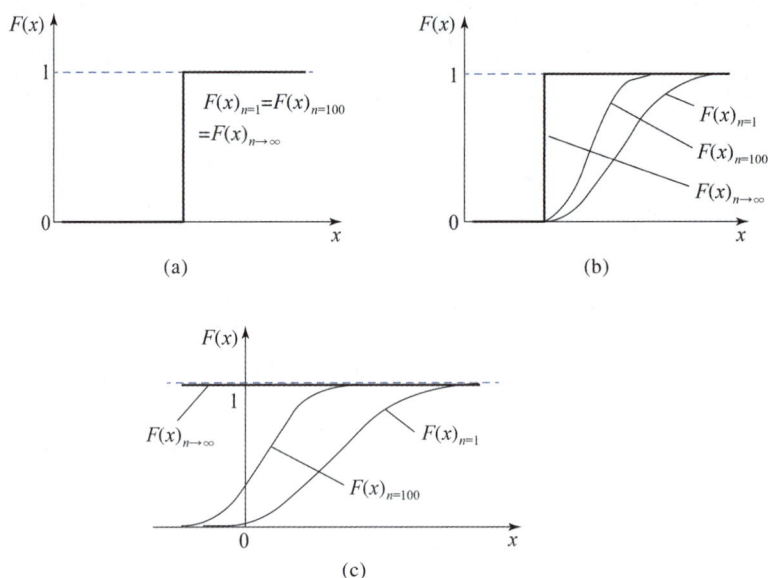

图 2 - 27　不同类型概率分布的放大特性
(a) 单点分布；(b) 具有下边界的概率分布；(c) 无边界的概率分布

对于具有下边界的概率分布函数 $F(x)$，如威布尔分布、对数—正态分布等，在放大倍数 n 趋于无穷大时其概率分布函数会出现收敛于单点分布的情况，如图 2 - 27（b）所示，即当绝缘结构足够大时会在确定的外部作用下发生放电。

对于没有下边界的概率分布函数 $F(x)$，如正态分布、双指数分布等，在放大倍数 n 趋于无穷大时，$F(x)$ 将趋于 1，如图 2 - 27（c）所示。

对于多个相同统计特性的绝缘部件构成的绝缘结构，如果单个组件的放电概率是极值型的分布函数，放大后的绝缘结构具有与组件相同类型的概率分布特性，仅概率分布函数的具体参数会随放大倍数而变化，而其他非极值型的概率分布类型则会随着放大倍数的变化而发生改变。

对于具有双指数分布 $F = 1 - \exp\{-\exp[(x - x_{163})/\gamma]\}$ 特性的绝缘组件，其放大 n 倍后的绝缘结构的放电概率分布函数 $F(x) = 1 - \exp\left\{-\exp\left[\dfrac{x - (x_{163} - \gamma\ln n)}{\gamma}\right]\right\}$。其中，$x_{163}$ 与 γ 为初始分布的参数，n 为放大倍数。在初始状态放大 n 倍后，概率分布函数类型没有发生变化，只有模变为 $x_{n63} = x_{163} - \gamma\ln n$，分散度 $\gamma_1 = \gamma_n = \gamma$ 则没有发生变化。放大后的概率分布函数随放大倍数 n 的概率分布变化如图 2 - 28 所示。

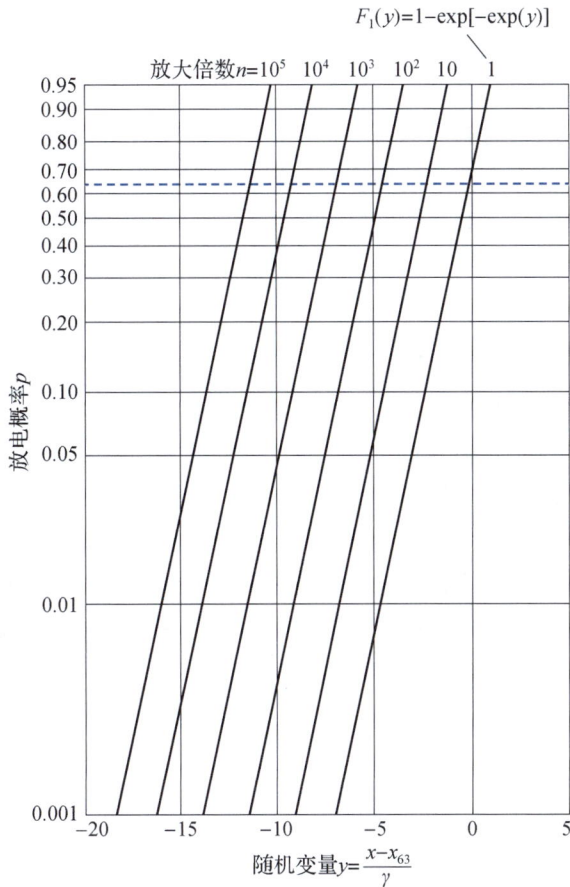

图 2-28 双指数函数型概率函数在不同放大倍数下的分布特性

对于初始分布为三参数威布尔分布 $F(x)=1-\exp\left[-\left(\frac{x-x_0}{\eta_1}\right)^{\delta}\right]$ 的绝缘结构，放大 n 倍后绝缘结构的概率分布函数为 $F(x)=1-\exp\left[-n\left(\frac{x-x_0}{\eta_1}\right)^{\delta}\right]$，其中 η_1、x_0 与 δ 为初始分布的参数。

对于 n 个绝缘部件并联的绝缘结构的威布尔分布，如果每个组件都具有不同分布参数 η_{1i}，x_{0i}，与 δ_i，则 n 个绝缘组件并联系统的放电概率函数 $F(x)=1-\exp\left(-\sum_{i=1}^{n}\frac{x-x_{0i}}{\eta_{1i}}\right)$，放大后的绝缘结构发生放电的概率分布函数类型相比于初始状态，发生了变化。

对于具有正态分布放电概率的绝缘部件，在初始状态为正态分布的情况下，放大结构的放电概率不再呈现正态分布的形式。随着放大倍数的增加，放大结构的放电概率会逐渐收敛于双指数分布形式。

在放电点分散、相互独立的情况下，放大倍数是一维的且等于放电点的总数 n。这种情况适用于多个绝缘子并联以及变压器绕组的匝间放电等类似情况的分析。对于同轴型的绝缘结构，比如电缆和同轴长管母线等结构，也可视为多个小段的并联结构进行分析，这样处理比采用面积效应或体积效应去分析更合适，计算上要更为简单。

通过概率上的放大定律，不仅可以根据小的绝缘部件的放电概率分析长度、面积及体积等放大之后的绝缘结构的放电概率特性，还可以反过来，通过大尺寸绝缘结构的放电概率特性分析其中的一小部分结构的放电特性。对于由 n 个相同绝缘部件构成的并联结构，其中某个部件的放电概率特性可以表述为

$$p_1 = 1 - \sqrt[n]{1 - p_n} \tag{2-116}$$

或者

$$F_1(x) = 1 - \sqrt[n]{1 - F_n(x)} \tag{2-117}$$

这样，对于放电概率非常小的单个绝缘部件，就可通过研究 n 个并联组件的概率分布特性来获得单个组件的概率分布。由于放大后的绝缘结构具有更高的放电概率，实际中就可通过相对较少的试验次数得到实验结果。

对于概率分布类型未知的绝缘结构，则可放大效应来确定其放电的概率分布类型，即通过试验确定初始状态和放大后绝缘结构之间的变异系数，再与不同概率分布类型的理论变异系数特性进行对比，最接近的概率分布理论形式即可用来描述实际绝缘结构的放电概率分布特性，如图 2-29 所示。变异系数定义为 $\upsilon_n = \dfrac{s_n}{\bar{x}_1}$，其中 s_n 为标准差，$\bar{x}_1$ 为算术平均数。

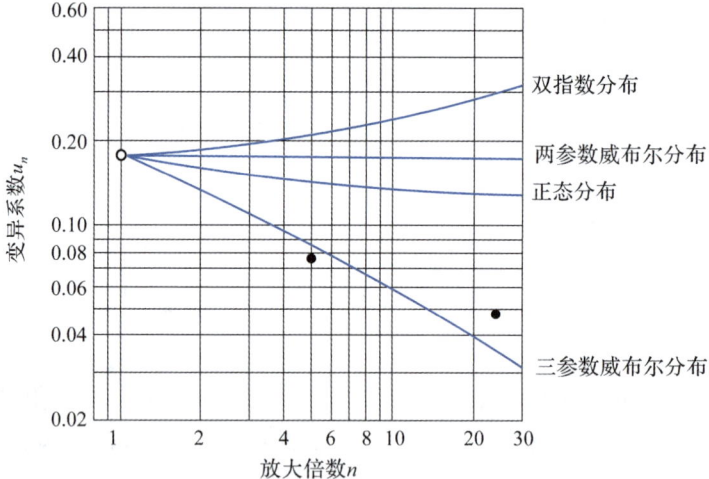

图 2-29　放大倍数对不同类型概率分布函数变异系数的影响

对于非均匀的电场，通常在电极表面附近的一定距离 Δx 内放电会发展到临界击穿条件，如果相对于间隙距离 d 来说 Δx 非常小，则导致击穿发生的有效体积可以简化为有效面积。此时，可以通过研究面积效应来代替体积效应，简化研究过程。这种情况下，放大倍数 n 即为相对的面积增长倍数。这种简化可用于研究准均匀场或者同轴型的非均匀场中的放大效应，如图 2-30 所示。

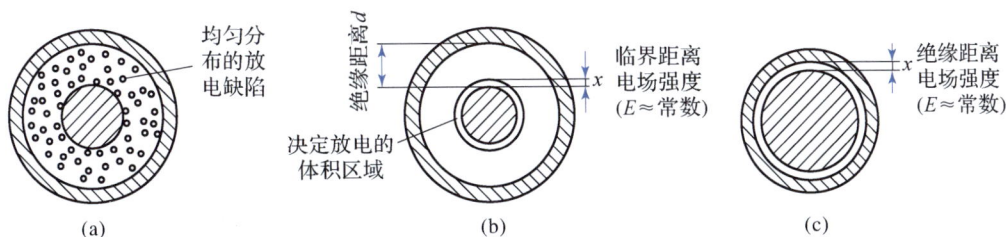

图 2-30　体积效应与面积效应
（a）体积效应；（b）面积效应（气体绝缘）；（c）面积效应（绝缘层）

如果诱发击穿的放电发展区域不能用面积相关来描述，实际上发生在三维空间中，则放大效应须以体积效应来处理，例如绝缘缺陷分布在整个介质体积中的大体积油绝缘结构，则须通过体积效应来研究绝缘结构的放大效应。

与绝缘结构尺寸的放大类似，电压施加时间的增长也会因统计特性导致其绝缘能力下降。但时间效应与体积效应在统计特性上并不相同，因为空间上的并联放大对放电的影响更多地表现为独立过程，可以使用放大定理来处理。而时间上的连续过程具有累积性，比如固体绝缘中的累积损伤过程就是一种持续的发展过程，而非相互独立的离散过程。根据工程经验，采用高分子等材料的固体绝缘结构的击穿电压或场强的时间依赖性可以用"寿命定律"来描述，即

$$\frac{U_{dn}}{U_{d1}} = \frac{E_{dn}}{E_{d1}} = \left(\frac{t_{dn}}{t_{d1}}\right)^{-\frac{1}{r}} \tag{2-118}$$

式中：r 为寿命指数。

如果将 $\frac{t_{dn}}{t_{d1}} = n$ 作为时间上的放大倍数，则式（2-119）表达的固体绝缘系统的时间影响将包含损伤的累积效应以及统计上的时间效应，并不能加以区分。液体绝缘和气体绝缘也具有类似的特性。

由于绝缘结构缺陷累积效应的影响，因此长时间施加电压的绝缘结构几乎不会表现出单纯的统计性的时间效应。近年来，也有人尝试建立随机模型来评估气体绝缘系统的击穿时间。

根据放大定律，时间效应的统计特性具有如下形式

$$F_n(x) = 1 - \exp\left[\frac{1}{t_1}\int_0^{t_n} \ln[1 - F(x_0, \alpha, \beta)] dt\right] \tag{2-119}$$

思考题与习题 ❓

2-1　采用恒压法和升压法分别对同一试品进行试验，试验过程中的确定事件分别是什么？试验中会出现哪些随机变量？

2-2　试解释什么是恒压升降法，通过恒压升降法如何获得高压绝缘子污秽时的 50% 闪络电压？

2-3　试解释高气压 SF_6 气体中稍不均匀场间隙的电气强度为何不适合采用正态分布来描述？

2-4　某输电管道中有 10 个绝缘子，恒压法得到每个绝缘子发生闪络的概率是 0.5%，则该设备不发生绝缘子闪络的概率是多少？

2-5　冲击电压下进行间隙放电时延测试，假设初始电子的统计时延为 t_s，击穿形成时延为 t_f，N 次测试中放电时延大于 t 的次数为 n，试证明 $n/N = \exp\left(-\int_0^t \rho_1 \rho_2 \beta \mathrm{d}t\right)$，其中，$\beta$ 为间隙中电子产生速率，ρ_1 为初始电子出现的概率，ρ_2 为初始电子出现后火花放电形成的概率。

2-6　已知某绝缘结构在某种电压下的耐受电压满足三参数威布尔分布，放电概率 $f(E) = 1 - \exp\left[-\left(\dfrac{U-32}{6}\right)^{1.8}\right]$，试采用计算机程序对该结构的放电电压值进行随机抽样，计算不同抽样数据数量下的 50% 概率放电电压及放电电压的标准差，给出耐受概率为 90% 的耐受电压值，比较抽样数据量大小对上述结果的影响。

2-7　对于下列两组数据，$a = (4.2, 7.1, 2.3, 8.6, 1.0, 5.9, 0.5, 9.3, 3.4, 6.7)$；$b = (3.5, 6.8, 1.9, 7.4, 0.8, 5.1, 0.7, 8.2, 2.6, 5.8)$，试编写程序，采用线性回归方法分析其依赖关系，并计算两组数据的相关系数。

2-8　如果对绝缘可靠性具有非常高的要求，可通过提高绝缘裕度的方式来保障工作电压下绝缘结构极低的放电概率。假如绝缘系统要求某个关键部位的间隙在工作电压下击穿概率不超过 1‰，试设计合理的试验方案对工作电压下的间隙击穿概率进行评估。

— 第 **3** 章 —

高压交流耐受电压试验

高压交流耐受电压可反映在工频交流电压（50Hz 或 60Hz）以及暂时过电压作用下电气设备或绝缘介质的绝缘性能，也用于考核电气设备在长时工作电压及暂时内过电压下是否可靠工作。可以说，高压交流试验电压是最重要的一种电压，可适用于耐受测试、寿命测试以及介电或局部放电测试。本章除了介绍高压交流电压的产生过程外，还介绍高压交流试验电压的要求、试验程序以及高压交流电压的测量方法等。

3.1 交流试验电压要求与试验系统选择

3.1.1 交流试验电压要求

由于交流电压波形的畸变与谐波特性等会影响介电耐受特性，因此 GB/T 16927、IEC 60060《国际电工委员会 IEC 60060》等标准对实验室和现场试验时的高压交流耐受电压进行了规定。高压交流耐受试验电压应为正弦波（见图 3-1），由于绝缘击穿过程取决于电压峰值（U_{peak}），因此实际试验电压值（U_t）主要参考电压峰值。为方便与交流电压有效值进行比较，试验电压值定义为

$$U_t = \frac{U_{peak}}{\sqrt{2}} = \frac{+U_{peak} + |-U_{peak}|}{2\sqrt{2}} \tag{3-1}$$

要求正弦波的正负半波对称，两个半波的峰值相对偏差应不大于 0.02，即 $|\Delta U| = \left| \frac{+U_{peak} - |-U_{peak}|}{U_{peak}} \right| \leqslant 0.02$。

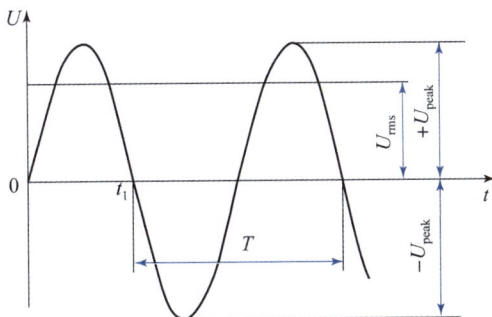

图 3-1 交流耐受试验电压参数

交流输电时，各种电气设备一般工作在 50Hz 或 60Hz 工频电压下，因而规定工频交流电压试验时应采用频率为 45～65Hz 的交流电压。另外，国内和国际标准还对波形畸变进行了规定，主要包括波顶系数（peak factor）、波形畸变率（distortion factor）等。由于绝缘击穿过程决定于电压峰值，而各类标准规定的试验电压又是有效值 U_{rms}，因此规定波顶系数应在 $\sqrt{2}(1\pm5\%)$ 以内，即

$$1.364 \leqslant \left| \frac{U_{peak}}{U_{rms}} \right| \leqslant 1.464 \qquad (3-2)$$

由于波形畸变不仅影响绝缘耐受，还会影响局部放电、介质损耗等特性的测试，因此试验时电压波形的畸变应尽可能小。要求交流试验电压的波形畸变率，即总谐波失真度（Total Harmonic Distortion，THD）应小于 5%，即

$$THD = \frac{1}{U_{1peak}} \sqrt{\sum_{n=2}^{m} U_{npeak}^2} \leqslant 0.05 \qquad (3-3)$$

式中：U_{1peak} 为基波峰值；U_{npeak} 为 n 次谐波峰值；m 为考虑的最高次谐波。

试验电压的容差也会对测试结果产生影响。标准规定，若试验持续时间不超过 60s 时，在试验电压持续时间内试验电压的偏差值应保持在规定值的 $\pm1\%$ 以内。当试验持续时间超过 60s 时，在整个试验过程中试验电压的偏差值应在规定值的 $\pm3\%$ 以内。另外，试验过程中较大脉冲电流的局部放电会造成试验电压 U_t 在几个电压周期内下降 Δu，规定 $\frac{\Delta u}{U_t} < 20\%$。

3.1.2 交流试验系统

1. 容性负载

交流试验系统的选择很大程度上取决于系统的用途。高压实验室内，交流高电压试验系统常用于电气设备的绝缘耐受试验、测量系统校准、绝缘模型与击穿特性研究以及局部放电试验等。

对于大多数情况，工频电压下电气设备都可以看作容性试品，亦即流过试品的是电容电流，可表示为

$$I_t = \omega C_t U_t \quad (A) \qquad (3-4)$$

式中：ω 为角频率（$\omega=2\pi f$，$f=50$Hz）；C_t 为试品的电容量，pF；U_t 为所施加的试验电压（有效值），kV。

对于大多数作为试品的电气设备，其电容量不超过 5000pF。假设 $C_t=5000$pF，交流试验电压 $U_t=500$kV，根据式（7-1）即可得 $I_t=0.78$A，可见通常流过试品的电流值是不大的。对 250kV 以上的试验变压器常采用 1A 制，即高压侧额定输出电流为 1A，这通常已能满足一般的试验要求。因此一般选用高电压试验变压器（Test Transformer）来进行工频耐受试验。试验变压器的额定电压一般为 50～1000kV，额定电流为 0.1～1A，个别情况下额定电流可选 2～4A。选择试验变压器的额定容量，一般按下式考虑

$$S_t = I_t U_t = \omega C_t U_t^2 \times 10^{-9} \quad (kVA) \qquad (3-5)$$

容性负载一般从 100pF（分压器、空载）至数十微法（如海底或地下电缆等）。试验变压器对大容量负载进行耐受试验时，还可采用电抗器并联补偿技术来解决试验变压器容量不足的问题。若容性负载为 C_t，试验变压器高压侧并联电抗器 L，则试验变压器的容量为

$$S_t = \omega C_t U_t^2 - \frac{U_t^2}{\omega L} \tag{3-6}$$

需要注意的是，电抗器的并联补偿会造成试品电压波形的畸变。因此，在对波形要求较高的试验中，如局部放电和介质损耗的测试等，一般宁愿采用大容量试验变压器而不采用电抗器补偿方法。

对于更大电容量的负载，如整间隔气体绝缘开关组合电器（GIS）、特高压电力变压器、电容器组以及成卷的电缆等，电容量可高达几纳法，甚至几百纳法，可采用串联谐振试验系统进行试验，产生的交流电压频率应在 30～300Hz 范围内。对于更高电压的试验变压器，可串联试验变压器，通过 3～4 级变压器的串联，输出电压可达 2000～3000kV，如图 3-2 所示。

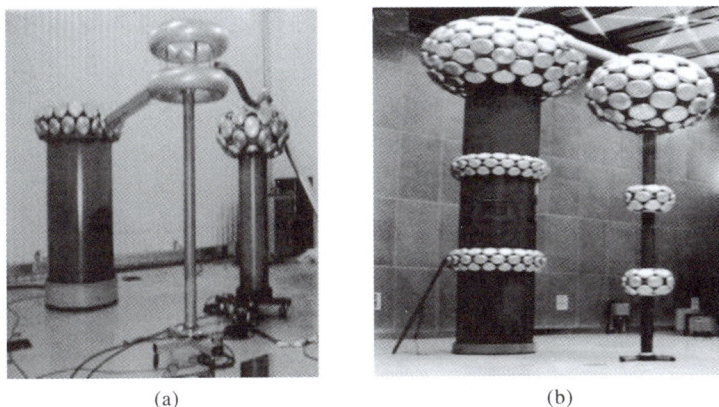

图 3-2　工频试验变压器

（a）350kV 筒型试验变压器；（b）1500kV 串联试验变压器

随着高电压试验变压器的发展，目前大都采用绝缘筒型试验变压器，不仅可减小高电压实验室的占地面积，而且可方便地组成串联试验变压器。目前我国单台试验变压器的电压可达 750kV、额定电流达 6A；通过串联方式，试验变压器输出电压可达 2250kV。

按照行业标准，电气设备工频耐受试验同时需进行局部放电的测试。工频试验变压器的局部放电量大小需满足电气设备局部放电测试的要求。目前我国单台 750kV 工频试验变压器的局部放电量在额定电压下可小于 5pC。

试验变压器一般采用油纸组合绝缘。随着试验变压器技术的发展，SF_6—浸渍箔组合绝缘试验变压器在内绝缘耐受和试验研究方面得到广泛应用，如 GIS、电缆接头等绝缘试验。在这种情况下，试验变压器直接通过法兰连接到试品，高压侧被完全封闭在一个金属筒内。因此可方便进行屏蔽良好的高电压试验和局部放电测试。

2. 阻性负载

交流高压耐受试验还经常碰到阻性或有源负载，如绝缘子湿闪和污闪试验、输电线路电晕试验等，由于绝缘子沿面电导较高，沿绝缘子表面的泄漏电流会超过流过绝缘子的容性电流，在泄漏电流的作用下，绝缘子表面会出现局部干燥带，进而形成跨接干燥带的局部电弧放电，试验电流进一步增加。如果变压器提供的试验电流不能维持电弧的发展，则湿闪或污闪试验的结果将会失去实际意义。

湿闪或污闪试验时，局部电弧会产生瞬态电流脉冲，要求试验变压器能补偿这一快速变化的有功功率，否则会造成试验电压的降落，如图 3-3 所示。这种电压降落会延迟或阻碍局部电弧发展为整个沿面的放电。当变压器容量较小、短路阻抗较大时，电压降落现象也会更显著，造成试验时根本无法判断闪络时刻或确定闪络电压。试验变压器输出电压应足够稳定，不应受泄漏电流变化的影响，而且试品上非破坏性放电不应造成过大的电压降落。按照相关标准，绝缘子湿闪、污闪等试验时，电压降落不应超过试验电压的 20%。因此，试验变压器不仅要满足容量的要求，还需满足短路阻抗的要求。一般地，试验系统的短路阻抗需小于 20%。对于试验变压器内部阻抗产生的电压降，可用短路电流 I_{sc} 表示。为了满足 20% 电压降落的要求，短路电流在不同的试验条件下必须满足一个最小值 I_{scmin}。对于湿闪和污闪试验，不同的试验条件可用爬电比距（mm/kV）来表示。IEC 60507 给出了不同爬电比距时对试验变压器要求的短路电流，如图 3-4 所示。

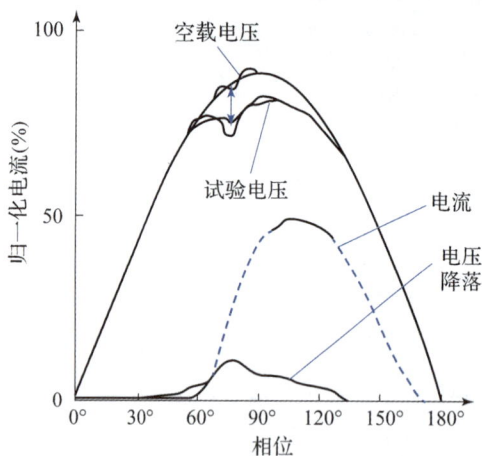

图 3-3　湿闪和污闪试验时的电压降落

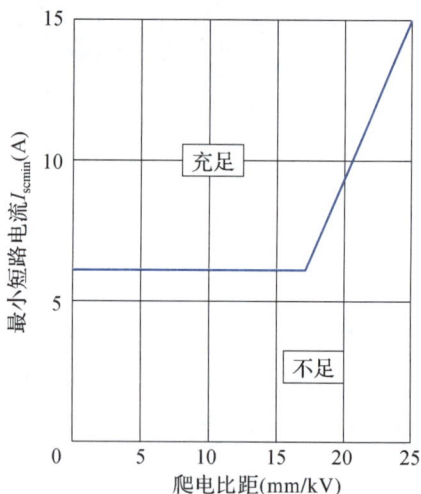

图 3-4　变压器短路电流与爬电比距的关系

除了短路电流 I_{sc} 应大于 I_{scmin} 之外，工频变压器试验系统还应该满足以下要求：

（1）回路电阻与电抗之比 $\dfrac{R}{X} \geqslant 0.1$。其中，$X$ 为回路总电抗，$X = \dfrac{1}{\omega C_t} - \omega L$。

（2）容性电流与短路电流之比满足 $0.001 \leqslant \dfrac{I_c}{I_{sc}} \leqslant 0.1$。

图 3-4 可以看出，对于一般爬电比距绝缘子的湿闪或污闪试验，要求变压器短路电流应大于 6A，但对于更高的爬电比距，需要更大的短路电流，甚至达到 15～20A，这种情况下试验系统一般很难满足要求。IEC 60507 提出可以测量试验时的最大泄漏电流 I_{1max}，如果短路电流与最大泄漏电流的比值满足 $\dfrac{I_{sc}}{I_{1max}} \geqslant 11$，则认为试验结果不依赖于试验系统。

为了消除试品非破坏性局部电弧或预放电对绝缘子放电特性的影响，除了试验系统需满足上述要求外，当试品电容量较小时，需并联电容器来消除局部电弧或预放电脉冲的影响。一般试品电容和并联电容之和为 0.5～1nF。

3. 感性负载

交流电压试验时，电力变压器、互感器以及电抗器等线圈类设备在一定条件下可看成试验系统的感性负载。进行交流外施电压试验时，如高压绕组，被试绕组首尾相连后与接地的低压绕组、铁心之间施加交流电压。此时的变压器属于容性负载，对电容量大的变压器可采用串联谐振方法。但这只能考核变压器绕组对低压绕组和对地的绝缘，也即变压器的主绝缘，而变压器匝间、线饼间绝缘，也即纵绝缘没有得到考核。另外，电力系统中有大量分级绝缘变压器，这些分级绝缘变压器采用外施电压试验考核时无法同时满足绕组各部分绝缘的要求。因此，分级绝缘变压器，主、纵绝缘都不能采用外施交流高电压试验方法来考核。

交流感应电压试验是在变压器低压侧施加合适电压、高压侧开路来进行变压器纵绝缘的耐受考核。但由于变压器铁心饱和的限制，交流感应电压试验的频率 f_t 应至少是额定工作频率 f_N 的两倍，即不低于 100Hz，但不宜高于 400Hz，一般感应耐受电压的频率为 100、150、200Hz，是工频的整数倍。进行交流感应耐受试验时，在电压频率不超过 100Hz 时，耐受时间一般为 1min；如果试验电压的频率 f_t 超过 100Hz，则试验持续时间应按 $t_t = \dfrac{120 f_N}{f_t} \geqslant 15 \, (s)$ 来计算，但不得小于 15s。试验时，电压应从小于 $0.33 U_t$ 开始进行升高，升至试验电压 U_t 后，维持时间为 t_t，然后电压必须降至 $0.33 U_t$ 以下方可切断电源（加压过程见图 3-5 中黑色实线）。

电力变压器进行感应耐压试验的同时，应进行局部放电测试，此时的加压方式应按照图 3-5 中蓝色实线所示的阶梯过程来持续加压，其中应包含一个局部放电增强的电压阶梯。对于额定电压 $U_N \geqslant 800\text{kV}$ 的变压器，该阶梯电压的持续时间应为上述所述持续时间 t_t 的 5 倍。在每一个阶梯阶段都需进行局部放电的测量，增强前后的电压水平与阶梯级数应保持一致，电压由增强水平降至局部放电测量阶段，应进行 60min 局部放电水平的测试。通过阶梯加压过程，应测试局部放电起始和熄灭的电荷量水平。

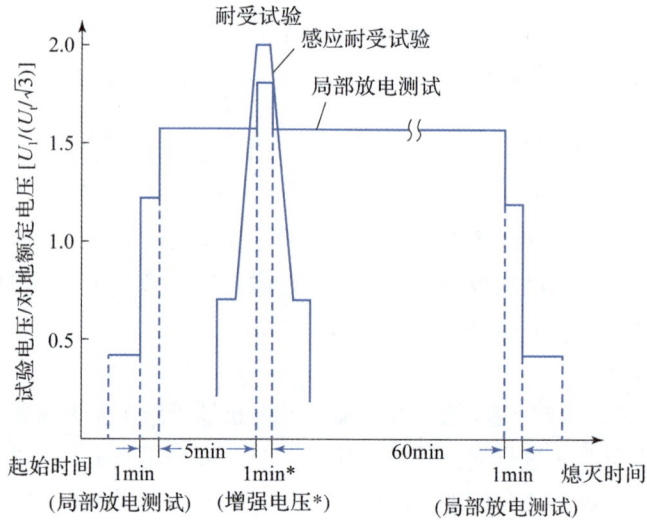

图 3-5　交流感应电压试验程序

3.2　工频交流高压的产生

3.2.1　工频试验变压器的特点与试验接线

工频高压的产生一般采用工频高电压试验变压器，工频高电压试验变压器（简称试验变压器）是高电压试验室最基本的、不可缺少的设备之一。它除了用于电气设备工频高压耐受试验、考核其在长时工作电压和暂时内过电压下是否可靠工作之外，还用于气体绝缘间隙、电晕损耗、静电感应、绝缘子串的闪络电压等研究性试验。近年来，由于超特高压输电的发展，必须研究超特高压电气设备内绝缘和外绝缘的击穿规律，而超特高压电气设备的击穿电压一般比试验电压要高得多。目前，我国和世界上多数工业国家都已拥有 2250kV 的试验变压器，个别国家试验变压器的电压已经达到了 3000kV。

1. 试验变压器的特点

试验变压器在原理上与电力变压器并无区别，只是前者电压高、变比大。由于高、低压线圈之间电压高，要求的绝缘距离较大，因此试验变压器的漏磁通较大，短路阻抗也较大。试验变压器的运行条件与电力变压器有很大的不同，主要在于：

（1）试验变压器在大多数情况下工作在容性负载下，而电力变压器一般工作在感性负载下。

（2）试验变压器的试验功率一般都不太大。对于容性试品，其试验电流一般为0.2～2A；对于阻性试品，其额定电流一般为 2～6A。因此，其工作温度较低。而高压电力变压器的容量都很大，额定电流达几百安培，甚至几千安培，即使采用冷却措施，电力变压器的温升也会较高。

（3）试验变压器经常用于耐受试验和绝缘击穿特性研究，经常会出现对地放电，而电力变压器在正常运行时不允许出现对地短路放电。

（4）试验变压器在工作时不会出现电力变压器在运行中可能遭受的雷电过电压和操作过电压，但由于试品的对地放电，会在试验变压器的绕组上产生梯度过电压。

（5）试验变压器一般持续工作时间很短，在额定电压下满载运行时间更短，譬如工频交流耐压试验经常是 1min，因此其绝缘裕度较低；电力变压器则需要长年累月地在额定电压下接近满载运行，其绝缘裕度比试验变压器高得多。

（6）由于试验变压器输出电压高，一、二次绕组间绝缘要求高，绝缘距离大，造成一、二次绕组间漏抗大。因此，试验变压器的短路阻抗大。

2. 试验变压器的试验接线

图 3-6 为进行工频高电压试验的一般线路图。一般情况下试品 C_0 的一端接地，所以试验变压器的高压绕组一端接地，另一端输出高电压，经保护电阻 R 后，施加到试品的高压端。R 主要用来限制过电流和过电压，从而保护试验变压器。保护电阻的取值一般按照 $0.1\Omega/V$ 来选取，但一般不超过 $100k\Omega$。保护电阻一般采用线绕电阻，当电压较高、容量较大时，可采用水电阻。

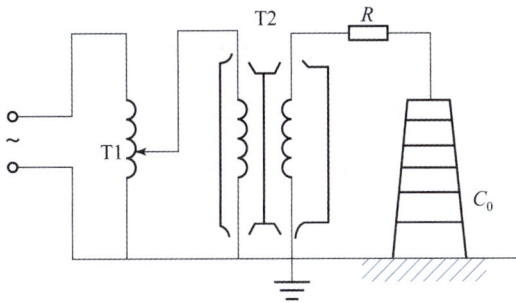

图 3-6　工频高电压试验的一般线路图

T1—调压器；T2—试验变压器；R—保护电阻；C_0—试品

在工频击穿试验中，试品一击穿，就立刻切断电源；在工频耐受试验中，根据试品的不同，当电压升至规定值后，有的迅速降低电压（如对外绝缘进行试验时），有的只要维持 1~5min 就迅速退下（如对有机绝缘材料构成的内部绝缘进行试验时）。只是在个别试验里（如试验线路的电晕试验），以及对个别电气产品的耐压试验（如高压电力电缆型式试验时）才有较长的运行时间。

3.2.2　串级试验变压器

当单个变压器的电压超过 500kV 时，变压器的质量、体积均要随电压的升高而迅速增加，这在机械、绝缘结构设计上都有相当大的困难，所以目前单个变压器的额定电压很少超过 750kV。当需要更高电压等级的试验变压器时，通常采用多台变压器串联，构成串级试验变压器。串级试验变压器就是使几台变压器二次绕组的电压相叠加，从而使单台变压器的绝缘结构大大简化。

图 3-7 所示的自耦式串级变压器中，绕组 1 为低压绕组，2 为高压绕组，3 为供给下一级励磁用的串级励磁绕组。设该装置输出的额定电流为 I_2(A)，每一级变压器高压

侧绕组的额定电压为 U_2(kV)，则该装置输出的额定电压为 $3U_2$(kV)，总的额定输出容量为 $3U_2I_2$(kVA)。最高一级变压器 T3 的额定容量为 U_2I_2(kVA)，中间一台变压器 T2 的额定容量为 $2U_2I_2$(kVA)，这是因为该变压器除了要直接供应负荷所需的 U_2I_2(kVA)容量外，还得供给 T3 的励磁容量 U_2I_2(kVA)。同理，最下面一台变压器 T1 应具有的额定容量为 $3U_2I_2$(kVA)。所以当串联级数为 3，则串级变压器的额定输出容量 $3U_2I_2$，而整套装置的总容量应为各变压器容量之和，即 $6U_2I_2$。所以，装置的利用系数 $\eta = \dfrac{3U_2I_2}{6U_2I_2} = 50\%$。

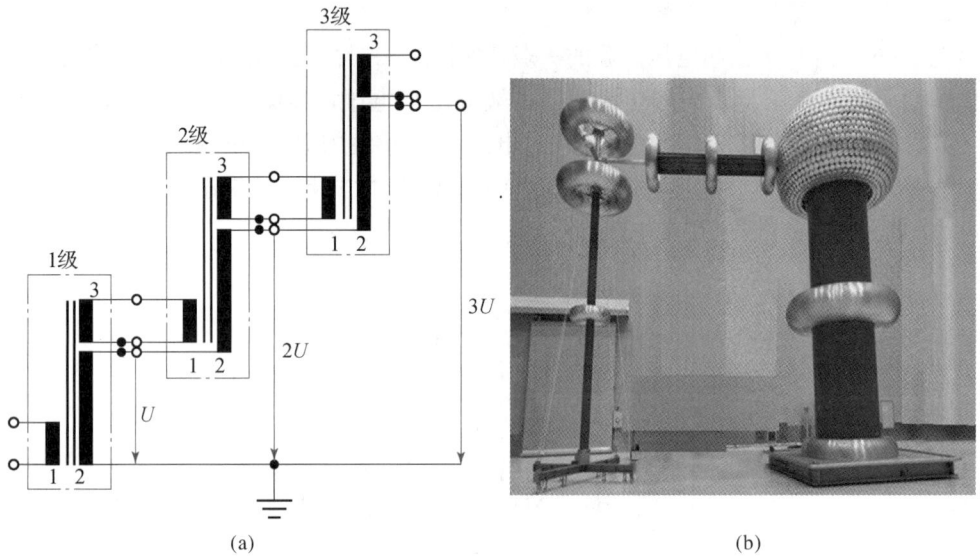

图 3-7 自耦式串级变压器原理图与实际装置

(a) 电路示意图；(b) 实际装置

自耦式串级变压器是目前最常用的串级方式。这里，高一级变压器的励磁电流由前面一级变压器供给。

显然，变压器串联台数越多，装置利用系数越低，且随着串联级数的增加，整套串级变压器的总短路阻抗值会急剧增加。根据相关研究人员对串级变压器短路阻抗的计算，可得到 n 级串级变压器归算到高压侧的总等效短路阻抗值为

$$X_e = \sum_{i=1}^{n} \left[X_{Hi} + (n-i)^2 X'_{Ki} + (n+1-i)^2 X'_{Li} \right] \tag{3-7}$$

式中：X_{Hi} 为第 i 级串级变压器高压侧的短路电抗；X'_{Ki} 为第 i 级串级变压器励磁绕组归算到高压侧的短路阻抗；X'_{Li} 为第 i 级串级变压器低压绕组归算到高压侧的短路阻抗。

若 3 台相互串联的试验变压器单元完全相同，则 $X_{H1} = X_{H2} = X_{H3} = X_H$，$X'_{K1} = X'_{K2} = X'_{K3} = X'_K$，$X'_{L1} = X'_{L2} = X'_{L3} = X'_L$，3 台变压器串联后归算到高压侧的总等效短路阻抗值为

$$X_e = X_H + 5X'_K + 14X'_L \tag{3-8}$$

由式（3-8）可见，3台变压器串级后的总等效短路阻抗比单独3台的短路阻抗之和 $3(X_H+X'_L)+2X'_K$ 要大得多。因此串级变压器的串联级数一般不超过3。

单台变压器短路阻抗 X_e 的测试方法如下：将变压器二次绕组短接，在一次绕组上施加电压。当一次绕组流过额定电流时，一次绕组上所施加的电压与额定电压之比，即为变压器的短路阻抗，通常以额定电压的百分数（%）表示。

组成串级变压器的各台变压器都可单独使用，也可以并联使用。当试品发生绝缘闪络时，会出现急剧变化的暂态电压，变压器串联时必须防止在各级变压器上出现异常电压分布。

3.2.3　调压装置

为了防止高压端出现异常电压，一次侧电压的投入应尽可能从低电压开始，然后逐渐升高电压至试验电压值。通常在高电压试验变压器的前级选配合适的调压器，借助调压器的电压调整，使高电压试验变压器输出满足要求的、无级连续、均匀变化的试验电压。高电压试验配用的调压器，除了其输出容量、相数、频率、输出电压变化范围等基本参数应满足试验要求外，还要求调压器应具有以下优点：1）输出电压质量好：要求调压器输出电压波形应尽量接近正弦波；输出电压下限最好为零等。2）调压特性好：要求调压器阻抗不宜过大；调压特性曲线平滑线性；调节方便、可靠。调压器主要有以下几种：

1. 自耦式调压器

自耦式调压器实际上就是自耦式变压器，只是它们的二次侧电压抽头不是固定的，而是用一滑动触头（碳刷）沿着绕组移动，变成可调的，只要改变滑动触头的位置就可改变二次绕组的匝数，从而使输出电压改变。此类接触调压器按其铁心形式可分为环式和柱式两种。传统小容量高电压试验广泛采用了环式接触调压器，这种调压器结构简单，输出波形好，体积小，价格便宜。但接触调压器的主要缺点是有触头调节，调节过程中产生的火花，容量和使用寿命都受到限制。柱式调压器具有阻抗电压低（见图3-8）、输出电压下限值小、输出电压波形好、调压器的输出电压特性平滑连续线性等优点，目前单相柱式调压器的容量可达2500kVA、三相可达3000kVA。

2. 移圈式调压器

移圈式调压器的结构和电磁原理与变压器相似，它一般有三个线圈：其中两个为匝数相等，绕向相反，互相串联的线圈；另一个为套在这两个线圈之外的短路线圈。它借助短路线圈沿铁心柱高度方向的上下移动，改变主回路两个线圈的阻抗和电压分配，以达到调节输出电压的目的。这种调压器由于不存在滑动触头，故容量可做得很大。但由于这种调压器的主磁通不能完全通过导磁材料形成闭合磁路，所以漏抗较大，且漏抗随短路线圈位置的改变而改变（见图3-8），从而使输出波形产生不同程度的畸变。对于波形要求不十分严格且要求容量较大的场合，移圈式调压器应用比较广泛。

3. 感应调压器

感应调压器的结构和电磁原理类似堵转的绕线转子异步电动机，能量转换关系类似变压器。它通过调整转子角位移，可改变定子或转子绕组的感应电动势相位（三相）或幅值（单相），以达到无触头调压的目的。感应调压器的短路阻抗较移圈调压器的小，波形畸变率也比移圈式调压器的小。

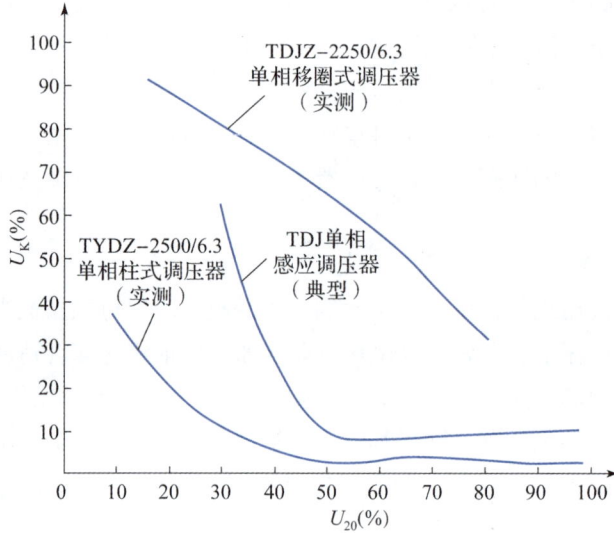

图 3-8　几种调压器的短路阻抗与输出电压的关系

3.3　试验变压器输出电压的升高与波形畸变

在电气设备的工频高电压试验中，除了按照有关标准规定认真制定试验方案外，还需注意以下问题。

3.3.1　工频高电压试验中容性试品上的电压升高

在工频高电压试验中，大多数试品是容性的。当试验变压器施加工频高压时，往往会在试品上产生"容升"效应，也就是实际作用到试品上的电压值会超过按变比高压侧所应输出的电压值。试品的电容以及工频变压器试验系统的漏抗越大，则"容升"现象越明显，这是工频变压器进行交流高电压试验时应尽量避免的。根据试验变压器的接线图，可将高电压试验回路［见图 3-9（a）］的等效电路简化为图 3-9（b）。其中，L_T 为含变压器漏感的回路杂散电感，R_T 包含变压器阻性损耗和回路保护电阻，C 为含试品、分压器时的变压器容性负载。如果变压器的高低压绕组的匝数比为 $\dfrac{w_2}{w_1}$，按照变比得到的变压器输出电压 $U_2^* = (w_2/w_1)U_1$。设高压回路总的电流为 $I = \omega C U$，则 $\dot{U}_{RT} = R_T \dot{I}$，$\dot{U}_{LT} = j\omega L_T \dot{I}$，相应于图 3-9（b）的电压、电流相量图如图 3-9（c）所示。由图 3-9（c）可以看出，当高电压试验变压器漏感和负载电容均较大时，试品上出现的 U_2 电压会超过按变比换算所得到的电压 U_2^*。由此说明，采用试验变压器一次侧（低压侧）电压与变比求二次侧（高压侧）电压的方法经常是不准确的。如果忽略阻性损耗的影响，当变压器输出达到额定电流时，其输出电压可估算为

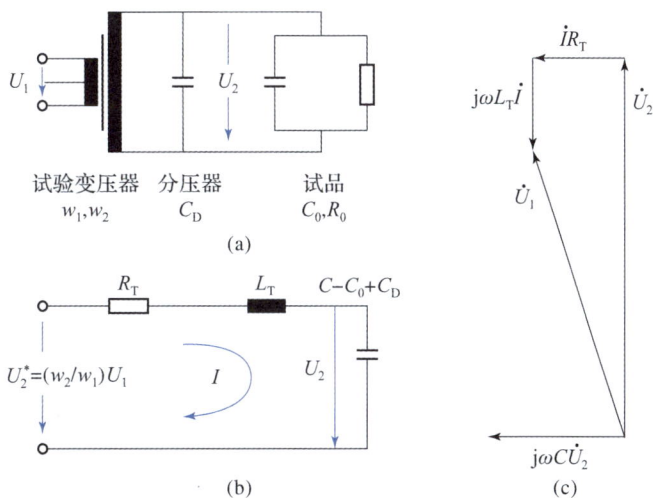

图 3 - 9　工频变压器试验回路

（a）简化电路；（b）等效电路；（c）相量图

$$U_2 = \frac{U_2^*}{1 - \omega^2 C L_T} \tag{3-9}$$

一般地，100kV 以上的试验变压器常备有第三个绕组，专门用来测量高压侧输出电压，并减小高压绕组的漏抗对测量结果的影响。它的匝数是高压绕组匝数的千分之一，由此绕组测得的电压就是以 kV 为单位的被测电压值。测量绕组一般应设置在高压绕组的 X 端（接地端），这样可在结构上保证该绕组与高压绕组之间有较好的耦合，可使测量误差相对较小。即使如此，试品的容性效应所引起的测量误差也不能完全避免。特别是在串级试验变压器装置中，由于串联的各试验变压器高压绕组的电压分布不均匀，只通过第一级变压器的测量绕组来得到串级变压器的电压是不准确的。解决的方法是，在一定试品下做串级变压器输出电压与测量绕组电压之间的校准曲线。

此外，变压器的容性负载还可能与变压器可调压装置的漏抗形成串联谐振，造成输出电压的升高。特别地，某些调压装置的漏抗与其输出电压（调压位置）有关，这种谐振现象可能会发生在调压过程中，为防止谐振造成的电压升高，需采取相应的保护措施。

3.3.2　试品闪络所引起的恢复过电压

采用工频试验变压器进行介电耐受测试时，由于介质击穿或放电时具有极性效应，一般第一次击穿或放电会出现在交流电压正半周的峰值。在介质击穿或放电的瞬间，流过击穿点的瞬时电流来自与试品并联的电容（包括对地杂散电容），流过变压器绕组的电流几乎为零，其等效电路如图 3 - 10 所示。由图 3 - 10 可知，维持瞬间放电的直接能量仅是试品电容 C_0、变压器高压侧等效电容 C_T、分压器电容 C_D 等所储存的电能。当试品的介质灭弧能力较强、变压器漏抗较大，瞬时放电电流不能维持电弧放电所需电流水平时，放电电弧很快熄灭。随着电弧的熄灭，输出电压再次建立起来而形成恢复电压。同时，由于交流负半周介质的击穿电压高于正半周，可在交流负半周产生一个比原峰值还要高的过电压，称之为恢复过电压，其波形如图 3-10（c）所示。当恢复电压再次转为正半周时，由于正半周的放电电压较低，可能再次发生放电，而且由于不能维持稳定的电弧放电，电弧会很快熄灭，但恢复电压下电弧又会再次重燃。因此发生多次的电弧熄灭与重燃。多次电弧熄灭与重燃后所形成的恢复电压再次达到负半周时，其负半周的峰值电压会更高，甚至可能达到正常值的 2 倍。对于去游离作用较强的介质，如绝缘油、SF_6 气体等，介质放电后容易形成多次的熄灭与重燃过程，更易产生较大幅值的过电压。

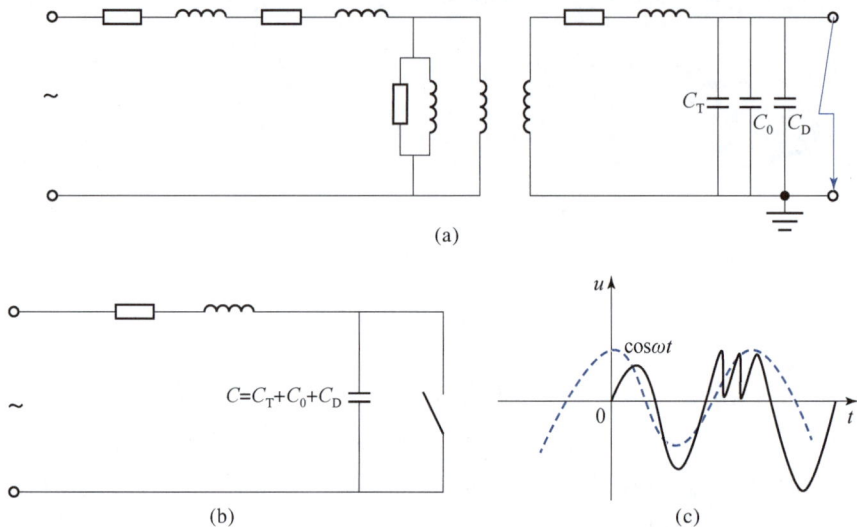

图 3-10　工频变压器的试验等效电路与恢复过电压

（a）全等效电路；（b）简化等效电路；（c）恢复电压波形

当试验变压器在产生较高的恢复过电压时，应采取适当措施加以抑制，具体包括：①采用球间隙与试品并联以抑制过电压；②试验变压器高压输出端串联保护电阻；③试验变压器一次侧（低压侧）并联高速保护开关。当试品发生放电时，瞬时电流和电压变化率会很大，通过检测放电时的瞬时电流或电压变化率来驱动高速保护开关动作。高速保护开关导通后，变压器低压绕组被短接，高压侧输出电压也快速降为零。

另外，对一次绕组突然加压而不是由零逐渐升高电压，或者当输出电压较高时突然切断电源，都有可能由于过渡过程而在试验回路中产生过电压。试验过程中必须加以注意。

3.3.3　试验电压的波形畸变与改善措施

交流试验电压波形和频率对各种试验具有不同的影响，3.1.1 节已介绍了介电耐受测试、局部放电试验等对交流电压波形的要求。采用试验变压器往往很难获得理想的正弦波交流高压，造成试验变压器输出波形畸变的主要原因大致有以下三方面。

1. 试验变压器励磁电流中的高次谐波造成电压波形畸变

通常情况下工频试验变压器的大部分试品表现为电容量不太大的容性效应，试品的容性电流比变压器的励磁电流要小得多，试验变压器往往接近于空载状态下运行，在变压器一次侧流过的主要是励磁电流。由于变压器铁心的基本磁化曲线是非线性的，试验变压器铁心会工作在磁化曲线的饱和段，因此若变压器一次侧所加的电压接近正弦波时，变压器铁心中的主磁通也近似为正弦波，这样励磁电流 i_0 就会是非正弦的，也就是说除基波 i_1 分量外，会存在 3 次、5 次等谐波分量 i_n。当变压器和调压器存在较大漏抗 x_s 时，非正弦的励磁电流就会其上产生非正弦的电压降 u_3，如图 3 - 11 所示。即使所施加的电源电压 u_1 为正弦波，因 $u'_1 = u_1 - u_3$，则试验变压器一次侧电压 u'_1 必为非正弦。变压器铁心磁通饱和程度越大或变压器和调压器的漏抗越大，则变压器输出波形畸变就越严重。变压器二次侧为容性负载时，负载电容越大，高次谐波阻抗越

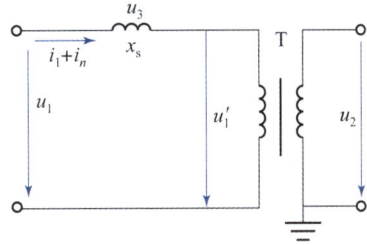

图 3 - 11　考虑调压器和变压器漏抗后的
试验变压器输入电压的畸变

小，高次谐波电流也相对较大，这些高次谐波电流在调压器和变压器漏抗上所产生的电压降会加剧输出电压波形的畸变。

2. 调压装置的铁心饱和造成试验电压波形畸变

对于某些调压器，如感应调压器，由于铁心磁路中或多或少地存在着饱和现象，输出波形会出现非正弦，进而造成试验变压器输出波形的畸变。

3. 电源电压的非正弦造成试验电压波形畸变

由于电源电压（电网）不是正弦波，即电源电压本身含有谐波分量，不管采用何种调压器和变压器，则试验变压器输出电压也会出现谐波分量。

试验变压器输出波形畸变的最主要原因是变压器铁心磁化曲线的非线性。当变压器工作在磁化曲线的饱和段时，励磁电流出现高次谐波，为了减小输出电压波形的畸变，应使变压器尽可能避免工作在磁化曲线的饱和阶段，且变压器和调压器的漏抗尽可能小。在上述条件不具备或波形仍不满足要求的情况下，应采取滤波措施来改善波形，一般采用在试验变压器的一次绕组并联一个 LC 串联谐振回路的方法。若主要需减弱 3 次谐振，则 LC 回路可按 $3\omega L = \dfrac{1}{3\omega C}$ 来选择其参数，其中 ω 为基波角频率，亦即为 100π。若还存在 5 次谐波分量，则可再并联另一个 $L'C'$ 串联谐振回路，按 $5\omega L' = \dfrac{1}{5\omega C'}$ 来选择参数。这样可使励磁电流中的三、五次谐波分量有了短路回路，保证变压器输入电压基本上为正弦波，输出电压波形就大为改善。滤波电容选择时，应考虑流过滤波电路的交流电流不易显著增加调压设备的容量，一般可取 $C = 6 \sim 10\mu\text{F}$。

3.4　串联谐振交流高压的产生

对于电容量大、损耗小的试品，如电缆、电容器以及气体绝缘开关装置等的绝缘试验，如采用工频电压进行试验时，要求电源的容量很大，一般很难实现。为了适应大电容量试品的耐压试验需要，可采用高压串联谐振试验设备。

串联谐振交流高压的产生是利用 LC 串联谐振的原理,使试品能受到交流高压的作用,而供电设备的额定电压及容量却可以大为减小。其原理电路如图 3 - 12(a)所示,图中,L 是电抗器电感;C 为试品及分压器和外加电容器的总电容;R 为回路的总电阻,它包括引线、电感固有的电阻和特地接入的调整电阻等,也代表高压导线的电晕损耗及试品介质损耗的等效电阻。

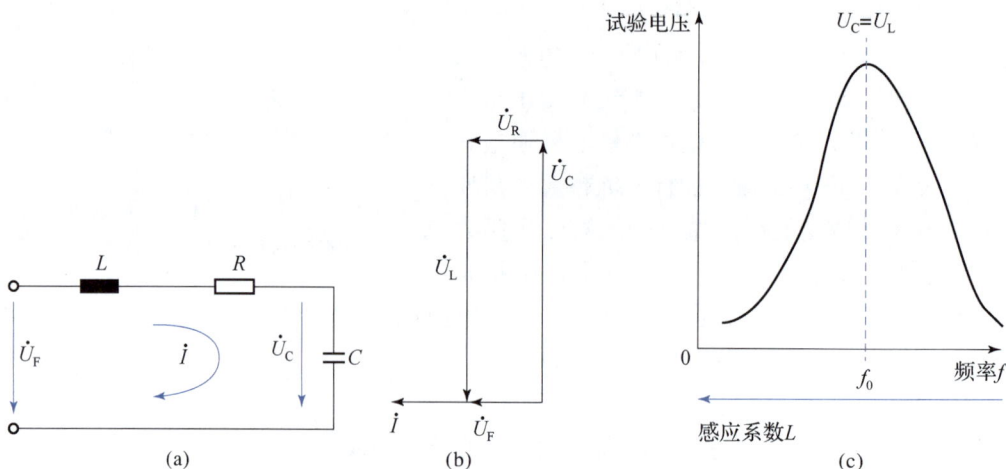

图 3 - 12 高压交流串联谐振试验电路
(a)等效电路;(b)相量图;(c)谐振曲线

如果回路参数满足谐振条件,即

$$\omega L = \frac{1}{\omega C} \tag{3-10}$$

则变压器二次侧接入的电抗器和试品电容 C 一起对电源频率 ω 发生谐振,其谐振频率可表示为

$$f_0 = \frac{1}{2\pi\sqrt{LC}} \tag{3-11}$$

若变压器二次侧输出电压为 U_F,谐振时流过试品的电流 $I = \dfrac{U_F}{R}$,而试品和电抗器上的电压为

$$U_C = U_L = \frac{1}{\omega L}I = \frac{\omega L}{R}U_F = QU_F \tag{3-12}$$

式中:Q 为回路谐振的品质因数,$Q = \dfrac{\omega L}{R} = \dfrac{1}{\omega CR}$,一般为 40~80。

此时所需要的电源容量为

$$P_F = P_R = I^2 R = \frac{U_F^2}{R} \tag{3-13}$$

而试品及电抗器上得到的无功功率为

$$S_C = S_L = I^2 \omega L = \frac{\omega L}{R}\frac{U_F^2}{R} = QP_F \tag{3-14}$$

80

这种方法有以下优点：

（1）试验回路对基波频率产生谐振，因而波形的畸变小；

（2）试品发生击穿时谐振条件被破坏，串联电抗器限制短路电流，故绝缘击穿处的电弧不会将故障点扩大。

为了使回路参数满足谐振条件，可以调节电容或电感，也可以调节电源频率。随着变频技术的发展，通过调节电源频率来满足谐振条件是目前较广泛的一种谐振方法，调节装置称为变频串联谐振装置。交流两相或三相工频电源，经变频控制单元输出 $30 \sim 300\,\text{Hz}$ 频率可调的交流电压，经励磁变压器（Tr）升高电压，谐振电抗器 L 和试品 C_t 构成高压谐振电路来产生交流高压。电容分压器是纯电容式的，用来测量试验电压。先由变频控制单元经励磁变压器向主谐振电路送入一个较低的电压 U_s，调节变频控制单元的输出频率，当频率满足谐振条件时，电路即达到谐振状态。不同的测试对象，会出现不同的固有谐振频率。通常，交流耐受测试标准允许一定的频率范围（$f_{\min} \sim f_{\max}$，一般为 $30 \sim 300\,\text{Hz}$），这决定了负载范围：最大负载电容 $C_{\max}$ 决定了给定电抗器电感为 L 时的最小测试频率 $f_{\min}$，反之亦然。因此，一定的电抗器条件下负载电容范围为

$$C_{\max} = \frac{1}{(2\pi f_{\min})^2 L}, \ C_{\min} = \frac{1}{(2\pi f_{\max})^2 L} \tag{3-15}$$

当负载电容的变化范围很大或很小时，可能在规定的试验频率范围内无法满足谐振条件，这时可适当调整电抗器的电感 L 值，使得谐振频率固定在规定要求的范围内。另外，当采用电力电子变频技术时，变频系统可能会产生强烈的电磁干扰，影响交流耐受试验局部放电的测试，这时就需要采取特别措施，或者采用调感谐振系统。

对于调感谐振系统，电抗器电感的调节是通过调节电抗器磁芯的气隙大小来实现的。电抗器的电感量与绕组匝数的平方 w^2、气隙中空气磁导率 μ_0、气隙处磁芯横截面积 A 成正比以及与间隙的宽度 a 成反比，即

$$L = \frac{k\mu_0 w^2 A}{a} \tag{3-16}$$

式中：k 为比例因子。

调感谐振系统的负载电容范围可表示为

$$\frac{C_{\max}}{C_{\min}} = \frac{L_{\max}}{L_{\min}} \approx \frac{a_{\max}}{a_{\min}} \tag{3-17}$$

电抗器磁芯气隙的精确调节是由试验电压和电流之间的相位角来控制的。当该相位角最大时谐振曲线达到最大值。品质因数越高，图 3-12（c）所示的谐振曲线就越陡峭，此时间隙控制精确度的要求也越高。由于串联谐振系统经常需要通过电抗器的串联来输出较高的电压，而筒形结构电抗器非常方便串联，目前被广泛采用（见图 3-13）。

必须注意的是，回路的损耗增大会引起输出电压的变化，串联谐振装置不能取代工频试验变压器。

(a)   (b)

图 3-13   串联谐振系统试验装置

(a) 调频谐振装置；(b) 调感谐振装置

3.5   交流电压试验程序与评价

3.5.1   交流高压下研究性试验

在试验开始之前，需明确试验结果的统计目标，并将其转换为具有明确定义参数的测试程序，其中还应明确是用于评估完整的累积频率函数（用于分布函数的估计）还是评估某个分位数（用于计算耐受电压或击穿电压）。样本量是试验程序中的一个重要参量：置信区间的宽度（分位数、分布函数）取决于介质放电过程的离散程度（用标准偏差表示）和样本量（单次试验的次数）。置信度要求越高，所需的样本量就越大。图 3-14 为气体间隙放电平均值$(U_{50\text{upper}} - U_{50\text{lower}})/U_{50}$的置信区域宽度，其取决于偏差系数 $v = s/U_{50}$（s 为标准偏差）和单次测试的数量 n。例如，$n = 10$ 次单次试验，偏差系

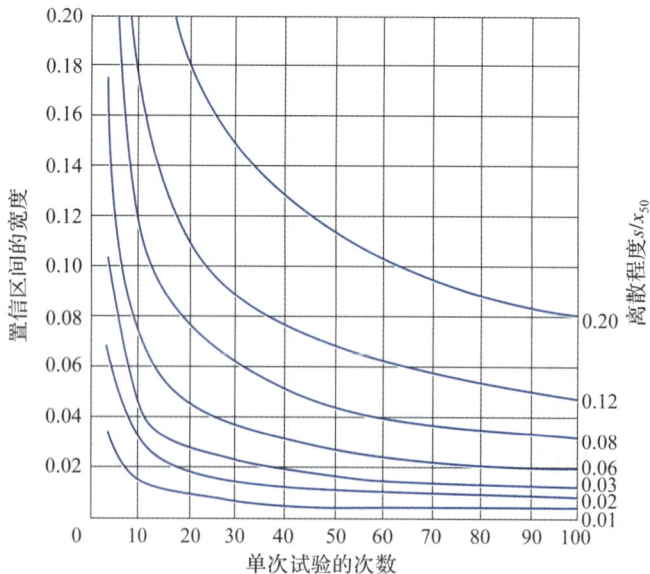

图 3-14   试验结果的置信区间与试验数据的标准偏差、样本数的关系

数为 $v=6\%$，置信区间为 7%。若置信区间降为 3%，需要 $n=50$。因此，样本量的选择还应考虑测试所需的工作量。

高压交流介电耐受和击穿试验常采用连续升压法。电压从初始电压 U_0 开始，并以一定的速率持续增加，直到发生试品击穿。击穿电压值为第一个有效点 U_{b1}。然后，快速降低电压至零，经过一定时间间隔后，再进行下一次试验。需进行 n 次试验。升压速率可能会影响试验结果，应合理选择，以保证每一次试验结果的独立性。

比连续升压法更高效的是阶梯升压法，阶梯升压法以阶梯高度 ΔU 代替升压速率，并规定阶梯高度和阶梯持续时间 Δt。这一试验程序与介电耐受有很好的相关性，比较适用于介电耐受试验，尤其是在阶梯持续时间与耐受时间相对应的情况下。依据独立性假设，如果前一阶梯的耐受不影响后一次的阶梯耐受，则可计算出耐受试验的性能函数。

试验得到 n 个数据样本后，应进行独立性检验。然后，考虑所研究的介电耐受或击穿过程的物理模型与所采用的分布函数数学模型之间的对应关系，由相应的理论分布函数来进行近似描述。必须注意的是，不是所有的试验结果都可以采用一种理论分布函数来近似，经常会出现混合型分布函数。例如，在均匀或稍不均匀场中存在细微缺陷时，放电过程总是受缺陷的影响，会出现如图 3 - 15（a）中曲线 a 所示的混合型分布函数，该函数由"放电电压低、分散性大，以及放电电压高、分散性小"的曲线 c 和曲线 b 两个过程所组成，如图 3 - 15 所示。

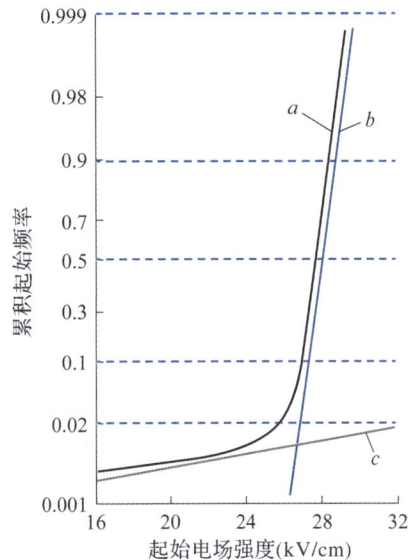

图 3 - 15　球面微凸起时球板间隙（$r=50cm$，$d=50cm$）击穿时的混合分布函数

交流电压下寿命测试，一般是针对固体绝缘为主要绝缘体的试品，通过对一定样本数的试品施加恒定电压，直至试品击穿。随机变量是加压时间，统计评估是关联击穿时间，可采用威布尔分布来描述。如果试验在不同电压下进行，则可得到寿命特性。同时，可采用最大似然法，得到置信区间，尤其是置信下限，这对绝缘设计基准的确定非常重要。寿命测试时，要求每一个击穿时间的获取须对应一个独立试品。

3.5.2　质量验收与诊断性试验

通常，质量验收测试应通过单独的耐受试验或包括局部放电或介电测量的耐受试验来验证产品质量，包括正确的设计、组件的精确生产和设备或系统绝缘的精确组装等。在耐受测试中，产品必须根据 GB/T 311.1 或 IEC 60071.1 及相关设备标准所规定的试验程序进行试验，并通过相关的耐受测试电压值。质量验收测试包括型式试验、出厂试验以及交接试验等。

对于交流耐受测试来说，连续升压法是耐受测试程序中最常见的加压方法，具体见

1.5 节。在耐受测试时，试验电压值应在规定的持续时间（一般为 1min，也有 5min 甚至 1h）内维持不变（波动不大于±1%）。

诊断性耐受测试是在耐受测试的同时，进行局部放电、介质损耗等测试，与一般的耐受测试相比，可提供更多的绝缘性能的信息。通常，可接受的局部放电水平不是针对耐受电压水平规定的，而是规定的耐受电压后特定的局部放电测量水平，这一水平的测试应有足够的测试持续时间。对于质量验收测试，局部放电水平应低于相关标准或规范的规定值，还应考虑耐压试验前后相同电压水平下局部放电大小的比较。如果整个耐受测试过程中满足：①未发生击穿；②局部放电水平不超过规定值；③耐受电压后的局部放电水平不高于耐受前相同电压下的局部放电水平，则认为该试品通过验收测试。前述①、②两条要求已在相关设备规范中进行了规定，但要求③还未进行规定。如果③不满足，应检查前面的耐受试验未造成缺陷放大，同时也未出现绝缘劣化现象，否则不予通过验收。

老化设备的诊断性测试，是通过在合理电压下进行耐受测试和缺陷检测来评估设备的剩余寿命。一般耐受测试的电压值选为质量验收时的 80%，这也取决于被测设备状态、绝缘类型等。局部放电测试是缺陷检测的最常用手段，其测试程序需根据设备绝缘的预期条件进行合理选择。绝缘诊断不是仅采用一个局部放电参量，如放电电荷量，而是考核完整的局部放电特性。局部放电的详细介绍可参照第 7 章 7.2 节。

3.6 交流高压测量系统

电力运行部门的交流高压测量，是通过电压互感器和电压表来实现的。但这样的方法在高电压实验室中很少采用，主要是由于高电压实验室中所要测试的电压值一般比电力部门运行电压要高得多，这样的互感器比较昂贵，而且笨重。高电压实验室测量交流高压的方法主要有以下几种：

（1）利用球间隙放电来测量交流电压的峰值；

（2）利用高压静电电压表测量交流高压的有效值；

（3）利用高压分压器作为转换装置所组成的测量系统来测量交流高压。

本节主要介绍由交流高压分压器组成的测量系统。

3.6.1 交流高压分压器

1. 交流高压分压器的基本原理

分压器是一种将高电压转换成低电压的转换装置，它由高压臂和低压臂组成。高压施加到整个分压器上，而低压臂输出一个低压仪表或仪器可测量的电压。通过分压器可解决低压仪表或仪器测量高电压峰值以及波形的问题。

根据电路原理，电阻、电容甚至电感以及电阻和电容的组合等均可构成交流高压分压器，但通常采用电阻或电容或电阻与电容的组合来构成交流分压器，其原理如图 3-16 所示。图中 Z_1 为分压器高压臂的阻抗，Z_2 为低压臂的阻抗。被测电压大部分都降落在阻抗 Z_1 上，阻抗 Z_2 上仅分到很少一部分电压，该电压值乘以一个系数（称为刻度因

子），即可得到被测电压值。此系数常称为
分压比。如图 3 - 16 中，存在 $\dot{U}_2 = \dot{U}_1 Z_2 /$
$(Z_1 + Z_2)$。因此，分压器的刻度因子，也即
分压比为

$$K = \frac{\dot{U}_1}{\dot{U}_2} = \frac{Z_1 + Z_2}{Z_2} \qquad (3 - 18)$$

交流高压分压器是试验变压器负载的一
部分，应尽可能降低其负载效应。通常流过
分压器的电流应小于 10～50mA（对应于不

图 3 - 16　交流高电压分压器原理图

同的电压等级），这相当于（1MΩ～200kΩ）/10kV 的阻抗/电压比。如果采用电阻的串
联来作为分压器的高压臂，由于分压器存在对地杂散电容的影响，分压器的等效阻抗已
不再是纯电阻，其等效阻抗可表示为

$$Z \approx R\left(1 + \frac{\omega^2 R^2 C_e^2}{180}\right) \angle \theta \qquad (3 - 19)$$

式中：R 为分压器高压臂的电阻值；C_e 为分压器高压臂对地的杂散电容；$\theta = \arctan$
$(\omega R C_e / 6)$，代表相角误差。

式（3 - 19）表明，由于对地杂散电容对分压比的影响，电阻分压器在测量交流高
压时，不仅会造成交流高压峰值的测量误差，还会造成交流电压波形的畸变。因此，对
于电压为 100kV 及以上的交流高压测量，通常采用电容分压器而很少采用电阻分压器。

2. 交流高压电容分压器的型式

交流高压分压器一般有两种主要型式：一种是高压臂由多个电容串联组成的分布式
电容分压器；另一种是高压臂仅采用一个气体介质标准电容器的集中式电容分压器。

分布式电容分压器的高压臂是由多个电容串联组成（见图 3 - 17），各个电容元件的
电感和介质损耗应尽可能小。通常采用的有聚苯乙烯薄膜、聚酯薄膜等油—膜电容器。
为了减小杂散电容的影响，高压臂电容 C_1 不应太小，但 C_1 的增加会增加试验变压器的
负荷。因此，C_1 应合理选择，一般取 100～200pF。分压器的低压臂应由高稳定度、低
损耗、低电感量的电容器构成，一般由多个电容器并联组成，可采用云母、聚苯乙烯等
电容器。

对于分布式电容分压器，由于存在对地杂散电容的影响，式（3 - 18）在实际中并
不适用。根据图 3 - 17（b），分压器的高压臂由 $C_{11} \sim C_{16}$ 组成，每一个电容对地都存在
对地杂散电容。为简单估算，假设每个高压电容器都被一个长度为 l 和直径为 d 的金属
圆柱体所屏蔽，每个屏蔽体的底部与电容器底部相连，对地杂散电容为 $C_{e1} \sim C_{e5}$。对地
杂散电容的大小可根据天线公式来简化计算（$l \gg d$），某一级屏蔽体的对地电容可表
示为

$$C_{ei} = 2\pi \varepsilon l \Big/ \ln\left\{\frac{2l}{d}\sqrt{\frac{4h+l}{4h+3l}}\right\} \approx 2\pi \varepsilon l \Big/ \ln\left(\frac{2l}{d}\right) \qquad (3 - 20)$$

式中：h 为某一级屏蔽体的对地高度。

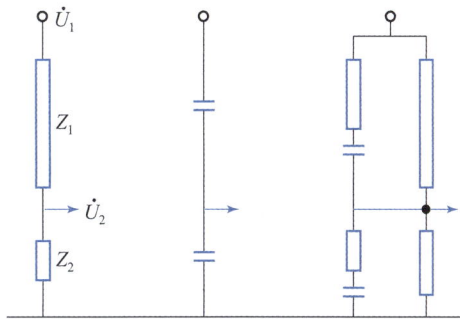

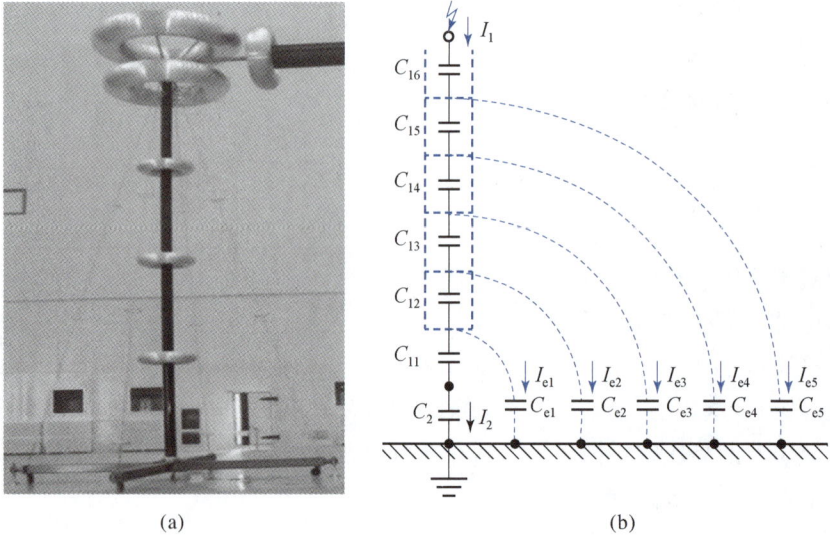

(a)　　　　　　　　　　(b)

图 3 - 17　分布式电容分压器

(a) 1.5MV 堆叠式电容分压器；(b) 分布式电容分压器等效电路

如果有 n 个电容量为 C_{1n} 的电容器串联堆叠来构成分压器的高压臂，对地的总杂散电容近似为 $C_e \approx 2\pi\varepsilon ln/\ln\left(\dfrac{2l}{d}\right)$，则高压臂的等效电容为

$$C_1 \approx \frac{C_{1n}}{n} - \frac{C_e}{6} \tag{3-21}$$

实际上，分压器高压臂电容不仅受对地杂散电容的影响，而且受分压器顶部屏蔽罩和高压引线的影响。考虑高电压端杂散电容 C_H 的影响，则高压臂的等效电容可表示为

$$C_1 \approx \frac{C_{1n}/n}{C_e + C_H}\left\{C_e\left[1 - \frac{C_e + C_H}{6(C_{1n}/n)}\right] + C_H\left[1 + \frac{C_e + C_H}{3(C_{1n}/n)}\right]\right\} \tag{3-22}$$

由式 (3-22) 可以看出，若只考虑存在对地杂散电容 C_e，而不存在对高压端的杂散电容 C_H，则 C_1 可简化为式 (3-21)，此时的 C_1 值要小于高压臂 n 个电容串联的值 C_{1n}/n。这表明流过对地杂散电容的电流会经由高压臂各电容，造成高压臂各电容上的压降由低到高逐渐增加，相当于高压臂承担了更多的电压，也就是说实际分压比增加了。若只考虑存在对高压端的杂散电容 C_H，而不存在对地杂散电容 C_e，由式 (3-21) 可得 $C_1 \approx \dfrac{C_{1n}}{n} + \dfrac{C_H}{3}$，即 C_1 值要大于高压臂 n 个电容串联的值 $\dfrac{C_{1n}}{n}$。也就是说，高压端的分布电容上增加了由高压端注入的电流，所造成的压降也随之逐渐增加，相当于低压端承担了更多的电压，实际分压比降低了。这说明了高压屏蔽罩和高压引线的布置和尺寸以及高压电源的远近对分压器的测量准确性有着不同程度的影响，但也说明了高压屏蔽罩可对电容分压器的对地杂散电容起一定的补偿作用。

不管是对地杂散电容还是对高压端的杂散电容，都只影响高压臂等效电容的大小，不会造成电容分压器相角的变化。而且，电容分压器基本上不消耗功率，也不会由此造成温升而形成误差。因此，交流高压测量大多采用电容分压器而很少采用电阻分压器。

另外，为避免测量误差，分压器的顶部电极、中间分级电极应避免出现电晕。

前文提到，分布式电容分压器的高压臂应采用电感小和介质损耗低的电容元件，但高压臂电容元件或多或少地会存在电感和介质损耗，电感和介质损耗的存在不仅会影响电容分压器的阻抗特性，而且会造成分压器的相角变化。另外，高压臂电容量还会随温度和电压高低等发生变化。为此，发明了一种集中式分压器，其高压臂电容由气体介质绝缘的电容器构成，如图 3-18 所示。由于该电容器电感小、介质损耗低、无电晕，而且电容量不受周围环境的影响，被称为标准电容器。

图 3-18（b）为一台 500kV 高压标准电容器的结构图，电容器的低压电极通过接地铜管支撑，并被高压电极包围在中间，屏蔽了大地和其他周围物体的影响。低压电极由两部分组成，一部分构成介质损耗测量的电容 C_1，另一部分构成高压测量的电容 C_2。由于受高压电极的屏蔽，C_1、C_2 的值不受标准电容器位置的影响。

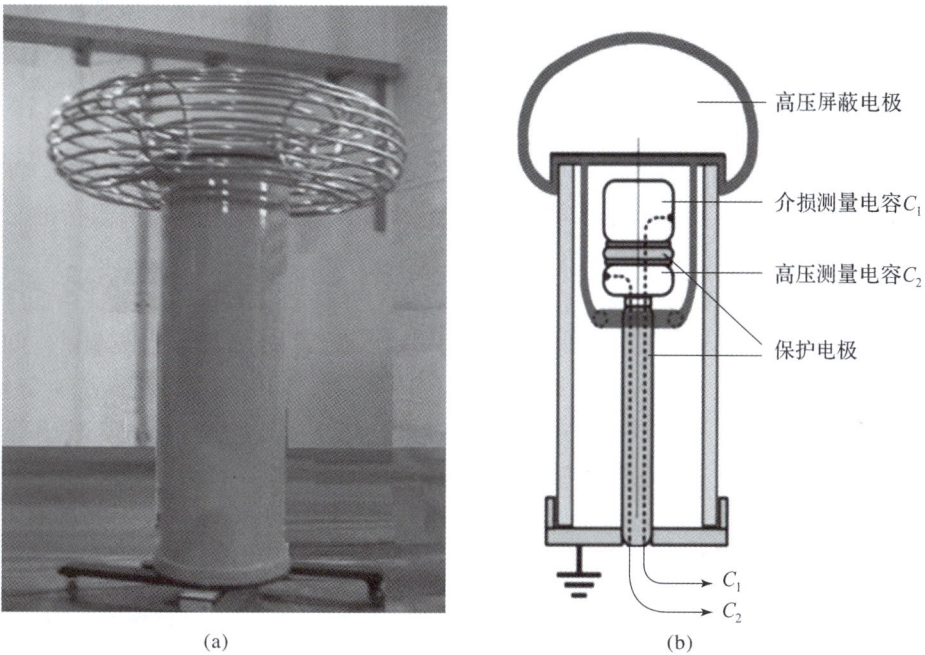

(a)　　　　　　　　　　　　　(b)

图 3-18　标准电容器用集中式电容分压器及其基本结构

(a) 标准电容器；(b) 标准电容器的基本结构

集中式电容分压器的高压臂电容值几乎不受周围环境的影响，其分压比可根据高压臂和低压臂电容的准确测量值来计算。分布式电容分压器的电容值不仅受高压引线、电源等高压带电部件的影响，而且受其布置位置以及周围环境等接地物体的影响，其高压臂等效电容很难准确计算。在实际应用中，分布式电容分压器的等效电容或分压比可采用以下方式进行测量：①采用标准测量系统（或分压器）测定刻度因子（分压比），便可准确计算分压器的等效电容；②采用高准确度电桥实测电容分压器对地等效电容。不管采用何种方法，实际应尽可能保持被测电容分压器的环境与工作时的一样，其他测量系统的引入对被测电容分压器等效电容的影响很小。

3. 交流高压分压器的低压部分

交流高压分压器的低压部分包括分压器的低压臂、测量引线和测量仪器（仪表），这几个部分与高压臂一起构成交流高压分压器测量系统。分压器低压臂电容应由高稳定度、低介质损耗、低电感量的电容器组成，一般可采用云母、聚苯乙烯等介质的电容器。低压臂的电容值一般根据分压比的要求，由高压臂电容来计算确定。交流分压器在交流高压测试时，低压臂电容 C_2 上可能会出现残余电压。为了防止 C_2 上出现残余电压，一般考虑在低压臂电容 C_2 上并联一个高阻 R_2，如图 3-19（a）所示。此电阻 R_2 可能是测量仪器（如示波器）所固有的入口电阻，或者是另外接入的一个电阻。电阻 R_2 的接入会改变分压器低压臂的阻抗特性，在测量交流电压时会造成所测得的电压幅值减小 $[50/(R_2C_2\omega)^2]\%$，造成相位超前 $\arctan[1/(R_2C_2\omega)]$ 度。因此，不管电阻 R_2 是另外接入的，还是测量仪器的固有入口电阻，如果交流分压器测量系统的最低下限频率为 $f_{1\min}$，则要求分压器低压部分的特征时间常数 $\tau_m = R_2C_2$ 乘以最低下限频率 $f_{1\min}$ 必须大于 100，也即

$$R_2C_2 \geqslant \frac{100}{f_{1\min}} \tag{3-23}$$

在实际测试时，一般示波器的入口阻抗为 1MΩ，当低压臂电容不能满足式（3-23）要求时，可考虑采用阻抗变换器，即在低压臂输出端串联输入阻抗为高阻抗的阻抗变换器。

通常分压器的高压臂（通常也含有低压臂）处于高电压试验区内，测试用低压测量仪器处于控制室内，由低压臂至控制室需采用同轴屏蔽线进行连接。由于测试空间杂散电容的影响，低压臂以及测量仪器等也应进行良好屏蔽，同时所有的屏蔽应良好接地，如图 3-19（b）所示。由于同轴屏蔽线的引入会增加低压臂的电容，在进行分压器测量系统的刻度因子校正时，应保持同轴屏蔽线与实际工作时基本一致。另外，由于高压测试时会发生试品击穿而产生过电压，为防止试品击穿时过电压对测量仪器的影响，可考虑在分压器低压臂并联放电管等过电压抑制器件。

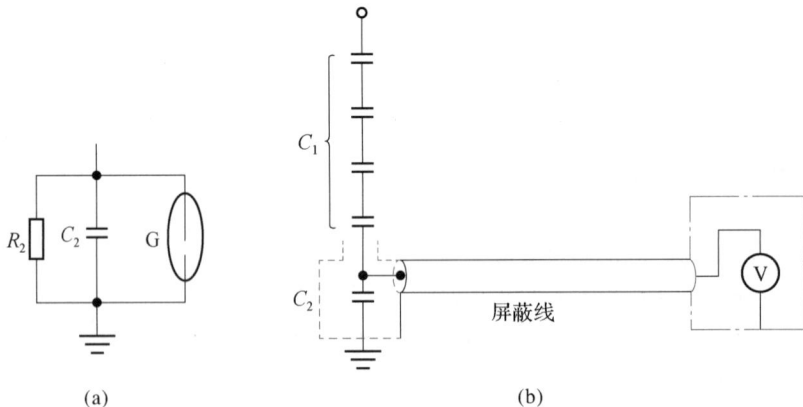

(a)   (b)

图 3-19　交流分压器的低压臂与低压测量回路
(a) 低压臂结构；(b) 低压测量回路

3.6.2　认可的交流测量系统

根据 IEC 60060 或 GB/T 16927 的规定，在额定频率下，高压交流测量系统对电压值（有效值和峰值）测量的扩展不确定度 U_M 应在±3％范围内，其中 U_M 应以不低于95％的覆盖概率进行评估。另外，在性能记录所列的环境温度和净空距范围内，转换装置和传输系统刻度因子的变化范围不应超过±1％。

高压交流试验电压经常会含有谐波，交流测试系统应能准确反映试验电压的谐波特性。另外，交流测试系统不仅可测量标称频率（如 50Hz 或 60Hz），而且可测量可变频率（如串联谐振频率为 30～300Hz）。因此，交流测量系统应具有一定的动态范围。为了确定交流测量系统的动态范围，对交流测量系统输入端施加一已知幅值（为了测量方便通常采用低电压）的正弦波，频率为 0.2 倍至 7 倍的额定频率，然后测量其输出值。在此频率范围内进行充分测量，其刻度因子的归一化幅度 A_m/A_0 应在最低标称频率 f_{n1} 和最高标称频率 f_{n2} 之间的变化不应超过±1％，这样可保证测量不确定度在±3％以内，如图 3-20 所示。为了确保在较高频率范围内测试电压谐波畸变时的测量不确定度，还应测量 $f_{n2} \leqslant f \leqslant 7f_{n2}$ 范围内的幅频响应，如图 3-20 中阴影部分。

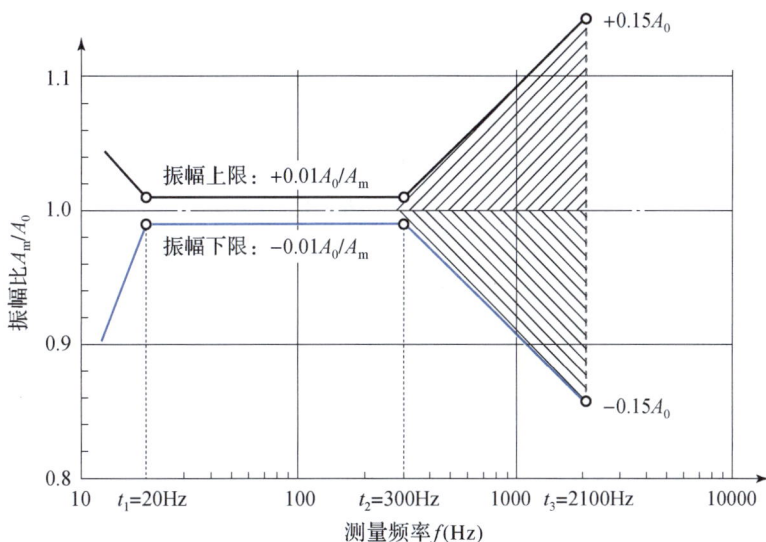

图 3-20　交流测量系统的幅-频响应

可采用以下方法对认可的交流电压测量系统进行刻度因子校核。

（1）与标准测量系统比对的标准方法。按照 1.3.2 节所述的程序，同时读取两个系统的读数。由标准测量系统得到的读数通过计算得到电压施加值，再除以认可的测量系统的仪器读数，就可得到认可的测量系统刻度因子值。试验重复 n（$n \geqslant 10$）次，取平均值作为认可的测量系统的刻度因子 F_a，其试验标准偏差应小于 F_a 的 1％。采用标准方法标定刻度因子时，一般应在系统最高电压下进行。如果电压不能满足要求，可在不低于 20％最高电压下进行比对。

（2）组件校准的替代方法。具体可参照 1.3.2 节所述方法。

其他规定要做的性能试验，如线性度、稳定性、绝缘耐受等试验，请查阅相关标准。

3.6.3 测量球间隙与静电电压表

1. 测量球间隙

均匀和稍不均匀电场下空气的放电电压与间隙距离具有一定的关系，并且具有较高的稳定性和较低的分散性，可以利用空气间隙放电来测量电压。实际情况下，绝对的均匀电场很难实现，只能做到接近于均匀电场。一对直径相同的金属球所构成的测量球间隙（见图 3-21），如果间隙距离 S 小于球直径的 1/3 时，其放电电压有如下经验公式：

$$U_b(\text{kV}) = 24.4\Big[S + \Big(\frac{S}{13.1\text{cm}}\Big)^{\frac{1}{2}}\Big] \tag{3-24}$$

测量球间隙主要可用于交流电压、直流电压、全波雷电冲击电压以及长波尾冲击电压（操作冲击电压）等的测量。因球间隙放电与电压峰值相关，所以测得的是电压峰值。球间隙放电电压受间隙内的电场影响，当球间隙距离 S 与球直径 D 之比大于 0.5 时，其放电电压的准确性、稳定性都较差。另外，球间隙电场还受高压引线、周围带电物体和接地物体的影响。由于测量球隙周围的物体会对测量结果产生影响，因此，IEC 60052 规定了标准测量球隙的尺寸和距离，如图 3-21 所示。其中，离地高度 A 的要求范围取决于球的直径：对于小直径球隙，$A=(7\sim9)D$；对于大直径球隙，$A=(3\sim4)D$。测量球隙与周围物体的最小距离 B 取决于间隙距离 S：对于小直径球隙，$B=14S$；对于大直径球隙，$B=6S$。要达到球间隙所能达到的测量准确度，其结构和使用条件都必须符合有关标准的规定。测量间隙击穿电压的分散性很大程度上取决于间隙中的初始电子，特别是对于直径 D 小于 12.5cm 的间隙及峰值电压低于 50kV 的间隙，此时可通过光照射的方法来改善球间隙击穿电压的分散性。

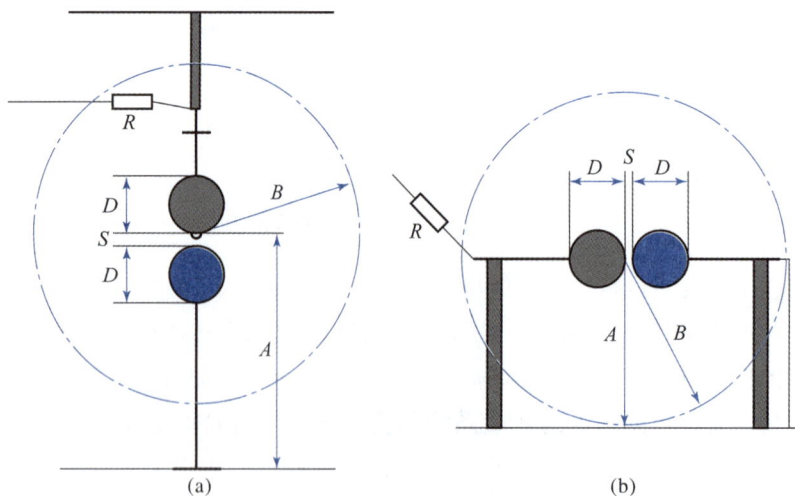

图 3-21　垂直布置的测量球间隙

（a）球间隙垂直布置；（b）球间隙水平布置

测量球间隙本体要求制作精细、表面光滑、曲线均匀，球体一般采用紫铜、黄铜或不锈钢等制作。球表面不规则度和粗糙度都要符合相关要求。球间隙多次放电后会造成球体表面烧蚀，并影响放电电压的稳定性。因此，一般用球间隙测量交流和直流电压时，需在高压引线上串联一个 $0.1\sim1M\Omega$ 的保护电阻来限制放电时的大电流，以防大电流损伤球体表面。另外，保护电阻还可限制球间隙放电时所产生的高频振荡。

在进行工频交流高压峰值测量时，初始电压应足够低，然后逐渐增加电压至球间隙发生放电，并读取间隙放电时低压侧输入电压值。连续放电至少 10 次，相邻两次放电的时间间隔应不小于 30s。求取放电电压的平均值和惯用偏差 z [$z=(U-\mu)/\sigma$，即与标准偏差 σ 的相对值，μ 为平均值]，z 值应小于 1%。

球间隙放电电压受大气条件（气压、温度和湿度）的影响，放电电压随气压升高而升高，随温度增加而降低。在均匀或稍不均匀电场中，湿度增加时间隙的放电电压会有所增加，而不均匀电场中湿度的影响会更显著。如果湿度过高，如空气相对湿度超过 90% 时，球表面会发生凝露，严重影响测量的准确度。因此，球间隙进行电压峰值测量时，应进行大气条件校正，以求得实际测量时的真实电压 U，其计算公式为

$$U=\delta k U_{\mathrm{s}} \tag{3-25}$$

式中：U 为试验时大气条件下的放电电压；U_{s} 为标准大气条件下的放电电压 [查表 3-1 或根据式（3-24）计算得出]；k 为湿度校正系数，$k=1+0.002(h/\delta-8.5)$，h 为试验时的绝对湿度，g/m^3；δ 为试验时的空气相对密度。

δ 可表示为

$$\delta=\frac{p}{p_0}\frac{273+t_0}{273+t} \tag{3-26}$$

式中：p_0 为标准大气压力 101.3kPa；p 为试验时的气压，kPa；t_0 为标准气温 20℃；t 为试验时的气温，℃。

表 3-1　标准球间隙的击穿电压峰值

间隙距离	球直径为 $D^①$（mm）时的 50% 击穿电压 U_{b50}（kV）							
S（mm）	100		250		500		1000	
电压种类	AC, DC^② −LI, −SI	+LI, +SI	AC, DC^② −LI, −SI	+LI, +SI	AC, DC^② −LI, −SI	+LI, +SI	AC, DC^② −LI, −SI	+LI, +SI
5	16.8	16.8						
10	31.7	31.7	31.7	31.7				
15	45.5	45.5	45.5	45.5				
20	59	59	59	59	59	59		
30	84	85.5	86	86	86	86	86	86
50	123	130	137	138	138	138	138	138
75	(155)^③	(170)	195	199	202	202	203	203

续表

间隙距离	球直径为 $D^{①}$ （mm）时的50%击穿电压 U_{b50}/(kV)							
S (mm)	100		250		500		1000	
电压种类	AC, DC②, −LI, −SI	+LI, +SI	AC, DC②, −LI, −SI	+LI, +SI	AC, DC②, −LI, −SI	+LI, +SI	AC, DC②, −LI, −SI	+LI, +SI
100			244	254	263	263	266	266
150			(314)	(337)	373	380	390	390
200			(366)	(395)	460	480	510	510
300					(585)	(620)	710	725
400					(670)	(715)	875	900
500							1010	1040
600							(1110)	(1150)
750							(1230)	(1280)

①对于标准球间隙，交流、雷电和操作冲击电压测量的扩展不确定度 $U_M \approx 3\%$，置信水平为95%，而直流电压下没有可靠数值；

②对于直流电压的测量，电压高于130kV时，不推荐采用标准球间隙，而采用棒—棒间隙；

③括号中的数据只是参考值，没有可靠置信水平。

通过大气条件的校正，球间隙测量交流和冲击电压时的不确定度可在±3%以内，它被IEC和中国国家标准看作可保证测量不确定度来测量高电压的装置，可用它与测量系统进行比对，进行认可的测量系统线性度试验。

采用球间隙测量电压，只有当间隙放电时才能得到测量电压，每一次放电可能会产生过电压和系统振荡。球间隙放电电压还受大气条件和环境因素的影响，需要进行大气条件的校正。所以，用球间隙测量电压很不方便，通常只用来校正其他测量系统，如作工频变压器的校正曲线。

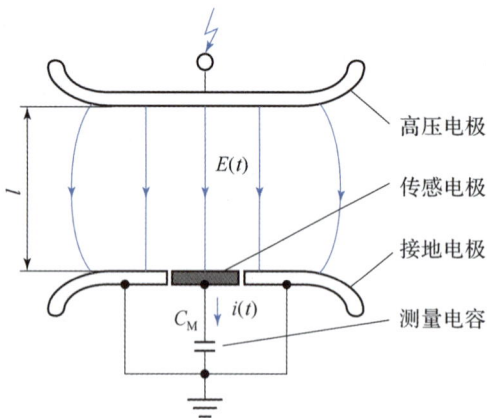

图3-22 交流高压测量用电场传感的原理图

2. 静电电压表

若一对平板电极中布置小电极A，如图3-22所示，两电极间距离为 l，小电极板面积为 A，所加电压的瞬时值为 $u(t)$。根据麦克斯韦方程，有

$$\vec{G} = \frac{\partial \vec{D}}{\partial t} = \varepsilon \frac{\partial \vec{E}}{\partial t} \quad (3-27)$$

式中： $\vec{G}$ 为电极A上电流密度矢量； $\vec{D}$ 为电位移通量密度矢量； $\vec{E}$ 为电极间电场矢量。

电极板A（面积记为 A）上静电电流引起的电流 $i(t)$ 可表示为

$$i(t) = AG = A\varepsilon \frac{\mathrm{d}E(t)}{\mathrm{d}t} \tag{3-28}$$

电极板 A 通过串接电容 C_M 接地，可将电极板上感应的电流转换成电压 $U_m(t)$。通过测量 $U_m(t)$，就可得到电极间电压 $u(t)$，即

$$u(t) = \frac{l C_M}{A\varepsilon} U_m(t) = K_{fc} U_m(t) \tag{3-29}$$

式中：K_{fc} 为刻度因子。

实际上，图 3-22 构成了一种电容分压器。基于此原理，可在套管、电力电缆和 SF_6 气体绝缘开关组合电器（GIS）等同轴结构设备中配置这样的测量电极，在不影响原有设备电场分布的情况下制作成电压测量系统，不仅可以测量设备的正常运行电压，还可测量设备中出现的暂态电压，甚至局部放电信号。当然，这需要根据测量目的，配置 C_M 电容值及其电压测量系统。

图 3-22 中的电容 C_M 还可用电阻 R_M 替换，可得到

$$U_m(t) = R_M A\varepsilon \frac{\mathrm{d}E(t)}{\mathrm{d}t} \tag{3-30}$$

根据式（3-30），可得到交流电压的峰值

$$U_p = \frac{l}{R_M A\varepsilon} \int_0^t U_m(t) \mathrm{d}t = \frac{l}{R_M A\varepsilon 2\pi f} U_{mp} = K_{fr} U_{RM} \tag{3-31}$$

式中：U_{RM} 为电阻 R_M 上的电压峰值。

式（3-31）可以看出，刻度因子 K_{fr} 与测试电压的频率成反比。因此，通过串接电阻 R_M 可得到电压的峰值，需要知道电阻 R_M 的准确值和电压的频率，但电压谐波会严重影响测量结果。

两平行平板电极上施加电压，两电极上分别充上异性电荷。由于两电极上电荷间静电力的作用，某一电极板会发生偏移或偏转。测量静电力的大小或通过电极板偏移（或偏转）来反映两电极上电压高低的表计称为静电电压表。这意味着图 3-22 中所示的测量电容 C_M 由高灵敏度的静电力测量系统所取代，通过测量力 F，得到两平行平板电极上施加电压 $u(t)$，如图 3-23 所示。

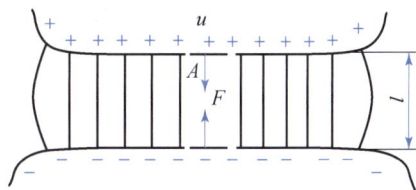

图 3-23 静电电压表的原理图

根据库仑定律，在电场 $E(t)$ 作用下，面积为 A 的电极上受到静电力 f 为

$$f = \frac{1}{2}\varepsilon A [E(t)]^2 = \frac{1}{2}\varepsilon A \left[\frac{u(t)}{l}\right]^2 \tag{3-32}$$

若所加电压 $u(t)$ 作周期性变化，则在 $u(t)$ 变化的一个周期内，极板由于惯性质量较大，其位置不会变化。在此条件下，一个周期 T 内，力 f 的平均值 F 可通过下式求得

$$F = \frac{1}{T} \int_0^T f \mathrm{d}t = \frac{1}{2}\varepsilon A \int_0^T \left[\frac{u(t)}{l}\right]^2 \mathrm{d}t \tag{3-33}$$

由式（3-33）可得到

$$F=\frac{1}{2}\frac{\varepsilon A}{l^2}U^2 \qquad\qquad (3-34)$$

式中：U 为交流电压有效值。

比较式（3-32）和式（3-34）可以看到，通过有效值 U 表达的 F 计算式与以瞬时值 $u(t)$ 作用下 f 的表达式是相同的。静电力 F 与电压有效值的平方成正比，显然，静电电压表测量的是交流电压有效值。

静电电压表有两种类型：①绝对仪静电电压表。当电极 A 的面积和间隙距离 l 已知条件下，通过测量电极之间的静电力，根据式（3-33）计算出两电极上所施加的电压，不需要其他测量电压的仪表来为之进行校正或制定刻度因子，称为绝对仪。这种仪器对静电力测量的要求非常高，而且结构复杂，工程上很少采用。②非绝对仪静电电压表。由于电极 A 在静电力作用下会发生位移或偏转，可将电极 A 制作成一个可动电极，可动电极的移动或偏转会造成张力丝所产生的扭矩或弹簧的弹力等形成反力矩，当反力矩与静电力矩达到平衡时，可动电极的位移或偏转达到稳定值。这时需要其他装置来刻画可动电极位移量或偏转量，并采用其他测量仪器来校正和制定电压刻度因子的装置，称为非绝对仪。

静电电压表既可测量交流电压，也可测量直流电压，其测量不确定度一般为 $1\%\sim3\%$，量程可达 1000kV。

思考题与习题

3-1 根据相关标准规定，直流高电压试验时的暂时电压降落应不超过 10%，而交流高电压试验时的暂时电压降落则要求不超过 20%，为什么？

3-2 工频试验变压器与电力变压器相比，有哪些特点？

3-3 工频试验变压器对容性负载进行试验时，为何会出现所谓的"容升"现象？

3-4 工频试验变压器对污秽、淋雨等阻性负载进行试验时，变压器容量、短路阻抗如何影响试验结果？试分析说明。

3-5 工频试验变压器的短路阻抗对容性负载和阻性负载试验的结果有何影响？

3-6 电阻分压器测量交流电压时，为何只适用于低频（如 50Hz 以内）、低电压（如 100kV 以下）交流电压的测量？如何选择电阻分压器的参数？

3-7 串联谐振试验装置有哪些谐振形式？能否完全替代工频试验变压器，为什么？

3-8 电阻分压器测量交流电压时，其高压臂电阻值的确定为何会按照额定电压下流过高压臂的电流达到几十毫安来选择？

3-9 工频高电压试验回路中，R 为回路中的总电阻，X_L 为总感抗值，C_0 为试品的电容量，U_1 为按电压比高压侧应输出的电压值，如果试验电压角频率为 $\omega=100\pi$，$R=10k\Omega$，$X_L=100k\Omega$，$C=3000pF$，$U_1=500kV$（有效值），求实际加到试品 C_0 上的电压并画出相量图。

3-10 画出不同试品负载（阻性、容性和感性）时的电路图和相量图，分析试品上电压与变压器按电压比得到的电压之间的关系。

3-11　特高压气体绝缘输电管线（GIL），每相的长度约 6000m，GIL 单位长度的电容量约为 45pF。若交流试验电压（有效值）为 1150kV，试验电压频率应在 50～100Hz 之间。若采用串联谐振试验装置进行试验，请设计并配置试验用电抗器电感值及其容量，并计算试验变压器的电压、容量以及谐振频率。

3-12　采用电容分压器测量交流高压，电容分压器高压臂和低压臂的电容分别是 C_1 和 C_2，交流高压的角频率为 ω。为了防止低压臂出现残余电荷，需在低压臂上并联电阻 R_2。试分析电阻 R_2 的接入比不接入电阻 R_2 时低压臂上测得的电压 U_2 会减小多少？此时电压 U_2 的相位会发生什么样的变化？

3-13　利用 GIS 观察窗口构成交流分压器的高压臂，若高压臂的电容量为 100pF，低压测量采用数字示波器，示波器的输入阻抗为 1MΩ，被测低压的最低下限频率为 20Hz，请计算测量分压器低压臂电容的最小值，此时分压比是多少？

— 第 **4** 章 —

直流耐受电压试验

直流耐受电压可反映高压直流（High Voltage Direct Current，HVDC）输电系统承受的绝缘应力。HVDC 输电系统一般用于长距离、大容量的点对点输电，输电线路采用高压直流架空线路、直流高压电缆等。随着海上风电、大规模光伏等可再生能源技术的发展，HVDC 输电技术得到进一步发展，直流耐受特性测试也变得越来越重要。至于交流电气设备，也常需进行高压直流下的绝缘特性试验，如直流下泄漏电流、绝缘电阻和吸收比等特性测试，而一些电容量较大的交流设备，如充油电力电缆，需要进行直流耐受试验来代替交流耐受试验。此外，一些科学仪器和高压试验设备，如高压加速器质谱仪、电子显微镜等，又如冲击电压和冲击电流发生器等，需要直流高压作为电源。因此，直流高电压设备是诸多仪器与试验装备的一项基本设备。

早期的高电压试验用直流高压电源（发生器）主要采用汞蒸气电子管来替代二极管或热阴极二极管，这些电子管需要在高电位提供电源来加热灯丝，而笨重的隔离变压器常适用于高电位供能，这也导致实际产生直流高压时存在很大的局限性，特别是存在大电流要求时。随着固态整流器件的出现，直流电压产生一般都采用可串联的硅整流器件。不管采用何种整流器件，直流高压的产生最常用的就是变压器和整流回路的组合，另外还有通过静电方式产生直流高压。

4.1 直流耐受电压试验要求与试验系统选择

4.1.1 直流耐受电压试验的特点

直流高电压试验目的是考验电气设备的抗电强度，它反映设备受潮、劣化和局部缺陷等多方面的问题。一般情况下，直流高电压试验所需的试验电流是不大的，通常在几毫安到几十毫安，但是某些试品在击穿前瞬时泄漏电流还是很大，如沿面放电，特别是湿污状态下的沿面闪络，击穿前瞬时泄漏电流将达到安培级。这样大的泄漏电流将使设备内部产生很大压降而使试验结果不正确。所以直流高电压试验要根据不同试品、不同的试验要求选择合适的电源容量。直流高电压试验中另一个需要注意的问题是，当试品放电或者发生器输出端可能发生对地短路时，为了限制电容器柱的放电电流和流经整流器的电流，需在试品与高压输出端之间串接一保护电阻。

与交流高电压试验相比，直流高电压试验具有下列特点：

（1）试验中只有微安级泄漏电流，试验设备不需要供给试品的电容电流，因而试验设备的容量较小。特别是采用电力电子变换的高频电源后，整套直流耐压试验装置的体积、质量大大减小，便于现场进行试验。

（2）在试验时可以同时测量泄漏电流，由所得的"电压—电流"曲线能有效地显示绝缘内部的集中性缺陷或受潮，提供有关绝缘状态的补充信息。

（3）在直流高压下，局部放电较弱，不会加快有机绝缘材料的分解或老化变质，在某种程度上带有非破坏性试验的性质。

（4）在直流试验电压下，绝缘介质内的电压分布由其电导决定，因而与交流运行电压下的电压分布不同，所以它对交流电气设备绝缘介质的考验不如交流试验那样接近实际情况。

对于绝大多数组合绝缘介质来说，它们在直流电压下的电气强度远高于交流电压下的电气强度，因而交流电气设备的直流耐压试验必须提高试验电压，才能具有等效性。

4.1.2　直流耐受试验电压的要求

GB/T 16927 和 IEC 60060 指出，采用变压器整流电路得到的直流耐受试验电压会存在纹波和电压降落，并给出了直流耐受试验电压的定义，如图 4-1 所示。

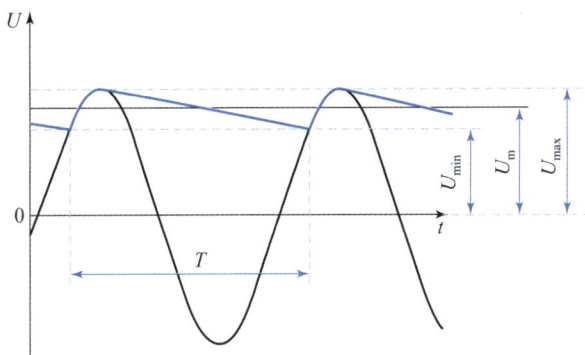

图 4-1　直流耐受试验电压的定义

直流耐受试验电压的特性由极性、平均值、纹波等来表示，而平均值和纹波则决定于直流高压试验设备的三个基本技术参数，即输出的额定直流电压 U_d（近似为算术平均值 U_m，以下简称为平均值），相应的额定直流电流（平均值）I_d 以及直流电压纹波系数 S。S 可表示为

$$S = \delta U / U_d \tag{4-1}$$

$$U_d \approx U_m = (U_{max} + U_{min})/2 \tag{4-2}$$

$$U_m = \frac{1}{T} \int_{t_1}^{t_1+T} u(t)\,dt \tag{4-3}$$

式中：δU 表示直流电压的纹波幅值，$\delta U = (U_{max} - U_{min})/2$；$U_{max}$、$U_{min}$ 分别为输出电压的最大值和最小值。

我国国家标准 GB/T 16927 规定直流耐受试验电压的纹波系数 S 不大于 3%。$S \leqslant 3\%$ 的要求表明，当峰值电压和试验电压之间存在一定差异时，试验结果是可以接受的。但由于绝缘放电现象取决于峰值电压，这会造成试验验收双方都存在一定的风险。因此，一般要求纹波系数尽可能低。

直流电压试验的持续时间不超过 60s 时，其试验电压（算术平均值）在 60s 内的波动应保持在规定值的 ±1% 以内。对于更长的加压持续时间，试验电压的波动一般控制在 ±3% 以内。一些直流耐受试验会出现严重的预放电，如污秽或淋雨试验，产生显著的预放电电流脉冲，造成试验电压 U_m 下降到一个较低的值 U_{mLow}。此时，直流高电压试验系统应能提供这样的暂态放电电流以保持试验电压的稳定性。根据相关标准规定，直流高电压试验时的暂时电压降落应不超过 10%，即

$$d_u = \frac{U_m - U_{mLow}}{U_m} \leqslant 10\% \tag{4-4}$$

然而，国家标准或 IEC 标准均未对此暂态电流脉冲进行规定，如电流脉冲波形或电荷量等。另外，为何要求 $d_u \leqslant 10\%$，相关标准也未给出具体依据。

参数 S 和 d_u 的参考值始终与直流电压平均值 U_m 相关联，是可表征直流试验电压特性的参数。电压降落 δU 不是直流试验电压的参数，是与高压直流试验系统相关的参数，它表征高压直流试验系统的利用率，在选用高压直流试验系统时需要加以考虑。

4.1.3　直流试验系统的选择

直流试验是反映设备受潮、污秽、劣化和局部缺陷等多方面的问题。一般情况下，直流高电压试验所需的电流不大，通常在几毫安到几十毫安，但是某些试品在击穿前的瞬时泄漏电流还是很大，如沿面放电，特别是湿污状态下的沿面闪络，击穿前瞬时泄漏电流将达到安培级。这样的泄漏电流将使设备内部产生很大压降而使试验结果不正确。因此，直流高电压试验要根据不同试品、不同的试验要求选择合适的直流高压电源容量。

1. 容性试品

直流试验系统的选择主要取决于系统用途和试验负载。直流电压试验包括直流电压下泄漏电流测试、直流耐受测试、绝缘模型击穿测试和直流测量系统的校准等。直流泄漏电流测试包括交流电气设备和直流电气设备，直流耐受测试主要针对直流电气设备，一般很少采用直流电压对交流电气设备进行耐受试验。过去由于交流试验设备容量问题，采用直流电压对交流液体浸渍纸绝缘电缆进行耐受试验。尤其现场试验时，可采用小型直流电源对大容量液体浸渍纸绝缘电缆充电后，进行耐受试验。通过大量试验，发现了交流电压下电缆寿命与直流耐受特性间的关系，直至现在直流电压仍用于液体浸渍纸绝缘电缆的耐受试验。然而，对于交联聚乙烯等挤包绝缘电缆，由于绝缘电阻很高，直流耐受试验不仅没有任何益处，甚至会对电缆绝缘造成危害。

直流电压下电气设备一般可看作阻性负载，但直流加压过程中容性负载的充电过程会影响直流试验系统的选择。图 4-2 给出了不同长度电缆采用 10mA 直流电源进行 250kV 直流耐受时所需要的充电时间。容性试品进行直流测试时最快的充电过程取决于电容量大小，而慢充电过程可通过电压调节来实现。如果容性试品的充电电流超过电源额定电流，则会导致输出电压出现显著的电压降落和较高的纹波，影响试验结果的判断。

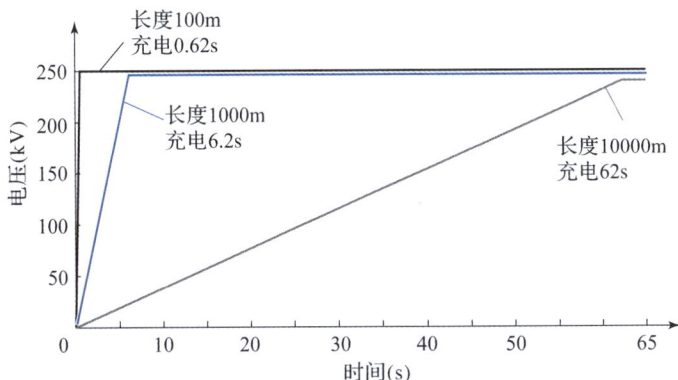

图 4 - 2　不同长度电缆直流测试时的充电过程

电容试品进行直流电压测试时，如果泄漏电流较低，当施加电压切除后，试品上电压可保持数小时。为清除容性试品直流电压测试后残余电压所造成的安全问题，所有容性试品在试验后必须进行放电，并长时接地。放电时要配备专门设计的放电阻尼电阻，以防过大的放电电流对试品的损伤。设测试电压为 U_t，则随时间变化的放电电流、最大放电电流和放电时间常数可表示为

$$i_e(t) = I_{emax} e^{-\frac{t}{\tau}}, \quad I_{emax} = \frac{U_t}{R_d}, \quad \tau = R_d C_t \tag{4-5}$$

上述 10km 电缆进行直流耐受时，$U_t = 250\text{kV}$，$C_t = 2\mu\text{F}$，放电能量为 125kJ，可在几秒内（$\tau = 1\text{s}$）完成放电。放电阻尼电阻应能吸收这种放电能量，同时还需满足直流电压耐受的要求。为防止介质退极化而产生的恢复电压，容性试品试验后和不使用时都需永久接地。

2. 阻性试品

直流高压耐受试验一般可看作阻性试品或有源负载，尤其是绝缘表面电导较高或存在大量预放电时，如绝缘子湿闪和污闪试验、输电线路电晕等。当绝缘子表面电导较高、泄漏电流较大时，由于直流电源的电流限制，会导致长时耐受时的电压降低或短时耐受时的瞬态电压降落，从而造成测试结果不准确。人们对直流湿闪和污秽试验时的电流幅值和瞬态电流波形等进行了广泛研究，形成了 IEC 61245 - 2013 技术报告，并建立了高压直流污秽测试的技术规范，描述了高压直流测试系统的基本规范。

直流污秽测试时，电压瞬态降落或降低几乎不可避免，但电压降落可通过非常大滤波电容来控制到规定值，也可通过反馈控制来降低电压降落。根据人们污秽试验相关研究，随着表面电导的增加，泄漏电流会由 40～60mA 增加至 1～2A，而电流持续时间则会由几十秒降至 100～200ms，一次瞬态电流脉冲的放电量可达 200～300mC（见图 4 - 3）。采用三角或矩形电流脉冲代替实际电流脉冲，可计算出可接受的电压降落在 5%～8% 时的瞬态电流脉冲对闪络电压的影响。如果瞬态电流脉冲的电荷量为 q_p，滤波电容器 C_{sL} 可存储电荷量为 Q_{sL}，造成闪络电压的偏差可表示为

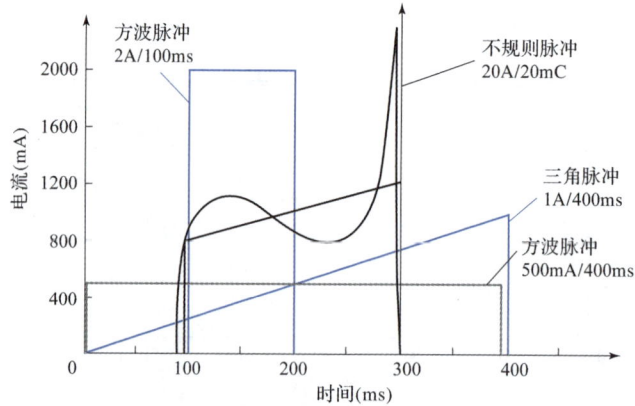

图 4 - 3　泄漏电流的不同等效计算

$$\frac{U_{FL}}{U_{F0}}=1+0.5\left[1-\exp\left(\frac{-q_p}{Q_{sL}}\right)\right] \tag{4-6}$$

式中：U_{F0} 为滤波电容器 C_{s0} 无影响时的绝缘子闪络电压；U_{FL} 为滤波电容器 C_{sL} 影响下的绝缘子闪络电压。

根据式（4-6）可知，闪络电压的升高取决于瞬态脉冲电流电荷量 q_p 和滤波电容器可存储电荷量 Q_{sL}。如果滤波电容器足够大，其可存储的电荷量为瞬态脉冲电荷量 q_p 的 10 倍，即 $Q_{sL}\approx10q_p=2000mC$，则 $\exp(-q_p/Q_{sL})\approx0.9$，$U_{FL}/U_{F0}\approx1.05$。此时，闪络电压的升高不会超过 5%。如果试验电压为 250kV，则滤波电容器的电容量约为 $C_{sL}=Q_{sL}/U_t\approx8\mu F$。

图 4 - 4 给出了不同电流持续时间、相同电荷量时的泄漏电流对直流输出特性的影响。由于直流电压源内部阻抗的影响，高幅值、短泄漏电流脉冲更易导致较大的电压降落，直流电压源的倍压级数越多，电压降落越大。另外，阻性试品测试时，如直流湿闪试验和污闪试验，其泄漏电流脉冲的形状、最大值和持续时间等还取决于测试电压的高低、测试方法以及阻性试品的参数。

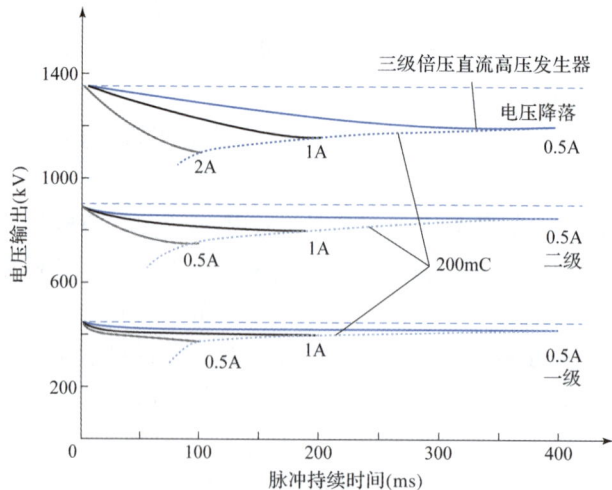

图 4 - 4　泄漏电流的持续时间和幅值对高压直流输出的影响

　　直流污闪、湿闪等阻性试品测试前，应先评估直流高压电源的适用性。可采用计算机模拟泄漏电流脉冲对直流输出特性的影响，IEC 61245 推荐泄漏电流采用梯形脉冲或短矩形脉冲（2A，100ms）、电荷量 200mC。一般地，短矩形脉冲（2A，100ms）可模拟残留污秽层快速加热和最终的先导放电，能够较好地模拟泄漏电流脉冲对直流测试系统的影响。

　　直流测试系统的电压降落还可通过反馈控制来实时调整输入电压，进而降低电压降落，其基本电路如图 4-5 所示。通过测量试验电压和泄漏电流，并用于控制交流输入电压。当直流电压出现一定的电压降落时，在漏电流脉冲的持续时间内通过调整晶闸管的导通角，对变压器施加更高的交流电压，可补偿因泄漏电流造成的电压降落，保证试品上试验电压的稳定性。

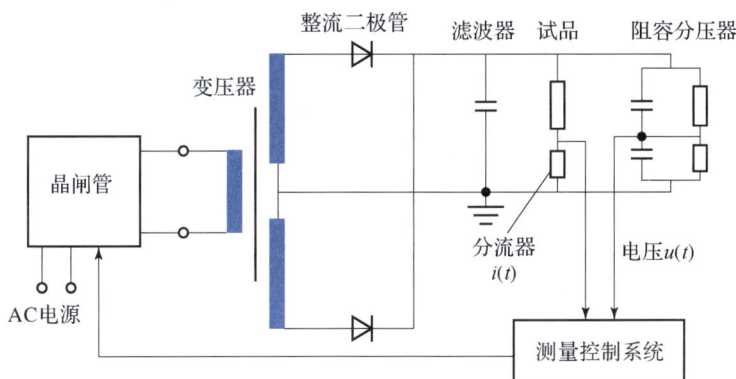

图 4-5　带反馈控制的高压直流试验系统

　　一般地，直流电压下进行绝缘子污秽试验时，通常认为均匀污秽绝缘子串上的电压分布是均匀的，可对绝缘子串的其中一串进行直流污秽测试。因此，直流电压下进行污秽绝缘子试验时，试验系统通常仅需 600kV 左右，但额定电流需达到 1～2A，并且需要反馈控制来抑制电压降落。与此相反，对于人工降雨条件下的绝缘子直流耐受测试，由于不能保证电压分布均匀，因此必须在最高直流试验电压下进行淋雨试验。如果要对 1000kV 直流输电系统的绝缘子进行人工淋雨试验，则需要 2000kV 直流高电压试验系统。试验过程中，由于存在大量流注放电以及流注向先导的转变，泄漏电流脉冲的电荷量可达 10mC，如果试验电源无反馈控制，则额定电流需达到 100mA。

　　3. 电晕笼和直流试验线路

　　电晕放电会造成架空输电线路的有功损耗。由于直流电压下电晕放电特性和模式非常复杂，通常需要在电晕笼或试验线路上进行直流输电线路电晕特性的试验验证。电晕笼是一个同轴电极系统，外电极直径可达几米，由金属网或棒来构成，待研究的束状导体形成内电极，并施加直流高压。外电极通过阻抗接地，用于测量电晕电流脉冲或平均电晕电流。直流试验线路是对未来直流架空线路的真实模拟，它应证明所有部件在运行条件下的电晕放电和直流泄漏特性。电晕笼和直流试验线路都是室外布置，需要室外高压直流试验系统。

此类高压直流试验系统必须提供 100mA 以上的连续电流，以避免由于连续电晕放电或高达几安培的瞬时脉冲电流而导致的电压降落。对于直流试验线路，需要提供两个极性的直流高压。户外高压直流试验系统必须满足其所在环境条件下的各项性能要求，包括温度、大气压、湿度以及雨水和污秽等，外绝缘表面应配置硅橡胶复合外套。

4.2 直流高电压的产生

4.2.1 半波整流回路和直流高压设备的基本参数

应用最广泛的产生直流高压的方法是将交流电压通过整流元件整流而获得。常用的整流设备为如图 4-6 所示的半波整流电路。它与电子技术中常用的低电压半波整流电路基本相同，只是增加了一个保护电阻 R。这是为了限制试品放电时通过高压整流二极管和变压器的过电流，以免损坏高压整流二极管和变压器。

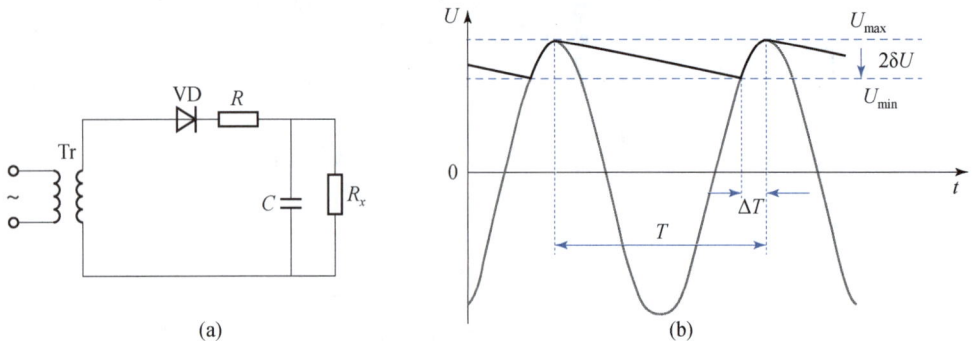

图 4-6 半波整流电路

（a）电路原理图；（b）输出电压波形图

Tr—工频试验变压器；VD—整流元件（高压整流二极管）；C—滤波电容器；R—保护电阻；R_x—试品；

U_{max}、U_{min}—直流电压的最大值、最小值；δU—直流的纹波幅值；T—交流电压周期

对于上述半波整流回路，若试品为 R_x，流过试品的电流为 I_d，则输出电压的纹波幅值为

$$\delta U = \frac{I_d T}{2C} = \frac{I_d}{2fC} \tag{4-7}$$

而纹波系数

$$S = \frac{\delta U}{U_d} = \frac{I_d}{2fCU_d} = \frac{1}{2fCR_x} \tag{4-8}$$

式中：U_d 为额定直流电压（算术平均值）。

保护电阻 R 的选择，可按下式确定：

$$R = \frac{\sqrt{2}U_T}{I_{sm}} \tag{4-9}$$

式中：U_T 是工频试验变压器 Tr 的输出电压（有效值）；I_{sm} 是根据整流硅堆的过载特性曲线所确定的短时允许过电流峰值。

如果选定的整流二极管额定整流电流为 I_f，过载时间为 0.5s，则通常取 $I_{sm}=10I_f$。若过载时间更长，则 R 应取得更大些。

4.2.2　倍压整流回路

如果要产生更高的电压，可采用倍加电路，如图 4 - 7 所示。这种电路实际上可看作两个半波电路的叠加，因而它的参数计算可参照半波电路的计算原则进行。这种电路对变压器 Tr 有些特殊要求，Tr 的二次电压仍为 U_T，但其两个输出端对地绝缘电压不同，A 点对地绝缘电压为 $2U_T$，而 A′点为 U_T，A 点对地绝缘电压为变压器二次电压的两倍。最常用的直流倍压电路如图 4 - 8 所示，变压器一端接地，另一端为 U_T，对绝缘无特殊要求，二极管的反向峰值电压为 $2\sqrt{2}U_T$，电容 C_1 的工作电压为 $\sqrt{2}U_T$，C_2 为 $2\sqrt{2}U_T$，输出电压为 $2\sqrt{2}U_T$。

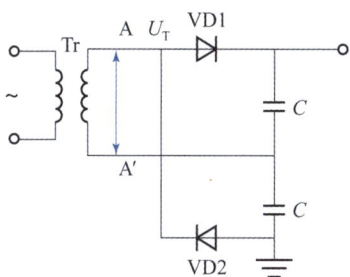

图 4 - 7　直流倍加电路　　　　　　图 4 - 8　直流倍压电路

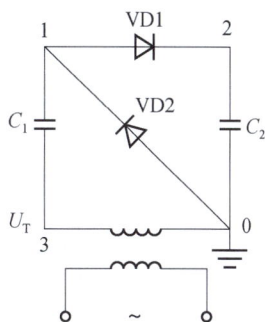

这种倍压电路最初由瑞士物理学家格雷纳赫（Greinacher）于 1920 年提出，并在 1932 年由英国人考克饶夫（Cockcroft）和爱尔兰人沃尔顿（Walton）改进，形成目前的倍压电路，其工作原理简述如下。假定电源电动势从负半波开始。当电源为负时，二极管 VD1 截止，VD2 导通，电源经 VD2 对 C_1 电容充电，点 1 电位为正，点 3 电位为负，电容 C_1 上的最高充电电压可达 $\sqrt{2}U_T$，此时点 1 电位接近于地电位。当电源电压由 $-\sqrt{2}U_T$ 逐渐升高时，点 1 的电位也随之抬高，此时 VD2 截止。当点 1 电位高于点 2 电位时，VD1 导通，电源经保护电阻以及 C_1、VD1 向 C_2 充电，点 2 电位逐渐升高。当电源电压从 $+\sqrt{2}U_T$ 逐渐下降时，点 1 电位随之降低，当 1 点电位低于点 2 电位时，二极管 VD1 截止。当点 1 电位继续下降到低于地电位时，VD2 又导通，电源再经 VD2 对 C_1 充电。重复上述过程，当设备空载时，最终点 1 电位在 $0\sim 2\sqrt{2}U_T$ 范围内变化，点 2 的对地电压为 $2\sqrt{2}U_T$。

4.2.3　串级直流高压发生器

利用图 4 - 8 所示的倍压电路为基本单元，进行多级串联，可组成串级直流高压发生器（称为 Cockcrofty-Walton 发生器），其原理如图 4 - 9 所示。一般地，左侧电容称为倍压电容，右侧电容称为滤波电容。滤波电容一般取相同的电容量，则可保证在暂态电压下滤波电容上电压呈线性分布。

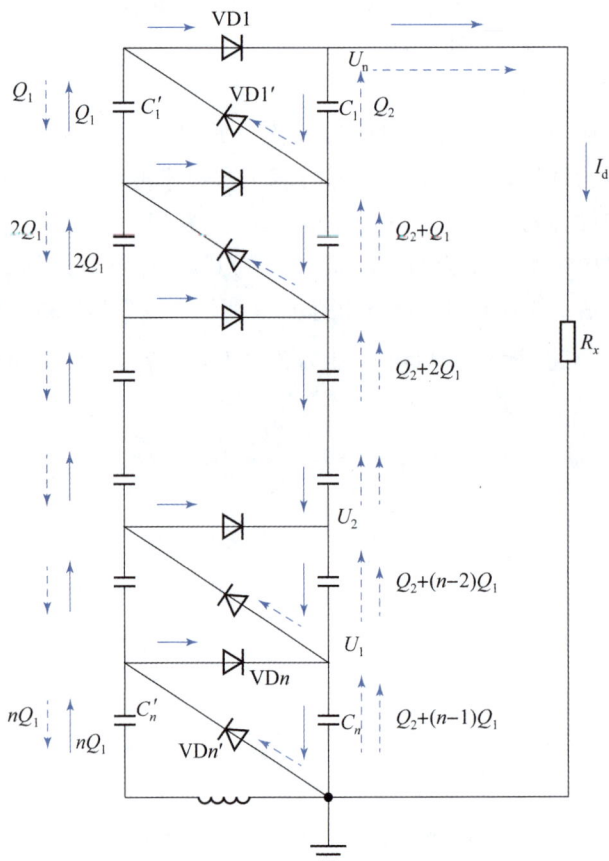

图 4-9 串级直流高压发生器

假设串级级数为 n，电源变压器的输出电压最大值为 U_m，并且设左柱、右柱电容器的电容量相等，均为 C。当负载 R 足够大（$I_d \approx 0$）时，根据倍压电路原理，每级倍压电路输出的直流电压为交流电压 U_m 的两倍，串级直流高压发生器的输出电压为 $U_n = 2nU_m$，如图 4-10 所示。在静态或额定电压下，二极管所需要的最高反向耐压为 $2U_m$，倍压电容（最低一级除外）需承受 $2U_m$ 的直流电压加上供电的交流电压，而滤波电容需承受 $2U_m$ 的直流电压。最低一级倍压电容仅需承受 U_m 的电压，但其电容量对电压降落的贡献最大，一般取两倍电容值。

当发生器接有负荷 R_x，负荷电流为 I_d 时，发生器的输出电压就出现了脉动和电压降落。由于发生器的回路比较复杂，要分析电容器柱各点每瞬间的情况是有困难的。为方便起见，把串级发生器左右两柱在每周期内的充放电过程分成下列四个步骤：

（1）在时间间隔 t_0 内，左柱电容器经 VD1，VD2，…，VDn 向负荷 R_x 及右柱电容器放电。

（2）在时间间隔 t_1 内，右柱电容器向负荷 R_x 放电。

（3）在时间间隔 t_2 内，右柱电容器向负荷 R_x 并经 VD$'$1，VD$'$2，…，VD$'$n 向左柱电容器 C'_1，C'_2，…，C'_{n-1} 放电（而 C'_n 则由电源充电）。

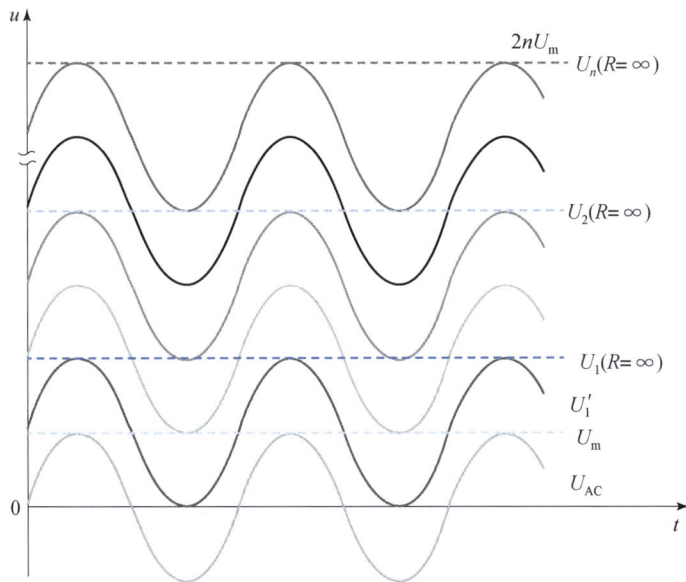

图 4 - 10　串级直流发生器不同节点的电位变化

（4）在时间间隔 t_3 内，右柱电容器向负荷 R_x 放电。

电容器的充放电都是按指数函数规律进行的，串级发生器输出电压的波形可按上述四个过程来分析，其过程如图 4 - 11 所示，图中画出了对应的电源电压波形。

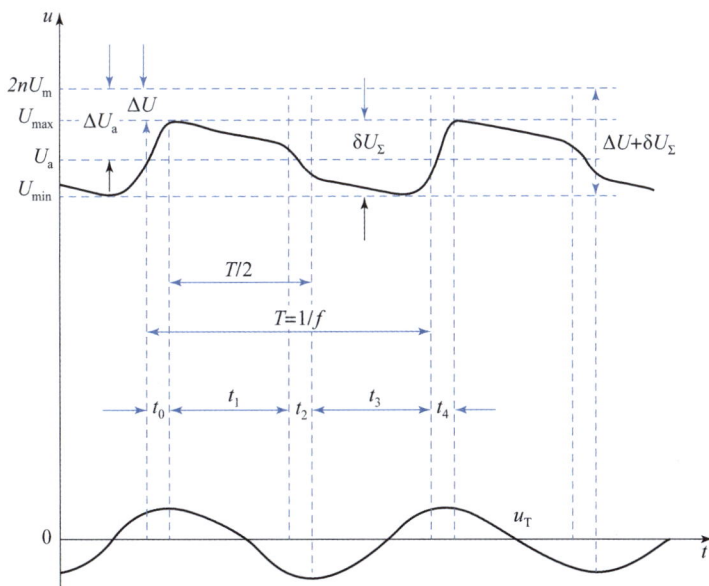

图 4 - 11　有负荷时串级直流发生器输出电压波形

四个过程是在交流正、负两个半周内完成的。正半周内，左柱电容器经二极管 VD1，VD2，…，VDn 向右柱及负荷放电（图 4 - 9 中以实线箭头表示）。负半周内，右柱电容器经二极管 VD$'$1、VD$'$2、…、VD$'$$n$ 向左柱放电（图 4 - 9 中以虚线箭头表示），

同时也向负荷放电。上述两个过程中硅堆导通的时间都很短（图4-9中 t_0 及 t_2），一周内的大部分时间（$t_1+t_2+t_3$）右柱向负荷放电（图4-9中也以虚线箭头表示），只在 t_0 时间内右柱电容器获得电荷而得到充电，如图4-11所示。

要使串级直流发生器能维持输出一稳定的平均电压，必须使得右柱电容器在时间 $t_1+t_2+t_3$ 内失去的电荷，在 t_0 时间内能够得到恢复。但右柱电容器是从左柱电容器取得电荷的，要使左柱电容器能不断供给电荷，必须使左柱电容器在 t_0 时间内失去的电荷能在 t_2 时间内通过电源以及右柱电容器充电来得到恢复，右柱电容器的电压因在 t_2 时间内对左柱放电而快速下降。可以看出，一个周期内，右柱电容器在时间 $t_1+t_2+t_3$ 内失去的电荷，在 t_0 时间内能够得到恢复，右柱电容器会出现脉动，每个电容器的脉动相叠加，形成串级发生器的纹波电压。

无负荷时，串级直流高压发生器的输出电压为 $U_n=2nU_m$，当存在负荷时，在右柱电容器对负荷放电和对左柱电容器充电以及左柱电容器对右柱电容器充电过程中，输出电压会由于发生器内部压降而降低。按照左右柱电容器在一周内电荷收支平衡的原理来分析直流高压串级发生器输出电压的纹波与压降。

串级直流高压发生器的纹波电压可表示为

$$\delta U = \frac{n(n+1)I_d}{4fC} \tag{4-10}$$

式中：I_d 为直流额定电流，A；f 为交流高压频率，Hz。

n 级串级直流高压发生器的输出电压平均值为

$$U_d = 2nU_m - \frac{I_d}{6fC}(4n^3+3n^2+2n) \tag{4-11}$$

式中：ΔU_a 为平均电压降落，$\Delta U_a = \frac{I_d}{6fC}(4n^3+3n^2+2n)$。

串级直流高压发生器的纹波系数为

$$S = \frac{\delta U}{U_d} = \frac{n(n+1)I_d}{4fCU_d} \tag{4-12}$$

串级直流高压发生器的效率可表示为

$$\eta_{DC} = \frac{2nU_m - \Delta U_a}{2nU_m} \tag{4-13}$$

若最低一级倍压电容值取为其他电容值的两倍，则平均电压降落为

$$\Delta U_a = \frac{I_d}{3fC}(2n^3+n) \tag{4-14}$$

从式（4-10）~式（4-12）可知，纹波电压和纹波系数近似地与级数的平方成正比，而电压降落近似地与级数的三次方成正比。对于一定的输出电流和确定的电容量 C、电源频率 f，并不是串级级数越多输出电压就越高。由于电压纹波系数和平均电压降落随串接级数的增加而迅速增加，对于一定的电容量 C 和电源频率 f 以及输出电流，串级直流高压发生器取合适的级数时，才能得到所期望的直流高压。

从上述公式还可知道，减小电压脉动系数可用下述方法：提高每级电容器的工作电压以减小串级级数 n，增加每级电容器的电容量 C，或提高供电电源频率 f。目前电力

系统中对电气设备进行直流耐压和泄漏电流等现场试验的直流高电压设备，通常采用提高电源频率的方法，常选用频率为数百赫兹至数十千赫兹的电力电子器件组成的逆变器（直流—交流换流器）作为交流电源，使整套设备小型化，便于携带，以适合现场试验的需要。

4.2.4 大电流直流高压发生器

为了产生更大直流电流，除了增加串接直流高压发生器的倍压和滤波电容的电容值外，可采用单相双脉动对称电路或三相六脉动电路。一般地，当额定电流小于 100mA 时，可采用传统串级直流高压发生器；当额定电流为几百毫安时，单相双脉动电路可满足相应要求；当电流达到 500mA 以上时，一般采用三相六脉动电路。

对于更高电压更大电流的直流电压，如果要求更低的纹波系数和电压降落时，可采用串级变压器型倍压电路，如图 4-12 所示。采用合适的串级变压器，将交流电压提供给高压直流倍压电路的每一级时，各级纹波电压和电压降落可得到补偿，从而降低输出电压的纹波系数和电压降落。图 4-12 是基于单相双脉动整流电路，串级变压器未接地，必须与直流高压进行隔离。最低变压器 Tr1 的高压绕组连接到最低的滤波电容器，至少应隔离 U_m 的直流电压。变压器 Tr1 的第三绕组连接到下一个变压器 Tr2 的一次绕组，Tr2 处于 $3U_m$ 直流电位。因此，变压器 Tr2 与第一级以及后续串级的变压器之间必须进行隔离，以实现 $2U_m$ 的直流电位差。通常，所有变压器的设计相同，直流隔离电位均为 $2U_m$。

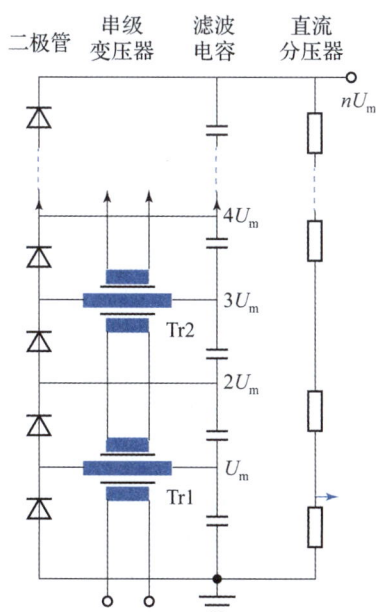

图 4-12 串级变压器型倍压电路

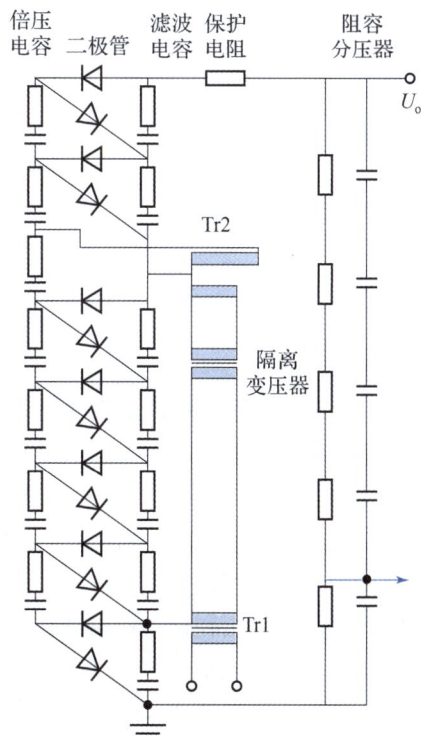

图 4-13 第 6 级馈电的串级变压器型倍压电路

串级变压器型倍压电路可进行更多级数串联，变压器不仅可在低压端馈电，而且可在串联的任意级进行馈电（见图4-13），实现在较大的额定电流下低纹波系数和低电压降落。串级变压器型直流高压发生器可制作成模块化直流测试系统，每个模块400～600kV。例如，一个400kV模块可能包含两个200kV倍加电路（见图4-14），每个倍加电路分别配置馈电变压器，模块内部充油绝缘，还设置了测量分压器。模块可串联或并联使用，分别适用于高电压（图4-15为4个600kV模块的串联）或大电流的场合。整个装置的组装快捷方便，特别适合于现场测试。

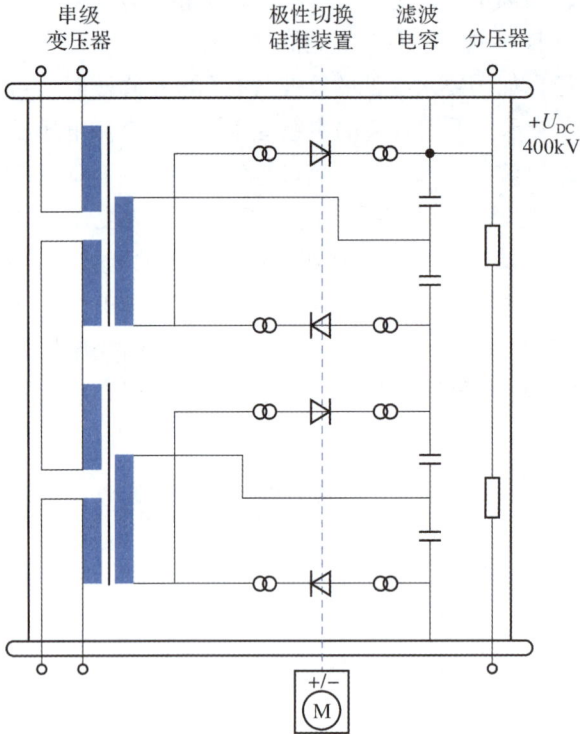

图4-14 模块化串级变压器型倍压电路

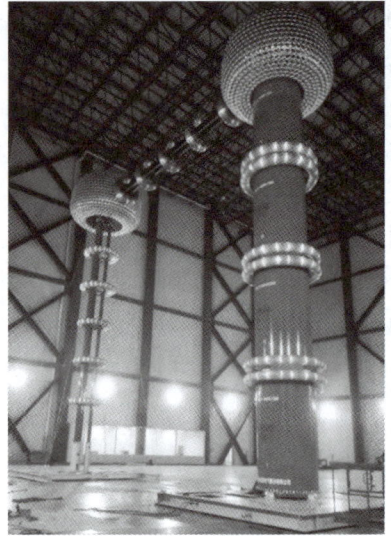

图4-15 4模块串联2400kV/50mA
直流发生器

4.2.5 超高稳定直流高电压发生器

20世纪80年代前后，半导体器件水平、电力电子控制技术有了很大进步。由于提高电源频率不仅可以实现设备小型化，而且有利于降低纹波电压和电压降落，成为超高稳定度直流高压电源的主要发展方向。由于电源频率提高至射频范围时，设备内部电路寄生参数的影响往往变得不可忽略。人们利用这一效应，率先提出分布式射频（RF）耦合技术，并结合Cockcrofty-Walton倍压电路，研制了Dynamitron型直流高电压发生器，如图4-16所示。射频变压器产生几十千赫兹至几百千赫兹高频交流电压后，射频变压器与RF耦合电极之间形成高频谐振，大量耦合环与高频整流器构成Cockcrofty-Walton倍压网络。整个装置密封在高气压SF_6气体中进行绝缘，设备内部形成稳定的射频高压电场，倍压网络的分布电容对高频电场能量进行耦合，再经高频整流后，通过倍压网络的电压叠加而产生超高稳定度直流高压。Dynamitron 型直流高压发生器的输出电压 U_d 和输出纹波的峰峰值 δU_{pp} 可表示为

$$U_d = \sum_{i=1}^{N} \left(\frac{U_{pp}}{k_i} - \frac{I_d}{k_i f C_{sei}} \right) \tag{4-15}$$

$$\delta U_{pp} = \frac{U_{pp}}{k_N} + \frac{I_d}{f C_{se}} \tag{4-16}$$

式中：$k_i = 1 + 4C_{ac}/C_{sei}$；$U_{pp}$ 为 RF 耦合电极间电压的峰峰值；I_d 为负载电流；f 为 RF 电源频率；C_{sei} 为第 i 个耦合环与 RF 耦合电极之间的等效电容；k_i 为第 i 级耦合环的电压耦合系数；C_{ac} 为每一级耦合环即每一对环电极之间的等效电容；k_N 和 C_{se} 分别为最后一级射频电压耦合系数和耦合电容。

图 4-16 所示的直流高压发生器是由大量结构件之间分布式电容构成级联倍压网络，采用了分布式电容能量耦合方式，不仅便于发生器的紧凑化和小型化，而且可靠性高，成为高压型小型化直流电压源的最新发展方向。西安交通大学也研制出 3MV Dynamitron 型直流高压发生器，可与 GIS 或电缆终端进行对接，或通过套管输出进行直流耐受试验。

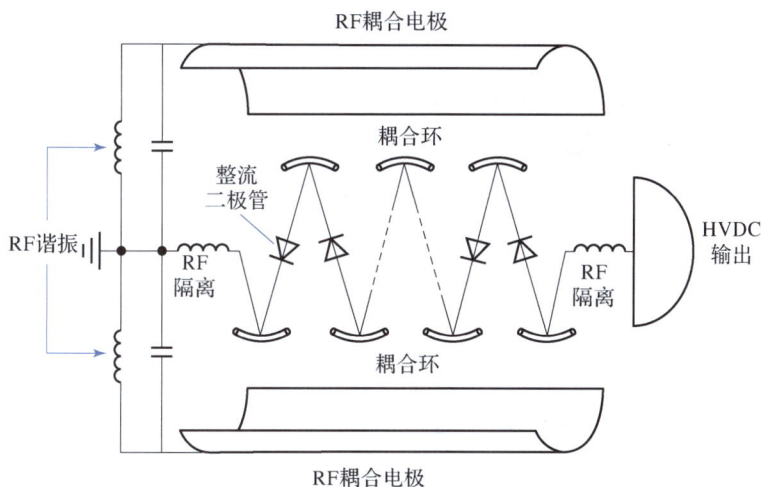

图 4-16 Dynamitron 型直流高压发生器

4.2.6 极性反转试验系统

高压直流输电系统经常需要潮流反转，但常规高压直流潮流反转时，直流电压极性反转，直流电流方向不变。高压直流系统的电压极性反转对设备绝缘带来更严酷的电场应力，因此 IEC 和国家标准中都规定了换流变压器、直流套管、平波电抗器以及直流电缆等设备的型式试验必须进行极性反转试验。极性反转试验开始之前，被试设备应至少接地 2h。变压器试验中，对阀侧绕组进行极性反转试验时，不试端子应直接接地。极性反转试验时，试验电压按照一定的上升速率直接升到规定的电压，不允许对被试设备预先施加较低的电压。双极性反转试验的电压变化如图 4-17 所示。

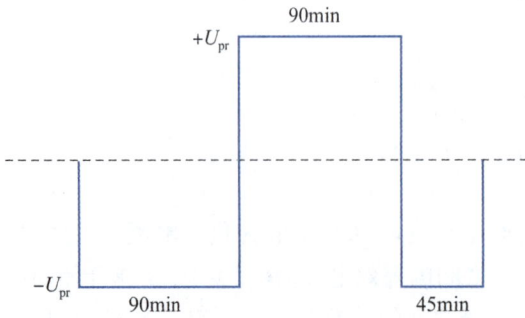

图 4-17 双极性反转试验的电压变化图

极性反转试验应进行两次电压极性的反转，应按照图4-17所示的反转程序进行。试验的顺序应包括施加负极性直流电压90min，然后施加正极性直流电压90min，最后再施加负极性直流电压45min。每次电压极性反转过程均应在1~2min内完成。

图4-18给出了极性反转过程与反转时间定义。极性反转时，首先关闭交流电压供电系统。从 t_1 开始，电容器通过分压器电阻进行缓慢放电，整流器进行反转。在 t_2 时刻，当整流器反转接近相对电极时，会发生火花放电。此时，电容器通过正向导通的整流器快速放电，直流发生器的电压可在几毫秒时间内放电至零。在 t_3 时刻，再次施加交流电压，电容充电到相反极性的电压。因此，极性反转时间为电压下降到试验电压的90%至电压再次升高到反极性试验电压的90%，即 $t_2 \sim t_4$ 之间的时间间隔。

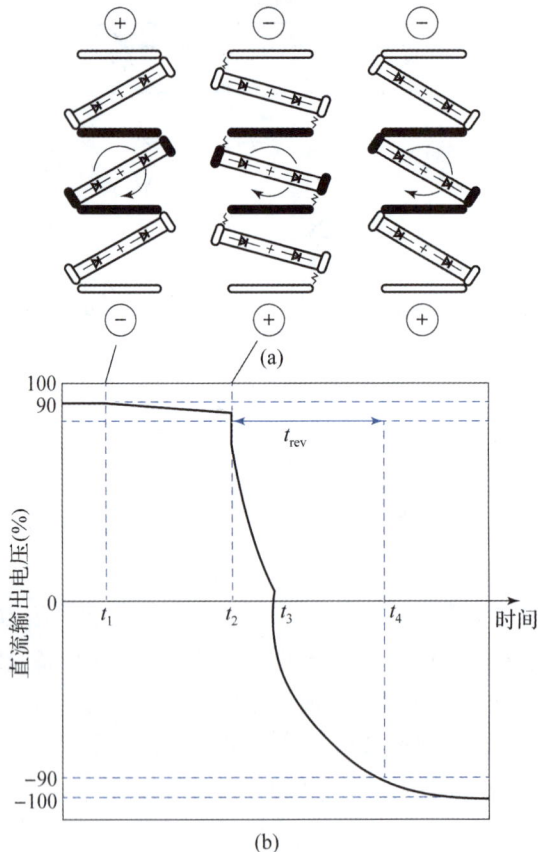

图 4-18 极性反转过程与反转时间定义
（a）整流器转换过程；（b）反转时间定义

为了实现上述极性反转过程，高压直流发生系统的整流器需具有换向功能。通过整流器的换向，可实现高压直流发生器输出电压极性的快速反转。在某些特殊条件下，需要更快的极性反转，例如反转时间控制在 200ms 内。为此，不仅要求放电过程足够快，而且必须加快充电过程。要实现快速充电，一般是通过选择一个远高于所需的电压值进行充电，并在达到所需电压的 90%（t_4）时中断充电来实现的。为避免相反极性电压的过冲，必须精确控制电压值。

4.3　直流电压试验程序与评价

第 3 章所述连续电压测试的高压交流试验程序和评估方法也可用于高压直流试验。因此本节将不再重复所描述的方法，仅提及一些不同之处。连续或逐步增加直流电压的渐进升压测试主要用于确定可近似为理论分布函数的累积频率分布。与高压交流测试相比，直流电压下的局部放电（包括闪络痕迹）会导致表面电荷和空间电荷的长期滞留，高压直流测试的独立性很难保证。因此，前面直流高压的施加可能会影响后面直流电压的试验结果。高压直流试验结果在统计评估之前非常有必要检验测试结果的独立性。测试过程中，应通过绘图（类似图 4-19 所示方法）检查测试结果的独立性。如果发现测试结果出现非独立性，则应修改测试程序。例如，调整电压上升速率、闪络后仔细清洁试品、在每一次测试周期更换新的试品，或在两次测试周期之间施加交流低电压等。如果被测试对象为固体绝缘，通常应在每个测试周期更换试品。

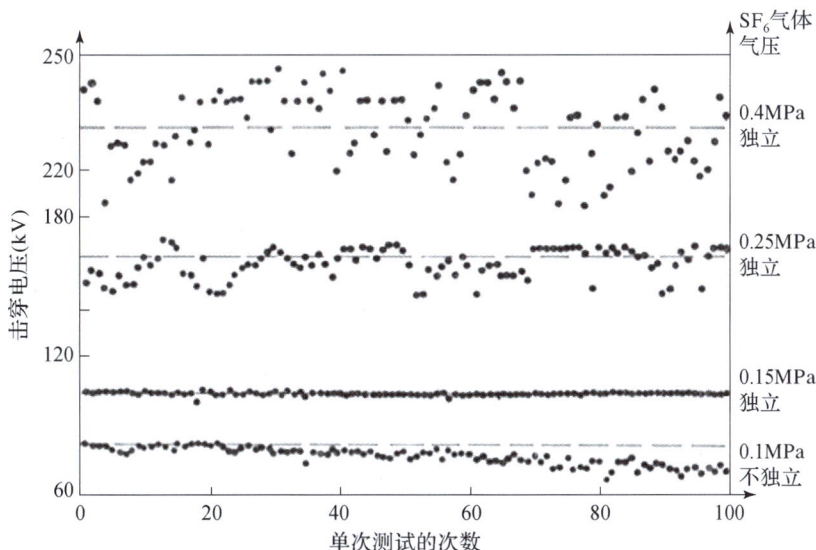

图 4-19　测试数据独立性检查的图形示例

对于直流电压下的质量验收测试，IEC 60060-1 推荐的标准化耐受电压试验程序及图 1-24 可用于直流电压测试。测试时应选择在击穿电压较低的极性下进行，如果不能确定哪一个极性的击穿电压较低，则需要在正、负两个极性同时进行测试。交流耐受试验时的局部放电测试方法也适用高压直流耐受试验，但应考虑直流电压下局部放电的随机性。这可能需要在不同电压下进行更长持续时间的测试。除了局部放电以外的其他测试方法，如泄漏电流或绝缘电阻，也可用于诊断性耐受测试。

4.4 直流高电压测量系统

4.4.1 串有高阻值电阻的电流表和高阻值电阻分压器

串有高阻值电阻的电流表或高阻分压器常用于直流高压的测量，测量原理如图 4-20 所示。无论是用高阻值电阻构成的电阻分压器还是用高阻值电阻与微安表串联方法来测

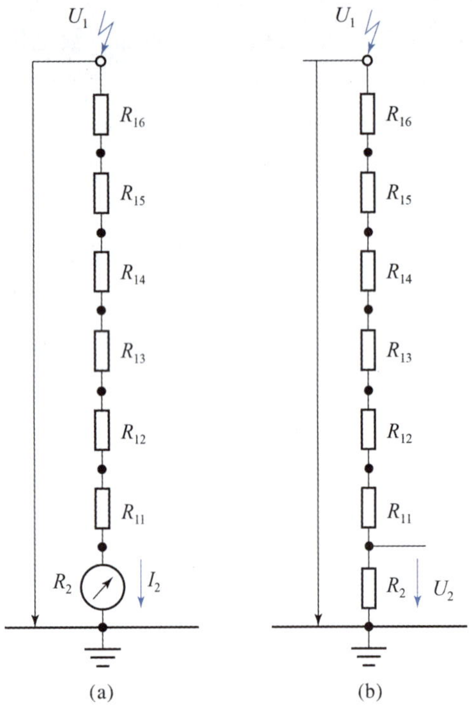

图 4-20 直流电阻分压器的基本原理
(a) 串联微安表测电流；(b) 分压器低压臂测电压

量直流高压，其关键都是要设计一个能在直流高压下稳定工作的高阻值电阻器，当构成电阻分压器时它就是分压器的高压臂。高阻值电阻 R_1 通常是由多个电阻元件（$R_1 = R_{11} + R_{12} + \cdots + R_{16}$）串联而成的。测量直流电压时，流过电阻的电流 I_1 一般选择 $0.5 \sim 2\text{mA}$，实际上常选 1mA，如果泄漏电流和电晕的影响很小时，流过电阻的电流 I_1 可选择小一点。当构成电阻分压器时，测得的直流高压可表示为 $U_1 = U_2 \dfrac{R_1 + R_2}{R_2}$。令 $k = \dfrac{R_1 + R_2}{R_2}$，则 k 为分压器的分压比。

高阻值电阻与微安表串联来测量高压时，测得的直流高压可表示为 $U_1 = I_2 R_1$。为防止测量仪表超量程，常在测量仪表旁并联保护的放电间隙或放电管，同时为了防止引线和微安表（一般放在控制桌上）发生开路而在控制台出现高电压，微安表应并联电阻 R_3，R_3 的阻值比微安表内阻大 $2 \sim 3$ 个数量级（正常测量时对微安表的分流可忽略不计），一般取数千欧。

采用高阻值电阻分压器和串有高阻值电阻的电流表来测量直流高压时，电阻本身发热、电晕放电或绝缘泄漏会造成测量结果的不准确。在选择电阻器时，其温度系数应尽可能小，可选用碳膜或金属膜电阻器等，其功率应大于分压器额定功率以减小温升。高阻值电阻器可浸入绝缘油中以增强散热，同时可以防止电晕放电和绝缘泄漏。电阻分压器常与电容分压器并联来构成阻容分压器。这是因为阻容分压器能够记录随时间变化的电压，便于测量直流耐受试验时电压的变化，例如直流电压的纹波、局部电弧时的瞬时电压降落以及极性反转时的电压波形等。

对于直流测试电压，可采用能够指示算术平均值的仪器仪表，但更好的方法是采用示波器或数字记录仪。这是因为在实际测试时，不仅要测量稳态直流电压，还要测量动态电压，如纹波、瞬态电压降落等。IEC 60060.2 中规定了经认可的直流电压测量系统的要求。因此，进行算术平均值的测量时，测量系统的扩展不确定度 U_M 应满足不大于 3%。为了确定测量系统的动态特性，可先在分压器的输入端施加正弦电压来进行测量。测量时，正弦电压的频率应在直流高压纹波频率的 0.5 到 7 倍之间变化，测得的输出电压幅度差异应在 3dB 以内。如果直流高压存在 IEC 60060.1 中规定的最大纹波，则扩展不确定度也应不超过 3%。纹波幅度的测量应在直流试验电压算术平均值的扩展不确定度不大于 1% 的条件下进行。纹波测量系统的比例因子应在基本纹波频率下来确定，其扩展不确定度 U_M 应满足不大于 3%，并在基本纹波频率的 0.5～5 倍频率范围内测量纹波测量系统的幅频响应，幅度的最大变化不应超过基本纹波频率的 85%。为了测量直流试验电压的上升和下降以及极性反转时的纹波和电压波形，直流测量系统的特征时间常数应不大于 0.25s。在绝缘子污染测试时，会出现局部电弧造成的瞬态电压降落，其测量系统的时间常数应小于瞬态电压降落出现时典型电压上升时间的三分之一。

4.4.2　其他测量系统

静电电压表也可用于直流高电压算术平均值的测量，其测量原理与第 3 章中交流电压测量相同。但是，它实际测量的是直流电压瞬时值平方的平均值，即 $\sqrt{U_d^2 + \left(\dfrac{\delta U}{\sqrt{2}}\right)^2}$。当纹波电压 δU 较大时，测得的值并不是直流电压的算术平均值，这一点必须加以注意。

用球间隙测量直流电压时，由于空气中灰尘、纤维等在球间隙内的积聚，球间隙放电会出现较大的分散性。因此，IEC 规定中推荐采用图 4 - 21 所示结构的棒间隙进行直流电压的测量。标准棒间隙测量直流电压时，其测量不准确度在 ±3% 以内，测量方法与球间隙一样，一般用于求取直流发生装置低压侧电压表的读数与高压侧电压的关系。

标准大气条件下，正、负极性的直流电压下，棒间隙 10 次放电电压的平均值可由下式得出

$$U_0 = 2 + 0.534d \qquad (4-17)$$

式中：d 为间隙距离，mm。

式（4 - 17）的适用范围为 250mm ≤ d ≤ 2500mm。

若实际测量时的相对空气密度为 δ，则实际放电电压 U 为

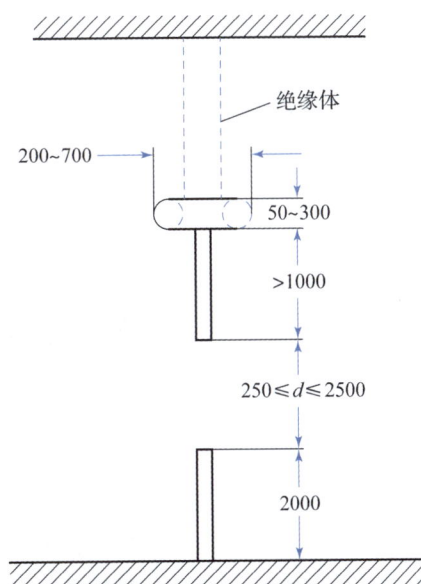

图 4 - 21　直流高压测试用棒间隙结构（单位：mm）

$$U = \delta k U_s \qquad (4-18)$$

式中：k 为湿度修正系数，$k=1+0.014\left(\dfrac{h}{\delta}-11\right)$。一般地，$1\mathrm{g/m^3} \leqslant h \leqslant 13\mathrm{g/m^3}$。

棒间隙直接测量直流电压不仅非常费时，而且还受大气条件的影响。因此，棒间隙一般用于求取直流高压输出值与低压侧输入电压的比例关系。

4.4.3 测量系统的比对与校准

1. 比对与校准

通常用准确度更高的或者标准的测量系统，通过比对测量来对其他测量系统进行校准或标定，使之成为符合国家标准要求的认可的测量系统。例如将扩展不确定度为 0.5% 的标准分压器系统作为基准，去认可一台扩展不确定度为 3% 的测量系统。直流标准电压测量系统在其使用范围内，应能够以小于 1% 扩展不确定度进行直流电压的测量。不确定度不受纹波（纹波系数小于 3%）的影响。而标准测量系统的性能则可通过采用在相关试验电压下与较高级标准测量系统的比对测量来进行校正。此较高级标准测量系统可溯源到中国计量科学研究院的标准。对较高级标准测量系统的要求是：测量电压的扩展不确定度不大于 0.5%。

直流标准测量系统如果忽略泄漏电流的影响，其分压比主要取决于高压臂电阻与低压臂电阻的比值，因此其量值溯源的方法之一就是测量高低压臂的电阻值。

（1）电阻值法。依据电阻分压原理，可以分别测量分压器的高压臂电阻值和低压臂电阻值，从而根据计算公式得出分压器在理想状态下的输入电压和输出电压之比。为了保证该分压器的测量准确度，高压臂电阻采用分段测量法，通过高阻值电阻电桥进行测量。每个电阻值各测量 10 次，以保测量准确度。

（2）比较法。标准直流测量系统的另一种量值溯源方式是比较法。用已知的一套标准测量系统与该分压器进行比较测量，该标准测量系统与国家标准建立了溯源关系。通过稳定的电压源将直流电压分别施加至已知的标准分压器和该分压器上，通过高准确度测量系统分别测量两者的输出值，经过不同电压点的测量与同一电压点下的多次测量，从而得出该分压器的分压比。

用标准直流高压源也可进行校准和标定，例如 4.2.4 所述的超高稳定电压源，目前这样的电压源输出电压可达兆伏级，稳定度和纹波系数可小于十万分之五。

2. 不确定度的评定

（1）温度对分压比的影响。温度的变化会直接影响分压器中电阻值的变化，温度的变化主要由环境温度变化及分压器分压电阻自身的自热引起的温升的叠加。校准条件 $20℃\pm5℃$，根据分压器的结构和分压电阻的阻值及工作电流进行分析，其自身的自热引起的温升应小于 10K（开氏温度）。

（2）电压系数对分压比的影响。当施加的电压发生变化时，分压器电阻器的阻值可能会发生变化。这种现象称为电阻器的电压系数。电压系数就是每单位电压变化所引起的电阻值的百分变化量。确定分压器的电压系数，可采取分段校准来对分压器进行比对，并结合单个电阻电压系数的测量数据，得出分压器在额定电压范围内分压比的变化量。

（3）泄漏电流对分压比的影响。当直流电压加至分压器的时候，会有流经直流分压器绝缘体的泄漏电流，且泄漏电流的大小直接影响分压器的测量误差，同时在分压器各屏蔽层间会形成比较显著的分布电容，这影响了直流分压器测量时的高频隔离特性。因此，为了克服此影响，采用特殊的布置方式，对内部测量电阻进行屏蔽，同时在分压器的本体内充有绝缘油，这些措施均可有效地降低泄漏电流。

（4）电晕对分压比的影响。由于高压带电体会形成电晕，电晕电流会对分压比产生影响。为了减小该电流，可在分压器的顶端采用合理的均压环结构，在每节分压器中应有相应均压结构，以减小电晕带来的误差测量。

4.5 直流电压下局部放电测试

4.5.1 直流电压下气体间隙的局部放电

极不均匀电场的气体间隙承受直流电压时，会发生直流电晕放电，也称为局部放电（Partial Discharge，PD）。直流电压下局部放电现象与工频交流电压下发生的局部放电现象类似，特别是负极性电极上的电晕放电。由于空气中经常出现负极性特里切尔（Trichel）放电，特里切尔脉冲常用于局部放电测试电路的性能检查。

正极性直流电压下，当电压达到一定值时电流急剧增加，针尖表面可见到间歇式的辉光电晕，称为猝发脉冲电晕。当电压进一步升高时，转为流注状放电，电流波性呈周期性脉冲状，称为流注脉冲。而当电压继续升高时，流注脉冲消失，放电转入稳定辉光放电（无脉冲），这是由于正空间电荷的作用，抑制了脉冲的形成。电压再继续升高时，电流进一步剧增，形成强烈电晕放电。此时电晕放电发出的嗞嗞响声或出现许多放电细丝连接两电极，称为刷状电晕。如果再升高电压，会导致整个间隙的击穿，正极性电晕放电电流波形如图 4 - 22（a）～（c）所示。

负极性直流电压下气体间隙中出现暗电流后，升高电压，电流急剧增加，电流波形为脉冲状。这种电流脉冲的幅值一定，但脉冲时间间隔却不规则。随着电流进一步增加，波形呈锯齿状，脉冲频率也增加。这种电流脉冲称为特里切尔脉冲。电压继续升高时，脉冲频率增高后，出现频率降低，然后脉冲消失（无脉冲辉光放电），负极性电晕电流波形如图 4 - 22（d）、（e）所示。经过这一状态之后，再升高电压，就会出现整个间隙的击穿。

4.5.2 直流电压下绝缘系统内部局部放电

直流设备内部放电（如绝缘系统内表面或界面爬电、绝缘材料内部气隙放电等）比空气中的电晕放电更受关注。为了描述直流电压下内部典型局部放电的起始特性，人们通过修正交流电压下局部放电的经典电容模型，建立了直流电压下气隙局部放电模型。模型中，所有电容都由并联电阻桥接（见图 4 - 23），连续放电之间的恢复时间由特征时间常数推导得出。

实际情况下，用等效电容代替气隙，与气体放电的物理特性是相矛盾的。因此，人们提出了气隙局部放电的偶极子模型。直流电压下气泡局部放电过程可分为三个阶段，如图 4 - 24 所示。

介电耐受测试技术

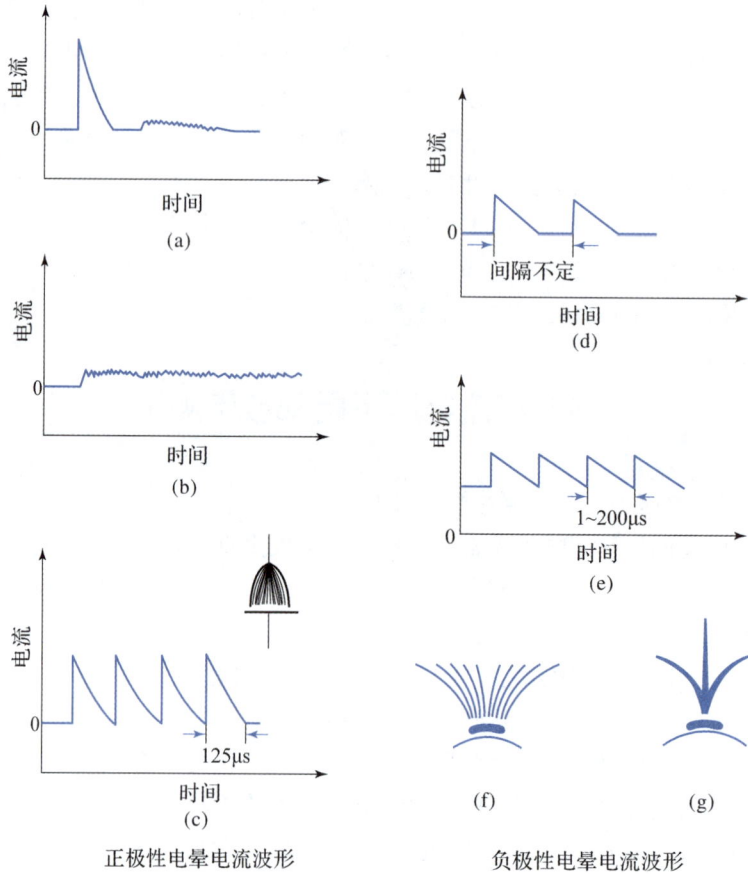

图 4-22　直流电压下电晕电流与外形特征
（a）间歇性电晕；（b）稳定辉光电晕；（c）刷状电晕；（d）初始特里切尔脉冲；
（e）锯齿状特里切尔脉冲；（f）、（g）负极性电晕外形

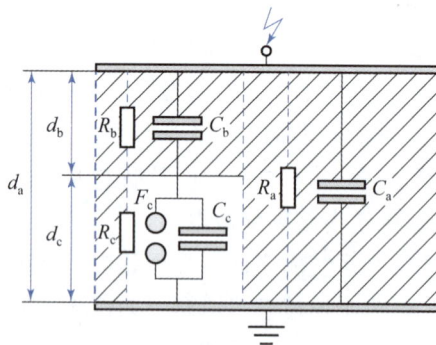

图 4-23　直流电压下设备内部局部放电模型

　　第一阶段，电离过程的起始阶段。在恒定直流电压下，绝缘系统中的电场分布由电导分布所控制。在分析直流电压下的起始电压时，必须考虑绝缘系统中电介质的电导率不仅受到电场的影响，还会受到温度的影响。当气泡内电场强度达到直流击穿场强时，气泡发生放电而产生大量电荷，如图 4-24（a）所示。

116

第二阶段，偶极矩的建立。气泡放电产生的电荷因静电场而分离，正、负极性载流子分别向阴、阳极迁移，但受气泡腔边界的限制，与外施电压极性相反的电荷分别积聚在气泡内壁的两端，并形成偶极矩。由于偶极场与静电场相反，气泡腔内的电场会急剧降低，气泡内气体分子的进一步电离会突然猝灭，如图 4 - 24 (b) 所示。

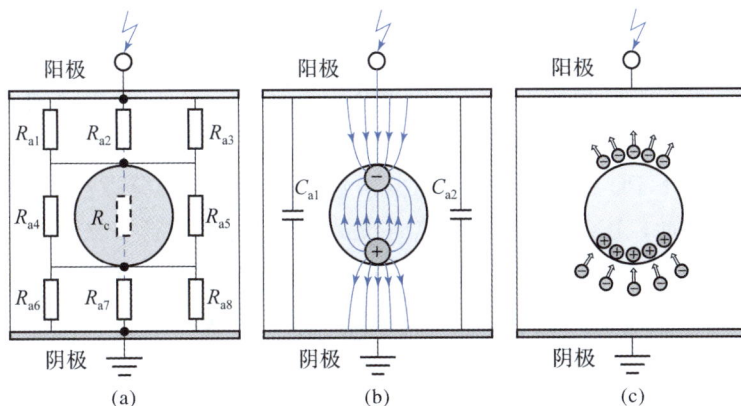

图 4 - 24　直流电压下局部放电的三个阶段

(a) 第一阶段；(b) 第二阶段；(c) 第三阶段

第三阶段，偶极矩消散。在交流电压下，由于电压周期性变化，即使在某半周期内形成偶极矩，在另一半周期内由于外施电压的方向改变，气泡内就会再一次发生放电。因此，交流电压下每半个周期就会出现局部放电脉冲，而且由于交流电压的周期变化，气泡会产生连续的局部放电脉冲。然而，在直流电压下，一次局部放电会在气泡内形成偶极矩，只有在偶极矩消失时气泡内电场才能恢复，并再次发生局部放电。通常情况下，由于固体电介质的电导率非常低，偶极矩消失需要较长时间。因此，直流电压下进行 PD 测试时，局部放电脉冲的间隔时间 Δt_i 通常在几秒至几分钟，甚至几十分钟之间，如图 4 - 25 所示。例如，聚乙烯电缆绝缘介质内部气泡放电，假如一次放电后在阳极侧的气泡内部聚积 10^{-7} 个电子，则形成的偶极子电荷量为 16pC。如果背景电场强度为 $E_p = 50 \text{kV/mm}$，聚乙烯绝缘介质的电导率为 $k_d = 10^{-17} (\Omega \cdot \text{mm})^{-1}$，气泡端部的有效面积 $A_e = 0.1 \text{mm}^2$，则总的电子电流约为 0.05pA，而偶极矩消散时间约为 32s。

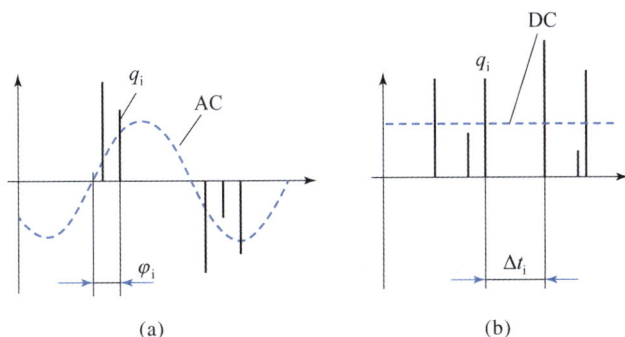

图 4 - 25　交直流电压下局部放电脉冲特性

(a) 交流电压下局部放电脉冲；(b) 直流电压下局部放电脉冲

直流电压下 PD 测试时，必须考虑到两个基本的局部放电参量：t_i 时刻出现的 PD 脉冲电荷量 q_i 和连续局部放电脉冲的间隔时间，也即气隙电场的恢复时间 Δt_i。一般来说，用于工频电压下的 PD 测试系统也适用于直流电压，但需要考虑直流电压下 PD 的特殊性。由于直流电压下局部放电脉冲具有很大的随机性和不确定性，直流电压下 PD 测试必须选择较长的记录时间，一般至少 30min。由于 PD 检测器检测到的局部放电脉冲宽度一般都小于 0.1ms，长时记录时几乎无法识别这样的脉冲信号。为了克服这样的问题，可进行电荷脉冲的累积，并记录累积电荷的斜率与平均 PD 电流的关系。累积电荷量及其斜率与 PD 电流的关系都可作为直流局部放电评估的重要参量。

由于直流电压下 PD 脉冲的幅值和重复次数都具有很大的分散性，必须对直流 PD 进行统计分析。因此，IEC 60270 对直流局部放电测试标准进行了修订，增加了累积视在电荷量（在规定的时间间隔内，超过一定阈值的放电脉冲的视在电荷量的总和）和局部放电脉冲个数（在规定的时间间隔内，超过一定阈值的放电脉冲的总个数）来评估直流局部放电特性，并推荐了图 4-26 所示的绘图方法。

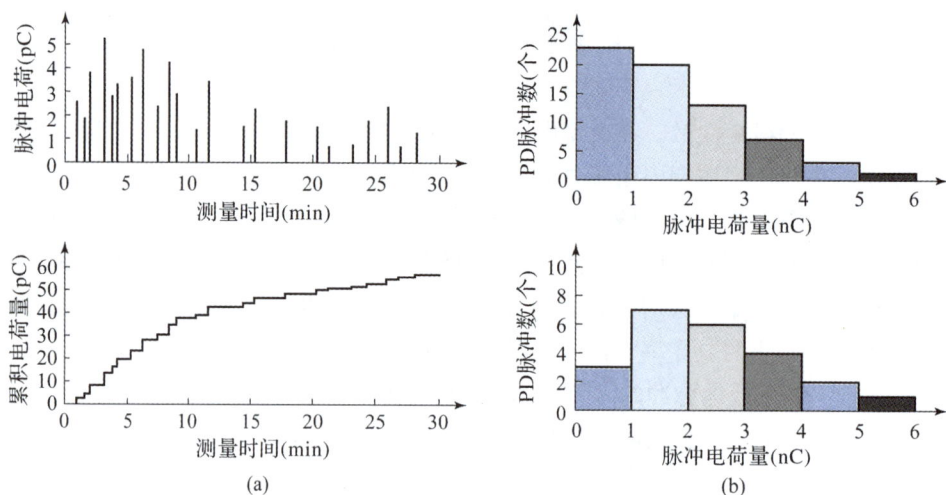

图 4-26　IEC 60270 推荐的直流局部放电统计方法
（a）放电量与测量时间的统计图；（b）PD 脉冲数与脉冲电荷量的统计图

思考题与习题 ❓

4-1　试设计一台 4 级串级高压直流发生器，要求输出直流电压的平均值 $U_d=800kV$，电流 $I_d=10mA$，电压脉动系数 $S<3\%$，并画出电路，确定电容器、二极管、变压器等组件的参数。

4-2　测量直流高压时能不能采用电容分压器？用电阻分压器测量高压时引起误差的主要原因是什么？

4-3　采用棒-棒间隙测量直流高电压时，为何其测量不确定度会低于球间隙的不确定度？

4-4　为什么直流电压下电气设备的局部放电现象会呈现不稳定的放电脉冲和放电间隔？

4-5　采用额定电流较小（1mA 左右）的便携式直流高电压发生器对大电机进行泄漏电流测试时，经常会出现泄漏电流不稳的现象，且已排除局部放电以及受潮等缺陷的影响，试解释造成该现象的可能原因。

4-6　试品的试验电压为 200kV，相应的最大试验电流为 10mA，要求纹波因数 $S \leq 3\%$、采用工频变压器经倍压电路整流后进行试验。试选择相应的电容器 C、二极管 VD、试验变压器 Tr 及保护电阻 R 的主要参数，并计算纹波幅值 δU 和纹波 S 以及电压降落 ΔU。

4-7　试选择一串级直流高压发生器主要部件参数，要求 $U_d = 750kV$，$I_d = 10mA$，$S \leq 3\%$，电源频率 $f = 50Hz$。若采用 $f = 100kHz$ 的射频电源，各部件参数又为何？

4-8　图 4-27 所示为二级倍压整流电路，若 5-0 间正弦波工频电压有效值已达到 $U(kV)$，且充电已经稳定，不考虑电容泄漏的影响，请计算：

（1）开关 S 断开时，电容 C_1' 和 C_2' 所承受的直流电压各是多少？

（2）S 断开时，二极管 VD1 与 VD2 所承受的最高反向电压各为多高？

（3）S 断开时，用高压静电电压表分别测 1-0 及 2-0 间的电压，其值分别是多少？

（4）S 断开时，用高压峰值电压表分别测 3-0 及 4-0 的电压，其值分别是多少？

（5）当 $C_1 = C_1' = C_2 = C_2' = C$ 时，S 合上后试品流过的直流电流平均值为 I_d，试品上直流电压的纹波幅值 δU 以及电压降落 ΔU 分别是多少？

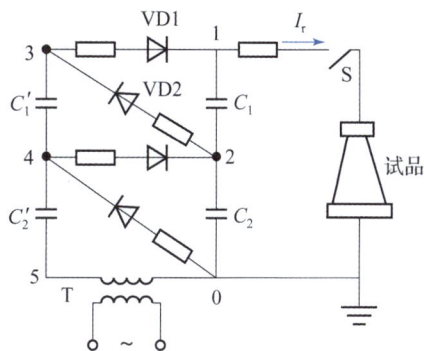

图 4-27　题 4-8图

4-9　设计一台 200kV 直流分压器，分压器额定电流 $I = 0.5mA$，计算：

（1）高压臂电阻 R_1 阻值、功率应如何选？

（2）若由 10 个电阻元件构成高压臂，每个电阻的阻值及工作电压 U_R 应选多少？

（3）若取分压比 $k = 1000$，则低压臂电阻 R_2 的阻值、功率应如何选？

— 第 **5** 章 —

冲击耐受电压试验

冲击电压是指持续时间短、上升速度快，达到幅值后又缓慢下降的一种暂态电压，主要用于模拟雷电冲击（Lightning Impulse，LI）过电压和操作冲击（Switching Impulse，SI）过电压。雷电冲击过电压和操作冲击过电压分别由直接或间接雷击、电力系统中的开关操作或故障所引起。雷电冲击和操作冲击过电压会对绝缘系统产生瞬态电应力，且远高于工作电压所引起的电应力。因此，绝缘设计时必须考虑 LI 和 SI 过电压的影响，而且必须分别进行 LI 和 SI 耐受电压试验来验证设计的合理性。本章主要介绍非周期性和振荡 LI 和 SI 过电压的产生及其在介电耐受测试中的应用要求。

5.1　冲击耐受电压的波形要求

雷击所形成的雷电波一般是一种非周期性脉冲，其波形参数具有统计性。对于电力系统中雷电波，其波前时间（约从零上升到峰值所需要的时间）为 $0.5 \sim 10\mu s$，半峰值时间（约从零上升到峰值后又下降到 1/2 峰值所需要的时间）为 $20 \sim 90\mu s$，累积频率为 50％的波前和半峰值时间分别为 $1.0 \sim 1.5\mu s$ 和 $40 \sim 50\mu s$。图 5-1 给出了气体绝缘金属全封闭组合电器（GIS）和变压器在雷电侵入时的过电压波形，其波前时间为微秒量级，但波形出现了振荡，两者波形差异较大。为了保证冲击耐受电压试验结果的可比性和重复性以及各试验室间测试结果的可比性，IEC 和国家标准对冲击电压波形进行了明确定义，并规定了标准雷电冲击电压波形（包括雷电全波和雷电截断波），同时要求试验一般采用标准冲击电压波形。根据 IEC 标准，冲击电压由波前时间、波尾时间、峰值和极性来表示。

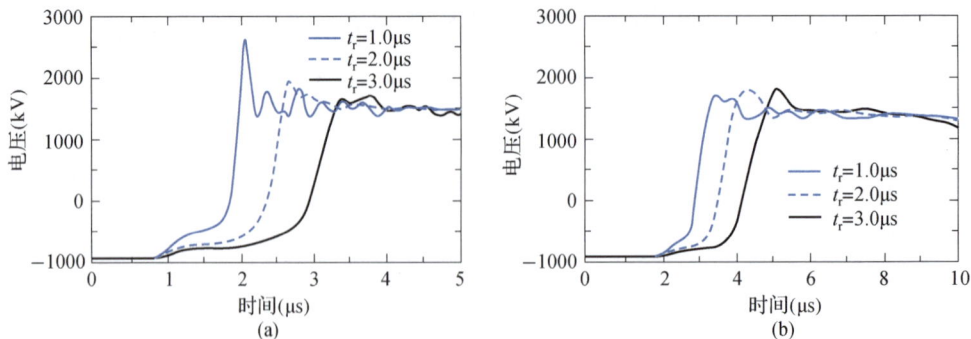

图 5-1　GIS 和变压器在雷电侵入时的过电压波形

(a) GIS；(b) 变压器

5.1.1　雷电冲击全波

标准雷电冲击全波的定义如图 5-2 所示，其中 0 为波形的原点，O' 为波形的视在原点。由于雷电冲击电压产生时，波形起始位置会出现较为平坦或振荡现象，此时波形的真实起始点（真正的原点）不易确定。在波形的峰值处，也会出现顶部平坦、过冲和振荡，真实的峰值点很难确定。因此，IEC 和国家标准采用了图 5-2 所示的办法来确定视在原点和视在峰值点，并由视在原点求出波前时间（Front Time）T_f 和波尾时间（Time to Half-value）（也称半峰值时间）T_t。根据波形定义，雷电冲击电压的波前时间 $T_f = T/0.6$，其中，T 为波前 30%～90% 峰值间所测得的时间。规定的标准雷电冲击耐受电压的波前时间 T_f 为 1.2μs（1±30%）、波尾时间 T_t 为 50μs（1±20%）。

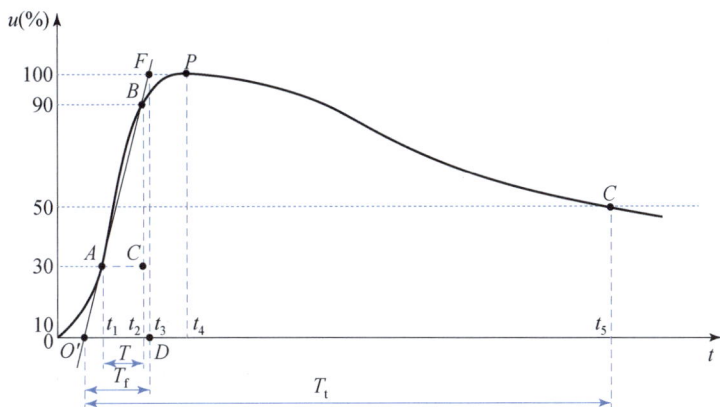

图 5-2　雷电冲击电压全波与波形定义

若雷电冲击电压波前或波峰附近含有振荡或过冲时（见图 5-29），根据 IEC 和国家标准的最新规定，可采用标准规定的处理方法，把记录的波形转换成试验电压波形。

标准规定，冲击电压带有过冲或振荡时，其波前时间和波尾时间应由试验电压波形求得，而其幅值的确定还依赖过冲或振荡的等效频率。冲击电压过冲或振荡的最高等效频率可按照下式进行估算

$$f_{\max} = c/[4(H_g + H_c)] \tag{5-1}$$

式中：c 为电磁波在空气中的传播速度，$c = 300\text{m}/\mu\text{s}$；$H_g$ 为冲击电压发生器的高度，m；H_c 为负载电容的高度，m。

5.1.2　雷电冲击截断波

在特殊场合或为了特殊目的，还要求产生雷电冲击截断波（Chopped Lightning Impulse）、陡波前冲击电压等。雷电冲击截断波如图 5-3 所示，其波形参数包括波前时间、截断时间和截断时电压跌落陡度。其波前时间的定义与雷电全波一样，截断时间 T_c 是视在原点与视在截断点的时间间隔，标准规定雷电冲击截断波的截断时间为 2～5μs。

由于截断瞬间经常出现波形振荡，标准规定了截断瞬间的视在特征：以截断瞬间电压值 U_{ch} 的 70% 和 10% 的 C、D 两点来定义。C、D 两点的连线与截断瞬间水平线（α）的交点为 F，F 点即为视在截断点。C、D 两点间时间间隔的 1.67 倍为电压跌落时间

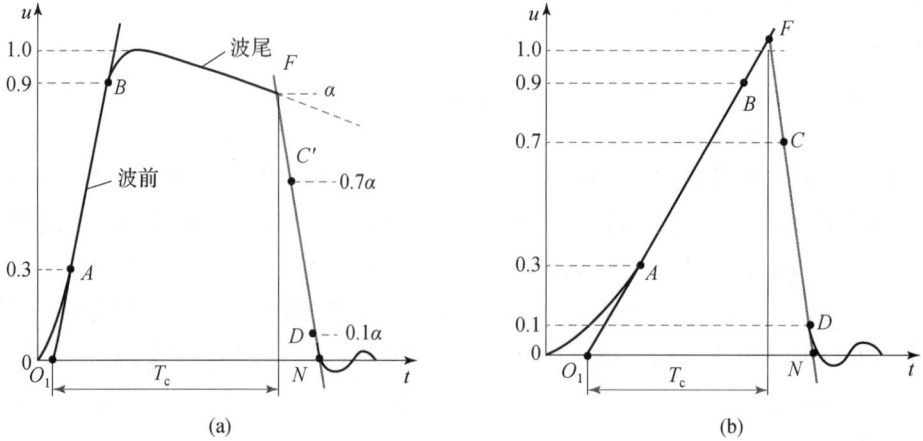

图 5-3　雷电冲击截断波与波形定义

（a）波尾截断；（b）波前或波峰截断

T_{co}，电压跌落陡度为截断瞬间的电压与电压跌落时间之比，称为视在陡度，可表示为 $S_c=U_{ch}/T_{co}$。

5.1.3　操作冲击电压

操作冲击电压是用于模拟电力系统中开关操作或故障时所产生的暂态过电压，其暂态波形主要取决于电力系统的电路参数以及开关或故障时的电弧特性。一般地，操作冲击电压波的持续时间比雷电波要长得多，形状也比较复杂，它的形状和持续时间随电力系统电路参数的差异而不同，但目前国际上趋向于用一种几百微秒波前和几千微秒波尾的长脉冲来代表，IEC 60060-1 规定的操作冲击电压波形如图 5-4（a）所示。

操作冲击电压的波形参数除了波前时间、波尾时间外，还包括冲击电压超过峰值 90% 部分所持续时间 T_d。如果波形出现反峰，还规定了从原点（或视在原点）到第一次过零时间 T_z，如图 5-4（b）所示。

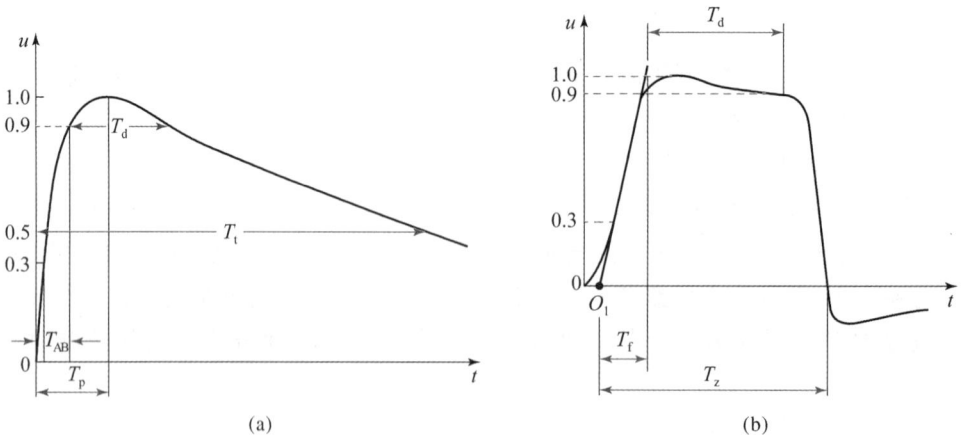

图 5-4　操作冲击波形与定义

（a）标准操作冲击电压；（b）变压器内绝缘试验的操作冲击电压

IEC 和国家标准规定，由实际原点来计算操作冲击电压的波前时间 T_m 和波尾时间 T_t。标准操作冲击的波前时间 T_p 为 250μs（1±20％），波尾时间 T_t 为 2500μs（1±60％）。对于额定电压不小于 220kV 变压器和电抗器的内绝缘操作冲击电压，其典型波形如图 5-4（b）所示。规定视在波前时间 T_f 至少为 100μs，通常不大于 250μs，90％峰值以上部分的电压所持续时间 $T_d \geqslant 200\mu$s，而再次过零时间 $T_z \geqslant 500\mu$s。

5.2　冲击电压的产生

5.2.1　冲击电压发生器的基本原理

冲击电压的产生一般采用冲击电压发生器，它可以产生雷电冲击电压和操作冲击电压，还可以利用截断装置产生雷电冲击截断波，或者利用陡化装置产生陡前沿冲击电压。冲击电压发生器要满足两个要求：首先是能输出百千伏至几兆伏的电压，其次是针对不同试品和试验电压要求，电压波形具有可调节性。因此，冲击电压发生装置常采用图 5-5 所示的马克斯（Marx）回路来达到上述目的。

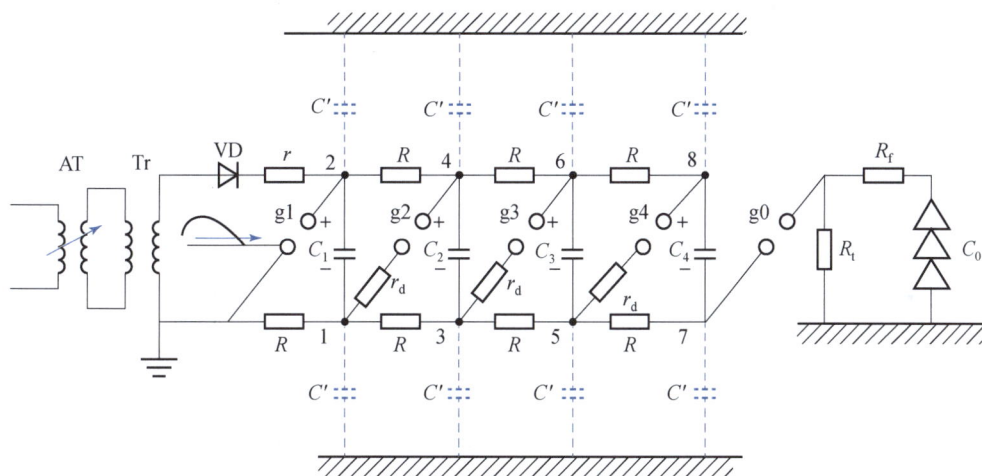

图 5-5　马克斯（Marx）回路

AT、Tr—调压器和变压器；VD—高压二极管；r、R—保护电阻和充电电阻；r_d—阻尼电阻；
R_f—波前电阻；R_t—波尾电阻；$C_1 \sim C_4$—主电容；C'—对地杂散电容；
C_0—负载电容（含试品、分压器等）；g1—点火球隙；g2~g4—中间球隙；g0—隔离球隙

冲击电压发生器的工作过程可分为两个阶段：充电和放电。充电时，由试验变压器 Tr 和高压二极管 VD 构成的整流电源，经保护电阻 r 及充电电阻 R 向主电容 $C_1 \sim C_4$ 充电。经过一定时间后，主电容 $C_1 \sim C_4$ 并联充电到电压 U_0，各球隙 g1~g4 之间的电位差亦为 U_0。一般地，调节 g1~g4 的间隙距离，使其放电电压略高于 U_0，在充电过程和充电完毕后球隙都不会放电。在充电过程中波尾电阻 R_t、试品 C_0 等都由隔离球隙 g0 与充电回路隔开，因此它们对地都是零电位。

当需要触发冲击电压发生器时，可向点火球隙 g1 的触发针极送去一脉冲电压，针极和球表面之间产生火花放电，引起点火球隙放电，于是电容器 C_1 上极板经球隙 g1 接

地，由于点 1 与地之间电阻的隔离作用，点 1 电位由地电位突变为 $-U_0$。电容器 C_1 和 C_2 间有充电电阻 R 隔开，R 取值比较大，在 g1 放电瞬间，点 2 和点 4 电位不可能突变，点 4 电位仍为 $+U_0$，中间球隙 g2 上的电位差突然上升到 $2U_0$，导致 g2 也同时放电，于是点 3 的电位为 $-2U_0$。同理，g3、g4 也相继迅速放电，将电容器 $C_1 \sim C_4$ 串联起来，电压为 $C_1 \sim C_4$ 上的电压总和，即 $-4U_0$。隔离球隙 g0 在 $-4U_0$ 电压作用下也放电，此时试品上输出电压为 $-4U_0$。上述过程可概括为"电容器并联充电，再串联放电"，这一过程由一组球隙来完成。要求这组球隙在 g1 不放电时都不放电，一旦 g1 放电，则 g2～g4 会逐个按顺序放电。满足这个条件的，可认为冲击电压发生器同步好。R 在充电时起回路的连接作用，在放电时又起隔离作用。图 5-5 所示冲击电压发生器同步放电后，其等效电路变成如图 5-6 所示的形式。

图 5-6 中，C_1 为主电容串联放电后的等效电容，C_2 为负载电容，包含试品、测量分压器等，R_d 为防止回路发生振荡用的总的阻尼电阻，每一个球隙对应放电回路的阻尼电阻为 r_d。电容器串联放电后，C_1 原有电压为 $U_{DC} = -4U_0$，隔离球隙导通后通过波前电阻对负载 C_2 放电。C_2 上的电压 u_2 从零上升到 U_{2p} 时，$u_1 = u_2$。然后，C_1、C_2 都将通过波尾电阻 R_t 放电，最后 u_1、u_2 都将降到零。u_2 的波形如图 5-7 所示。可以看出，冲击电压的波前时间决定于 C_1 对 C_2 的充电过程，而波尾时间决定于 C_1、C_2 通过波尾电阻的放电过程。

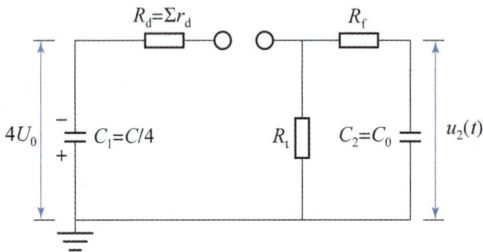

图 5-6 冲击电压发生器串联放电时的等效电路

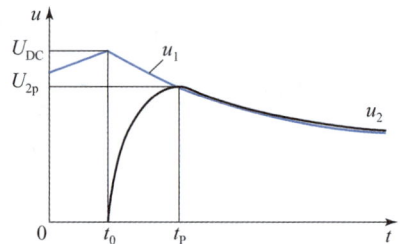

图 5-7 C_2 上电压的变化曲线

5.2.2 冲击电压发生器放电回路的分析与计算

1. 基本回路的分析

根据图 5-6 所示的冲击电压发生器串联放电时的等效电路，其拉普拉斯变换的运算电路如图 5-8 所示，根据电路理论求解出 C_2 上的电压 $u_2(t)$，可以得到

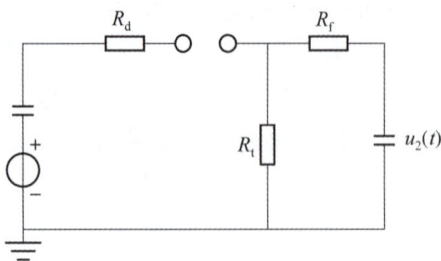

图 5-8 放电回路的拉普拉斯变换

$$u_2(t) = U_1 \xi [\exp(s_1 t) - \exp(s_2 t)] \quad (5-2)$$
$$s_1 s_2 = 1/[C_1 C_2 (R_d R_f + R_d R_t + R_f R_t)]$$
$$(s_1 + s_2)/(s_1 s_2) = -[C_1(R_d + R_t) + C_2(R_f + R_t)]$$
$$\xi = R_t C_1 s_1 s_2 / (s_1 - s_2)$$

式中：ξ 为回路系数，取决于放电回路的参数。

负载上冲击电压 $u_2(t)$ 由式（5-2）中的两个指数分量所构成，如图 5-9 所示。图中，$U_1 \xi \exp(s_1 t)$ 指数曲线与 $U_1 \xi \exp(s_2 t)$ 指数曲线相

叠加，形成双指数波形的冲击电压 $u_2(t)$。可以看出，s_1 和 s_2 实际上都为负值，通常称为时间常数的（负）倒数值，且 $|s_2| \gg |s_1|$。

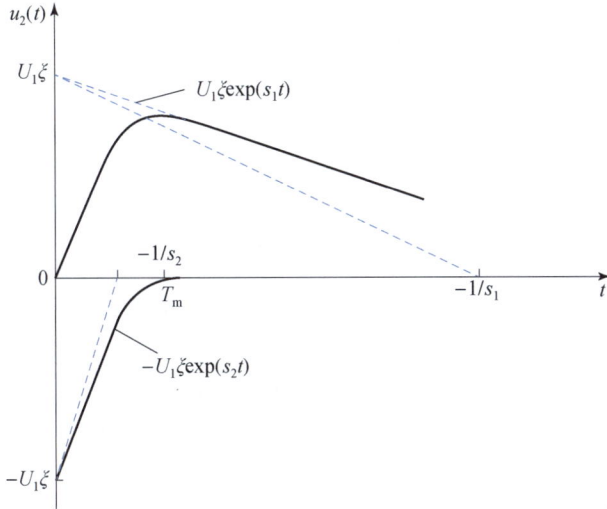

图 5-9　双指数冲击电压波形的形成过程

令 $\mathrm{d}u_2(t)/\mathrm{d}t = 0$，可求得 $u_2(t)$ 达到峰值 U_{2p} 的时刻 T_m，即

$$s_1 \exp(s_1 T_m) - s_2 \exp(s_2 T_m) = 0$$

$$T_m = [\ln(s_1/s_2)]/(s_2 - s_1)$$

因此，可得出

$$U_{2p} = U_1 \xi [\exp(s_1 T_m) - \exp(s_2 T_m)] = U_1 \xi \xi_0 \tag{5-3}$$

式中：ξ_0 称为波形系数，$\xi_0 = \exp(s_1 T_m) - \exp(s_2 T_m)$。

此时，冲击电压发生器的输出电压效率可表示为

$$\eta = U_{2p}/U_1 = \xi \xi_0 \tag{5-4}$$

为了提高输出电压，可采用双边电容器充电方式，如图 5-10 所示。这种回路的 r_t 和 r_f 被分散到冲击电压发生器的各级小回路内，没有专用的阻尼电阻 r_d，只有充电电阻 R 和兼作充电电阻的 r_t 和 r_f，其等效电路类似于图 5-6 所示电路，此时图中 $R_d = 0$、$R_t = \sum r_t$、$R_f = \sum r_f$。由于不存在阻尼电阻 $R_d = \sum r_d$，在相同的充电电压下，这种回路的输出电压略高，故称为高效回路。通常情况下，冲击电压发生器都采用图 5-10 所示电路。

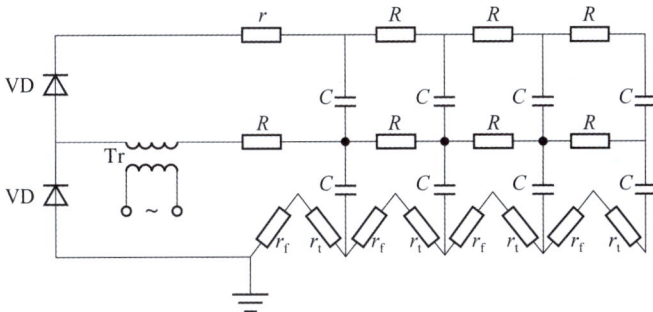

图 5-10　冲击电压发生器的双边高效回路

2. 放电回路的近似计算

冲击电压发生器在产生雷电冲击电压时，雷电冲击电压波形的波前时间和波尾时间都采用视在原点作为波形起始的参考零点，与图 5-9 所示的冲击电压波形参数的定义之间存在较大不同。因此，通常根据雷电冲击电压的波形参数定义，采用近似计算来确定冲击电压发生器的回路参数。

根据上述冲击电压基本放电回路的分析，因为 $|s_2| \gg |s_1|$，所以波前时间基本上取决于式（5-2）的后一项，而波尾时间更大程度上取决于前一项。对于标准雷电冲击电压，波前时间很短，而波尾衰减相对很慢。在计算波前时间时，可近似认为 $\exp(s_1 t)=1$，也即忽略波尾衰减的影响，近似认为波尾电阻开路。

这里，令 $s_1 = -1/\tau_1$、$s_2 = -1/\tau_2$，τ_1、τ_2 具有时间常数的概念，因此，式（5-2）可变为

$$u_2(t) \approx U_1 \xi [1-\exp(s_2 t)] \approx U_{2\max}[1-\exp(-t/\tau_2)] \tag{5-5}$$

式中：τ_2 为波前时间常数。

根据标准雷电波的定义（见图 5-2），t_1 时 $u_2=0.3U_{2\max}$，t_2 时 $u_2=0.9U_{2\max}$，所以

$$0.3U_{2\max} = U_{2\max}[1-\exp(-t_1/\tau_2)] \tag{5-6}$$

即

$$\exp(-t_1/\tau_2) = 0.7$$
$$0.9U_{2\max} = U_{2\max}[1-\exp(-t_2/\tau_2)] \tag{5-7}$$

而

$$\exp(-t_2/\tau_2) = 0.1$$

由式（5-6）和式（5-7），可得

$$t_2 - t_1 = \tau_2 \ln 7 \tag{5-8}$$

图 5-2 中，$\triangle O'FD$ 与 $\triangle ABC$ 相似，故波前时间 T_f 为

$$T_f = (t_2 - t_1)/(0.9-0.3) = \tau_2 \ln 7/0.6 = 3.24\tau_2 \tag{5-9}$$

在雷电冲击电压波前时间内，认为电容器经波尾电阻流失的电荷可以忽略。因此，波前时间常数可表达为

$$\tau_2 \approx \frac{(R_d + R_f)C_1 C_2}{(C_1 + C_2)} \tag{5-10}$$

根据式（5-9）和式（5-10），可得到雷电冲击电压的 T_f

$$T_f = \frac{3.24(R_d + R_f)C_1 C_2}{(C_1 + C_2)} \tag{5-11}$$

而波尾时间比波前时间常数大得多，在确定波尾时间时，可近似认为 $\exp(-t/\tau_2)=0$，存在

$$u_2 = U_{2\max}\exp(-t/\tau_1) \tag{5-12}$$

式中：τ_1 为波尾时间常数。

根据雷电冲击电压波尾时间 T_t 的定义，有

$$0.5U_{2\max} = U_{2\max}\exp(-T_t/\tau_1) \tag{5-13}$$

化简可得

$$T_t = \tau_1 \ln 2 = 0.693\tau_1 \tag{5-14}$$

冲击电压 u_2 经过峰值后，主电容和负载电容通过波尾电阻放电。由于 $C_1 \gg C_2$，图 5-6 所示放电回路的波尾时间常数可近似为

$$\tau_1 \approx (R_d + R_t)(C_1 + C_2) \tag{5-15}$$

因此

$$T_t = 0.693(R_d + R_t)(C_1 + C_2) \tag{5-16}$$

根据式（5-4）冲击电压发生器的输出电压效率定义，用近似方法可求得输出电压效率为

$$\eta = U_{2p}/U_1 = [C_1/(C_1+C_2)][R_t/(R_d+R_t)] \tag{5-17}$$

对于图 5-10 所示的双边高效回路，回路效率为

$$\eta = C_1/(C_1+C_2) \tag{5-18}$$

由式（5-11）和式（5-16），可根据所要求的波形选择回路参数。通常 C_2 是由试品决定的，而 C_1 一般取 $(5\sim10)C_2$，并由此根据所需波形求出 $R_d + R_f$ 和 R_t。另外，R_d 是用来阻尼每级回路振荡的，通常可取几十欧姆，对高效回路，$R_d = 0$。这样，即可确定回路中的所有参数。

近似计算方法的优点是简单，利用它可很快计算出所需的回路参数，但它不够精确，特别是当波尾时间和波前时间相差不是很大时，例如对于某些非标准波形和操作波，此法将带来较大的误差。

对于冲击电压发生器回路的更精确计算也是不难做到的。但即使是精确计算的结果，也只能作为参考，真正的波形还有待于实测，并根据测试结果，进一步调整回路参数，才能获得所需波形。

3. 考虑电感影响的回路参数计算

前面的电路分析和近似计算都忽略了回路电感的影响，而实际电路不可避免地会存在电感，如脉冲电容器残余电感、回路引线电感以及球间隙火花通道电感等。回路电感的存在会影响冲击电压的波形，严重时可能会引起波形振荡，需通过回路电阻（R_f、R_d）加以阻尼，以消除波形振荡，如图 5-11 所示。

考虑回路电感的影响，冲击电压发生器放电时等效回路的拉普拉斯变换如图 5-12 所示。通常情况下，由于波尾电阻较大，电感对波尾形成过程的影响可以忽略，波尾电阻可看作开路。对于图 5-12 所示 RLC 回路，为了获得双指数不振荡的波形，回路参数应满足以下条件

$$R_d + R_f \geq 2\left[L \bigg/ \left(\frac{C_1 C_2}{C_1 + C_2}\right)\right]^{1/2} \tag{5-19}$$

如果取临界值，则 $R = R_d + R_f = 2(LC)^{1/2}$，其中 $C = C_1 C_2/(C_1 + C_2)$。

在临界阻尼条件下，图 5-11 电路通过拉普拉斯变换与反变换，可得到

$$u_2(t) = \frac{C_1}{C_1 + C_2} U_1 \left[1 - \left(1 + \frac{R}{2L}t\right)\exp\left(-\frac{R}{2L}t\right)\right] \tag{5-20}$$

由于 $R = 2(LC)^{1/2}$，$\tau_2 = RC$，$U_{2max} = U_1 C_1/(C_1 + C_2)$，式（5-20）可变为

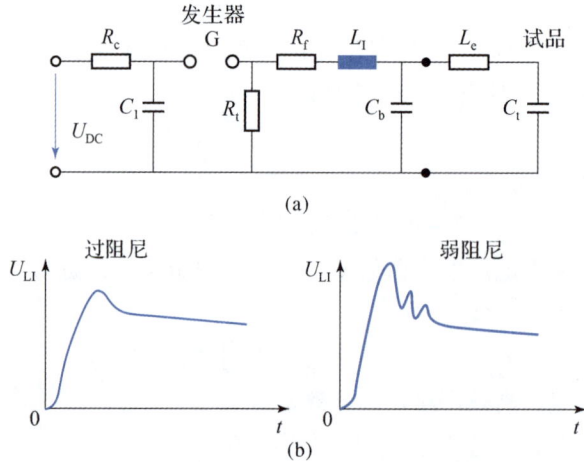

图 5-11 含电感时的冲击电压发生器及其输出波形

（a）含电感时的等效电路；（b）输出波形

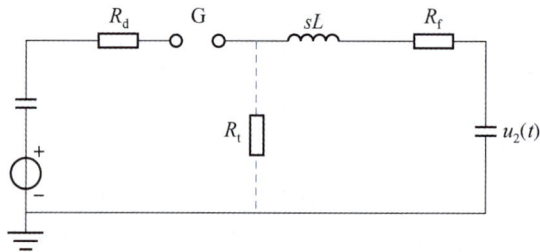

图 5-12 考虑电感影响的放电等效电路

$$u_2(t) = U_{2\max}[1 - (1 + 2t/\tau_2)\exp(-2t/\tau_2)] \tag{5-21}$$

根据标准雷电冲击电压波形的定义，有

$$0.3U_{2\max} = U_{2\max}[1 - (1 + 2t_1/\tau_2)\exp(-2t_1/\tau_2)]$$

$$0.9U_{2\max} = U_{2\max}[1 - (1 + 2t_2/\tau_2)\exp(-2t_2/\tau_2)]$$

可得

$$(1 + 2t_1/\tau_2)\exp(-2t_1/\tau_2) = 0.7$$

$$1 - (1 + 2t_2/\tau_2)\exp(-2t_2/\tau_2) = 0.1$$

通过迭代处理，可得到

$$T_f \approx 2.33\tau_2 = 2.33(R_d + R_f)C_1C_2/(C_1 + C_2) \tag{5-22}$$

　　式（5-22）所得的波前时间与未考虑电感影响时式（5-11）所得的波前时间相比，可以看出回路电感使得冲击电压波前时间有所缩短。这是由于回路电感虽然在隔离球隙放电后阻止了电流的突变，使得 u_2 上升比较平缓，而一旦电流导通到一定值后，会促使电流快速上升，使得电压波前较为陡化，波前时间 T_f 也就缩短了。但是，不能认为增加电感就可以减小波前时间，这是因为冲击电压产生还必须满足临界阻尼条件。将式（5-22）改写为

$$T_f = 2.33RC \tag{5-23}$$

再将临界阻尼条件代入式（5-23），可得

$$T_f = 4.66(LC)^{1/2} \qquad (5-24)$$

由式（5-24）可知，T_f 与 $(LC)^{1/2}$ 成正比。通常情况下，对于一定的负荷电容 C_2，要求产生一定的 T_f 时，负荷电容 C_2 的值会受到回路电感 L 的限制。例如，在产生标准雷电冲击时，要求 T_f 为 $1.2\mu s$。由于冲击电压发生器 $C_1 \gg C_2$，式（5-24）中 $C \approx C_2$，因此在要求 T_f 为 $1.2\mu s$ 的条件下，冲击电压发生器允许的最大负荷电容

$$C_{2max} \approx \frac{0.0663}{L}(pF) \qquad (5-25)$$

由式（5-25）可见，允许的最大负荷电容受到回路电感的制约。图 5-13 给出了传统冲击电压发生器对不同电容量设备进行雷电冲击试验时的波前时间，可以看出当负荷电容超过 3000pF 左右时，波前时间都超出了标准雷电冲击电压最大允许波前时间 $1.56\mu s$。当试品为特高压等级时，冲击电压发生器和相关试验回路的尺寸都会随电压等级增大，回路电感也将增加，而特高压等级的变压器、GIS 等设备的电容量也会增加，导致目前传统的冲击电压发生器很难产生波前时间 T_f 为 $1.2\mu s$（$1\pm30\%$）的标准雷电冲击电压。IEC 以及国际大电网委员会（CIGRE）专门成立了工作组对此进行研究，认为特高压设备雷电冲击试验的波前时间超标已不可避免。

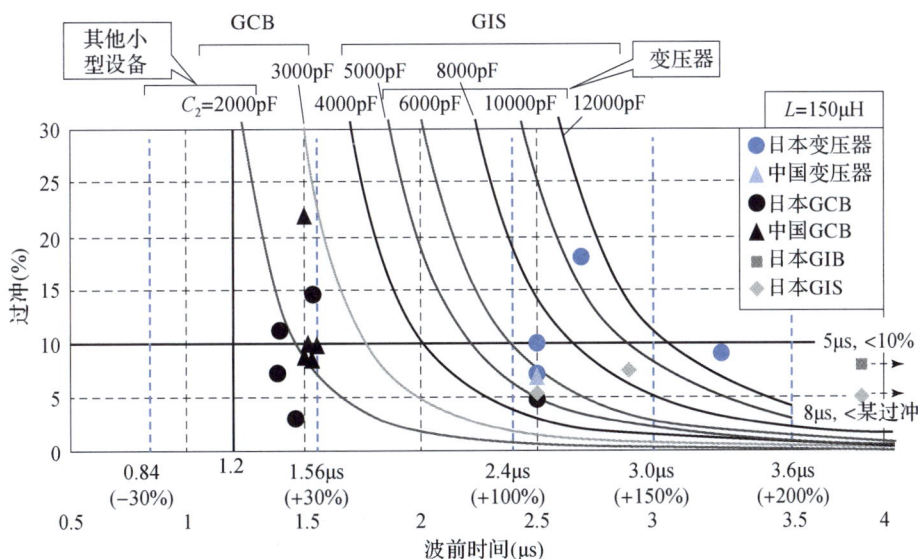

图 5-13　不同电容试品雷电冲击试验时的波前时间与过冲

为了解决特高压设备雷电冲击试验波前时间超标问题，编者提出了气体开关与电容器紧凑型布置结构，并由此构成紧凑型冲击电压发生器。紧凑型冲击电压发生器可采用金属外壳或绝缘外壳，内部充 SF_6 气体进行绝缘，整体放电回路呈"Z"形（见图5-14），可进一步降低回路电感，整体总电感可降低至传统冲击电压发生器的 $1/5 \sim 1/10$。

为了降低回路电感，除了优化冲击电压发生器结构、优选低电感电容器外，还需进一步降低引线电感。引线电感的估算可参考表 5-1。

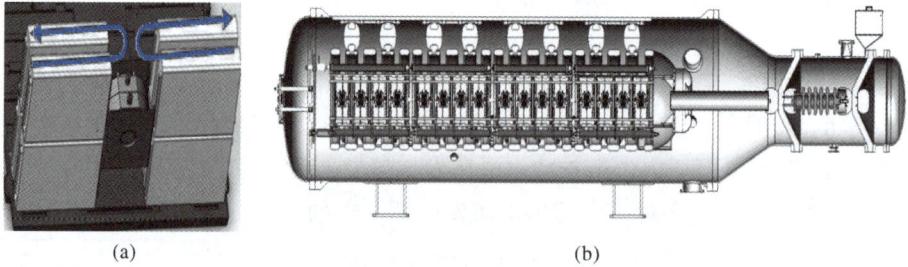

(a)　　　　　　　　　　　　　(b)

图 5-14　SF₆ 气体绝缘冲击电压发生器

（a）气体开关与电容器紧凑型布置；（b）金属外壳冲击电压发生器

表 5-1　不同引线电感的估算

连接长度 L（m）	导线 $d=2mm$（μH）	金属箔 $w=50cm$（μH）	金属管 $d=10cm$（μH）	金属箔 $w=50cm$（μH）
1	1.37	0.70	0.59	0.40
10	1.83	1.26	0.96	0.84

5.2.3　截断波的产生方法

电力系统中，通常通过避雷器来限制外部雷电过电压至保护水平。当雷电过电压较高时，避雷器会突然截断过电压至某个保护水平，电压跌落时间很短、陡度很大，这种冲击电压波称为截断波。截断波会在绕组类设备（变压器、电抗器、互感器等）内产生谐振，对匝间绝缘的威胁很大。因此，国家标准规定，绕组类设备应作雷电冲击截断波试验，以模拟实际情况中的绝缘子闪络或避雷器动作时所形成的截断波对设备的影响。产生截断波的原理很简单，如图 5-15 所示。

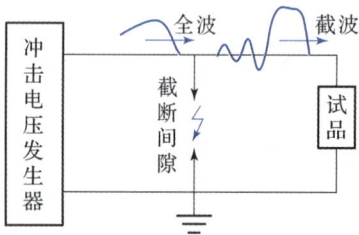

图 5-15　截断波的产生电路

将一截断间隙与试品并联，调节间隙距离使之具有所需的击穿电压；冲击电压发生器输出雷电冲击全波，由于截断间隙的击穿，作用在试品上的电压就是截断波。早期截断波的产生采用棒间隙或球间隙，但棒间隙的放电分散性很大，不能满足截断波的要求。球间隙放电分散性小，但球间隙放电时一般发生在波前或波峰附近，不会发生在波尾。因此，如果冲击电压发生器产生的是 1.2/50μs 的标准雷电波，球间隙放电一般不可能产生 2～3μs 的截断波。目前多采用可控截断电路来控制截断时间，截断间隙采用针孔球隙，如图 5-16 所示。调节此球隙的自放电电压略高于冲击全波电压的幅值，然后由触发脉冲进行触发导通。触发导通的控制信号来自冲击发生器本体中的波尾电阻或分压器，经电缆或延时传输线到触发装置，调节延时传输线和触发装置本身的时延，即可得到所需的截断时间。

截断波的波长决定于可控触发间隙的延时时间。其中包括延时系统的时延、触发控制时延、针孔球隙放电的时延以及主间隙放电时延。延时系统的时延和触发控制时延

g2 一般可准确控制，对截断波波长的分散性影响较小。针孔球隙放电时延与施加的触发脉冲有关，脉冲电压幅值高一点、前沿陡一点，可降低放电时延及其分散性，一般在 $0.03\sim0.05\mu s$ 范围内。主间隙放电时延和分散性对截断时间的控制比较关键。主间隙放电时延和分散性决定于截断时的电压 U_c 与主间隙的 50% 放电电压 U_{50} 之比为 U_c/U_{50}，如图 5-17 所示。U_c/U_{50} 越接近 100%，时延和分散性就越小。另外，图 5-17 中如果 U_c 比 U_m 小得多时，放电也不易控制。主间隙越大、U_c/U_{50} 越小，放电时延越长，放电分散性也越大。$U_c/U_{50}>85\%$ 时，针孔球间隙的距离和施加的脉冲电压对主间隙的放电时延的影响都不明显。

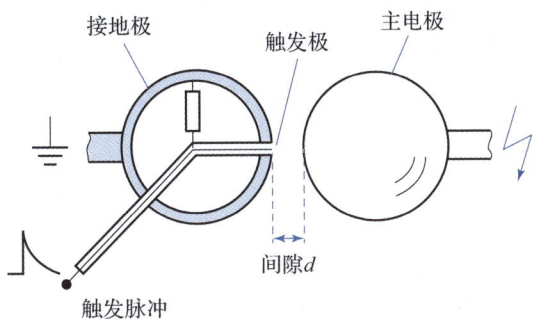

图 5-16　可控截断用针孔球隙

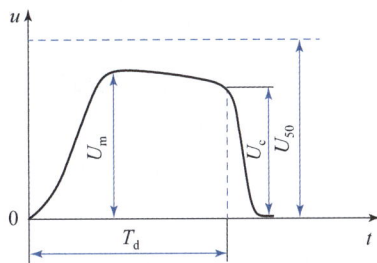

图 5-17　截断时间和作用电压

为了降低主间隙的放电时延和分散性，主间隙距离与球直径之比应不超过 40%。对于较高的截断电压，通常采用多重间隙串联的截断装置，如图 5-18 所示。图 5-18（a）为两间隙串联的截断装置。截断电压由间隙 g1 和 g2 共同分担。g1 上电压为 $R_1U_c/(R_1+R_2)$，g2 上电压为 $R_2U_c/(R_1+R_2)$。触发脉冲导致间隙 g1 放电后，间隙 g2 上将承受全部电压。为了避免球隙放电影响冲击电压波形，一般在中间球上串联电阻 r。间隙 g1 放电后，r 上流过电流形成压降，可用于触发间隙 g2 放电，g2 放电后形成整个间隙的截断。另外，多间隙串联比单个大球间隙放电的电压跌落要快得多，目前高电压实验室大多采用这种多重间隙 ［见图 5-18（b）］，球隙已多达 10 对，电压高达 2000kV 以上。

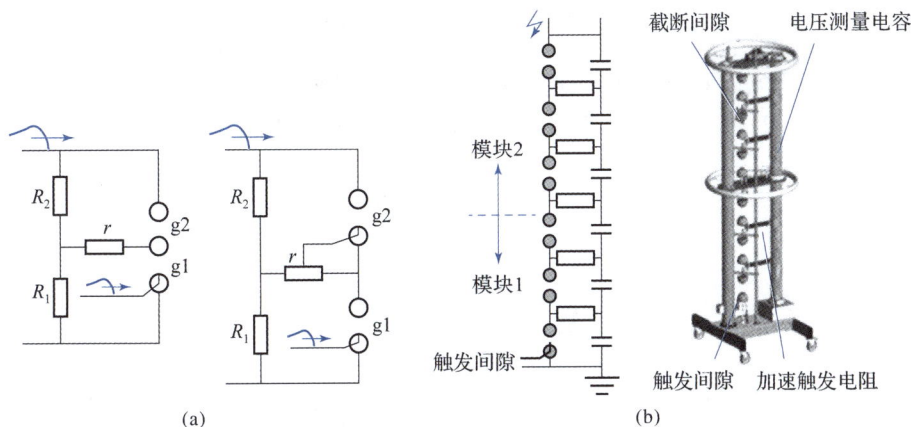

（a）

（b）

图 5-18　多重间隙截断与触发方式

（a）两间隙截断与触发方式；（b）多重间隙的截断装置

5.2.4 操作冲击波的产生方法

随着超特高压输电工程的出现，操作冲击耐受试验也日显重要，各国都在进行长波前（波前时间从 $1000\mu s$ 到 $5000\mu s$）操作冲击电压作用下电气设备绝缘特性研究。目前操作冲击波的产生，大致可分为冲击电压发生器和变压器两种途径。

1. 冲击电压发生器产生操作冲击波

利用冲击电压发生器来产生操作冲击波，其原理与雷电冲击电压的一样，只是操作冲击波的波前时间和波尾时间都比雷电冲击波长得多，在选择回路参数时有所不同，要求的调波电容和冲击主电容都较大，同时要求的波前电阻和波尾电阻也较大。另外，在操作冲击电压作用下，流注放电和先导放电的组合作用决定了发生器与周围环境之间的击穿电压。由于先导放电的电场梯度较低（约为 $1kV/cm$），一方面要注意选择合适的发生器对墙和其他接地物体的安全距离，其安全距离要比雷电冲击时大 20%，另一方面需要采用增大屏蔽罩来提高操作冲击下空气间隙的击穿场强。

操作冲击和雷电冲击的产生回路是一样的，不过两种波形的定义不同，可采用式（5-2）来计算操作冲击产生的回路参数。雷电冲击产生时不考虑充电电阻对波形的影响，但在操作冲击波产生时，由于波尾电阻与充电电阻的阻值较接近，在波形参数计算时必须考虑充电电阻的影响。以图 5-10 所示的高效回路为例，考虑充电电阻影响时的放电回路如图 5-19 所示。

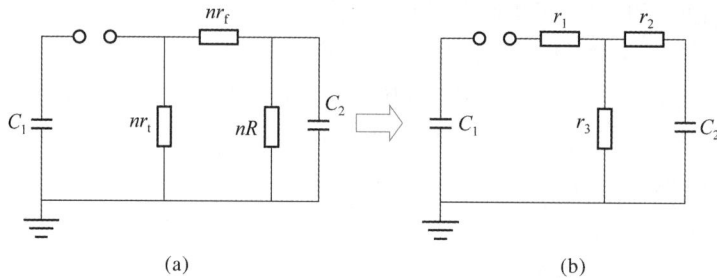

图 5-19 考虑充电电阻影响时的放电回路

(a) 三角形等效回路；(b) 星形等效电路

若考虑充电电阻的影响，操作冲击产生时的三角形等效电路可转换为星形等效电路，并根据相应的转换电路公式求得星形电路参数 r_1、r_2 和 r_3，有

$$\begin{cases} r_1 = \dfrac{nr_f r_t}{r_f + r_t + R} \\[2mm] r_2 = \dfrac{nr_f R}{r_f + r_t + R} \\[2mm] r_3 = \dfrac{nr_t R}{r_f + r_t + R} \end{cases} \qquad (5-26)$$

根据式（5-26）和式（5-2），结合冲击电压发生器已有电路参数，如冲击电容、负荷电容以及充电电阻，通过联立方程，可计算得到 r_f 和 r_t。

2. 工频试验变压器产生操作冲击波

超特高压输电系统过电压特性的研究表明，其操作过电压均为长波前操作波，波前甚至达到 $5000\mu s$。利用冲击电压发生器产生长波前操作冲击波时往往效率较低，而且发生器由于火花间隙的熄弧而变得同步非常困难。此时，可采用工频试验变压器来产生操作冲击波。

(1) 电容器对变压器一次侧放电产生操作冲击波。图 5 - 20 所示为 IEC 曾推荐的一种产生操作冲击波的接线图，电容器 C 先充电至一定值 U_0，然后通过球间隙 G 的放电导通，使得电容器 C 向变压器 Tr 的一次侧（低压侧）绕组放电，在变压器的二次侧（高压侧）按变比而产生操作冲击波。

图 5 - 20 点画线框内的 R_1 和 C_1 是用于波形调节的。但是，由于 C_1 与变压器一次绕组构成的放电回路中存在电感，输出波形的前沿将出现尖脉冲。可将 R_1 分为 R_{11} 和 R_{12}，则 R_{11}、R_{12} 与 C_1 可组成"T"形调波电路来抑制初始尖脉冲和上升陡度。

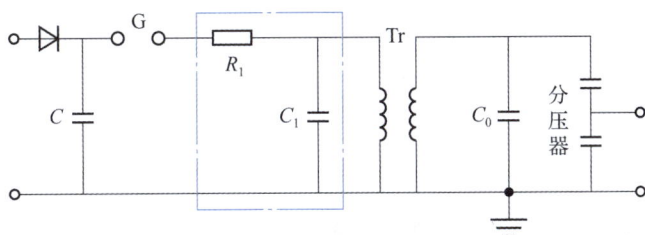

图 5 - 20　IEC 推荐的一种操作波发生装置接线

C—主电容；R_1 及 C_1—调波电阻发生装置及电容；C_0—负荷电容

将图 5 - 20 中的变压器 Tr 等效为"T"形电路，如图 5 - 21 (a) 所示。其中，L_1、L_2、L_0 分别是变压器的一次侧、二次侧的漏感和励磁电感，它们均已归算到一次侧；C_e 为归算到一次侧的变压器本身电容、试品电容以及分压器电容等装置的等效电容。当主电容 C 充电到 U_0 时，球间隙 G 导通，主电容突然向变压器放电，而变压器漏感（$L=L_1+L_2$）会阻碍电流的流通，因而在变压器一次绕组上形成一个尖端脉冲。R_{11} 与 C_1 配合可减小尖端脉冲的幅值和上升陡度，而 R_{12} 与 C_1 的配合可阻尼回路 $C_1-R_{12}-L_1-L_0$ 的高频振荡，同时可抑制图 5 - 21 (b) 中回路 $C_1-R_{12}-L-C_e$ 的振荡。因此，R_{12} 的值需满足

$$R_{12} \geqslant \left(\frac{L}{C'}\right)^{1/2} \tag{5-27}$$

$$C'=C_1C_e/(C_1+C_e), \quad L=L_1+L_2$$

电容器对变压器一次侧放电产生操作冲击电压的波前时间决定于图 5 - 21 (b) 所示的放电回路，也即球间隙击穿后，电容 C 向 L_0 及 C_e 放电。C_e 充电，电压由 0 上升到幅值 U_m 而形成波前。当 C_e 上电压达到 U_m 后，C_e 与 C 一起向励磁电感放电，C_e 上的电压下降而形成波尾，如图 5 - 21 (c) 所示。随着 C_e 与 C 对励磁电感的放电，变压器铁心达到饱和，电压急剧下降到零。因此，变压器铁心的饱和时刻决定了波尾时间的长短。

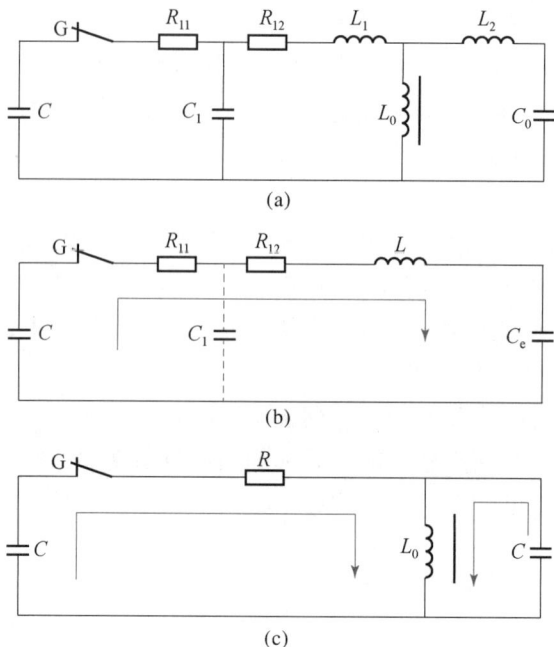

图 5-21 操作冲击波产生的等效电路

（a）总等效电路；（b）波前形成的等效电路；（c）波尾形成的等效电路

IEC 和国家标准规定，操作冲击电压波前时间 $T_\text{f} \geqslant 100\mu\text{s}$，同时又要求 $T_\text{f} \leqslant 250\mu\text{s}$。规定过零时间即从原点到波形再次过零的持续时间 $T_\text{z} \geqslant 500\mu\text{s}$，还规定 90% 峰值部分的持续时间 $T_{90} \geqslant 200\mu\text{s}$。根据图 5-21（b）所示的简化等效电路，可近似地估算操作冲击电压的波前时间。由于 $C_1 \ll C_\text{e}$，忽略 C_1 对 C_e 充电过程的影响。另外，由于操作冲击电压的波前较长，忽略回路电感对波前时间的影响，可得到球间隙击穿后 C_e 上的电压（折算到一次侧）

$$u_2(t) = U_0[C/(C+C_\text{e})][1 - \exp(-t/\tau)] \tag{5-28}$$
$$\tau = RCC_\text{e}/(C+C_\text{e})$$

操作冲击电压的波前时间可近似为

$$T_\text{f} \approx 3\tau = 3RCC_\text{e}/(C+C_\text{e}) \tag{5-29}$$

操作冲击电压的波尾时间可按照图 5-21（c）所示的等效电路先确定波形过零时间 T_z 再进行计算。由于变压器铁心是非线性的，而且 T_z 还与铁心的剩磁相关，计算会比较麻烦。若变压器受试绕组额定电压有效值为 U，考虑铁心内存在反向最大剩磁，则有

$$T_\text{z} = 9.9U/U_\text{m} \times 10^{-3}\text{s} \tag{5-30}$$

若铁心内无剩磁，则有

$$T_\text{z} = 6.6U/U_\text{m} \times 10^{-3}\text{s} \tag{5-31}$$

若铁心内存在正向剩磁，则有

$$T_\text{z} = 3.3U/U_\text{m} \times 10^{-3}\text{s} \tag{5-32}$$

电容器对变压器一次侧放电产生的实际操作冲击电压波形如图 5-22 所示。图中，冲击电压峰值附近经常会叠加高频振荡，主要是由于在图 5-21（b）所示回路中，电阻（$R = R_{11} + R_{12}$）的大小不足以完全阻尼 C、C_e 和 L 所引起的振荡。变压器等效漏感 L 一般

较大，要阻尼回路振荡，需要接入较大的电阻 R，但较大的电阻 R 则会造成波前时间过长。

电容器对变压器一次侧放电产生操作冲击波，其输出电压幅值可表示为

$$U_{2m} = \eta k_T U_0 \tag{5-33}$$

$$\eta \approx (0.8 \sim 0.9) C/(C + C_1 + C_e) \times 100\% \tag{5-34}$$

式中：k_T 为变压器电压比；U_0 为电容器 C 上的充电电压；η 为电压效率。

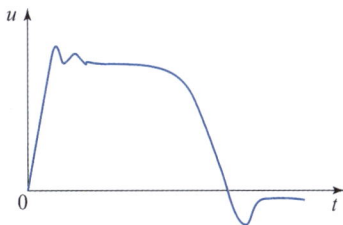

图 5-22 变压器产生的实际操作冲击电压波形

由于二次侧折算到一次侧的等效电容 C_e 的数值很大，也即"负荷电容"很大。为了保证操作冲击波的电压效率，一般 $C \geqslant 2 \sim 3C_e$。

（2）振荡型操作冲击波的产生。实际情况下，利用电容器对变压器一次侧放电产生符合标准的操作冲击波形还是很困难的。因此，人们提出了利用试验变压器产生振荡型操作冲击波的方法，主要是在变压器一次侧增加了调波电感 L_R。另外，球间隙可采用晶闸管或闸流管代替（见图 5-23），以防止球间隙火花熄灭对振荡波形的影响。与上述的分析方法相似，采用图 5-21 所示等效电路，其中波前电阻由 L_R 来代替，此时等效电路的瞬态频率 f_e 为

$$f_e = \frac{1}{2\pi \sqrt{(L_R + L)\dfrac{CC_e}{C + C_e}}} \tag{5-35}$$

试验变压器所能产生的操作冲击波瞬时频率为 $100 \sim 1000 \mathrm{Hz}$。此时，操作冲击波的波前时间 T_p（由 0 到峰值的时间）取决于瞬时振荡频率

$$T_p = \frac{1}{2f_e} = 2\pi \sqrt{(L_R + L)\frac{CC_e}{C + C_e}} \tag{5-36}$$

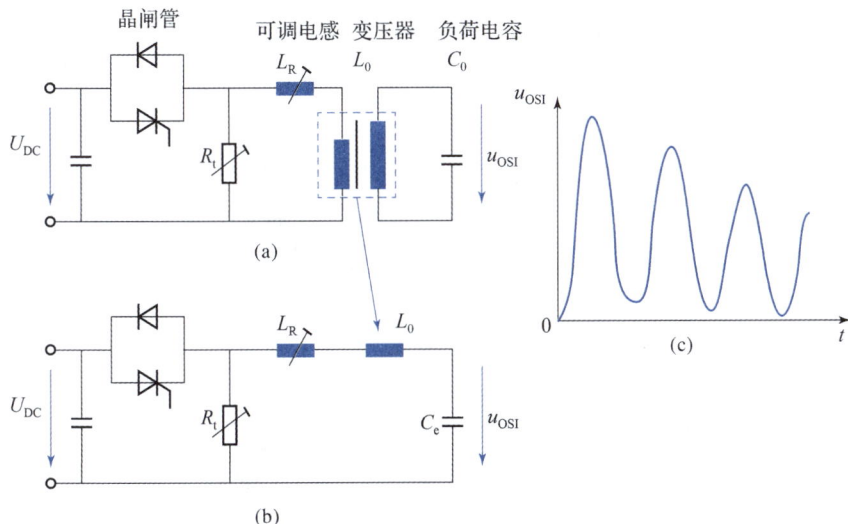

图 5-23 基于晶闸管控制的振荡型操作冲击产生方法
（a）基本电路；（b）等效电路；（c）振荡操作波形

$f_e \leqslant 1000\text{Hz}$，因此 $T_p \geqslant 500\mu\text{s}$。

图 5-23 的改进电路可以产生双极性振荡操作冲击波，如图 5-24 所示。负荷电容的充电方式与单极操作冲击电压的充电方式相同，但当达到第一个峰值时，晶闸管的短路开关动作，会在变压器的高压输出端产生双极振荡操作冲击电压 [见图 5-24（c）]，此时充电电容器组不再参与双极性操作冲击的振荡过程。

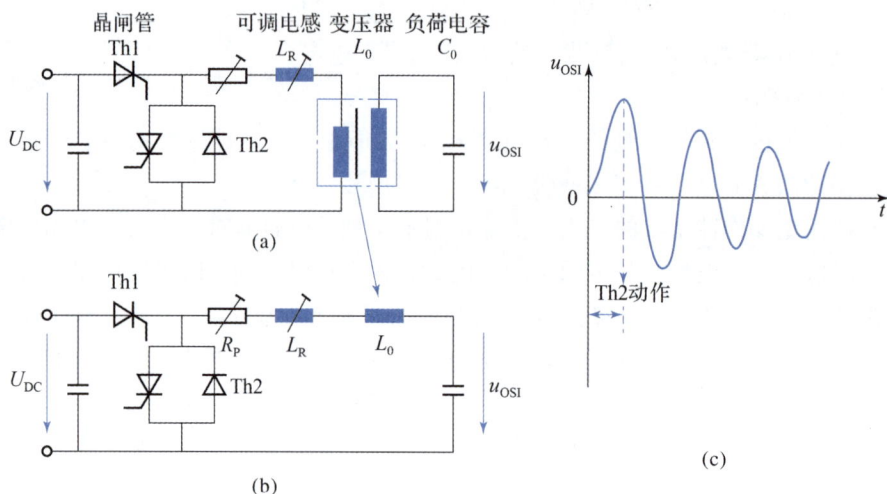

图 5-24　双极性振荡型操作冲击的产生方法
（a）基本电路；（b）等效电路；（c）振荡操作波形

5.2.5　陡波前冲击电压的产生方法

由于 GIS 的结构紧凑性和 SF_6 气体放电过程的快速性，GIS 中的开关操作常在 GIS 内部以及与之相连的设备上产生快速暂态过电压（见图 5-25）。这种快速暂态过电压不仅波前时间极短（几纳秒～几十纳秒），而且叠加有高频振荡（频率高达 100MHz），这对电气设备的绝缘造成很大威胁。近年来，在伏秒特性试验、绝缘子试验和固体绝缘材料的击穿实验中，常需要陡波前冲击电压。另外，在脉冲功率技术领域更需要纳秒级的陡波前冲击电压。

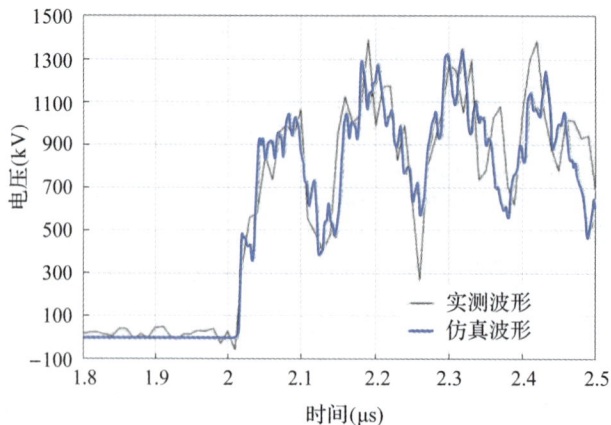

图 5-25　GIS 中快速暂态过电压波形

5.2.1 节所述的冲击电压发生器输出波形波前的长短决定于负荷电容和回路电感。要获得陡波前冲击波，必须减小负荷电容和回路电感。在负荷电容一定的情况下，波前时间最终取决于发生器对地杂散电容和固有电感。

降低输出电压的波前时间，可采用图 5-26 (a) 所示电路。在冲击电压发生器输出端并联一个几百皮法量级的无感电容器 C，冲击电压发生器向 C 进行脉冲充电，然后球间隙 G 放电，出现在负载电阻 R 上的冲击电压波前时间将取决于 C-G-R 构成的陡化回路，其幅值和波尾时间则取决于冲击电压发生器本体。由于波前时间决定于陡化回路，因此不仅要求陡化回路寄生参数（回路电感、对地电容）尽可能减少到应有的大小外，还需要球间隙放电尽可能快。一个大气压下空气间隙放电的形成时间约 100ns/cm，大气压下空气间隙很难实现冲击电压波前的陡化。气体火花开关的放电形成时间随气压的增加而降低，一个几兆帕气体压力下的兆伏量级开关陡化间隙的放电电压形成时间有可能达到几纳秒甚至更短。因此，陡化回路中的气体间隙一般采用高气压高耐电强度的绝缘气体，其作用是一方面可缩短间隙距离来进一步降低回路电感，另一方面可大大缩短放电形成时间，实现冲击电压波前的陡化。陡化后的输出波形如图 5-26 (b) 所示。

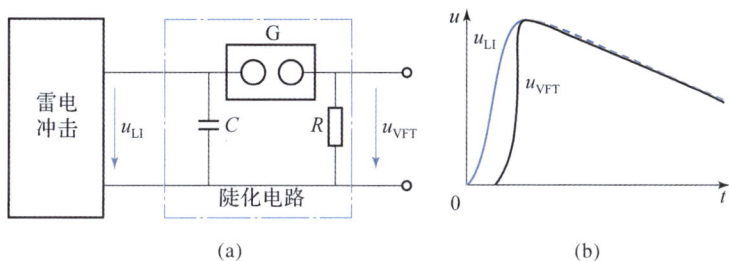

图 5-26　雷电冲击电压的陡化
(a) 陡化回路；(b) 陡化波形

在图 5-25 所示陡化回路中，由于存在较大的寄生参数，由它获得的冲击电压波前时间约在几纳秒到百纳秒的范围。要获得更陡的冲击电压，不仅需要进一步缩小陡化回路尺寸，而且需要输入的冲击电压波前时间尽可能短。可将陡化装置装在密闭的压缩气体罐体内，并构成同轴结构（见图 5-25），这样可大大减少陡化回路的寄生参数。同时，将高压冲击电压发生器的整体结构也装在高气压压力罐体中［见图 5-14 (b)］，可缩短整个装置的绝缘距离，降低连线和结构电感，以获得几十甚至十几纳秒的陡波。这样的陡波经图 5-27 所示回路陡化后，可获得电压兆伏量级、波前纳秒甚至亚纳秒的陡波冲击。

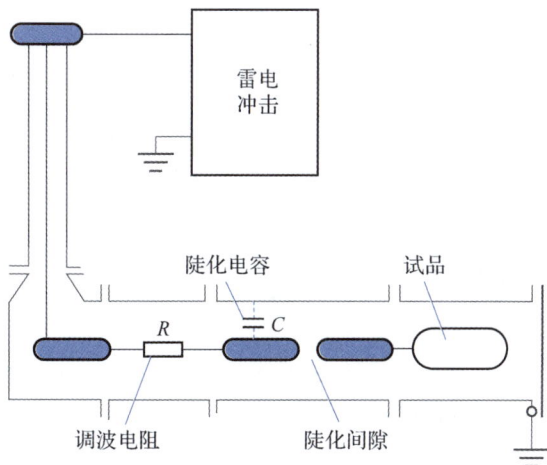

图 5-27　同轴结构的陡化装置

5.3　冲击试验系统的要求与选择

5.2 节介绍了多种冲击电压的产生方法，可用于开发、研究和诊断性测试等，但对于产品质量验证的冲击耐受测试，形成的冲击电压波形必须能代表设备的外部（雷电）和内部（开关操作）过电压，且在规定的容差范围内是可再现的，具体要求可参见 IEC 60060 和国家标准。

5.3.1　雷电冲击电压

雷电冲击耐受时，电压波形上经常会叠加过冲或振荡，应采用试验电压函数对实际雷电冲击电压波形参数进行评估。IEC 60060 - 1：2010 定义了试验电压函数，即

$$k(f)=1/(1+2.2f^2) \tag{5-37}$$

式中：f 是过冲或振荡的等效频率，MHz。

试验电压函数是以不同绝缘系统击穿的物理过程为基础，采用叠加可调频率振荡的真实冲击电压，研究各种真实试验对象而建立起来的，如图 5-28 所示。式（5-37）表明，试验电压函数实际反映雷电冲击电压波峰附近过冲或振荡的持续时间对绝缘特性的影响，如果持续时间较长，也即等效频率较低，则过冲或振荡的 k 因子就越大。

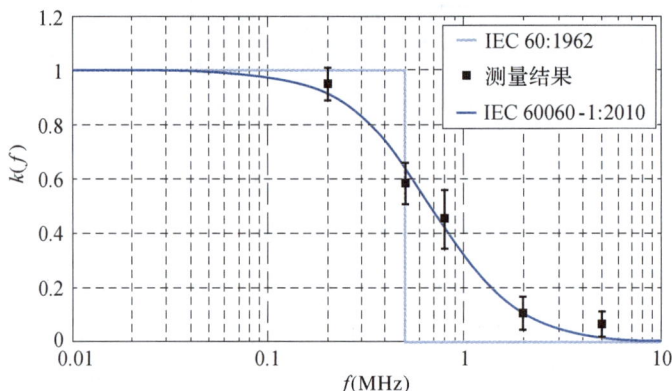

图 5-28　IEC 60060-1 给出的试验电压函数

依据试验电压函数，IEC 60060 给出了冲击电压波形参数对耐受特性影响的评估方法。首先，根据冲击电压发生器的基本原理，采用双指数曲线来确定基准曲线，并作为试验电压的估计值，如图 5-29（a）所示。根据冲击电压回路参数 U_0、τ_1 和 τ_2，基准曲线可表示为

$$u_B(t)=U_0(e^{-t/\tau_1}-e^{-t/\tau_2}) \tag{5-38}$$

基准曲线实际代表的是无过冲的输出电压波形，其幅值为 U_E，而实际测量曲线 $u_0(t)$ 的幅值为 U_E。

然后，求取测量曲线和基准曲线的差值，得到剩余曲线 $u_r(t)$

$$u_r(t)=u_E(t)-u_B(t) \tag{5-39}$$

采用与试验电压函数等效的传递函数 $H(f)=k(f)$ 对剩余曲线进行滤波，得到滤波后的剩余曲线

$$U_{rf}(f)=k(f)U_r(f) \tag{5-40}$$

再次，将频域的剩余曲线再变换至时域，并叠加至基准曲线 [见图 5-29（c）]，获得试验电压曲线 $u_T(t)$

$$u_T(t)=u_B(t)+u_{rf}(t) \tag{5-41}$$

最后，根据获得的试验电压曲线，对雷电冲击电压波形进行评估。根据 IEC 标准和国家标准，试验电压曲线的最大值为试验电压值，且试验电压值的容差应不大于 $\pm 3\%$，允许过冲 $\beta=(U_T-U_B)/U_B \leqslant 5\%$。大电容量试品时，应将波前时间控制在 $1.56\mu s$ 以内，过冲可放宽至 10%。

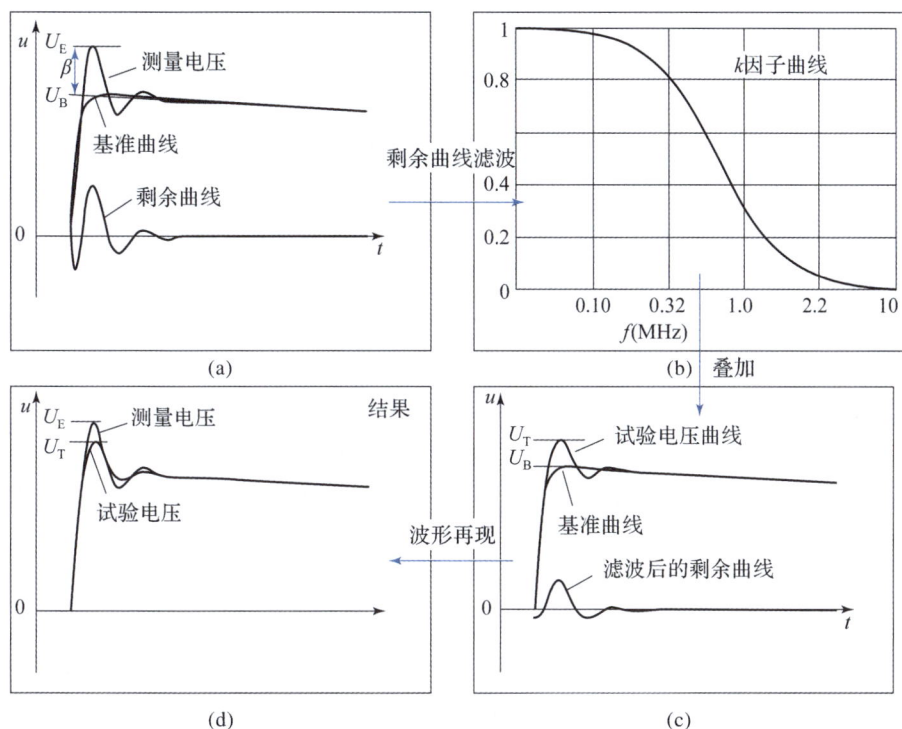

图 5-29　试验电压曲线的确定与再现
（a）测量曲线分解；（b）试验电压函数；（c）试验曲线确定；（d）雷电冲击波形评估

过冲参数（过冲量与等效频率）会影响雷电冲击试验电压值的确定，而雷电冲击的实际波形不可避免地会存在过冲或振荡。因此，IEC 和相关标准对过冲参数进行了详细定义，参见图 5-30。

众所周知，击穿过程受放电形成时延的影响，绝缘系统的击穿服从电压—时间的特性规律，这种特性可用统计时延和形成时延来描述。因此，新版 IEC 中，过冲是以高于某个电压值 U_x 的电压—时间区域为特征，由电压—时间的面积来确定过冲参数，可得到相对过冲幅值 β°，即

$$\beta^\circ=\frac{1}{U_x T_s}\int[u_T(t)-U_x]dt \tag{5-42}$$

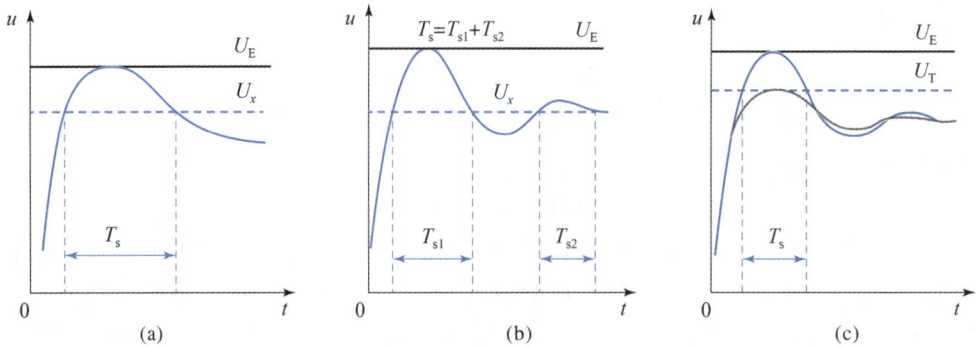

图 5 - 30 基于放电形成时延模型的过冲定义

(a) 非周期性过冲，$U_x = x\% U_E$；(b) 振荡过冲，$U_x = 0.9 U_E$；(c) 振荡过冲，$U_x = U_T$

$$T_s = \sum_{i=1}^{n} T_{si} \quad (U_i \geqslant U_x)$$

旧版 IEC 60060 允许雷电冲击电压的振荡和过冲可达基准电压峰值的 5%，该标准规定，如果"振荡和过冲的等效频率 $f \geqslant 0.5 \text{MHz}$ 或持续时间不超过 $1\mu s$，则应求取平均曲线的峰值来作为试验电压值"；如果"振荡和过冲的等效频率 $f < 0.5 \text{MHz}$ 或持续时间超过 $1\mu s$，则应求取测量电压的最大值作为试验电压值"。这种以 0.5MHz 或 $1\mu s$ 为临界点来评估振荡和过冲对绝缘特性的影响在物理上是错误的。相关研究表明，这样的处理方法会导致高达 5% 结果偏差，这对产品质量的验收性试验来说具有一定的随意性。由于过冲的影响不仅与过冲幅值相关，而且与过冲的持续时间相关。因此，式 (5 - 42) 的过冲定义综合了电压和时间的联合作用，由此可得到试验电压函数也依赖于过冲持续时间。对于非周期性过冲，有 $T_s \approx 0.5/f$，可得到试验电压函数 $k^*(f)$，即

$$k^*(f) = \frac{1}{1 + 2.2f^2} \tag{5 - 43}$$

式中：f 的单位为 MHz。

式 (5 - 43) 与式 (5 - 37) 具有同样的形式，但式 (5 - 43) 是基于绝缘击穿的电压—时间特性而得到的，更有助于理解试验电压函数的物理意义。例如，图 5 - 30 (b) 所示的周期性振荡过冲，式 (5 - 43) 则可以很好地处理振荡衰减对试验电压的影响。

对于不同材料和结构的绝缘介质，其绝缘击穿会存在不同的电压—时间特性，也就会有不同的试验电压函数，如图 5 - 31 所示。对于大尺寸绝缘及相对较慢的击穿过程，如特高压输电的长空气间隙或大型的变压器绝缘体，试验电压函数曲线左移；对于结构紧凑的 SF_6 气体、固体、真空等快速击穿过程，试验电压函数右移。表明高频过冲或高频电场更容易引起 SF_6 气体和固体等绝缘系统的击穿。

另外，在新版 IEC 60060 中，提出了用试验电压函数来评估振荡和过冲的影响。试验电压函数是根据同一试品在叠加不同频率过冲的冲击电压作用下 50% 击穿电压而确定的，可表示为

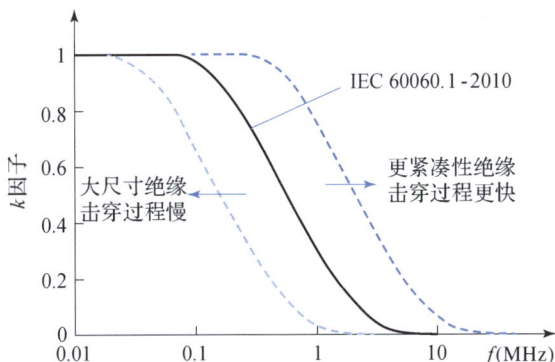

图 5 - 31　期望改进的试验电压函数

$$k(f) = \frac{U_{LI}(f) - U_B(f)}{U_E(f) - U_B(f)} \tag{5-44}$$

式中：U_{LI} 为双指数雷电冲击的峰值；U_E 为过冲的最大值；U_B 为基准曲线的峰值。

根据新版 IEC 60060.1 - 2010 及旧版 IEC 60060.1 - 1989 进行雷电冲击电压参数评估时，会出现明显的差异，见表 5 - 2。

表 5 - 2　IEC 60060.1 - 2010 和 IEC 60060.1 - 1989 雷电参数评估的差异

参数	过冲频率 $f < 0.5\mathrm{MHz}$	过冲频率 $f \geqslant 0.5\mathrm{MHz}$
试验电压值$(U_{2010} - U_{1989})/U_{1989}$	$0\% \sim -3\%$	$2\% \sim 6\%$
波前时间$(T_{f2010} - T_{f1989})/T_{f1989}$	$0\% \sim -6\%$	$0\% \sim 16\%$
波尾时间$(T_{t2010} - T_{t1989})/T_{t1989}$	$0\% \sim 5\%$	$-4\% \sim 7\%$
过冲$(\beta_{2010} - \beta_{1989})/\beta_{1989}$	$-10\% \sim 40\%$（与频率不相关）	

由表 5 - 2 可以看出，按照 IEC 60060.1 - 2010 进行参数评估，当存在 $f < 0.5\mathrm{MHz}$ 的过冲时，则需要将雷电冲击耐受试验电压提高 3%，波前时间会变短，波尾时间会变长；而当存在过冲的频率 $f \geqslant 0.5\mathrm{MHz}$ 时，可降低高达 6% 的雷电冲击试验电压，波前时间会增加，波尾时间则会减少。

进行雷电冲击电压耐受试验时，绝大部分是容性试品，如绝缘子、GIS、套管以及电缆等；少数情况下是感性试品，如变压器低压绕组的耐受试验。雷电冲击耐受试验很少应用于阻性试品。

对于容性试品，负荷电容决定了雷电冲击的波前时间和电压输出效率。随着特高压输电工程的应用，特高压电气设备的电容量较大，雷电冲击耐受试验时波前时间会超出标准规定的上限值。因此，IEC 60060.1 - 2010 和国家标准中允许过冲可至 10%，以此来满足波前时间的要求，此时需要按照 IEC 60060.1 - 2010 来评估过冲的影响，并进而修正试验电压值。另外，在更大电容量负荷时，IEC 60060.1 - 2010 提出可将波前时间延长至 $2.5 \sim 3.5\mu\mathrm{s}$。根据西安交通大学不同波前时间雷电冲击电压下绝缘特性的研究，当雷电冲击电压的波前时间增加至 $2.5\mu\mathrm{s}$ 时，击穿电压会比 $1.2\mu\mathrm{s}$ 时高出 $10\% \sim 15\%$。

因此，如果放宽波前时间，需要重新评估雷电冲击试验电压值。

对于感性试品，如电力变压器低压侧的雷电冲击耐受试验，它总是与容性试品相组合的，形成电感与电容的并联组合（$C_{to}/\!/L_{to}$），如图 5-32 所示。

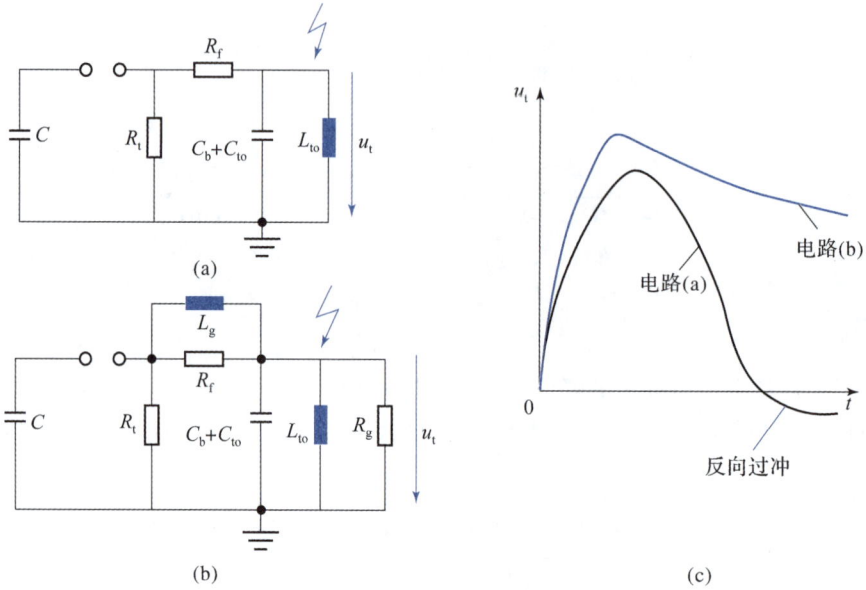

图 5-32 感性试品的雷电冲击耐受试验

(a) 等效电路；(b) Glaninger 电路；(c) 波形比较

电感 L_{to} 与负荷电容形成一个振荡电路，会产生一个振荡型波尾，其特征是反向振荡而不再是双指数函数。振荡缩短了波尾时间 T_t，通常会超出标准规定的下限值（$T_t<40\mu s$），而且振荡会产生反向过冲，并降低电压输出效率 [见图 5-32 (c)]。感性试品对波尾时间的影响尤其显著，并且会随着冲击电压发生器的储能电容 C 的减小而更加显著。由于被试变压器低压侧的雷电冲击电压较低，可将多级发生器并联以增加电容 C。如果被试变压器低压侧的电感为 L_{to}，则电容 C 应满足

$$C \geqslant C_{treq} = 2T_{tmin}^2/L_{to} \tag{5-45}$$

若被试变压器为三相绕组，总功率为 P_{tot}，绕组短路阻抗为 $\nu_{imp}\%$，三相绕组额定相间电压为 U_{P-P}，则被试变压器绕组电感 L_{to}（含杂散电感）可表示为

$$L_{to} = \frac{\nu_{imp}\% U_{P-P}^2}{100\omega P_{tot}} \tag{5-46}$$

根据式（5-45）和式（5-46）可知，变压器低压侧进行雷电冲击耐受时，发生器的储能电容 C 应满足

$$C \geqslant C_{treq} \left(C_{treq} = 2\frac{T_{tmin}^2 100\omega P_{tot}}{\nu_{imp}\% U_{P-P}^2} \right) \tag{5-47}$$

如果不能满足式（5-47），可通过图 5-32 (b) 所示的 Glaninger 电路来解决。图 5-32 (b) 中，电感 L_g 与波前电阻 R_f 可并联切换，电阻 R_g 与被试感性试品 L_{to} 并联。电感 L_g 的选择需要满足 $L_g<L_{to}$，这样电感 L_g 仅在较低频率（例如冲击电压波尾）

时桥接波前电阻，而且可以延长波尾时间。需要注意的是，$L_g /\!/ R_f$ 电路与 $L_{to} /\!/ R_g$ 电路构成了分压关系，这会造成输出电压效率的降低。对于 Glaninger 电路中的电感 L_g 与电阻 R_g，一般要求 $L_g = (0.01 \sim 0.1) L_{to}$，$R_g = R_f (L_{to}/L_g)$。

5.3.2　操作冲击电压

图 5-4 (a) 给出的标准操作冲击波前时间定义是，从实际原点到操作冲击电压最大值时的时间间隔。但是，由于目前冲击电压输出波形一般采用数字化采集系统，而冲击电压幅值区域数字化采集的电压值在较长时间内近似相等，也即峰值附近可找到多个幅值相同的数据点。因此，即使数字化采集的不确定度较低，也很难确定波前时间 T_f。为了解决波前时间 T_f 的计算问题，IEC 60060.1-2010 引入了 IEEE Std 4 给出的经验公式来规范计算标准操作冲击电压的波前时间 T_f，即

$$T_f = K T_{AB} \tag{5-48}$$

式中：K 是一个无量纲的常数，$K = 2.42 - 3.08 \times 10^{-3} T_{AB} + 1.51 \times 10^{-4} T_t$ 进行计算；T_{AB} 和 T_t 单位为 μs，$T_{AB} = t_{90} - t_{30}$。

标准操作冲击耐受电压要求 $T_f = 250 \mu s$，容差为 $\pm 20\%$。这意味着实际前沿时间必须在 $200 \sim 300 \mu s$ 范围内。值得注意的是，1960 年后引入操作冲击耐受试验时，主要依据波形外观来对操作冲击的峰值时间进行计算，但该方法不适用于目前的计算机分析。因此，IEC 60060.1-2010 引入了基于交集的幅值—时间计算方法。在新版 IEC 标准中，没有采用波前时间 T_f（$T_f \approx 170 \mu s$），而是沿用了峰值时间这一概念。标准操作冲击的波尾时间 $T_t = 2500 \mu s$，容差为 $\pm 60\%$，这意味着实际波尾时间可在 $1000 \sim 4000 \mu s$ 范围内。标准操作冲击的很大容差范围与试品的饱和现象有关，例如变压器和电抗器试验时，铁心饱和会导致电压的突然跌落 [见图 5-4 (b)]。对于此类试品，引入了超过 90% 峰值部分的持续时间 T_d 和再次过零时间 T_Z 来加以限制。实际上，标准操作冲击波尾时间的容差达到 $\pm 60\%$，也是基于绝缘击穿过程而制定的，因为操作冲击电压下绝缘击穿一般发生在波前或波峰，决定于操作冲击电压的上升陡度，而不是波尾的变化。

式 (5-48) 计算得到的 T_f 值与 IEC 60060.1-2010 中条目 8.1.3 定义的 250/2500 μs 标准操作冲击波的真实 T_f 值之间的差异可以忽略。因此，如果操作冲击波形参数处于标准容许范围内，也就是 T_f 为 $200 \sim 300 \mu s$、T_2 为 $1000 \sim 4000 \mu s$ 时，利用式 (5-48) 计算得到的 T_f 的最大偏差与参考值相比小于 3%，在高电压介电耐受试验时，此偏差可以忽略。但是，由于式 (5-48) 是针对标准操作冲击电压进行定义的，如果波形严重偏离标准操作冲击电压时，T_f 值的偏差会明显高于允许的测量不确定度 $\pm 10\%$。在此情况下，必须采用其他计算方法。

操作冲击电压耐受试验时，与雷电冲击耐受类似，试品绝大部分属于容性，如绝缘子、GIS、套管以及电缆等，少数情况下属于感性，如变压器的耐受试验，另外还会出现阻性试品，如湿闪、污闪试验。

当试品为容性试品时，冲击电压发生器的电压输出效率会比较低，若 $C_{to} \approx 0.2C$ 时，其回路效率约为 0.83，而波形的效率系数要远低于雷电冲击，约为 0.75。操作冲

击产生时，发生器的电压输出效率约为 0.62，但与雷电冲击相比，操作冲击的峰值时间 T_p 和波尾时间 T_t 对负荷电容的敏感程度更低。因此，一般情况下，冲击电压发生器的储能电容主要考虑操作冲击产生时的电压输出效率和波形参数。

阻性试品主要是操作冲击电压下外绝缘的湿闪和污闪等，尤其是超、特高压设备的外绝缘耐受试验。湿闪和污闪试验时，试品电阻对冲击电压发生器的总波前电阻（高达约 $10\mathrm{k}\Omega$）的影响可以忽略，但试验过程中几安培量级的局部电弧可能会导致显著的电压降落。另外，长间隙先导放电过程也总会出现大的脉冲电流，造成输出电压的下降。在试验过程中，甚至观察到峰值超过 10A、持续时间约 $10\mu s$ 的脉冲电流。对于直流或交流电压下阻性试品的耐受试验，目前相关标准已规定了可接受的电压降落以及电压降落的计算方法，但操作冲击下还没有任何标准给出可接受的电压降。所述操作冲击试验，都应尽可能采用脉冲能量高的冲击电压发生器。

高电压耐受测试时，感性试品主要为电力变压器。操作冲击耐受试验时，由于电力变压器具有饱和效应，会造成操作冲击电压的突降。针对感性试品，国家标准和 IEC 60076-3：2013 规定了 $T_f > 100\mu s$；$T_{d90} > 200\mu s$ 以及 $T_z > 1000\mu s$。若变压器过早饱和，需要延长再次过零时间 T_z，可采用极性相反、幅值较低（$U_e \geqslant 0.7U_t$）的操作冲击电压对磁芯进行预磁化。此外，在操作冲击电压试验后，应通过施加幅值低、极性相反的操作冲击电压对磁芯进行退磁。

5.4 冲击电压试验程序与评估

5.4.1 击穿特性的研究性试验

性能函数可描述特定绝缘系统的雷电或操作冲击电压与击穿概率之间的关系，这个函数常采用多级法（MLM）获取，需要考虑自恢复绝缘和不可恢复绝缘的区别。对于空气中的自恢复绝缘，可采用 MLM 进行测试，并进行独立性校验。一般地，当两个施加电压之间的时间间隔不短于 30s 时，空气间隙的放电是独立的。对于空气或 SF_6 气体中的固体沿面绝缘（如绝缘子），其独立性校验比气体间隙时更重要。如果放电特性具有依赖性，则应修改试验程序，例如增加两次电压施加的时间间隔或采用其他试验方法。此外，在两次电压施加的时间间隔内施加较低幅值的交流电压或相反极性的冲击电压，可有助于改善雷电或操作冲击试验结果的独立性。

对于液体浸渍或固体绝缘，多级法试验时每一次雷电或操作冲击的施加都需要新的试品。由于试品的分散性，会增加性能函数测试的不确定性。对于这样的试品，可采用渐进加压法（PSM）。对一个试品采用 PSM 进行测试，直至试品击穿，这样测试比 MLM 测试得到的信息要丰富。

击穿特性应采用最大似然法进行统计评估，并给出击穿概率的估计，包括性能函数的点估计及其置信区间、分位数的置信区间等，如图 5-33 所示。图 5-33 给出了基于正态分布的评估，但不同试品在不同试验方法下的击穿特性会服从不同的分布，应采用不同的分布函数进行统计分析，得到最佳的分布函数拟合。如果只关注某个分位数（如

50％放电电压或 10％放电电压）时，就不需要获得整个性能函数，可采用升降法（UDM），此时一般也采用最大似然法进行评估。

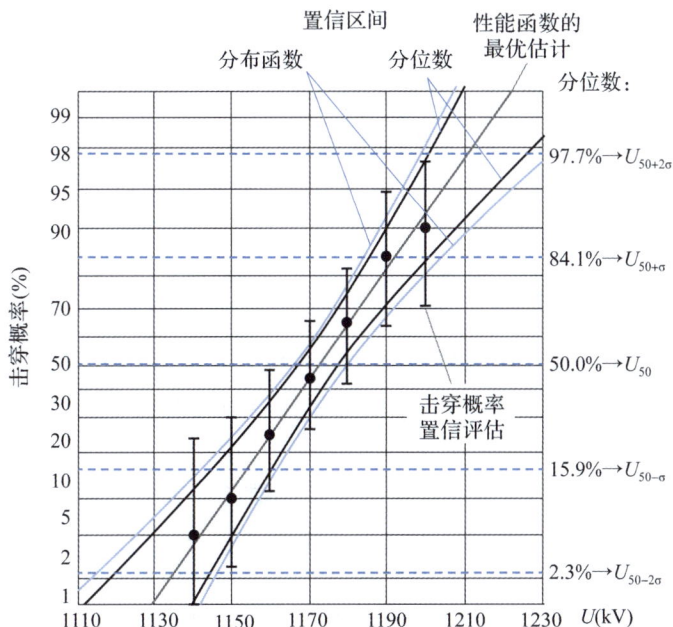

图 5-33　空气间隙击穿的性能函数

5.4.2　雷电及操作电压耐受的验收性试验

根据绝缘配合，电气设备必须进行雷电和操作冲击耐受电压试验，试验程序通常与试品性质相关，采用哪一种试验程序是由相关技术委员会规定的。实际上，不同试验程序对应于不同试验目的，但对绝缘配合来说，则认为试验结果是相同的。

（1）对于自恢复绝缘，如空气间隙以及 GIS 中 SF_6 气体间隙等，有两种可接受的试验程序。

A1：确定 10％冲击击穿电压 U_{10}，且 U_{10} 不低于标准规定的冲击耐受电压值 U_{ts}，即 $U_{10} \geq U_{ts}$，则试验通过。可采用 MLM 等方法自恢复绝缘的击穿特性，再由统计试验程序估算 U_{10}。也可由 U_{50} 间接估算 U_{10}：$U_{10}=U_{50}(1-1.3\sigma^*)$。$\sigma$ 为击穿电压的标准偏差，σ^* 为标准偏差标幺值。对于空气绝缘间隙击穿和干耐受试验的 σ^*，雷电冲击时 $\sigma^*=0.03$，而操作冲击时 $\sigma^*=0.06$。U_{50} 可采用第一章介绍的多级法（MLM）或升降法（UDM）来确定。

A2：对试品施加 15 次规定波形和极性的耐受试验电压，自恢复绝缘上发生破坏性放电的次数不超过 2 次（$k \leq 2$），非自恢复绝缘上无损伤，则认为通过试验。如果在第 13 次至第 15 次冲击施加中发生 1 次破坏性放电，则在放电发生后连续追加 3 次冲击电压施加（总次数最多 18 次）。如果在追加的 3 次冲击施加中没有再发生破坏性放电，则认为试品通过试验。

（2）对于非自恢复绝缘，如液体浸渍绝缘、固体绝缘以及绝缘沿面等，也有两种可接受的试验程序。

A1：对试品施加 3 次规定波形和极性的耐受试验电压，如果未发生破坏性放电，则认为试品通过试验。

A2：对试品施加 3 次规定波形和极性的冲击耐受电压，如果未发生破坏性放电，则认为试品通过试验；如果发生破坏性放电超过 1 次，则试品未通过试验；如果试品包含自恢复绝缘，仅在自恢复绝缘上发生 1 次破坏性放电，则再追加 9 次冲击，如再未发生破坏性放电，则试品通过试验。同时，应按照相关标准规定的检测方法，检查试验期间非自恢复绝缘有无损坏情况，如果有任何损坏，则试品未通过试验。

5.5 冲击测量系统

冲击电压，无论是雷电冲击波或操作冲击波，都是一种持续时间较短的暂态电压，要求冲击电压的测量系统必须具有良好的瞬变响应特性。一些测量系统适用于稳态过程（如直流和交流电压）的测量，而不一定适用于冲击电压的测量。冲击电压的测定，包括幅值测量和波形记录两个方面。球间隙能够直接测量冲击电压的峰值，而幅值测量和波形记录同时需要时，只能通过由转换装置等所组成的测量系统来完成。最常用的转换装置就是分压器。由分压器等所组成的冲击测量系统，还应该包括高压引线、接地回路、测量电缆或光纤传输系统以及示波器等测量仪器等，其中每一个组成部分都会对冲击测量系统的响应特性产生影响。冲击测量系统也分为认可的测量系统和标准测量系统。标准规定，无论雷电还是操作冲击电压的测量，其认可的测量系统需要满足以下一般要求：①冲击电压峰值（对雷电冲击是指全波峰值）测量的扩展不确定度 $U_M \leq 3\%$；②测量波前截断冲击电压峰值时，如果截断时间 $0.5\mu s \leq T_c \leq 2\mu s$，则测量的扩展不确定度 $U_M \leq 5\%$；③测量冲击电压波前及波尾时间，其扩展不确定度 $U_M \leq 10\%$。

目前最常用的冲击电压测量方法有：①测量球隙；②采用分压器与示波器或数字记录仪为主要组件的测量系统；③采用分压器或电场探头与光电组件等构成的测量系统。球隙和峰值电压表只能测量幅值，示波器能记录波形，当然也就能记录冲击电压任一时刻的瞬时值。

5.5.1 球间隙测量冲击电压峰值

球间隙不仅可用于交流电压和直流电压的测量，还可用于冲击电压的测量。球间隙测量冲击电压时，同样要遵守相关标准对球间隙的规定。但球间隙测量冲击电压时，还必须注意一些特殊问题，这是由于冲击电压的特点所决定的。由气体放电理论可知，气体放电需要一定的时延，而且具有一定的分散性，这与间隙中有效电子的产生有关。因此，在球间隙上加一定幅值的冲击电压时，间隙的放电有一定概率。因此，常用 50% 放电电压（U_{50}）来表示球间隙的冲击电压幅值。50% 放电电压是指一定距离的球间隙，在 U_{50} 作用下球间隙的放电概率为 50%。由于球间隙的伏秒特性大体上是一条水平线，冲击比为 1，即球间隙的 50% 冲击放电电压和稳态电压下的击穿电压基本相同。因此，在球隙放电电压的标准表格中，负极性冲击、直流和交流电压列在同一个数据表格中，正极性冲击虽然列在另一个表格中，但两者的差别很小。但标准表格中的数据一般只适用于波前时间大于 $1\mu s$ 的冲击电压。

在利用球隙测量冲击电压时，还应注意下列两个问题：①在球隙距离太小（放电电压 50kV 以下），或者球隙直径太小（小于 12.5cm）时，为减小分散性，应对球隙进行照射；②利用球隙测量冲击电压时，一般不希望在球隙前串联电阻，因为这时电压变化很快，球隙击穿瞬间 $i_c=Cdu/dt$ 很大，串联电阻后会在其上造成很大的压降，使测量出现较大的不确定度。但为避免球隙击穿时所造成的振荡对试品的损伤，需要加入串联保护电阻，球间隙的串联保护电阻应为无感电阻，其值应不大于 500Ω。

确定 50％放电电压的方法分多级法和升降法两种。

（1）多级法。以预期的 50％放电电压的 1％作为电压级差，对试品分级施加冲击电压，每级施加电压 10 次，各次加压的时间间隔不小于 30s，共需 5 级。要求在最低一级电压时的放电概率接近于零，而在最高一级电压时放电概率接近 100％。求出每级电压下的放电次数和施加次数之比 P（即放电概率）后，将其按电压值标于正态概率纸上，给出拟合直线 $P=f(U)$，在此直线上对应于 $P=0.5$ 的电压值即为 50％放电电压 U_{50}，如图 5-34 所示。

（2）升降法。估计 50％放电电压的预期值 U_i，取 U_i 的 2％～3％为电压增量 ΔU，先施加冲击电压 U_i 一次，如未引起放电，则下次施加电压应为 $U_i+\Delta U$；如 U_i 作用下已引起放电，则下次施加电压应为 $U_i-\Delta U$。以后的加压都按下述规律：凡上次加压如已引起放电，则下次加压比上次电压低 ΔU；如上次加压未引起放电，则下次加压比上次电压增加 ΔU。这样反复加压 20～40 次，分别计算出各级电压 U_i 作用下的加压次数 n_i，求出 50％放电电压

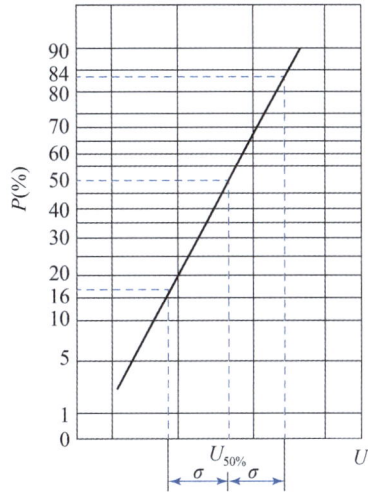

图 5-34　放电概率 P 与施加电压的关系

$$U_{50}=\frac{\sum\limits_{i=1}^{n}n_iU_i}{\sum\limits_{i=1}^{n}n_i} \tag{5-49}$$

5.5.2　冲击电压分压器的动态特性

冲击电压的测量，如雷电冲击电压，特别是雷电截断波时，其频谱高达十几兆赫兹，甚至几十兆赫兹以上。为了保证测量系统不影响所测冲击电压的波形，冲击测量系统的比例因子必须在所述频率范围内保持不变。因此，首先必须掌握冲击测量系统的动态特性。

1. 频率响应特性

忽略高压分压器中电晕与泄漏等非线性因素，可将冲击测量系统看作一个线性系统，则冲击测量系统就可看作转移电压比的二端口网络，如图 5-34 所示。

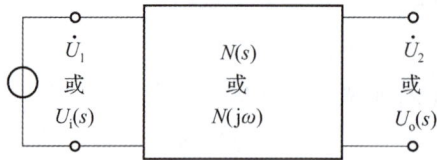

图 5-35 二端口网络

在测量冲击电压时，假定激励电压为 $u(t)$，可采用含 t 的双指数函数来表示，即

$$u(t) = A(e^{-\alpha t} - e^{-\beta t}) \qquad (5-50)$$

可通过傅里叶正变换式，求出 $u(t)$ 的频谱密度函数。为简单起见，可对双指数函数中的一个指数函数分量求取频谱密度函数，例如

$$u_1(t) = \begin{cases} A\exp(-\alpha t) & (t>0, \alpha>0) \\ 0 & (t<0) \end{cases}$$

傅里叶正变换式的一般表达式为

$$F(j\omega) = \int_{-\infty}^{+\infty} f(t)\exp(-j\omega t)dt \qquad (5-51)$$

可得

$$U_1(j\omega) = \int_0^\infty A\exp(-\alpha t)\exp(-j\omega t)dt$$

$$= [-A/(\alpha+j\omega)]\exp[-(\alpha+j\omega)t]\Big|_0^\infty$$

$$= A/(\alpha+j\omega)$$

由此可得到幅频函数

$$|U_1(j\omega)| = |A/(\alpha+j\omega)| = A/(\alpha^2+\omega^2)^{1/2} \qquad (5-52)$$

相频函数

$$\theta(\omega) = -\arctan(\omega/\alpha) \qquad (5-53)$$

式（5-52）和式（5-53）所示幅度频谱和相位频谱分别如图 5-36（a）、（b）所示。

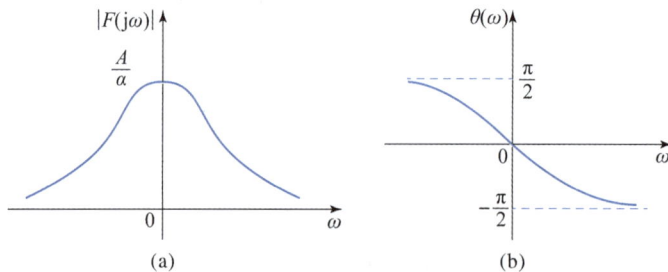

图 5-36 函数的幅频和相频函数
(a) 幅频函数；(b) 相频函数

$u_1(t) = A\exp(-\alpha t)$ 既是冲击电压波的一个组成部分，也是一种波前无限陡、峰值为 A 的冲击电压波。对于式（5-50）所示的双指数冲击波的频谱密度函数，可通过两个指数波的频谱密度函数进行叠加而得到。按照上述方法，可得到标准雷电冲击电压（$1.2/50\mu s$）和不同截断时间 T_c 的截断波的幅频函数。对于 $1.2/50\mu s$ 标准雷电冲击电压，如果波形光滑，其测量系统的上限频率 f_B 需达到 $0.5\sim1MHz$。但冲击电压的波前和波峰往往会叠加高频振荡，测量系统的上限频率可能会达到 $5\sim10MHz$。对于不同截断波长的雷电截断波，测量系统的上限频率会达到 $10MHz$ 以上，如果波前截断，考虑

148

到波前振荡，其最高上限频率甚至会达到 100MHz。

现行 IEC 和国家标准对冲击测量系统的幅频响应 $G(f)$ 进行了规定，其定义为：当测量系统输入为正弦信号波时，以频率为函数的输出与输入之比。$G(f)$ 的测量方法是对被试系统输入一个幅值已知的低电压正弦波信号，然后测量其输出电压。在适当的频率范围内，重复试验，可得到测量系统的幅频响应特性 $G(f)$（见图 5-37）。实际上，测量系统的传递函数（也称为转移函数）需要幅频函数和相频函数两个参量才能表示，幅频响应很难单独用于确定测量系统的转移特性。因此，对于冲击测量系统，通常采用阶跃响应来表示转移特性。

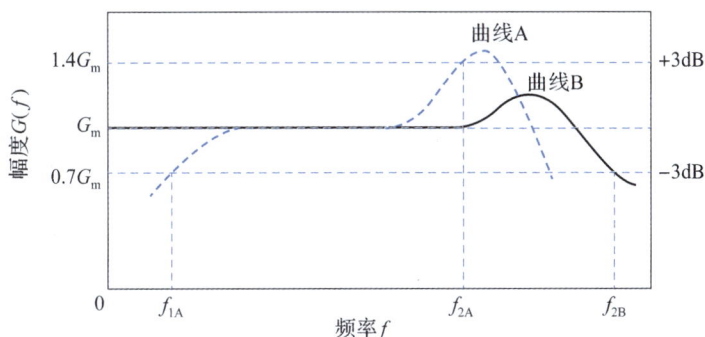

图 5-37　测量系统的幅频响应特性示例

2. 阶跃响应特性

如前所述，测量系统可看成一个线性的二端口网络，如图 5-35 所示。该网络的性能可用它的传递函数（Transfer Function）来描述。传递函数是指零状态下线性系统响应（即输出）函数的拉普拉斯变换与激励（即输入）函数的拉普拉斯变换之比。对于冲击测量系统，其输出端一般连接示波器、数字记录仪等，输入阻抗较高，所以测量系统输出端的电流几乎为零。同时，假定激励信号源的内阻为零，则测量系统的电压传递函数可表示为

$$H(s)=U_o(s)/U_i(s) \tag{5-54}$$

高压冲击测量中常采用阶跃响应 $G(t)$ 这一概念，是时间 t 的函数。当在高压冲击测量系统的高压端施加单位阶跃函数电压波 $\varepsilon(t)$ [$t \leqslant 0$ 时，$\varepsilon(t)=0$；$t>0$ 时，$\varepsilon(t)=1$]，在低压输出端可得到一阶跃响应（Step Response）$G(t)$。通过对阶跃响应 $G(t)$ 的归一化处理，再根据拉普拉斯变换等，就可得到归一化电压转移函数 $h(s)$。若测量系统施加的阶跃电压 $u_i(t)=\varepsilon(t)$，则输出电压为 $u_o(t)$。$u_o(t)$ 的波前部分会发生畸变，而且相对于 $u_i(t)$ 还会有时延。如果测量系统的分压比为 K，则

$$K=u_i(t)/u_o(t)\big|_{t\to\infty} \tag{5-55}$$

此时，测量系统阶跃响应 $G(t)$ 的最终稳定值为 $(1/K)\varepsilon(t)$。如果只比较测量系统输入和输出的波形，可将测量系统阶跃响应进行归一化，使得 $G(t)$ 的最终稳定值 $(1/K)\varepsilon(t)=1$，也即将上述 $G(t)$ 的值乘以 K，可得到归一化阶跃响应 $g(t)$，即

$$g(t)=KG(t) \tag{5-56}$$

忽略冲击测量系统所产生的固有时延，在单位阶跃函数 $\varepsilon(t)$ 激励下测量系统的单位

阶跃响应 $g(t)$ 通常会存在图 5 - 38 所示的两种特性：阻尼型阶跃响应和振荡型阶跃响应。

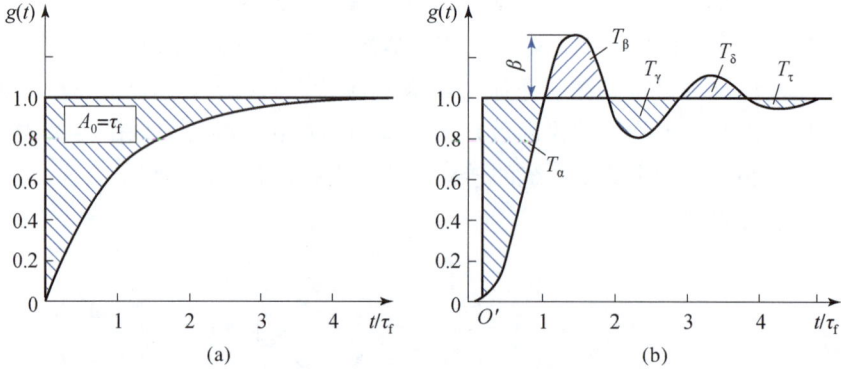

图 5 - 38 两种典型的单位阶跃响应特性
(a) 阻尼型阶跃响应；(b) 振荡型阶跃响应

当 $t=0$ 时，$\varepsilon(t)$ 发生了"0 到 1"跳变，而阶跃响应 $g(t)$ 则需要经过一段时间 T 才能趋于 1。时间 T 则称为阶跃响应时间，其理论值可定义为

$$T = \int_0^\infty [1 - g(t)] \mathrm{d}t \tag{5-57}$$

对于阻尼型阶跃响应，其响应时间 T 为纵坐标、阶跃函数 $\varepsilon(t)$ 与响应曲线 $g(t)$ 之间所包围的面积；但对于振荡型阶跃响应，由于阶跃响应出现过冲，其响应时间为阶跃函数 $\varepsilon(t)$ 与响应曲线 $g(t)$ 之间所包围面积的代数和［高出 $\varepsilon(t)$ 的部分为负］。

IEC 60060.2 - 2010 和 GB/T 16927.2《高电压试验技术 第 2 部分：测量系统》中规定，冲击测量系统校准时可采用标准测量系统进行比对测量（称为标准方法），也可采用刻度因子测量与阶跃响应评定相结合的替代方法。当采用阶跃响应进行评定时，需用几个响应特性指标来判断测量系统的性能。其中，最常用的是实验获得的响应时间 T_N。T_N 的定义与前述理论响应时间 T 有所不同，是从视在原点开始至 $2t_\mathrm{max}$ 的积分值（图 5 - 38 中阴影部分的代数和），即

$$T_\mathrm{N} = \int_{O'}^{2t_\mathrm{max}} [1 - g(t)] \mathrm{d}t \tag{5-58}$$

式中：t_max 为所测方波响应标称时段的上限值。IEC 和国家标准都规定了方波响应参考电平的时间间隔：其下限等于 0.5 倍的标称时段下限值，即 $0.5t_\mathrm{min}$；其上限等于 2 倍的标称时段上限值，即 $2t_\mathrm{max}$。对于雷电冲击全波和波尾截断的冲击波，规定 t_max 等于最长波前时间 T_fmax，而 t_min 等于最短波前时间 T_fmin。对于波前截断的冲击波，规定 t_max 等于最长截断时间 T_cmax，而 t_min 等于最短截断时间 T_cmin。

对于冲击分压测量系统，其分压比也可表示为

$$K = \lim_{s \to 0} \left[\frac{U_\mathrm{i}(s)}{U_\mathrm{o}(s)} \right] = \lim_{s \to 0} \left[\frac{1}{H(s)} \right]$$

而归一化电压传递函数可表示为

$$h(s) = KH(s)$$

根据阶跃响应 $G(t)$ 的定义，可写出

$$G(t)=\mathcal{L}^{-1}[H(s)/s] \tag{5-59}$$

归一化的单位阶跃响应为

$$g(t)=KG(t)=\mathcal{L}^{-1}[h(s)/s] \tag{5-60}$$

根据式（5-60），知道归一化单位阶跃响应后，就可以得到归一化的电压转移函数 $h(s)$ 和电压转移函数 $H(s)$。如果输入电压即为激励电压 $U_i(s)$，零状态下测量系统输出的响应电压 $U_o(s)$ 为

$$U_o(s)=U_i(s)H(s) \tag{5-61}$$

测量系统低压臂输出电压为

$$u_o(t)=\mathcal{L}^{-1}[U_o(s)] \tag{5-62}$$

阶跃响应时间

$$T=\int_0^\infty [1-g(t)]\mathrm{d}t=\lim_{s\to 0}\left\{\int_0^t [1-g(t)]\mathrm{d}t\right\}$$

根据拉普拉斯变换的积分法则，存在

$$\mathcal{L}\left\{\int_0^t [1-g(t)]\mathrm{d}t\right\}=\frac{1}{s}\left[\frac{1}{s}-\frac{h(s)}{s}\right]$$

可以得到

$$T=\lim_{s\to 0}\left[\frac{1-h(s)}{s}\right] \tag{5-63}$$

假定某冲击分压器的归一化响应 $g(t)=1-\mathrm{e}^{-t/T}$，则该分压器的响应时间和按式（5-57）计算的响应时间相同。因此，响应时间为 T 的分压器特性可等价地由 $1-\mathrm{e}^{-t/T}$ 来表示。T 越小，分压器的响应特性就越好。

如果用响应时间为 T 的分压器来测量波头截断的电压波 $u_1(t)$，则会引起测量不确定度，如图 5-39 所示。$u_1(t)$ 可按直线上升到幅值 1，然后在 $t=T_c$ 时被截断，又瞬时降为 0 的三角波来近似表示，即

$$u_1(t)=t/T_c \quad 0\leqslant t\leqslant T_c \left.\right\}$$
$$u_1(t)=0 \qquad t\geqslant T_c$$

当采用响应特性为 $1-\mathrm{e}^{-t/T}$ 的分压器进行上述截断波测量时，则响应波形为

$$u_2(t)=\frac{t}{T_c}\left\{1-\frac{T}{t}(1-\mathrm{e}^{-t/T})\right\}$$

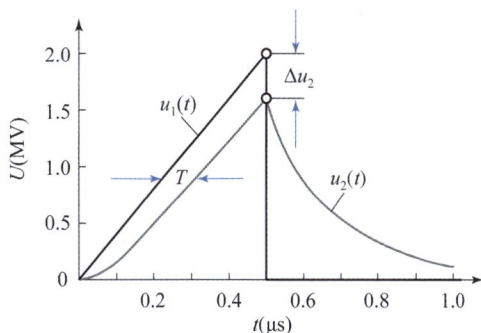

图 5-39　响应对截断波幅值
测量不确定度的影响

当 $t=T_c$ 时，分压器输出电压幅值则达不到 1，会出现幅值测量的相对误差 Δu_2，可表示为

$$\Delta u_2=\frac{T}{T_c}(1-\mathrm{e}^{-T_c/T})$$

由于 $T\ll T_c$，$\mathrm{e}^{-T_c/T}\approx 0$，故 $\Delta u_2=T/T_c$，幅值不确定度随响应时间 T 的增加而正

比例增大。归一化阶跃响应时间 T 越大,表示分压器输出波形的失真度也越大。因此,对振荡型阶跃响应特征,实际上,按部分响应时间 T_1 及过冲 δ 这两个参数来评估测量系统性能更为适当。

5.5.3 电阻分压器

测量冲击电压的电阻分压器,其原理接线与直流和交流电压测量的电阻分压器类似,等效电路如图 5-40 所示。电阻分压器常用于雷电冲击电压以及比雷电波前更快或波尾更短的冲击电压的测量,一般不用于操作冲击电压的测量。采用电阻分压器作为测量系统的转换装置,具有以下优点:

(1)电阻元件一般采用温度系数小的金属电阻线(如康铜丝或卡玛丝等)按无感法绕制而成,它的温度稳定性好,长期稳定性较高。

(2)采用紧凑性结构,并采用耐电强度高的绝缘液体进行绝缘和冷却,残余电感和对地电容都较小,它的响应特性也会比较好。

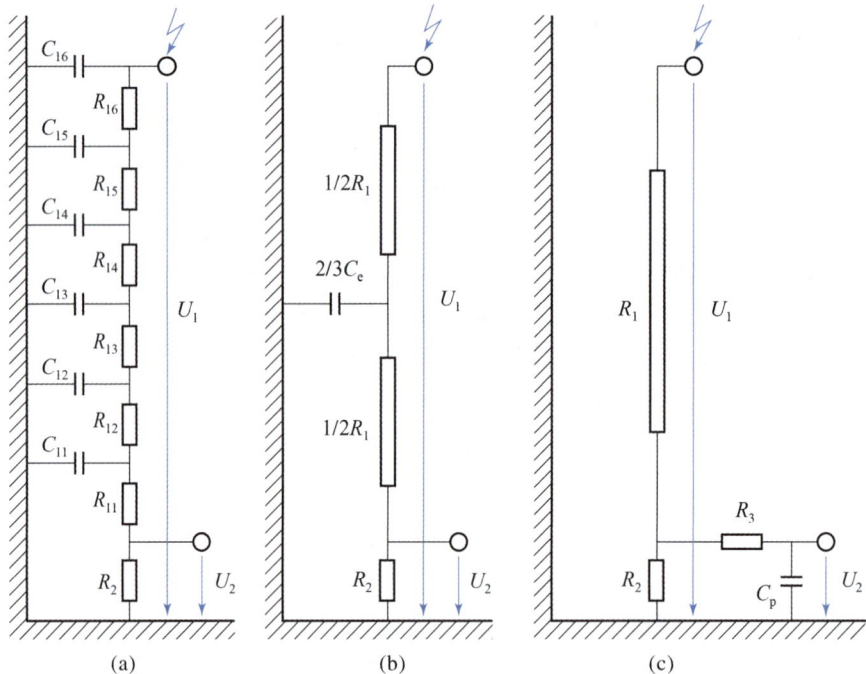

图 5-40　电阻分压器的等效电路

(a)高压臂对地分布电容;(b)高压臂对地集中电容;(c)杂散电容等效至低压臂

电阻分压器通常由电阻丝按无感绕法制作而成,但还会存在残余电感 L。如果被测波形的波前时间 T_f 不是很短、电阻分压器电阻 R 不是很小时,一般 $L/R < T_f/20$,此时可不考虑电感的影响。电阻分压器与接地物体之间会存在杂散电容,在冲击电压作用下,流经杂散电容的电流不容忽视,进而影响电阻分压器的电压传递函数和响应特性,这不仅造成了波形测量的不确定度,还造成了幅值测量的不确定度。

现将分压器看成由分布参数组成,无感线绕电阻分成无穷多个小段,整个分压器由这些小段串联而成，每一个小段都存在对地杂散电容，其等效电路如图 5 - 40（a）所示。假设分压器高压臂电阻分为 n 段，每段电阻均相等 $R_{11}=R_{12}=\cdots=R_{1n}=R/n$，对地杂散电容线性分布 $C_{11}=C_{12}=\cdots=C_{1n}=C_e/n$。图 5 - 40（a）所示的电路网络可等效为一个长传输线，沿分压器高压臂的电位分布可用双曲线函数来表示。对于冲击电压分压器，一般 $R_1 \gg R_2$。假定低压臂电阻 R_2 与上述 n 个小段中的一个相等，即 $R_2=R_1/n$。通过拉普拉斯变换，可得到分压器低压臂 R_2 上的电压 $u_2(t)$。对于图 5 - 40（a）所示的网络，可以得到

$$F(\mathrm{j}\omega)=\frac{u_2(t)}{u_1(t)}\approx\frac{R_2}{R_1+R_2}\frac{\sinh(\gamma)}{\sinh(n\gamma)} \qquad (5-64)$$
$$(n\gamma)^2=\mathrm{j}\omega R_1 C_e$$

为了保证测量不确定度尽可能小，分压器必须满足 $(n\gamma)^2\ll1$，式（5 - 64）则可简化为

$$F(\mathrm{j}\omega)\approx\frac{R_2}{R_1+R_2}\frac{1}{1+(n\gamma)^2/6}=\frac{1}{n+1}\frac{1}{1+(\mathrm{j}\omega R_1 C_e)/6}=\frac{1}{n+1}\frac{1}{1+\mathrm{j}\omega\tau_f} \qquad (5-65)$$
$$\tau_f=R_1 C_e/6$$

根据式（5 - 65），可得到幅频响应谱的相对密度，可表示为

$$F_r(\omega)=\left|\frac{F(\mathrm{j}\omega)}{F(0)}\right|=\left|\frac{F(\mathrm{j}\omega)}{R_2/R_1}\right|=\frac{1}{\sqrt{1+(\omega\tau_f)^2}} \qquad (5-66)$$

$$F_r(f)=\frac{1}{\sqrt{1+(\omega\tau_f)^2}}=\frac{1}{\sqrt{1+(f/f_2)^2}} \qquad (5-67)$$

此时，分压器相当于一阶低通滤波器。式（5 - 66）为分压器的传递函数，其上限频率为

$$f_2=\frac{1}{2\pi\tau_f}=\frac{1}{2\pi(R_1 C_e/6)} \qquad (5-68)$$

分压器的归一化阶跃响应为

$$g(t)=1-\exp(-t/\tau_f) \qquad (5-69)$$

根据阶跃响应响应的定义

$$T=\int_0^\infty[1-g(t)]\mathrm{d}t=\tau_f=R_1 C_e/6 \qquad (5-70)$$

在实际条件下，由于分压器电阻的残余电感与对地杂散电容之间的相互作用，会产生振荡型阶跃响应，而不是指数型阶跃响应，如图 5 - 38（b）所示。因此，为了便于比较，引入面积时间常数 T_α（见图 5 - 38）。T_α 与特征时间常数 τ_f 成正比，也称为部分响应时间，存在

$$T_\alpha=\int_0^\infty[1-g(t)]\mathrm{d}t=\tau_f \qquad (5-71)$$

为方便起见，可将电阻分压器的对地分布电容效应等效成一个处于分压器中部的集中电容效应，其电路如图 5 - 40（b）所示。此时，电阻分压器的归一化定义转移函数为

$$h(s)=2Z(s)/[R_1/2+Z(s)] \qquad (5-72)$$

式中：$Z(s)$ 为集中对地电容与 $R_1/2$ 的并联阻抗值。

另外，电阻分压器的等效电路还可以进一步进行简化，如图 5-40（c）所示。可将高压臂对地杂散电容等效至低压臂，图中 $R_3 = R_1$、$C_p = C_e/6$。同样地，分压器的归一化阶跃响应如式（5-69）所示，响应时间为 $R_1C_e/6$。

由式（5-70）可见，分压器电阻值越大或对地电容越大，响应时间会越长，其性能就会越差。欲减小方波响应时间，必须减小 R_1C_e 的值，这就要求分压器的尺寸应尽可能地小，以减小对地杂散 C_e 的值，这主要通过降低分压器高压臂的结构尺寸来完成。电阻分压器高压臂对地杂散电容可按照 $C_e \approx 2\pi\varepsilon_0 h/\ln(h/d) \approx 24h/\ln(h/d)$（pF/m）来估算。其中，$h$ 和 d 分别是电阻分压器高压臂的高度和直径，$h \gg d$。考虑到 R_1 值太小会影响冲击电压发生器的回路参数，分压器高压臂电阻 R_1 的取值一般为几千欧到 20kΩ。雷电冲击电压的测量时，要求测量系统的方波响应时间小于 10ns，电阻分压器的高压臂电阻只能是几千欧。

为进一步改善分压器的方波响应特性，常常在高压端安装合适的屏蔽环来补偿对地杂散电容，同时起到防止电晕的作用，屏蔽环的作用如图 5-41 所示。分压器高压臂顶端加装屏蔽环后，顶部屏蔽环与分压器本体之间也会形成杂散电容。当分压器顶部施加冲击电压时，屏蔽环与分压器本体之间的杂散电容流过的容性电流会补充分压器本体对地杂散电容的电流，使得分压器由高压端至接地端流过的电流相对均匀，从而使分压器本体电位分布也相对均匀。因此，分压器对地杂散电容的影响相对减小，响应特性也就得到改善。

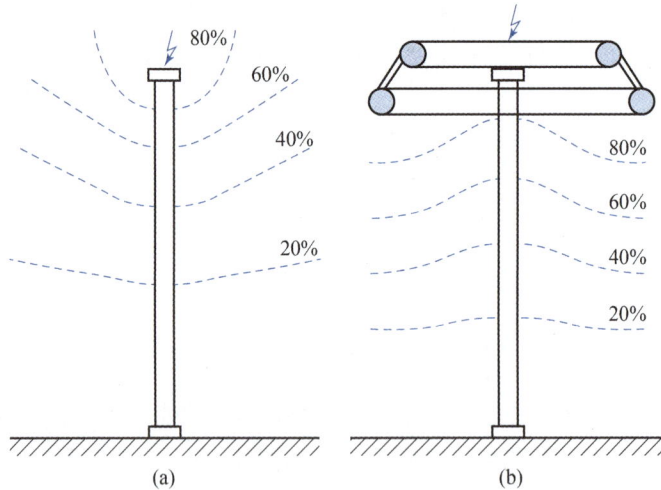

图 5-41 屏蔽环对电阻分压器性能的改善作用
（a）未加屏蔽环时的电位分布；（b）屏蔽环对电位分布的影响

分压器的低压臂会显著影响整个测量系统的性能，包括测量不确定度、响应特性以及抗干扰性能等。低压臂应尽可能降低残余电感，电阻元件应采用无感电阻或在绝缘圆片上进行无感绕制，必要时可由多个电阻元件并联，按照对称辐射结构或同轴结构进行布置（见图 5-42），以进一步降低残余电感、改善分压器的响应特性。低压臂电阻应尽可能选择与高压臂相同的电阻丝绕制或选择温度系数很低的金属膜电阻，以减小温度对分压器不确定度的影响。为了避免外界电场或磁场的干扰，常采用接地的金属屏蔽盒中来安装低压臂。

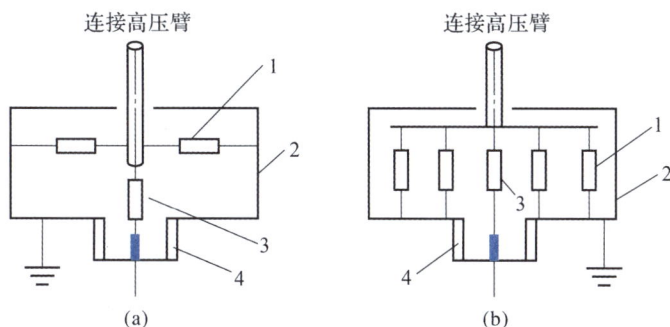

图 5-42　电阻分压器低压臂两种结构图

（a）对称辐射结构；（b）同轴布置结构

1—低压臂电阻；2—金属屏蔽盒；3—匹配电阻；4—信号电缆接口

为了安全起见，试验人员和测量仪器必须远离高电压试验区，同时将测量仪器与分压器分隔一段距离，一般需要几米到几十米。通常采用射频同轴电缆将分压器和测量仪器（如数字示波器）连接起来，如图 5-43 所示。

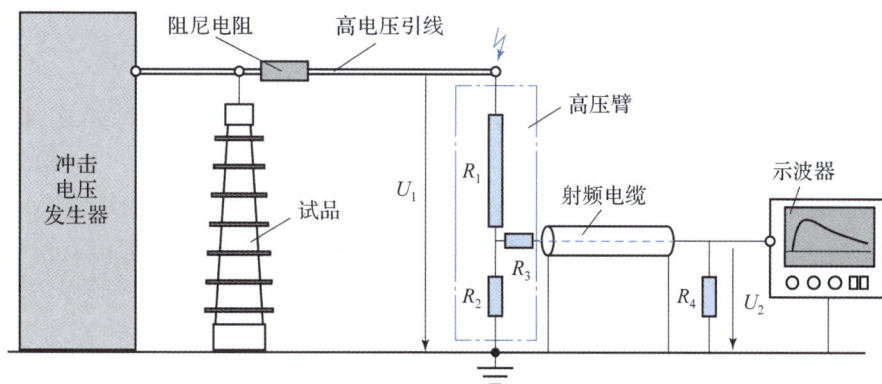

图 5-43　测量系统布置图

对于冲击电压的测量来说，射频同轴电缆相当于一根长线，冲击波在电缆中传播时，由于电缆阻抗与分压器阻抗（由右侧看向左侧）、示波器输入阻抗不匹配，会在电缆的两端产生折反射，使得示波器上记录的冲击电压波形发生振荡，甚至畸变。通常需要在电缆的一端或两端进行阻抗匹配。譬如说一端匹配，可在电缆首端，即电缆和分压器低压臂之间，串联一匹配电阻 R_3，或在电缆末端，也即电缆芯线与地之间，并联一阻值与电缆波阻抗相等的匹配电阻 R_4。有条件的情况下，应进行如图 5-43 所示的电缆首末端匹配方式。如果电缆波阻抗为 Z，则匹配电阻应满足

$$R_2 + R_3 = Z，且 R_4 = Z$$

射频同轴电缆对波过程来讲，相当于一个波阻抗 Z，对于稳态过程来讲，又相当于一个集中电容 C，这会造成冲击测量系统的初始分压比和稳态分压比的不同。若作用在分压器上的电压是幅值为 U_1 的阶跃电压波，在电压施加之初，电缆表现为波阻抗 Z。

电缆采用首末端匹配，此时示波器的输入电压 U_2 为

$$U_2 = U_1 \frac{R_2 /\!/ (R_3+Z)}{R_1 + [R_2 /\!/ (R_3+Z)]} \frac{Z}{R_3+Z}$$

式中：符号"$/\!/$"代表它前后的电阻（抗）相并联。

测量系统的初始分压比 $K|_{t=0}$ 可表示为

$$K|_{t=0} = (U_1/U_2)|_{t=0} = [(R_1+R_2)(R_3+Z)+R_1R_2]/(R_2Z)$$

电压施加超过分压器的响应时间以后，直到 $t \to \infty$，电缆相当于一个电容，可以忽略，此时示波器的输入电压 U_2 为

$$U_2 = U_1 \frac{R_2 /\!/ (R_3+R_4)}{R_1 + [R_2 /\!/ (R_3+R_4)]} \frac{R_4}{R_3+R_4}$$

测量系统的最终分压比 $K|_{t=\infty}$ 为

$$K|_{t=\infty} = (U_1/U_2)|_{t=\infty} = [(R_1+R_2)(R_3+R_4)+R_1R_2]/(R_2R_4)$$

可见，如果 $R_4=Z$，即电缆末端匹配，则测量系统的初始分压比等于最终分压比。如果 $R_2 \ll R_3+R_4$，则 $R_3 \approx R_4 = Z$，此时的测量系统分压比 $K \approx 2(R_1+R_2)/R_2$。在测量电缆进行首末端匹配时，测量系统的最终分压比近似等于分压器本体分压比的两倍。

如果电缆首端匹配，此时 $R_2+R_3=Z$，示波器输入阻抗远大于电缆波阻抗，电缆末端相当于开路，同样可得到测量系统的初始和最终分压比为

$$K|_{t=0} = (R_1+Z_1)/Z'$$
$$K|_{t=\infty} = (R_1+R'_2)/R'_2$$

式中：Z_1 为 R_2 与 R_3+Z 的并联电阻，$Z_1=R_2(R_3+Z)/(2Z)$；R'_2 为 R_2 和 R_3 的并联电阻，$R'_2=R_2R_3/(R_2+R_3)$。当 $R_1 \gg R_2$，且 $R_1 \gg Z$ 时，$K|_{t=0} \approx K|_{t=\infty} = (R_1+R_2)/R_2$。

不管是电缆的首端匹配，还是末端匹配，如果 $R_1 \gg R_2$、$R_1 \gg Z$，测量系统的初始分压比和最终分压比之间的差别很小，都近似等于分压器本体电阻所构成的分压比，即 $(R_1+R_2)/R_2$。

值得注意的是，由于冲击分压器本体电阻值一般为 $10\mathrm{k\Omega}$ 左右，在更高的雷电冲击电压以及操作冲击电压作用下，分压器高压臂电阻会出现严重发热。另外，更高电压下需要更大的屏蔽环来改善对地杂散电容的影响，但这在技术和经济上都不太好实现。因此，冲击电阻分压器一般用于 2MV 以下的雷电冲击电压测量，很少用于操作冲击电压的测量。

5.5.4 电容分压器

冲击电压测量用电容分压器大致可分为两种形式：一种是电容分压器的高压臂由多个高压电容器串联组成，另一种是分压器的高压臂仅有一个电容。前一种分压器电容多采用绝缘壳的油膜脉冲电容器来组装，要求电容器的残余电感小，能够经受短路放电。每一个脉冲电容器由多个元件串并联组成，每个电容元件存在固有电感、绝缘电阻、接触电阻以及对地电容等。这种电容分压器可看作分布参数，也就称为分布式电容分压器。后一种电容分压器的高压臂电容主要采用标准电容器、高压导体与接地处金属电极所构成的耦合电容等单个电容，它们以空气、$\mathrm{SF_6}$ 气体或电缆绝缘体作为介质，表现为一个集中电容，故称为集中式电容分压器。

1. 分布式电容分压器

若忽略脉冲电容器绝缘电阻与残余电感的影响，那么分布式电容分压器的等效电路可由图5-44所示来表示。当高压端施加幅值为U_0的阶跃方波时，在$x=X$处的电压可表示为

$$u(t) \approx U_0(X/l)[1-C_e/(6C)] \qquad (5-73)$$

式中：C_e为电容分压器高压臂全长对地杂散电容；C为电容分压器高压臂纵向总电容。

由式（5-73）可以看出，如果电容分压器不考虑残余电感的影响，其电压传递特性与频率无关。也就是说，电容分压器在测量冲击电压时，只会造成幅值的误差，不会出现波形的畸变。式（5-73）中$C_e/(6C)$项代表误差，是由于对地杂散电容C_e所造成的，该误差可通过分压比的校准来进行修正。分压器对地杂散电容与分压器实际应用环境（与周围接地物体、试品以及冲击发生器的相对位置）密切相关，分压器校准后应保持周围环境与校准时相一致。

从上述分析来看，分布式电容分压器只有幅值误差而无波形误差，似乎分布式电容分压器的响应特性比电阻分压器要优越。实际上，分布式电容分压器不可避免地会存在残余电感，而且分压器与试品、冲击电压发生器之间必须有一段高压引线。残余电感与对地杂散电容会构成振荡回路，造成波形畸变。高压引线不仅存在电感，而且在阶跃方波作用下呈现长线效应，当冲击波在高压引线上传播时，会出现折反射而产生振荡，进而造成被测冲击电压波形的畸变。为了减小冲击波的折反射，需要在高压引线上串联阻尼电阻：一是与高压引线的波阻抗进行匹配，二是阻尼高电压引线电感与分压器等效电容之间的振荡。

图5-44为电容分压器分布参数等效电路，图中R'、L'、C'和C'_e分别是单位长度的绝缘电阻、残余电感、分压器高压臂电容和对地杂散电容。

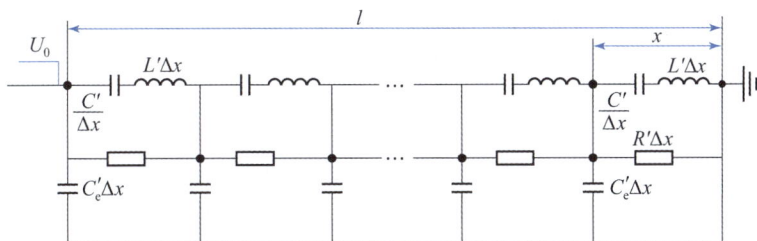

图 5-44　电容分压器分布参数等效电路

引线和分压器残余电感不引起振荡的条件为阻尼电阻$r \geqslant 2\sqrt{\dfrac{L}{C_1}}$，其中$r$为引线中串接的阻尼电阻；$L$为引线和分压器残余电感之和；$C_1$为电容分压器等效电容。高压引线增加阻尼电阻后，分布式电容分压器的响应时间可表示为$T=rC_1+L/R$。由于分压器的绝缘电阻较高，L/R可以忽略，此时分压器的响应时间$T=rC_1$。通常情况下，阻尼电阻r一般在$200\sim1000\Omega$范围内，电容分压器高压臂等效电容C_1为几百皮法，比屏蔽电阻分压器的杂散电容大得多。考虑高压引线的影响后，分布式电容分压器的响应时间会比屏蔽电阻分压器大很多。因此，对于雷电冲击电压和陡前沿冲击电压的测量，

宁可采用屏蔽电阻分压器也不建议采用电容分压器。但电容分压器不消耗能量，没有发热的问题。对于操作冲击电压和长波前冲击波的测量，电容分压器比电阻分压器更为有利。

电容分压器低压臂应采用低电感结构、低介质损耗的电容器。低压臂的整体结构与电阻分压器低压臂结构类似，可参考图 5-42（图中低压臂电阻由低电感电容替代）。低压臂电压采用同轴输出接口，可与同轴射频电缆进行同轴对接，保证同轴电缆首端接地并与低压臂外屏蔽紧密连接。

与电阻分压器类似，电容分压器低压测量回路同轴射频电路的匹配也可分为首或末端匹配以及首末双端匹配两种方式，分别如图 5-45（a）和（b）所示。图中，R_1 和 R_2 都等于电缆波阻抗 Z。电容分压器和示波器连接端电缆的匹配不能像电阻分压器那样采用末端并联电阻的方式〔见图 5-43 中 R_4〕。这种匹配方式，虽然在暂态时电缆末端不会引起折反射，但在低频或稳态时传入电缆的电压波会发生畸变。在暂态时，电缆可看作波阻抗 Z，低压臂是电容 C_2 与波阻抗 Z 和匹配电阻串联后并联；而在稳态时，电缆可看作集中电容 C_c，低压臂是 C_2、C_c 和 R_2 的并联。显然分压比不是一个常数，会随所加电压波形的变化而变化。在冲击电压的波前部分，电压变化快，分压比主要由 C_1、C_2 决定，但波尾部分电压变化较慢时，C_2 容抗大大增加，并联电阻 R_2 使分压器低压臂阻抗发生很大变化，从而使所测波形失真，造成测量结果的不正确。因此，对于电容分压器低压测量回路电缆的匹配，首端匹配时在电缆首端有匹配电阻 $R_1=Z$，而电缆末端进行匹配时，在电缆末端并联 R_2（$R_2=Z$）和 C_3 的串联支路，如图 5-45（b）所示。

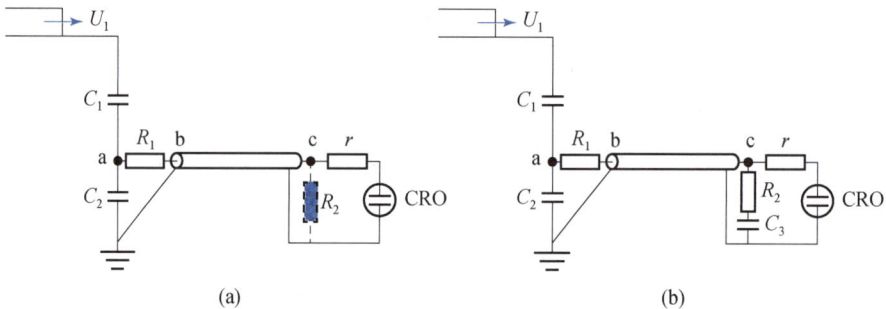

图 5-45 电容分压器低压回路电缆的匹配方式
(a) 首端匹配；(b) 首末双端匹配

当电缆首端匹配（$R_1=Z$）时，暂态情况下进入 a 点的电压为 $U_a=U_1\dfrac{C_1}{C_1+C_2}$。此时，电缆可看作一个波阻抗，进入 b 点的电压为 $U_b=U_1\dfrac{C_1}{C_1+C_2}\dfrac{Z}{R_1+Z}$。由于电缆末端未匹配，示波器的输入阻抗远大于电缆波阻抗，末端可看成开路，电压波到达电缆末端时会发生正的全反射，使得 c 点电压变为 $U_c=2U_b$。故电缆首端匹配时的初始分压比为

$$K|_{t=0}=(U_1/U_c)|_{t=0}=(C_1+C_2)/C_1 \tag{5-74}$$

当到达稳定状态后，低压测量回路的同轴电缆可看作一个集中电容 C_c，低压臂分出的电压为 $U_1C_1/(C_1+C_2+C_c)$，故最终分压比为

$$K|_{t=\infty}=(U_1/U_c)|_{t=\infty}=(C_1+C_2+C_c)/C_1 \tag{5-75}$$

比较式（5-74）和式（5-75）可见，电缆首端匹配时初始分压比和最终分压比有所不同，主要是测量电缆等效电容 C_c 的影响，其差异的百分数为 $C_c/C_1\times100\%$，如图 5-46（a）所示。对于电压较高的分压器，其低压臂电容都比较大，电缆不太长时 C_c 比较小，电缆造成的误差 C_c/C_1 可以忽略。如果分压器低压臂电容较小，而电缆又较长，初始分压比和最终分压比会存在较大差异，进而造成波形的畸变。

若低压测量回路电缆采用图 5-45（b）所示的首末双端匹配方式时，电缆末端 $R_2=Z$，电容 C_3 很大，电压波到达电缆末端时不发生反射。电容分压器的初始分压比为

$$K|_{t=0}=(U_1/U_c)|_{t=0}=2(C_1+C_2)/C_1 \tag{5-76}$$

达到稳定状态后，电缆可看作一个电容 C_c，电缆末端与电容 C_3 并联，最终分压比为

$$K|_{t=\infty}=(U_1/U_c)|_{t=\infty}=(C_1+C_2+C_3+C_c)/C_1 \tag{5-77}$$

分压器初始分压比必须等于最终分压比，即 $K|_{t=0}=K|_{t=\infty}$。根据式（5-76）和式（5-77）可得

$$C_1+C_2=C_3+C_c \tag{5-78}$$

因此，电容分压器低压测量回路电缆双端匹配时，不仅需要满足 $R_1=R_2=Z$，分压器高、低压臂电容、电缆电容以及匹配支路电容值还需要满足式（5-78），这样才能保证分压器的初始分压比和最终分压比是相等的。

另外，测量电缆首末端的匹配实质上是电阻 R_1（或 R_2）与电容容抗的串联。由于不同频率下电容容抗也不同，电缆首末端很难实现真正的匹配。因此，所测电压波的峰值附近还会出现波形畸变，如图 5-46（b）所示。

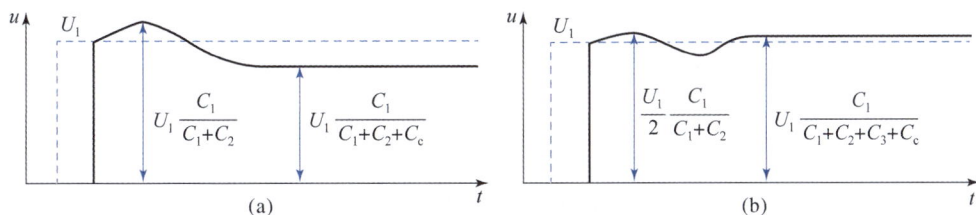

图 5-46　电容分压器测量电缆匹配方式对输出波形的影响
（a）电缆首端匹配；（b）电缆双端匹配

2. 低阻尼电容分压器

一个分布式电容分压器除了电容元件外，还有电容器的残余电感和绝缘电阻，此外还存在对地杂散电容。一个高压分压器还需通过高压引线与试品或冲击电压发生器连接，高压引线电感和长线效应也会造成冲击电压波形畸变。前文已介绍，通过在高压引线串联阻尼电阻，可降低电容器电感以及高压引线等对冲击电压波形的畸变，但此时电容分压器的响应时间 $T=rC_1$。由于 rC_1 较大，分布式电容分压器的响应特性较差，不太适合于雷电冲击或陡前沿冲击电压的测量。另外，在阶跃方波或快速暂态电压下，电容分压器在高频范围内接近于短路，分压器的阻抗主要取决于分压器的残余电感，残余

电感与对地杂散电容相互作用，会造成分压器输出特性的激烈振荡，如图 5-47（a）所示。

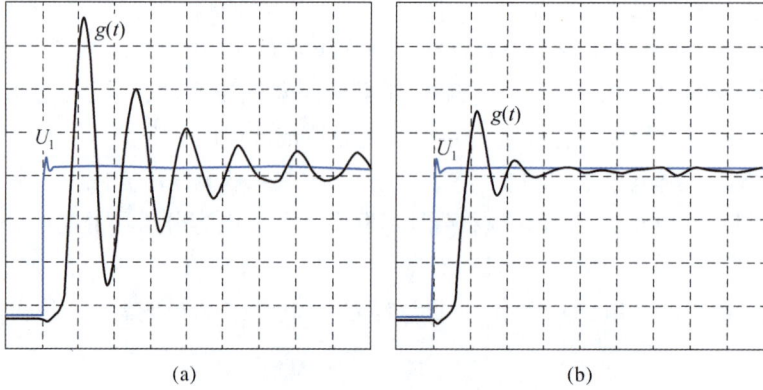

图 5-47 有无阻尼电阻时的电容分压器阶跃响应
(a) 分压器内无阻尼电阻；(b) 分压器内串联阻尼电阻

为了克服分布式电容分压器的上述问题，人们提出了串联阻容分压器。目前最常用的是低阻尼阻容串联分压器，它将阻尼电阻分散在各电容元件中，电阻与电容串联，并且取消高压引线上的阻尼电阻，可得到较好的方波响应特性，如图 5-47（b）所示。

对于图 5-44 所示分布式电容分压器，在其输入端施加单位阶跃电压，可得到归一化阶跃响应。为了阻尼振荡，需要在高压臂，即图 5-44 所示电路的 $K'\sim L'$ 支路上串联一定的电阻，其总值以 R_1 来表示。如果只考虑消除一次振荡波，则阻尼电阻 R_1 需满足

$$R_1 \geqslant 2\pi(L/C_e)^{1/2} \tag{5-79}$$

式（5-79）所要求的阻尼电阻是按照施加阶跃电压波来分析的。阶跃电压波具有陡峭的前沿，更容易激发振荡，而实际所测的电压波形一般都没有阶跃电压波那么陡峭的前沿，因此有可能采用低阻值电阻就可阻尼振荡。将阻尼电阻分散布置到分压器高压臂内，即电阻和电容一起安装在一个绝缘筒中，可以调节分压器本身的波阻抗，由此可与高压引线的波阻抗（300～400Ω）取得匹配，不仅可阻尼分压器残余电感与对地杂散电容之间的振荡，而且可消除高压引线上的反射波。

为了估算低阻尼电容分压器阻尼电阻所需的最佳值，考虑高频情况下分压器电容看作短路，图 5-48（a）所示的串联阻尼电容分压器可等效为图 5-48（b）所示的电路，图中 C_p 为等效至低压臂的杂散电容。图中，$R_d = R_{11} + R_{12} + \cdots + R_{1n} = nR_{11}$，$L_d = L_{11} + L_{12} + \cdots + L_{1n} = nL_{11}$。分压器电感可采用直径为 d、高度为 h 的金属圆柱来等效计算，即

$$L_d \approx \frac{\mu_0[\ln(h/d)]h}{2\pi}$$

结合 5.5.3 节中对地杂散电容的估算，可得

$$C_e L_d \approx \frac{2\pi\varepsilon_0 h}{\ln(h/d)} \frac{\mu_0[\ln(h/d)]h}{2\pi} = h^2\varepsilon_0\mu_0$$

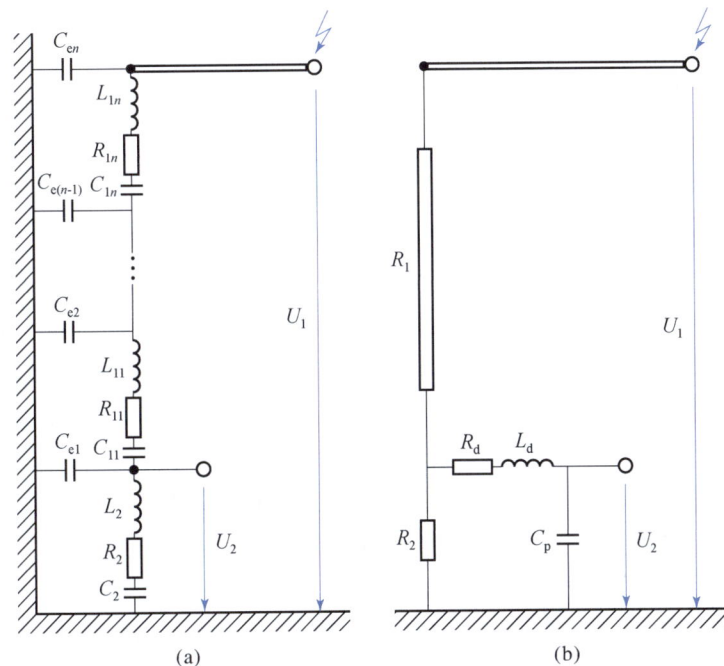

图 5-48　阻容串联低阻尼电容分压器的等效电路
(a) 分布式电阻阻尼电容分压器；(b) 阻尼电阻等效至电压回路
C_p—等效至低压臂的杂散电容

根据经典电网络理论，振荡响应转变为单调响应的条件为

$$R_d \geqslant 2\sqrt{\frac{L_d}{C_p}}$$

可以得到

$$R_d \geqslant \frac{\sqrt{24C_eL_d}}{C_e} \approx 290[\ln(h/d)](\Omega) \tag{5-80}$$

式（5-80）给出了电容分压器总的阻尼电阻值，该电阻是指分散布置在电容器内部的电阻值。当分压器电压较高，例如 2MV 阻尼电容分压器，若分压器高为 5m、直径为 0.25m 时，阻尼电阻值约为 870Ω，电阻分 4 段、每段 220Ω 与电容器分散串联。由于高压引线波阻抗约 300Ω，当分压器电压较高、高压引线较长时，可能会出现高压引线行波反射。此时高压引线需要串联 $r = 300\Omega$ 的阻尼电阻，阻尼电容分压器的总阻值约为 1170Ω。

应该强调的是，阻尼电容分压器低压臂设计对测量系统的性能影响很大。这是因为高压臂和低压臂的电感之比必须等于分压比，也等于电阻比，并与电容比成反比，即

$$L_2/L_1 = R_2/R_1 = C_1/C_2 \tag{5-81}$$

式中：电阻实际等于分压器内部阻尼电阻加上高压引线阻尼电阻，即 $R_1 = R_d + r$。

由于阻尼分压器的最终响应决定于 R_1C_1，分压器应尽可能地降低残余电感，以降低阻尼电阻，从而减小响应时间。低压臂设计时，其残余电感应满足式（5-81）要求，需要通过大量电容器并联，构成圆盘形来降低低压臂的电感。

当分压器电压不是很高时，低压臂一般可不串联补偿电阻 R_2。为了降低分压器的响应时间，可将电阻 R_1 选得偏小一点，可选 $R_1 = (0.25 \sim 1.5) \sqrt{L/C}$。这里 L 和 C 分别为分压器回路（含引线）的总电感值和分压器的电容值。此时分压器的阶跃响应带有一定的振荡，在选择 R_1 时，冲击电压波形的振荡幅值不应该超过其平均值的 10%。对于几百千伏至百万伏的阻尼分压器，R_1 为 $50 \sim 300\Omega$。

阻容分压器的低压臂无补偿电阻 R_2 时，其低压测量回路与纯电容分压器的测量回路相同，测量电缆的匹配方式也与纯电容分压器一样，可采用电缆首端或首末端匹配方式。当低压臂具有补偿电阻 R_2 时，电缆首端匹配仍是在电缆首端与分压器之间串联匹配电阻 R_3，应满 $R_2 + R_3 = Z$，而电缆末端匹配方式与纯电容分压器一样。

5.5.5 测量系统的性能试验与校准

1. 认可的冲击测量系统的性能试验

性能试验包括以下项目：①测量系统刻度因子的标定试验；②测量系统动态特性试验；③干扰试验，验证其干扰水平低于规定的极限。其他还包括线性度试验、稳定性试验。

（1）刻度因子标定试验可采用以下两种方法来进行。

1）标准方法：试验时，在最高工作电压下采用与标准测量系统进行比对，并按照标准规定的接线方式进行试验布置，同时读取两个系统的读数。由于较高电压的标准测量系统难以获得，因而可在低电压，如 20% 最高工作电压下进行比对。例如 1MV 的雷电冲击测量系统，可在 200kV 下进行比对。确定标定刻度因子的电压应在线性度试验所覆盖的范围内。试验应重复 n 次（$n \geqslant 10$，对于冲击电压，应施加 n 次冲击），可得到 n 个独立读数。取平均值作为系统标定刻度因子，其实验标准偏差 s 应小于平均值的 1%。

相关标准规定，刻度因子标定试验应采用两种不同的冲击电压波来进行测量。对于雷电全波和波尾截断波，它们的波前时间 T_{fcal} 应在最短的波前时间 T_{fmin} 和最长的波前时间 T_{fmax} 之间，半峰值时间 T_{tcal} 约为认可的测量系统的最长的半峰值时间。对于波前截断波，标准规定截断时间在最短的波前时间 T_{cmin} 和最长的波前时间 T_{cmax} 之间。

2）替代方法：仅采用一种波形展开标定试验。对于雷电全波和波尾截断波，它们的波前时间 T_{fcal} 应在最短的波前时间 T_{fmin} 和最长的波前时间 T_{fmax} 之间，半峰值时间 T_{tcal} 约为认可的测量系统的最长半峰值时间。对于波前截断波，标准规定校准冲击的截断时间在最短的波前时间 T_{cmin} 和最长的波前时间 T_{cmax} 之间。

此外，可采用冲击测量系统的转换装置、传输系统、测量仪器等组件的刻度因子乘积来确定，也称为组件校正的替代方法。

（2）动态特性试验。可采用标准方法测量动态特性，也可采用替代方法。

1）标准方法：校准用输入电压的波形必须与被测电压相同，试验时应按照标准规定的接线方式进行布置。可采用上述刻度因子标定标准方法中的试验记录，计算两个系统测得电压的相关时间参数，同时应根据标准要求，评定被试系统时间参数测量的扩展不确定度。

被测试系统应满足以下两方面要求：①两个系统测得的每一时间参数差值，应在由标准冲击测量系统测得的相应值的 $\pm 10\%$ 范围内；②对于每一时间参数，被试系统与标准冲击测量系统相应读数之比值的试验标准偏差，均应小于其平均比值的 5%。

2）替代方法：采用阶跃方波电压测量。标准规定在进行阶跃响应试验时，被试系统在下列时刻的响应值与参考电平出现时间段内的参考电平值差值应不大于±1%：①对于冲击全波和 $2\mu s$ 后截断的冲击截波是指波前时间 T_{fcal} 应在最短的波前时间 T_{fmin} 和最长的波前时间 T_{fmax} 之间；②对于截断时间为 $0.5\sim 2\mu s$ 范围内的冲击截波，是指截断时间 T_{ccal} 在最短的波前时间 T_{cmin} 和最长的波前时间 T_{cmax} 之间。

在参考电平时间时段 $0.5T_{fmin}\sim 2T_{fmax}$ 内，阶跃响应与参考电平值的差值应不大于±2%，而在 $2T_{fmax}\sim 2T_{tmax}$ 内阶跃响应与参考电平值的差值应不大于±5%。这里，T_{tmax} 是指系统需被认可的冲击电压波最长峰值时间。

2. 冲击测量系统的阶跃响应测试与响应指标

阶跃响应测试时，阶跃波的上升时间应小于被测系统所要求响应时间的十分之一。阶跃波的上升时间是指电压上升至稳定值的 10% 和 90% 两点间的时间间隔。阶跃波的产生可采用汞润继电器、高气压气体（如 H_2）间隙等，这些设备可产生几百伏至几千甚至几十千伏的阶跃电压。阶跃波电源的内阻应小于被试系统输入阻抗的千分之一，并能以一定的重复频率（如 100Hz）工作。

根据国家标准和 IEC 标准，存在几种合适的阶跃响应测量回路，其中最佳的回路如图 5-49 所示。阶跃波发生器放在接地金属墙上，放置的高度与被测分压器的高度相等，通过一根水平布置的高压引线与分压器相连。考虑邻近效应，必须注意分压器的布置与实际高压测试条件一致，在性能测试完成后既不更换高压连接引线也不更换测量电缆。

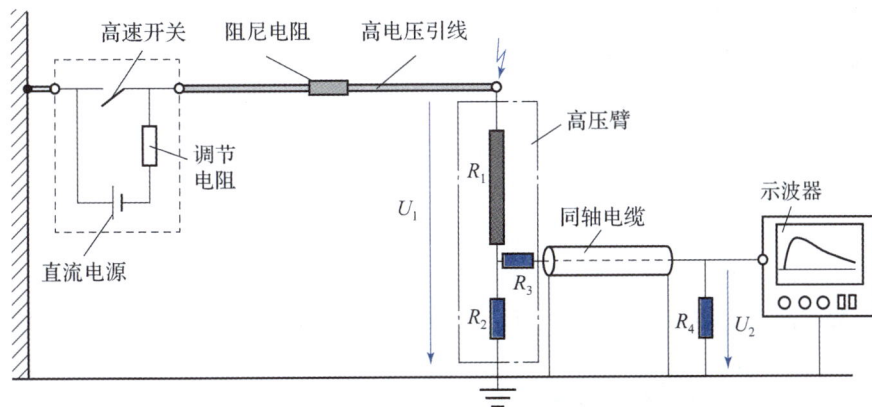

图 5-49　分压器测量系统阶跃响应测试的典型接线布置图

阶跃响应参数主要包括实验响应时间 T_N、部分响应时间 T_α 和稳定时间 t_s。前面已介绍过实验响应时间和部分响应时间，这里在介绍稳定时间前，需要先介绍响应时间残差 T_R。响应时间残差 T_R 是实验响应时间 T_N 与阶跃波响应从 O'［见图 5-38（b）］到某一瞬时时刻 t_i 的积分值 $T(t_i)$ 之差 $T_R(t_i)$，$t_i \le 2t_{max}$。此积分值相当于 t_i 之后直至 $2t_{max}$ 时段内响应波形与单位幅值线之间所包围面积代数和所代表的时间，即

$$T_R(t_i)=T_N-T(t_i) \tag{5-82}$$

稳定时间 T_s 是响应时间残差 $T_R(t_i)$ 的绝对值达到并继续保持不大于 $0.02t_i$ 的最短

时间，即 t_i 在 T_s 之后直至 $2t_{max}$ 的时间段内都满足以下条件

$$|T_R(t_i)| = |T_N - T(t_i)| < 0.02t_i \qquad (5-83)$$

这表明响应波形在此之后与单位幅值线已基本一致，可认为已保持稳定。

对于标准测量系统，可采用标准方法和替代方法进行校准。标准规定标准测量系统的响应参数应满足表 5-3 的要求。

表 5-3　标准测量系统的响应参数要求

参数	雷电全波和截断波（ns）	波前截断雷电波（ns）	操作冲击波（μs）
实验响应时间 T_N	≤15	≤10	
部分响应时间 T_α	≤30	≤20	
稳定时间 t_s	≤200	≤150	≤10

标准还规定，在冲击电压参数对应时刻，被校准的标准测量系统阶跃响应值与参考时段内的参考电平之间的偏差，不应大于 ±0.5%。

5.5.6　数字化与光电测量技术

1. 数字存储示波器

为了测量高压技术中的快速瞬态信号，如雷电冲击波、快速暂态过电压等，数字存储示波器（Digitizing Storage Oscilloscope，DSO，简称数字示波器）和数字记录仪（Digitizer）已取代高电压示波器，成为高压测试中不可或缺的工具。在高电压领域，数字示波器不仅用于稳态的交流、直流高压的测量，还用于快速瞬态过程的测量，如冲击电压（电流）、气体绝缘金属封闭开关设备（GIS）中特快速瞬态过电压（VFTO）、局部放电波形以及高速电磁脉冲（EMP）等参量的测量。

数字示波器是采用数据采集、A/D 转换、软件编程和数字存储等一系列技术制造出来的高性能示波器，其工作方式是通过模数转换器（ADC）把被测电压转换为数字信息。数字示波器捕获的是波形的一系列样值，并对样值进行存储，存储限度由判断累积的样值是否能描绘出波形决定，然后再重构波形。数字示波器具有"提前触发功能"，可以将快速暂态完整电压波形都记录下来。

由于数字示波器与模拟示波器之间存在较大的性能差异，数字示波器的选用会影响测量的不确定度，使用时必须注意下列技术指标。

（1）采样率 f_s。采样率是指单位时间内完成的完整 A/D 转换次数，其单位是"采样数/s"，譬如采样率为"100MS/s"，代表每秒采集 100 兆个采样数，大写的 S 代表 Sample。采样率主要由 A/D 转换器的转换速率决定。采样率越高，仪器捕捉信号的能力越强。采样率 f_s 的倒数即为采样周期 T_s，T_s 为两次采样之间的时间间隔。数字示波器只能在离散的时间序列对输入量进行采样，因此会在 X 方向和 Y 方向，也即在时间参数和电压值上都会产生测量不确定度，这些测量不确定度都与采样率相关。以正弦波峰值电压的测量为例，若正弦波的角频率为 ω，采样点对称地落在峰值的两侧，则此时峰值的采样不确定度最大，其采样不确定度为

$$\Delta U/U_0 = 1 - \cos(\omega T_s/2) = 1 - \cos(\pi f/f_s)$$

式中：若 $f/f_s=1/4$，则正弦波峰值测量的不确定度约为 30%，相当于 $-3dB$。

如果被测时间间隔为 T_x，标准规定示波器的采样率应满足

$$f_s \geqslant 30/T_x$$

对于雷电冲击电压波前时间的测量，T_x 则为待测雷电冲击的 T_{30} 和 T_{90} 之间的时间间隔，$T_x=0.6T_f$。考虑到最短波前时间 $T_f=0.84\mu s$，则 $T_x=0.6\times0.84\mu s=0.504\mu s$。可以得到 f_s 应满足

$$f_s \geqslant 60MS/s$$

测量雷电冲击波前截断波时，采样率一般不大于 100MS/s；对截断时间 T_c 小于 200ns 的波前截断波，采样率一般不应小于 400MS/s；为了测量冲击电压波形上所叠加的振荡，采样率应不小于 $8f_{max}$，f_{max} 为测量波形所叠加振荡的最高频率分量。

（2）位数及垂直分辨率。模数转换器（ADC）的位数为 N 时，可将模拟信号量化为 2^N-1 个等级，两个量化电平之间的信号，按就近原则进行近似，该近似过程必然会引入误差，这个误差称为量化误差 E_q。对于数字示波器来说，ADC 对模拟信号量化的等级数量即为分辨率，通常用 bit 作为垂直分辨率单位，当垂直分辨率为 N bit 时，在垂直方向上信号可被切分为 2^N-1 个段，可分辨的最小电压 LSB（least significant bit）为

$$LSB=\frac{U_{fs}}{2^N-1}$$

式中：U_{fs} 为满量程（Full Scale）偏转量。

在理想条件下，量化误差 $E_q \leqslant |0.5LSB|$，于是示波器的垂直额定分辨率为

$$r=\frac{1}{2^N-1}\times100\%$$

其含义是能测出的额定最小输出量占满量程份额。不管是量化误差，还是垂直额定分辨率，都取决于位数 N。一般数字示波器位数为 8bit 及 10bit，相应的垂直额定分辨率为 0.4%~0.1%。

标准规定，冲击电压波形参数测量时，应采用 8bit 或 8bit 以上的数字示波器。若进行比对试验，要求数字示波器垂直额定分辨率应小于 0.2%，应采用 10bit 或 10bit 以上的数字示波器。

（3）记录长度。记录长度（Record Length），也称存储深度，是指数字示波器可以存储的采样数。譬如存储深度"20 兆个采样点"，一般会写作"20Mpts"（pts 为"points"的缩写）或 20MS。

对于数字示波器，存储深度＝采样率×采样时间，其最大存储深度是一定的，但是在实际测试中所采用的存储长度是可变的。当存储深度一定时，存储速度越快，存储时间就越短。同时，采样率跟时基（timebase）是一个联动的关系，调节时基挡位越小，采样率越高。存储速度等效于采样率，存储时间等效于采样时间，采样时间由示波器的显示窗口所代表的时间决定。譬如当时基选择 $10\mu s/div$，若水平轴是 10 格，则采样时间为 $100\mu s$。如果存储深度为 1Mpts，则实际采样率为 $1Mpts \div 100\mu s=10GS/s$。

（4）频率带宽。数字示波器的频率带宽是指正弦输入信号衰减到实际幅值 $-3dB$ 时的频率，频率带宽决定着示波器对信号的基本测量能力，它由示波器内衰减器和放大器

的性能所决定。数字示波器至少包含两部分：被测信号的 Y 通道和采样部分。Y 通道是对被测信号进行放大（或衰减），带宽也就针对 Y 通道而言。假如 Y 通道能对 0～10MHz 范围所有正弦信号均匀而不失真地放大，则它的带宽至少是 10MHz。由于复杂波形信号由不同谐波含量的正弦信号组成，而且这些谐波构成的带宽可能很宽。因此，为了保证复杂信号的无畸变放大，数字示波器 Y 通道的带宽越大越好，其带宽需要达到被测信号最高频率分量的 5 倍。

高压测试时，对于雷电冲击全波的测量，数字示波器的频率带宽一般应为 10MHz 以上，考虑到冲击电压波前或波峰振荡，其频率带宽可能会达到 50MHz。在测量截断时间 T_c 为 100～200ns 的波前截断波时，示波器的带宽应不低于 100MHz。

根据标准规定，数字示波器在使用前应进行多项试验，主要包括以下几项：

1）采用冲击波校准或阶跃波校准测得冲击刻度因子；

2）直流电压下的静态特性试验；

3）对称三角波电压下的动态局部非线性试验；

4）时基校准和非线性试验；

5）阶跃波电压下示波器上升时间测试；

6）内部噪声电平测试；

7）单向干扰试验。

（5）波形处理软件。IEC 60060.1 和 IEEE Std 4 都给出了一种冲击电压波形分析程序，这个程序能够客观判断过冲的存在及其频率特性来确定冲击电压的参数，以便消除不同处理方法下冲击电压参数的差异，该程序的主要步骤可参考图 5-50。

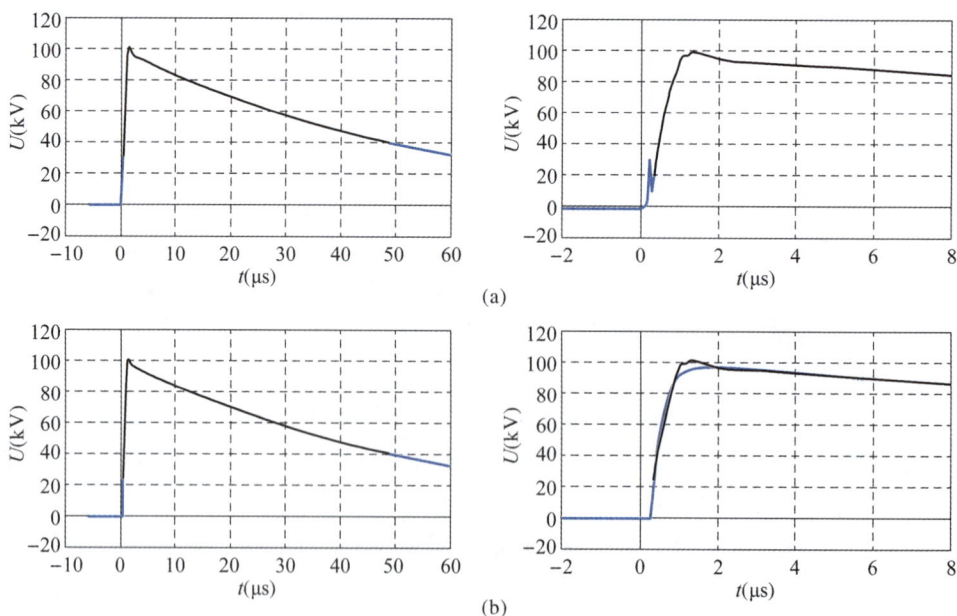

图 5-50 依据 IEC 60060.1-2010 的试验电压曲线的估算步骤（一）

（a）取测量数据（蓝色）的波前 20%峰值处至波尾 40%峰值处（黑色）间的数据用作曲线拟合；

（b）由步骤 1 所选数据（黑色）拟合得到的双指数型曲线（蓝色）

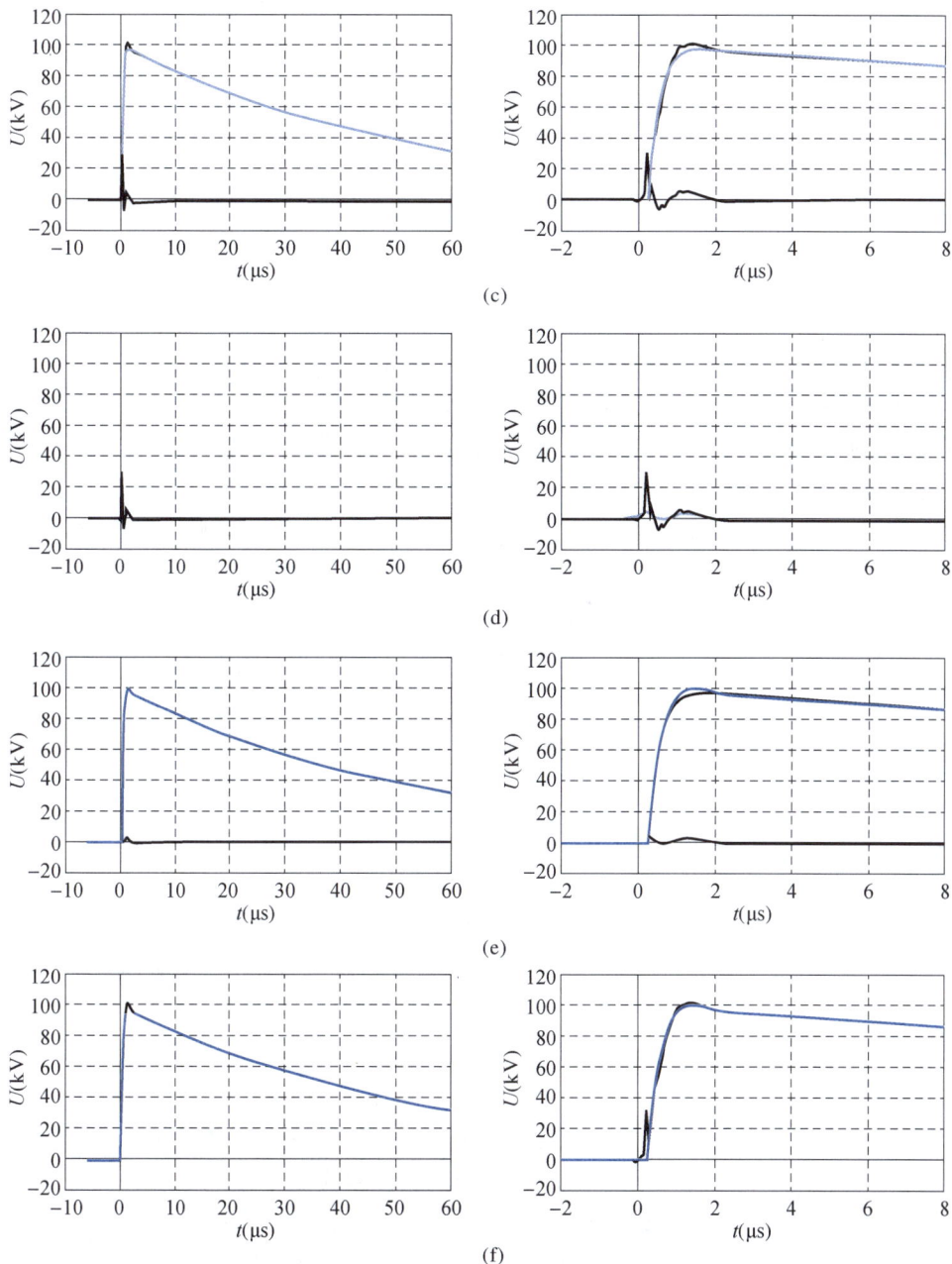

图 5 - 50 依据 IEC 60060.1 - 2010 的试验电压曲线的估算步骤（二）

（c）剩余曲线（黑色）可由测量曲线（蓝色）减去基准曲线（黑色）；

（d）根据试验电压函数对剩余曲线（黑色）滤波后的剩余曲线（蓝色）；

（e）剩余曲线（蓝色）与基准曲线（黑色）叠加后所得的试验电压曲线（蓝色）；

（f）试验电压曲线（蓝色）与测量曲线（黑色）的比较，U_p、T_1、T_2 由试验电压曲线计算得出

波尾截断冲击波形参数的计算需要掌握相同电路结构下全波冲击电压的波形特征，这是因为截断冲击的波前不是完美的指数形式，而且波尾也不存在，双指数曲线拟合并不能对截断冲击形成一个正确的基准曲线，需要通过冲击全波来辅助计算。大多数设备

在进行波尾截断的冲击电压试验时，常采用同一试验电路来产生低电压的冲击全波。因此，可按照图 5-50 中步骤（a）与步骤（b），采用这种参考冲击全波来进行波尾截断冲击的评估，通过对基准曲线的修饰或标准化，来匹配后续步骤得到的波尾截断曲线的幅值。

对于波前截断的雷电冲击电压，试验电压曲线即为记录曲线，无需对波形进行进一步处理。

2. 光电测量技术

随着电—光变换技术（E/O 变换）和光—电变换技术（O/E 变换）的发展，利用光纤传输技术和光学传感器测量高电压，特别是测量冲击高电压，越来越受到人们的重视。由于光波的频率很高，而且光纤本身就是绝缘体，因此在响应、绝缘和抗干扰等方面具有非常优越的性能。目前光纤传输系统的测量频带已经可以做得很宽，能满足测量准确度的要求。

利用发光二极管将电流变换成光信号，通过光纤传送，再由光敏二极管或光敏倍增管变换成电信号进行测量。

图 5-51 所示是采用该方法而制成的光电式冲击电压电阻分压器。在屏蔽电阻分压器的输入端设置补偿回路，补偿回路的电流（与输入电压波形成正比）经 E/O 变换后，送至接地侧，再经 O/E 变换，进行测量。采用这种方法，即使是大型分压器，响应特性也会很好，如制成的 2000kV 分压器，响应时间只有 10ns。利用光纤绝缘性能，可以很容易地测量高电位的电流（直流、交流和冲击电流）。E/O 变换和 O/E 变换部分可数字化或进行频率调制。

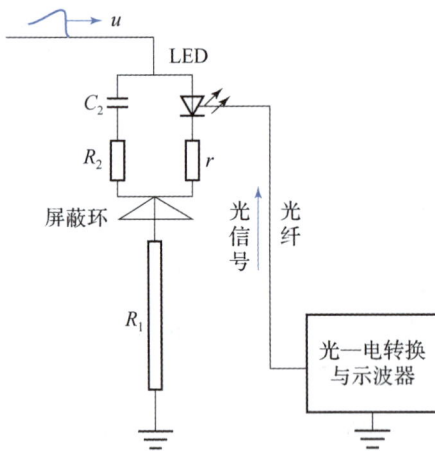

图 5-51 光电式冲击电压
电阻分压器

BOS（$Bi_{12}SiO_{20}$）、ADP（$NH_4H_2PO_4$）、KDP（$K_2H_2PO_4$）、$LiNbO_3$、ZnS 等晶体上施加电压时，会出现波克耳斯效应（Pockels Effect）。光的振动面使得只有一定方向的直线偏振光能穿过晶体。如果在光轴方向施加电压，则 x 与 y 方向振动分量的光折射率会发生变化，形成相位差，输出光变为椭圆偏振光。形成的相位差决定于施加电压的高低，因此，检测相位差的大小，可测得所加电压值。

电压测量系统的构成如图 5-52 所示。激光经过起偏器后变为直线偏振光，再穿过波克耳斯晶体和 1/4 波长板。光通过 1/4 波长板后，x 和 y 方向的光分量间会出现 1/4 波长的相位差（90°），穿过的光变为圆偏振光。如果在波克耳斯晶体上施加被测电压，相位差会发生变化，输出光则为椭圆偏振光。与起偏器相对应，在光的主轴方向再放置一个偏振片作为检偏器，通过改变光的强弱，利用受光器来测定经过检光器后的光的相位变化。

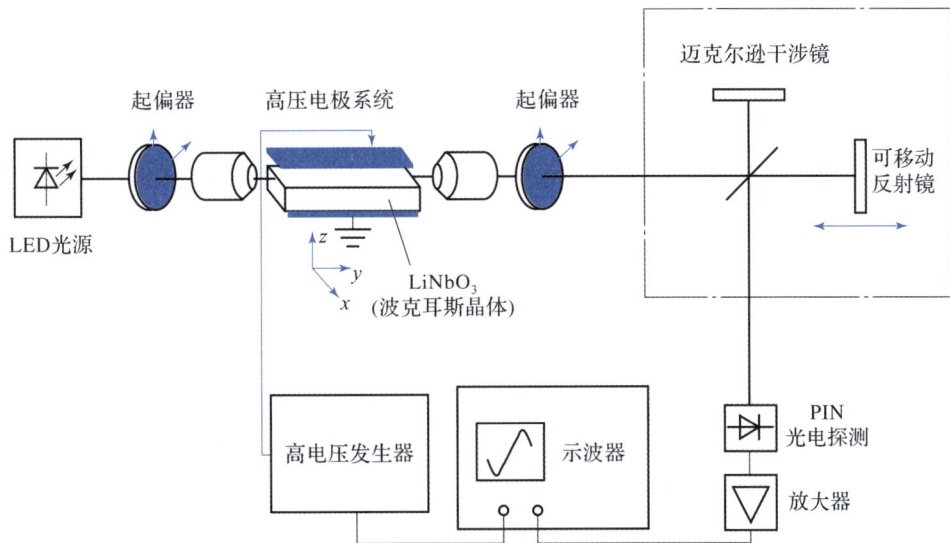

图 5 - 52 电光调制电压测量系统的构成

光通过铅玻璃时，如果在平行于光的行进方向上加上磁场，光的振动面会发生旋转，这种现象称为法拉第效应（Faraday Effect）。图 5 - 53 是法拉第磁光效应的变流器原理图。由激光器发出的光经过起偏器后，偏振面变为一定的方向。偏振光通过铅玻璃后，它的偏振面会转动一个角度 θ，角度 θ 与磁场成正比，而磁场又正比于电流 i。通过检测转动角 θ，并将信号变换成电量，就可测定电流的大小。和电磁式变流器相比，由于光路采用光纤，因此容易实现绝缘，并且可以测量直流以及冲击电流。

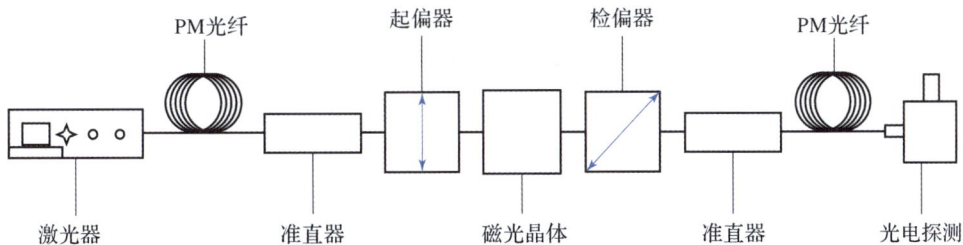

图 5 - 53 法拉第效应的变流器原理图

5.6 冲击电流的产生与测量

冲击电流（Impulse Current）是持续时间很短的一种暂态电流，它的特性主要由极性、电流峰值、波头时间、波尾时间来表示。国际电工委员会规定的标准冲击电流波有两类。第一类为指数型冲击电流，其波形参数定义如图 5 - 54（a）所示。这种冲击电流波通常以 T_f/T_t 来表示，典型波形有 $4/10\mu s$、$8/20\mu s$、$10/350\mu s$ 等。另一类为矩形冲击电流，其波形参数定义如图 5 - 54（b）所示。它的波形参数主要是峰值持续时间 T_d，典型波形的峰值持续时间 T_d 包括 500、1000、2000μs 以及 2000～3200μs 4 种。

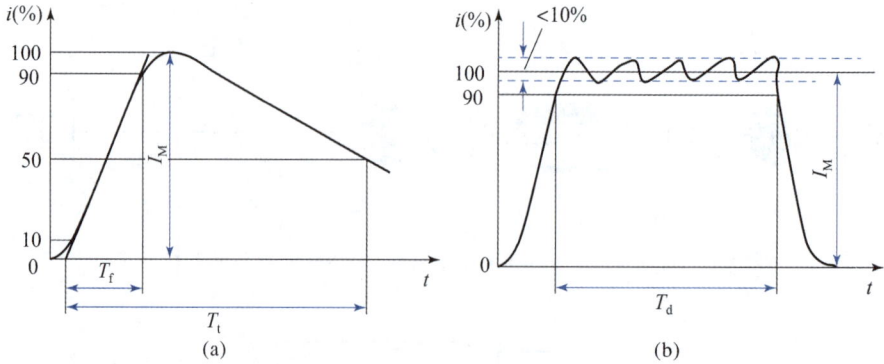

图 5 - 54　冲击电流波形的定义

（a）指数型波形；（b）矩形波冲击电流

5.6.1　冲击电流的产生

1. 指数型冲击电流

冲击电流发生器的工作原理和冲击电压发生器的工作原理类似，只不过为了获得大电流，将电容器相互并联，并且放电回路的电阻以及电感都非常小。冲击电流发生器（Impulse Current Generator）的基本回路如图 5 - 55 所示，电容器组 C 通过电阻 r 充电到电压 U_0，然后 G1 触发放电，于是电容器 C 经电阻 R 和电感 L 对试品 O 放电，形成冲击电流。L 是回路的残余电感，R 为包括分流器在内的回路实际电阻。令 $\alpha = (R/2)\sqrt{C/L}$，根据电路原理可知，按照回路阻尼条件的不同，放电可以分为以下三种情况。

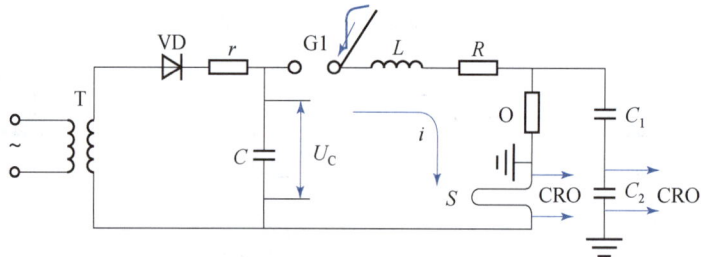

图 5 - 55　冲击电流发生器的基本电路

（1）当 $\alpha < 1$ 时，为欠阻尼情况，放电电流可表示为

$$i_s(t) = \frac{U_0}{\sqrt{1-\alpha^2}}\sqrt{\frac{C}{L}}\exp\left(-\frac{\alpha t}{\sqrt{LC}}\right)\sin\left(\frac{\sqrt{1-\alpha^2}}{\sqrt{LC}}t\right) \qquad (5 - 84)$$

电流 $i_s(t)$ 达到峰值时，$\mathrm{d}i_s(t)/\mathrm{d}t = 0$，由此可求得电流达到峰值的时间 t_M

$$t_M = \frac{\sqrt{LC}}{\sqrt{1-\alpha^2}}\arctan\left(\frac{\sqrt{1-\alpha^2}}{\alpha}\right) = \frac{\sqrt{LC}}{\sqrt{1-\alpha^2}}\arcsin(\sqrt{1-\alpha^2}) \qquad (5 - 85)$$

将 t_M 带入式（5 - 84），可得电流的峰值 i_{sM}

$$i_{sM}=U_0\sqrt{\frac{C}{L}}\exp\left(-\frac{\alpha\arctan\frac{\sqrt{1-\alpha^2}}{\alpha}}{\sqrt{1-\alpha^2}}\right) \tag{5-86}$$

（2）当 $\alpha=1$ 时，为临界阻尼情况，放电电流为

$$i_s=\frac{U_0 t}{L}\exp\left(-\frac{t}{\sqrt{LC}}\right) \tag{5-87}$$

$$t_M=\sqrt{LC} \tag{5-88}$$

$$i_{sM}=U_0\sqrt{C/L}\exp(-1)=0.736U_C/R \tag{5-89}$$

（3）当 $\alpha>1$ 时，为过阻尼情况。式（5-84）～式（5-86）中的 $\sqrt{1-\alpha^2}$、sin、arcsin 以及 arctan 分别换成 $\sqrt{1-\alpha^2}$、sinh、$\sinh^{-1}$ 以及 $\tanh^{-1}$，即可得到 $i_s(t)$、t_M 以及 i_{sM} 的表达式。

当 $\alpha<1$ 时，放电电流为衰减振荡波；当 $\alpha\geqslant 1$ 时，放电电流为非振荡波。冲击电流试验时，为了获得大的电流，常采用振荡波。无论哪种情况，可有如下表达式

$$i_{sM}=U_0\sqrt{\frac{C}{L}}f(\alpha)=\frac{U_0}{R}2\alpha f(\alpha)=\sqrt{\frac{2W}{L}}f(\alpha) \tag{5-90}$$

$$W=\frac{1}{2}CU_0^2 \tag{5-91}$$

$U_0\sqrt{C/L}$ 一定时，α 越小，亦即 R 越小，i_{sM} 就越大。而当 U_0/R 一定时，α 越大，亦即 C 增大或 L 减小，$2\alpha f(\alpha)$ 也随之增大，因此 i_{sM} 增加。$f(\alpha)$ 一定时，电流幅值 i_{sM} 随充电能量 W 的增加以及回路电感 L 的减小而增大。由此可见，为了获得大电流：

（1）尽量采用残余电感小的电容器，而且采用多个并联；

（2）回路引线尽可能短，引线的截面积尽可能大；

（3）回路各接点处的接触电阻要尽可能小；

（4）充电电压尽可能高，根据实际情况，也可采用与冲击电压发生器一样的多级充电形式；

（5）大电流产生时会出现较强的电磁力，发生器要有足够的机械强度。

2. 矩形冲击电流

矩形冲击电流可采用低损耗电缆或人工传输线构成的方波电流发生器来产生。当矩形冲击电流持续时间较长时，要求的电缆长度会很长，在经济上和技术上都没有很好的可行性。人工传输线是采用许多集中电感 L 和电容 C 来模拟长电缆，当采用的 L-C 单元数足够多时，人工传输线可看作均匀长线。图 5-56 所示的人工传输线方波电流发生器是由 n 个 L-C 单元所组成，由集中参数来代替均匀分布参数。计算表明，当 $n\geqslant 6$ 时，就可接近理想电缆长线。

若采用 n 个 L-C 单元人工传输线代表长为 l 的电缆，则每单位长度的电感为

$$L'=nL/l$$

每单位长度的电容为

$$C'=nC/l$$

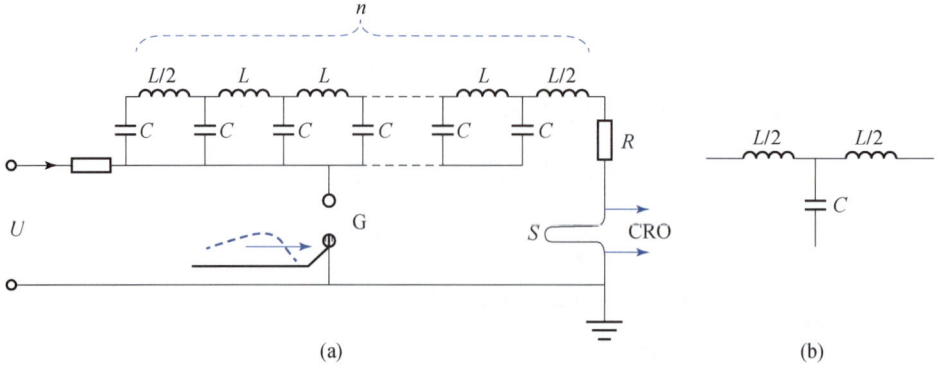

图 5 - 56　冲击电流方波发生器

(a) 等效电路；(b) 基本单元

人工传输线的波阻抗为

$$Z=\sqrt{L'/C'}=\sqrt{L/C}$$

波速为

$$v=1/\sqrt{L'C'}=l/(n\sqrt{LC})$$

波在长度为 l 的电缆上来回一次所需要的时间 T 为

$$T=2l/v=2n\sqrt{LC} \tag{5-92}$$

由式（5 - 92）可以看出，人工传输线方波发生器产生的矩形冲击电流持续时间 T_d 决定于 L-C 单元的电感值、电容值以及 L-C 单元的个数。

如果电容器充电至电压 U，利用触发脉冲使得点火间隙 G 放电，在负载电阻 R 上流过的电流为 I，则

$$I=U/(Z+R)=U/(\sqrt{L/C}+R) \tag{5-93}$$

若电阻 R 等于波阻抗 Z，人工传输线末端不会产生反射波，传输线上储存的能量 $W=nCU^2/2$ 全部消耗于电阻 R。流过电阻 R 的电流 i 为矩形冲击电流波，电流 i 降到零的时刻为始端反射波抵达电阻 R 的时刻。如果电阻 R 与波阻抗 Z 不相等，在电阻 R 端会发生多次折反射过程。当 $R>Z$ 时，电流波为阶梯下降的矩形衰减波；当 $R<Z$ 时，电流波为正负振荡的矩形衰减波。

5.6.2　冲击电流的测量

1. 分流器

将被测冲击电流转换为适当幅值电压信号的装置，称为分流器，它在电路上可等效为一个电阻和极低电感串联。分流器（Current Measuring Shunt，Shunt）必须有很大的通流容量，而大电流会产生电磁力，因此它还必须具有很好的机械强度。更重要的是，在电流转换为电压时，必须保持正确的比例关系。因此，其电感值相对电阻值 R 要极其小，电阻的温度系数也非常小。它的阻值一般为 $0.1\sim10\mathrm{m}\Omega$，可测的冲击电流范围为几千安至几十千安。分流器接入冲击电流发生器回路时，应尽可能不使冲击电流波形和幅值发生明显变化，其基本测量电路如图 5 - 57 所示。

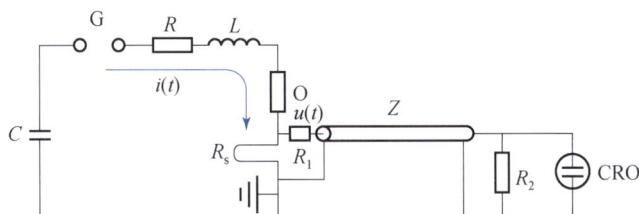

图 5-57 冲击电流的分流器测量回路

图 5-57 中，分流器 R_s 上的电压降 $u(t)$ 需要通过测量电缆引出至测量示波器。若不考虑测量电缆及其匹配电阻的影响，示波器测得的是冲击电流流过分流器时所产生的电压降 $u(t)$，即

$$u(t) = R_s i(t)$$

由于 $u(t)$ 是一种快速变化的暂态信号，其测量电缆需要进行单端匹配或双端匹配。当电缆首末双端匹配（图 5-56 所示的匹配方式）时，示波器输入电压 $u_2(t)$ 为

$$u_2(t) = \frac{R_s(R_1 + R_2)}{R_s + R_1 + R_2} \frac{R_2}{R_1 + R_2} i(t)$$

一般地，$R_s + R_1 = Z = R_2$，则 $u_2(t) = (R_s/2)i(t)$。也就是说，测量系统的电流比为 $k_i = 2/R_s$。如果电阻 R_s 是稳定的已知值，示波器上测得的电压 $u_2(t)$ 幅值乘以电流比 k_i，即可得到冲击电流 $i(t)$ 的幅值。

如果电阻 R_s 是纯电阻，电压 $u_2(t)$ 的波形可真实反映 $i(t)$ 的波形。但由于被测电流是瞬态大电流，当分流器流过电流时，其周围必然会出现磁场和电场。由于磁场的存在，这个电阻应该等效为有电感与其串联；而瞬时变化的电场存在，分流器两端还存在一定的电容，其容抗通常比分流器的电阻大得多。一般认为在 100MHz 以下时，电容的影响可以忽略不计，但电感的影响不能忽略。由于分流器的电阻值非常小，电感的影响非常明显，此时分流器的等效电路可表示为图 5-58（a）所示的电阻与电感串联电路。

如果冲击电流的上升陡度为 $di(t)/dt$，由于电感的存在，分流器上的电压降为电阻压降 $u_R(t) = i(t)R_s$ 与电感压降 $u_L(t) = L_s di(t)/dt$ 之和，如图 5-58（b）所示。冲击电流的陡度越大，电感压降就越大，甚至可能比电阻压降大很多倍，造成输出电压波形在开始处会出现明显的过冲。

为了尽可能地减小冲击电流幅值测量误差和波形畸变，分流器不仅应接近一个纯电阻，阻值应恒定不变，而且应尽可能减小分流器电感和集肤效应引起的阻值变化，以减小快速变化的电流流过分流器时所造成的幅值误差和波形畸变。

为了降低电感，分流器的结构大致分为三种形式：双股对折式、同轴管式和圆盘式。双股对折式仍存在一定的电感量，为了进一步减小分流器的电感，通常采用同轴管式和圆盘式，如图 5-59 所示。圆筒形电阻体由金属圆筒屏蔽，两筒同轴配置，因此两筒上电流流向相反，磁通相互抵消，电感非常小。电阻材料可采用锰铜、镍铜等非磁性材料。

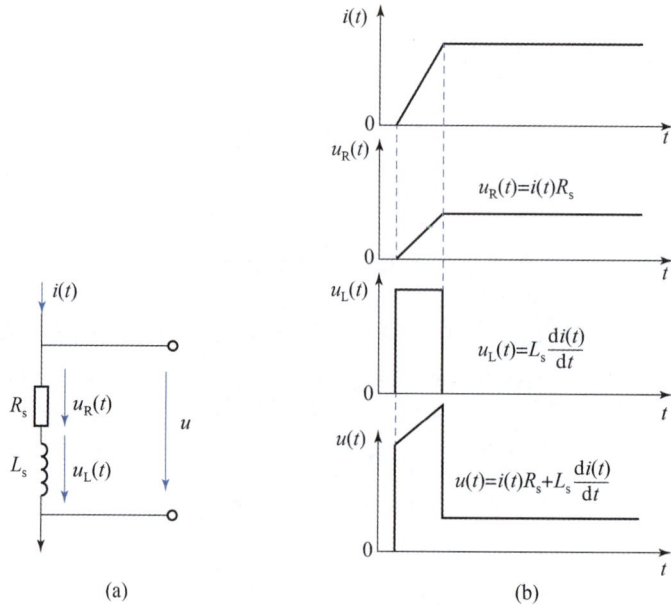

图 5-58 分流器的等效回路和输出电压

(a) 等效电路；(b) 输出电压

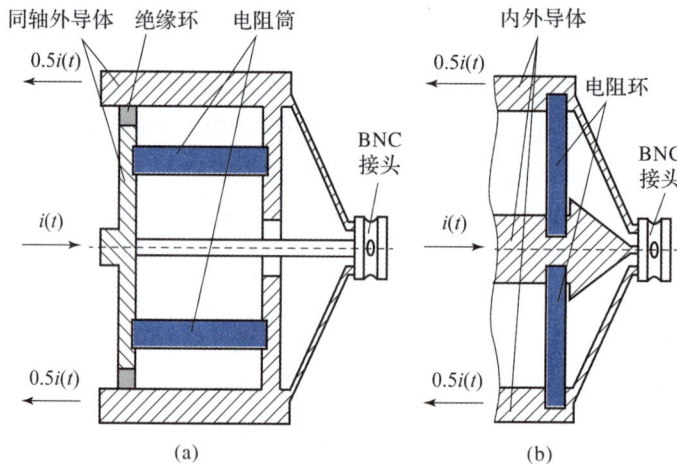

图 5-59 两种分流器的结构

(a) 同轴管式；(b) 圆盘式

测量系统的响应主要决定于分流器，对于同轴管式分流器，其响应时间近似为

$$T \approx \frac{\mu_0}{6} \frac{d^2}{\rho} \times 10^6$$

式中：μ_0 为真空中磁导率，$\mu_0 = 4\pi \times 10^{-7}$ H/m；d 为圆筒形电阻体的厚度，m；ρ 为电阻率 $\Omega \cdot$ m。

对于 $4/10\mu s$ 和 $8/20\mu s$ 的标准冲击电流测量，要求分流器的响应时间应为数纳秒。

2. 罗哥夫斯基线圈（Rogowski Coil）

用于测量几百千安以上的冲击电流的分流器制造非常困难，而且测量过程中还会出现类似等离子体电流那样的电流流过很大截面或电流回路不能串接测量器件等问题，在这些情况下，常用图 5 - 60 所示的罗哥夫斯基线圈来测量。罗哥夫斯基线圈与分流器相比，具有一个显著优点：罗哥夫斯基线圈与被测电路没有直接的电连接，可避免或减小大电流流过瞬间地电位升高所引起的干扰。

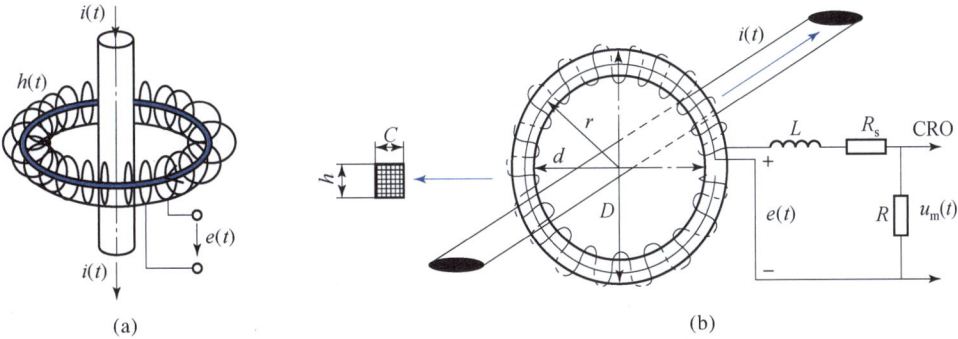

图 5 - 60　罗哥夫斯基线圈的原理与测量方法
（a）基本原理；（b）自积分器的罗哥夫斯基线圈

罗哥夫斯基线圈利用被测电流产生的磁场在线圈内的感应电压来测量电流，它实际上是一种空心电流互感器，其一次侧为单根载流导体，二次侧为罗哥夫斯基线圈 [见图 5 - 60 （a）]。考虑到所测电流是等效频率很高的瞬时电流，一次侧和二次侧之间都不采用磁芯，以防磁芯的损耗和非线性带来影响。

图 5 - 60 （a）所示的互感器状态，可得罗哥夫斯基线圈输出端的感应电压

$$e(t) = M \mathrm{d}i(t)/\mathrm{d}t \tag{5-94}$$

式中：M 为罗哥夫斯基线圈与载流导体之间的互感。

若线圈的截面积为 A，匝数为 n，线圈中心圆周的半径为 r，介质的磁导率为 μ，则根据全电流定理可得出

$$M \approx \mu A n/(2\pi r)$$

式中：μ 为空气介质的磁导率，$\mu = 4\pi \times 10^{-7} \mathrm{H/m}$。

由于线圈中的感应电压与线圈截面穿过的磁通变化率成正比，也即感应电压与电流的变化率 $\mathrm{d}i(t)/\mathrm{d}t$ 成正比。为了得到被测电流 $i(t)$ 的幅值与波形，需要将式（5 - 94）进行积分。因此，罗哥夫斯基线圈测量系统中需要加入积分环节，才能得到被测电流的幅值与波形。罗哥夫斯基线圈的积分方法可分为 LR 积分式（也称自积分式）和 RC 积分式（也称外积分式）两种。

（1）LR 积分式罗哥夫斯基线圈。它利用线圈自身电感 L 与线圈输出端口所接电阻 R 来构成积分电路，如图 5 - 60 （b）所示。因输出端口并联电阻 R，被测电流在线圈上产生的感应电势会使得线圈和电阻 R 上流过电流 $i_2(t)$。如果线圈的自身电感为 $L[=\mu A n^2/(2\pi r)]$、内阻为 R_s，且端口并联电阻远小于后续处理电路的阻抗，可以得到

$$e(t) = M \mathrm{d}i(t)/\mathrm{d}t = L \mathrm{d}i_2(t)/\mathrm{d}t + (R_s + R)i_2(t) \tag{5-95}$$

如果 $R_s + R$ 很小，也即

$$L \mathrm{d}i_2(t)/\mathrm{d}t \gg (R_s + R)i_2(t) \tag{5-96}$$

则式（5-95）可改写为

$$Mdi(t)/dt = Ldi_2(t)/dt \qquad (5-97)$$

由式（5-97）可得到

$$i_2(t) = (M/L)i(t) = \frac{1}{n}i(t)$$

端口并联电阻 R 上的电压信号为

$$u_m(t) = Ri_2(t) = \frac{R}{n}i(t)$$

通过测量线圈端口并联电阻 R 上的电压 $u_m(t)$，就可得到被测电流 $i(t)$，也即

$$i(t) = \frac{n}{R}u_m(t) \qquad (5-98)$$

根据式（5-98），可得到自积分式罗哥夫斯基线圈的电流比为 n/R。由前面分析可知，必须满足式（5-96），电阻 R 上的电压 $u_m(t)$ 才可反映被测电流 $i(t)$。也就是说，如果被测电流的等效角频率为 ω，则采用 LR 积分时，应该满足

$$\omega L \gg R_s + R \qquad (5-99)$$

由式（5-99）可见，LR 积分式罗哥夫斯基线圈存在一个下限频率 $(R_s + R)/L$。为了保证被测电流波形不发生畸变，要求 $(R_s + R)/L$ 应尽可能小。因此，线圈内阻 R_s 和端口并联电阻 R 应尽可能小，而线圈电感 L 应尽可能大。

（2）RC 积分式罗哥夫斯基线圈。在罗哥夫斯基线圈的输出端接一个 RC 积分器，也称为外积分，其电路如图 5-61 所示。

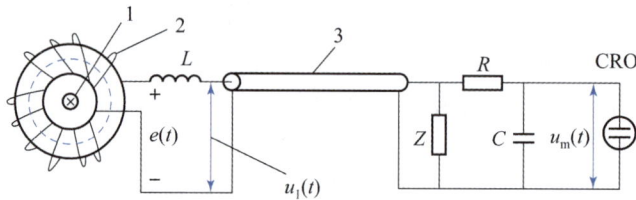

图 5-61　RC 积分式罗哥夫斯基线圈
1—载流导体；2—罗哥夫斯基线圈；3—测量电缆

被测电流 $i(t)$ 会在二次侧线圈上产生感应电动势 $e(t)$，在 RC 积分电路中流过电流 $i_2(t)$，可以得到

$$e(t) = Mdi(t)/dt = Ldi_2(t)/dt + (R_s + R)i_2(t) + \frac{1}{C}\int i_2(t)dt$$

作为积分器，其电路必须满足 $R \gg 1/(\omega C)$，$R_s \ll R$，而且 $\omega L \ll Z$，其中，Z 为信号电缆的波阻抗。则积分电路中流过的电流 $i_2(t)$ 与被测电流 $i(t)$ 之间有如下关系

$$e(t) = Mdi(t)/dt \approx Ri_2(t)$$

积分器输出电压为积分电容两端的电压 $u_m(t)$，可以得到

$$u_m(t) = \frac{1}{C}\int i_2(t)dt = \frac{M}{RC}\int \frac{di_1(t)}{dt}dt = \frac{M}{RC}i(t) \qquad (5-100)$$

或改写为

$$i(t)=(RC/M)u_{\mathrm{m}}(t) \tag{5-101}$$

由于积分器必须满足 $R\gg1/(\omega C)$ 和 $R_s\ll R$，这也就限制了 RC 积分式罗哥夫斯基线圈的下限频率和上限频率。根据式（5-101），可得到外积分式罗哥夫斯基线圈的电流比为 RC/M。

图 5-62 为 400kA 雷电流测量用罗哥夫斯基线圈实物图。罗哥夫斯基线圈的电流比可采用图 5-63 所示电路来进行校验。

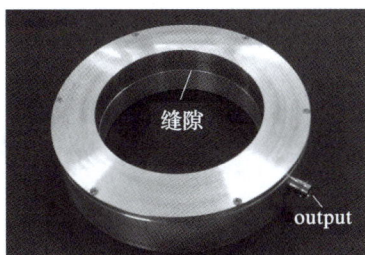

图 5-62　400kA 罗哥夫斯基线圈　　　　图 5-63　罗哥夫斯基线圈电流比的校验

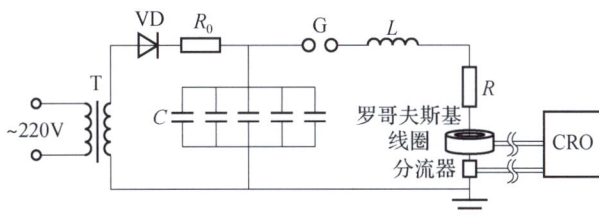

5.6.3　冲击电流测量系统的性能试验

根据规定，冲击电流测量系统需要进行如下几项试验：刻度因子校准、动态特性、线性度、稳定性、环境温度影响、干扰试验、电流耐受试验等。

如果满足下列条件，则测量系统的动态特性满足所规定波形范围的测量性能要求：

（1）在每个波形范围内，刻度因子稳定在 1‰ 以内；

（2）被测量的时间参数的扩展不确定度加上其误差不超过 10%。

对于指数冲击电流波而言，采用下列两种不同的冲击波形评价其动态特性：

（1）波前时间采用认可的最小值 $t_{\min}$，即波前标称时段内的最短时间参数；

（2）波前时间采用认可的最大值 $t_{\max}$，即波前标称时段内的最长时间参数。

所采用的半峰值时间应近似等于测量系统要求被认可的最长时间。

对于矩形冲击波可参见相关的 IEC 标准。

上述的波前标称时段是指测量系统被认可的相关冲击时间参数的最小值（$t_{\min}$）与最大值（$t_{\max}$）间的时间间隔。对指数型冲击电流而言，波前标称时段是波前时间 T_f 的参数。

校验测量系统动态特性的方法主要包括：

（1）与标准测量系统比对的优选方法：应在比对校验后，计算被校系统测量时间参数的误差，同时应评定被校系统的时间参数测量误差的不确定度。

（2）基于卷积法的替代方法：需要先进行测量系统阶跃响应的测量。动态特性由所记录的阶跃响应与需认可的归一化标称波形的卷积确定。通过卷积，可以估算测量系统对不同波形产生的误差，并由这些误差来评估其测量不确定度。在标称时段时间范围内，刻度因子的变化应在 ±1% 以内。刻度因子是指与仪器的读数相乘便可得到其输入量值的因子。

（3）基于组件的校准：动态特性由测量系统各组件的阶跃响应以及所记录的阶跃响

应与需要认可的归一化标称波形的卷积来完成校准。

思考题与习题 ?

5-1 简述冲击电压发生器的工作原理，对地杂散电容对冲击电压发生器同步以及效率等有何影响？

5-2 影响冲击电压发生器球隙同步放电的因素有哪些，如何进行改善？

5-3 为什么电阻分压器只适用于电压不是很高（如 2MV）的雷电冲击电压的测量？

5-4 回路电感对冲击电流的产生有何影响，试简要说明。

5-5 采用电阻分压器测量 100kV 的直流、交流和雷电冲击电压，造成测量误差的因素分别是什么？如何选择电阻分压器高压臂的电阻值？

5-6 分流器测量冲击大电流时，影响其不确定性的因素有哪些，并简述原因。

5-7 设计一罗哥夫斯基线圈，用于电流峰值为 100kA、波形参数为 $8/20\mu s$ 的雷电流测量，要求电流电压转换系数不大于 $0.5V/kA$。

5-8 一台冲击电压发生器的放电等效回路如图 5-64 所示，已知冲击电压发生器主电容 C_1 为 $0.02\mu F$，负荷电容 C_2 为 2nF，阻尼电阻 R_d 为 100Ω。若要获得 $250\mu s/2500\mu s$ 的操作冲击波形，在不计充电电阻及电感 L 的影响下，电阻 R_f 及 R_t 应取值多大、发生器的效率是多少？

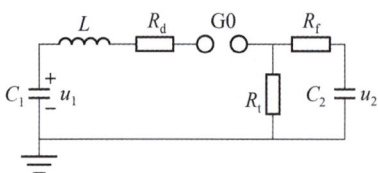

图 5-64 发生器放电等效回路

5-9 一台冲击电压发生器的放电等效回路如图 5-64 所示，C_1、C_2、R_d 的数值与上题相同。若要获得标准雷电冲击波形，请计算出 R_f 及 R_t 及效率值。若考虑放电回路的总电感 L 为 $18.8\mu H$，R_f 及 R_t 按上面的计算值不变时，请计算一下波形的波前时间 T_f 及波尾时间 T_t。若实际电感为上述值的 10 倍，雷电冲击波形为非振荡指数波，则波前时间以及电阻 R_f 会发生什么变化？

5-10 有一台高压电阻分压器，它的阶跃响应的过冲 β 基本上为零，理论的阶跃响应（以实际零点为原点）时间 $T=0.2\mu s$。若用它来测量 $1\mu s/5\mu s$ 的冲击短波电压（亦即被测电压波形 $u(t)=A[\exp(-\alpha t)-\exp(-\beta t)]$，其中 $\alpha=0.235\mu s^{-1}$，$\beta=1.85\mu s^{-1}$，请计算：

（1）所测到的电压 $u_2(t)$ 波形。

（2）$u_2(t)$ 达到幅值的时间 t_{1m} 比 $u_1(t)$ 的幅值时间 t_{1m} 延迟了多少微秒？

（3）冲击电压幅值的相对测量误差是多少？

5-11 有一台 1000kV 冲击电阻分压器，其高压臂的电阻 R_1 为 $10k\Omega$，其圆柱体平均直径 D 为 10cm，圆柱体长度 l 为 2.8m，底盘离地高度 H 为 35cm，假设顶上未装设屏蔽环，请计算：

（1）分压器对地寄生电容总值。

（2）分压器的理论阶跃响应时间值。

（3）判断能否用它来测量 $1.2\mu s/50\mu s$ 和 $0.8\mu s$ 的波前截断波。

（4）判断能否用它来测量 $250\mu s/2500\mu s$ 的操作冲击电压波，为什么？

（5）若用它测量雷电冲击电压，其幅值为 400kV，所用同轴电缆的波阻抗 Z_0 为 50Ω，采用数字示波器记录波形。若示波器的输入电压为 100V，按图 5-43 的接线图配置阻值合适的 R_2、R_3、R_4。

5-12 一台兼作负荷电容的电容分压器，其高压臂电容 C_1 为 1nF，用它测量 400kV 幅值的雷电冲击电压。已知所接的同轴电缆波阻抗 Z_0 为 50Ω，电缆电容 C_0 为 1nF，记录用数字示波器前接有二次分压器，后者的输入电压为 200V。同轴电缆首末端匹配，请画出分压器的低压测量回路，并计算确定分压器低压臂电容 C_2 以及电缆匹配用电阻 R_1、R_2 和 C_3 的值。

5-13 一台冲击电压发生器（见图 5-65），波头、波尾电阻分别为 250Ω 和 5250Ω，发生器的主电容 C_1 为 $0.012\mu F$，负载电容 C_2 为 $0.0015\mu F$。分别用电容分压器（高、低分压臂电容分别为 300pF 和 3nF）和电阻分压器（高、低分压臂的电阻值分别为 9000Ω 和 3Ω）测量其输出波形，测得的波头和波尾时间大约是多少？哪一个分压器测得更准确些？

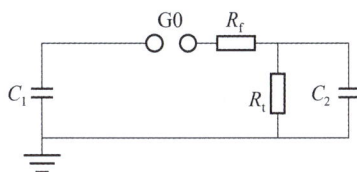

图 5-65 冲击发生器等效电路

5-14 为了产生 $4\mu s/10\mu s$，50kA 的冲击电流，已知分流器及回路的总电阻为 0.8Ω，求回路参数 L、C 及充电电压 U_0 值。

5-15 采用人工传输线产生持续时间 T 为 $100\mu s$、电流幅值 I_M 为 10kA 的方波脉冲电流，已知人工传输线网络中的电容 C 值为 $2\mu F$，级数 n 为 10。试求每级的电感 L 值、充电电压 U 值以及放电电阻值（分流器的阻值约为 $2m\Omega$）。

— 第 **6** 章 —

组合电压和复合电压耐受试验

在电力系统中，电气设备绝缘所承受的过电压应力通常是工作电压与过电压的组合。如果实际过电压值包含了工作电压的作用，这种组合作用可以忽略，但在考虑相间或开关装置绝缘时，则不能忽略电压组合的作用。一种情况下，最终电压是在三端试品上产生两个电压组合的应力；而另一种情况下，则由两个不同电压分量组成的复合应力，例如 HVDC 绝缘系统中交流和直流分量的复合电压。

一些电气设备还需进行组合电压或复合电压的耐受试验，组合和复合耐受电压的定义和试验方法可参见 IEC 60060-1 和 IEEE Std.1 等相关标准。组合和复合测试电压的定义与试品相对于试验电源的位置有关。当测试对象布置在两个试验电源之间时，组合电压通过两个不同的高电压端子对试品施加耐受电压。当两个试验电源直接连接时，会产生一个复合电压，经高电压端子到地来对试品施加耐受电压。不管哪种耐受试验方法，每个试验系统都必须由一个自身电压可通过、另一个电压被阻止的元件（耦合/保护元件）来保护，保证一个试验系统免受另一个试验系统所产生电压的影响。

6.1 组合电压耐受试验

6.1.1 组合电压的产生

对于隔离开关和断路器等类似的三端口电气设备，按照相关标准规定，需要对其断口进行组合电压耐受试验。试验时，在隔离开关和断路器断口对应的两个高压端口分别施加交流耐受电压和冲击耐受电压，外壳接地，如图 6-1 所示。对于三相 GIS 或电缆等设备，两相之间进行耐受试验、另一相接地时也构成三端口试验系统。

根据图 6-1，试品上两端口间（断口间或相间）的耐受电压为两个端子上所加电压之差，即 $U_c = U_{AC} - U_{SI}$。当试品能耐受组合电压时，两个电压源之间是相互隔离的。当试品发生击穿，一个电压源的输出电压会对另一个电压源产生影响，甚至会造成损坏。因此，必须加装合适的保护单元，以防试品击穿时两个电压源之间的相互影响，降低一个电压源对另一个电压源所产生的额外电压应力。但保护单元还必须耦合而不是阻断受保护电压源的电压。这就意味着保护单元对不同电压应该具有不同阻抗特性。例如，电感器对直流电压没有阻抗，但在承受雷电电压时具有高阻抗，它可用于保护直流电压发生器。因此，保护单元的设计必须考虑其耦合及阻断特性对组合电压两个分量的影响。另外，两种耐受电压的测量必须在耦合及保护元件之后进行［见图 6-1（a）］，

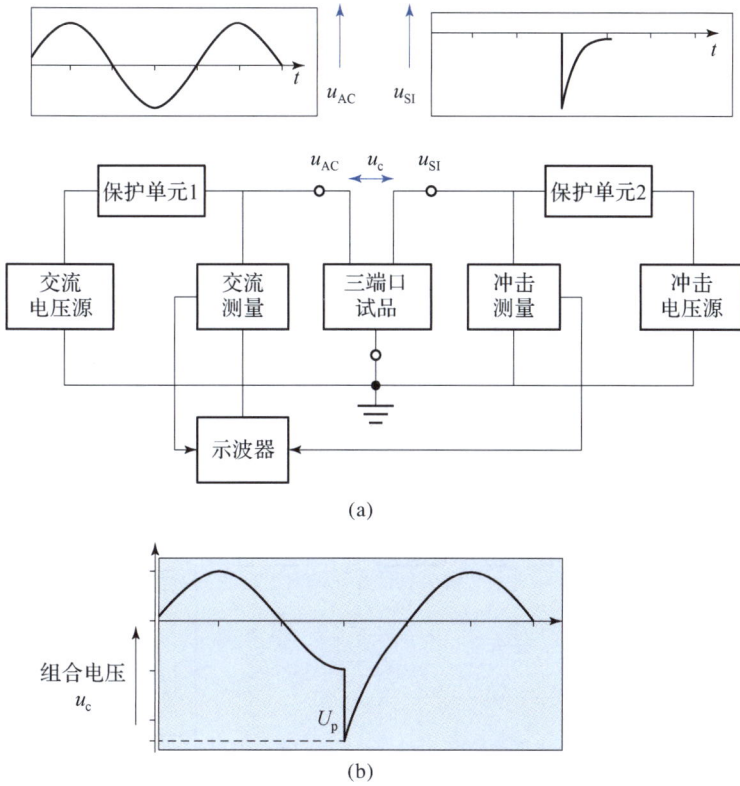

图 6-1　组合电压试验的基本框图

(a) 基本电路；(b) 组合电压波形

相对于试品阻抗，耦合或保护元件的阻抗应足够小。表 6-1 总结了耦合或保护元件的阻抗特性。第一行给出了耦合或保护的电压类型，括号中给出了耦合或保护元件的另一个应用。例如，一个电容需要耦合工频电压，工频低阻抗应尽可能低，其电容量就应尽可能大。但要阻断工频电压时，阻抗应尽可能高，其电容就会比较小。触发开关可以方便地切换到"闭合＝耦合"或"断开＝保护"的位置，可广泛应用于组合电压的耦合或保护。

表 6-1　耦合或保护元件的阻抗特性

电压类型	DC 电压	AC 电压	操作冲击	雷电冲击
电感（L）	耦合	耦合（$L\downarrow$） （保护，$L\uparrow$）	保护（$L\uparrow$） （耦合，$L\downarrow$）	保护
电阻（R）	耦合（$R\downarrow$） （保护，$R\uparrow$）	耦合（$R\downarrow$） （保护，$R\uparrow$）	保护（$R\uparrow$） （耦合，$R\downarrow$）	耦合（$R\downarrow$）
电容（C）	保护	耦合（$C\uparrow$） （保护，$C\downarrow$）	耦合（$C\uparrow$） （保护，$C\downarrow$）	耦合
触发间隙 半导体开关等	耦合或保护	耦合或保护	耦合或保护	耦合或保护

耦合或保护元件会影响两个电压源的电压产生，而且两个电压源也存在相互作用，造成组合电压达不到预期波形或幅值。例如隔离开关的工频或操作（AC/SI）组合电压耐受试验：AC/SI 组合试验电压由试验变压器和冲击电压发生器产生［见图 6-2 (a)］。如果交流电源不够坚强，操作冲击电压叠加时交流电压可能会出现电压跌落现象，严重时电压跌落会达到 20%［见图 6-2 (b)］。为了降低电压跌落，可在工频变压器侧与试品并联一个支持电容器 C_a，C_a 应远大于试品电容 C_t，即 $C_a \gg C_t$，这样可以显著降低冲击叠加所产生的电压降落［见图 6-2 (c)］。当计划进行组合（或复合）电压耐受试验时，应预先通过合适的等效电路来分析试验电路的电压组合特性。

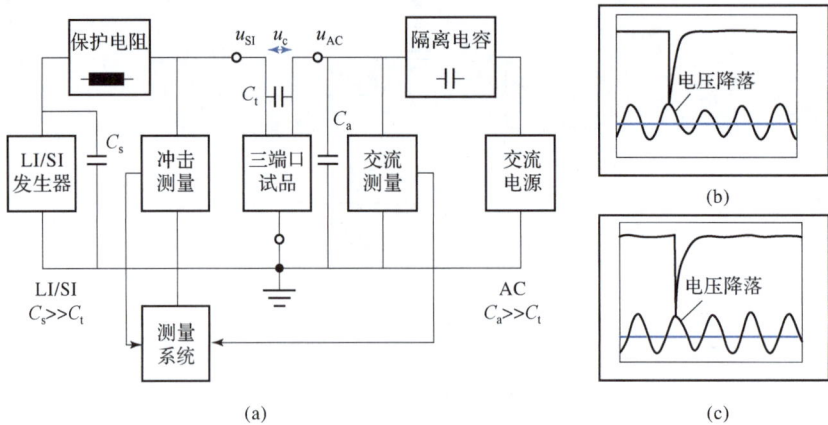

图 6-2 组合电压试验时两电压源间的相互作用

(a) 基本电路框图；(b) 无 C_a，ΔU：20%；(c) 有 C_a，ΔU：5%

6.1.2 组合电压要求与测量

组合试验电压值为试品的两个高压端子之间的最大电位差。按照相关标准，其容差，即规定值与记录值之差，应在规定值的 ±5% 以内。这里还包括电压降落不超过 5%。对于每个组合电压，必须符合相关标准规定的要求。此外，还必须考虑两个组合电压之间的时间延迟，即两个电压分量极大值之间的时间差，如图 6-3 所示。规定时延的容差为 $0.05T_f$，其中 T_f 为两个组合电压中较长的波前参数（可以是雷电或操作冲击的波前，或交流电压的 1/4 周期）。

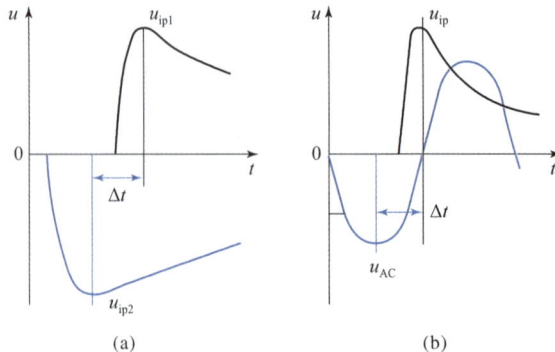

图 6-3 组合或复合电压的时间延迟

(a) 冲击电压组合；(b) 交流冲击组合

组合电压是三端口试品两个高压端子之间的电压，由于两端均为高电位，直接测量组合电压比较困难。因此，IEC 60060-1 规定，可通过测量两个电压分量来计算组合电压值，两个电压测量分压器都应布置在试品的相关高压端子附近。通过记录两个电压分量，并用其差值来计算组合电压值。组合电压及其两个电压分量都应采用相同的时间标度来进行测量。两个电压分量的测量要求参照前面的直流、交流以及冲击测量系统的要求。另外，由于组合电压产生装置存在两个电压源之间的相互作用，相应的测量系统还必须能够反映两个高电压试验系统之间的相互作用。

6.2　复合电压耐受试验

6.2.1　复合电压耐受试验的必要性

气体绝缘金属封闭开关设备（Gas Insulated Switchgear，GIS）在断路器、隔离开关断开后母线会存在残余直流电压，如图 6-4（a）所示，现场测试表明，母线残余电压幅值可达到 0.6～1.0p.u.。由于 GIS 设备中电荷泄漏速度较慢，残余直流电压可持续作用数十个小时，残余直流电压的存在会造成 GIS 内部自由金属微粒跳动、绝缘子表面电荷积聚，引起局部电场集中，削弱 SF$_6$ 气体的绝缘能力。由于在开关合闸时会产生操作过电压，甚至特快速暂态过电压与母线上的残余直流电压叠加，使 GIS 处于直流叠加冲击的复合电压作用，如图 6-4（b）所示。

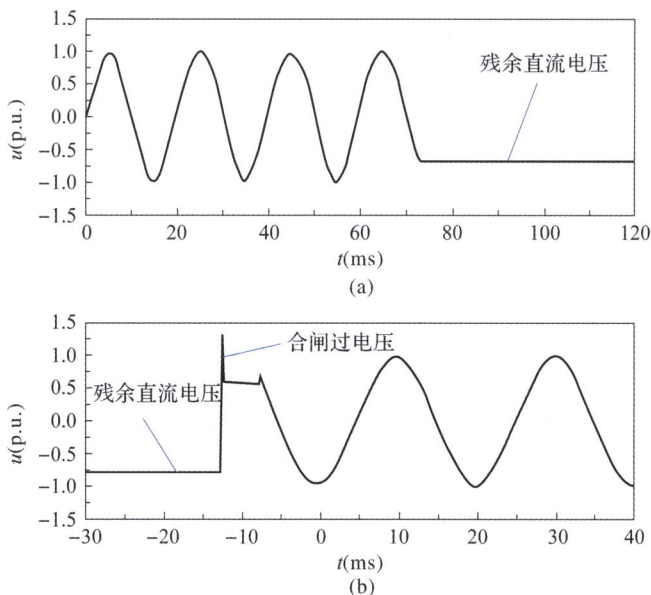

图 6-4　特高压某变电站分合闸电压波形
（a）分闸电压波形；（b）合闸电压波形

2016 年，某特高压变电站 GIS 系统调试过程中，六次因合闸操作引起绝缘子沿面闪络，推测事故原因为母线残压电荷难以泄放，残压与合闸过电压叠加使得绝缘子发生闪络。近年来国内多起 GIS 放电事故发生于开关合闸瞬间，研究直流叠加冲击的复合电压作用下 SF₆ 气体间隙和绝缘子沿面的放电特性，有助于掌握 GIS 的绝缘故障机理、优化 GIS 的绝缘设计。

随着电力系统发展以及大功率电力电子技术的进步，高压直流输电在我国高压电网工程建设中得到快速发展。对于直流系统中的气体绝缘电气设备，如直流穿墙套管和换流变压器阀侧套管等，在正常运行时就必须承受交、直流以及高次谐波的复合电压作用。当设备遭受冲击过电压时，冲击电压会叠加在直流运行电压上，使气体绝缘电气设备处于直流叠加冲击电压的作用下。因此，直流输电工程中的换流站直流侧设备需要考虑直流、交流、雷电、陡波以及操作冲击间的复合电压作用。

图 6-5 和图 6-6 分别为油和油浸渍纸绝缘结构直流叠加冲击、交直流叠加时的电压分布特性。与交流电压下绝缘结构电压分布与油和油浸渍纸两种介电常数成反比不同，直流电压下电压分布与介电元件电阻率成正比。施加直流电压一段时间内，交流和直流这两种特性都会起作用。油和油浸渍纸两者的介电常数之比不会超过 1/2，但电阻率之比可能会超过 1/300，而且在温度、水分含量、电场强度以及施加电压时间的影响下会有很大变化。这会造成油和油浸渍纸绝缘结构电压分布会随电压类型、施加时间等发生剧烈变化或过渡过程，进而影响油和油浸渍纸绝缘结构的耐受特性。

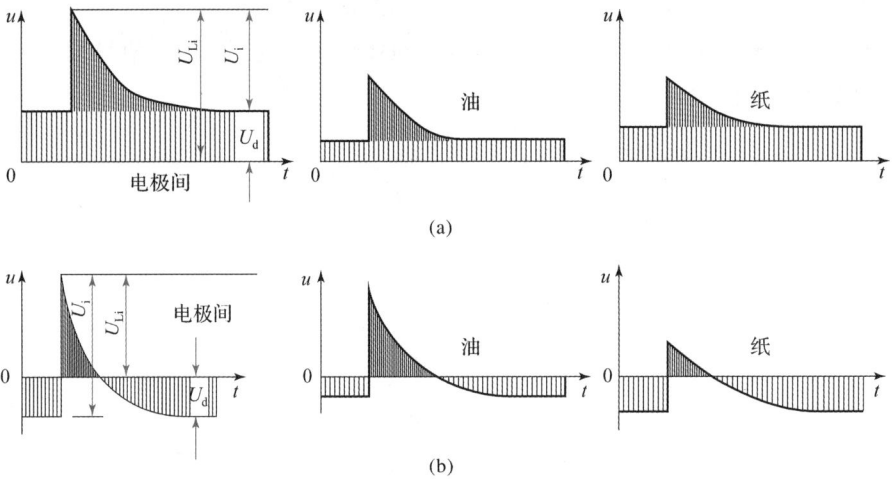

(a)

(b)

图 6-5　直流叠加冲击时的电压分布特性

（a）正极性直流叠加正极性冲击；（b）负极性直流叠加正极性冲击

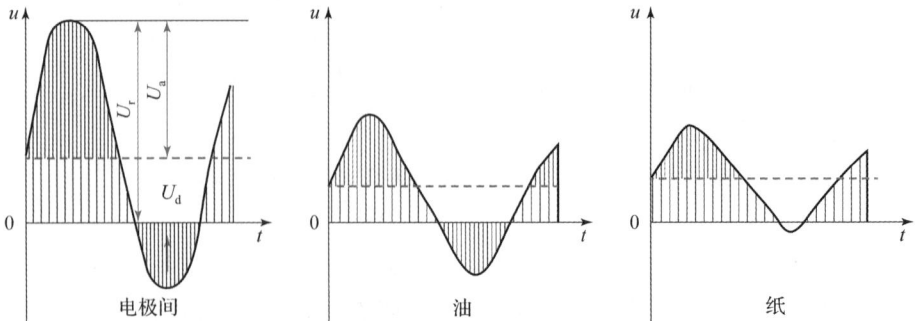

图 6-6　直流叠加交流时的电压分布

交直流输电系统中，由于开关操作、雷击或接地故障以及直流输电系统的换相过程等因素，会产生多种多样的复合电压。因此，电气设备在正常运行或输电系统故障时，必须能承受这样的复合电压，需要对不同绝缘结构进行复合电压击穿特性研究，从而建立电气设备复合电压耐受试验方法。

6.2.2 复合电压的产生与测量

与组合电压不同，复合电压是在试品的一个端口上施加两种不同的电压。因此，每一个电压源侧的保护单元必须具有耦合和隔离两种功能，如图 6 - 7 所示。与组合电压相反，复合电压为两个电压分量之和，即 $u_{co} = u_1 + u_2$。由于两个电压源都是连接试品的同一个端口，复合电压的产生需要考虑两个电压源之间的相互作用以及耦合和隔离单元的影响。

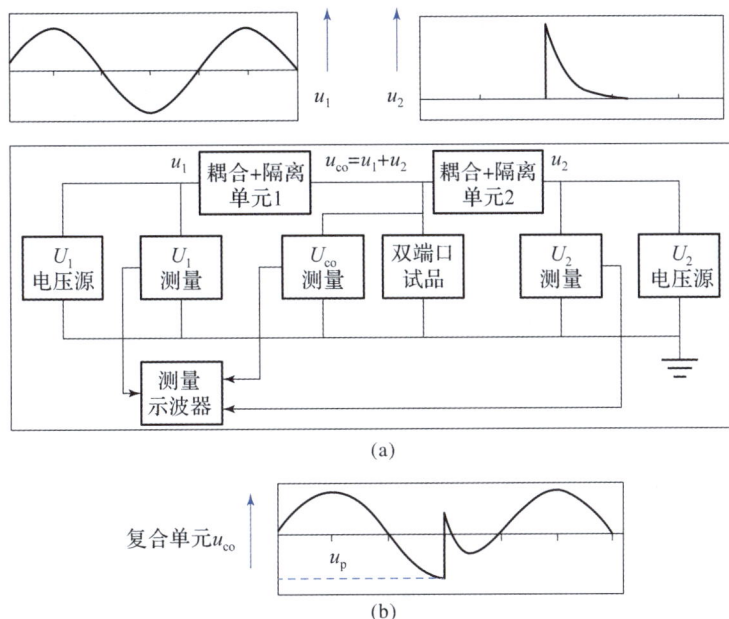

图 6 - 7 复合电压产生和测量的示意图

复合电压耐受试验值是试品所承受的电压最大绝对值，应满足在规定值的 ±5% 以内，而且电压降不应超过 5%。复合电压的时间延迟应在 $\pm 0.05 T_p$ 以内（时间延迟的定义参考图 6 - 3）。对于复合电压中每个电压分量，应满足本教材有关章节中所讲述的要求。

由于复合电压作用于试品的高电压端子与地之间，可以对其进行直接测量，如图 6 - 7 所示。所采用的测量系统应满足 IEC 60060.2 中对不同电压分量的测量要求。为了防止耦合和隔离单元对复合电压的影响，应对组成复合电压的两个不同电压进行直接测量，并与复合电压一起进行同步记录，以相同的时间刻度进行显示。

6.2.3 复合电压试验案例

直流叠加冲击时的复合电压常用来模拟交流 GIS 中开关的断开和闭合所产生残余直流电压以及由残余直流电压所引起的过电压的叠加，或者模拟直流输电系统遭受雷击或系统故障等所产生的直流和冲击电压的叠加。图 6 - 8 是一种直流叠加冲击的复合电压产生方法。试品为 GIS 一段母线，直流电压通过保护电阻进行施加，并隔离冲击电压对

400kV 直流电源的影响。因此，保护电阻不仅需要足够高的阻值来阻断冲击电压，而且需要足够高的耐受电压，以防冲击电压正常保护电阻闪络而影响直流电源。冲击侧则通过电容来耦合冲击电压的施加，同时阻断直流电压对冲击发生器的影响。隔直电容 C_b 需要足够大的电容量来耦合冲击电压，即 C_b 约为试品电容 C_t 的 10 倍。

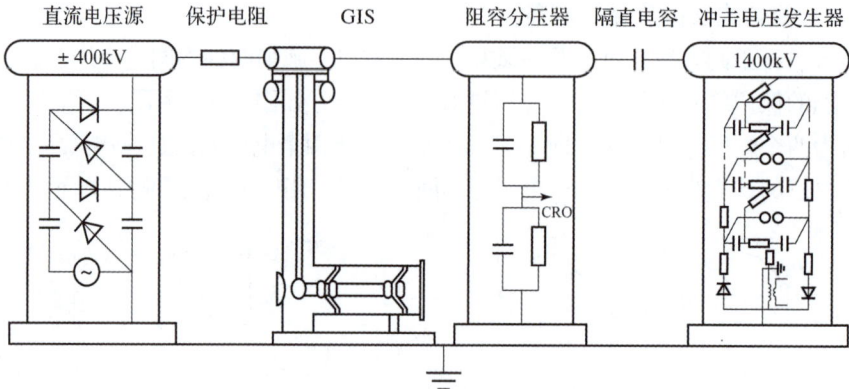

图 6-8　400kV 直流与 1400kV 冲击电压叠加的试验系统

日本学者冈部成光研究了 GIS 绝缘子在直流叠加冲击电压下的闪络特性，分别采用正及负极性直流叠加正及负极性冲击共 4 种极性的电压组合，如图 6-9 所示。当直流电压与冲击电压极性相同时，绝缘子的闪络电压与冲击电压单独作用时的闪络电压几乎相同；当直流电压与冲击电压极性相反时，绝缘子闪络电压会出现明显降低，且随着直流电压的增加，闪络电压降低程度逐渐增大。

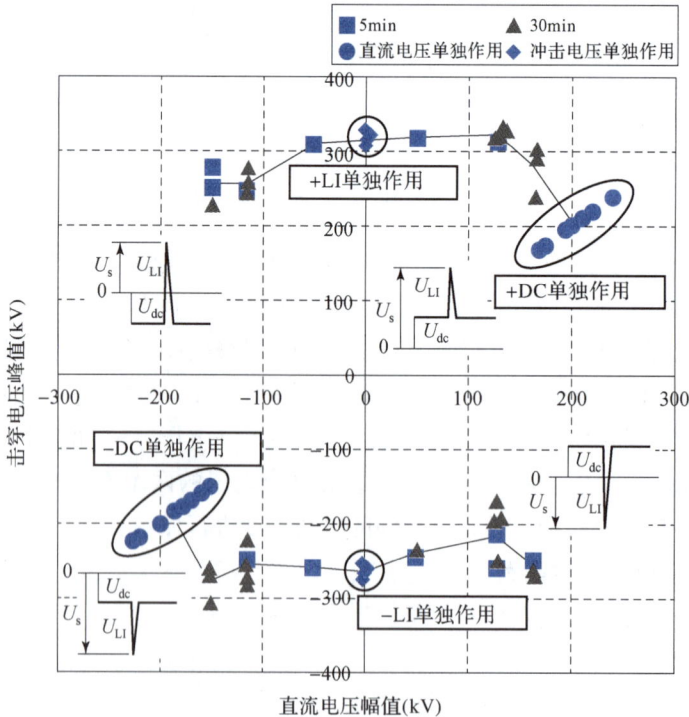

图 6-9　直流叠加冲击电压下绝缘子的闪络电压

当直流电压发生器的滤波电容通过试验变压器的高压绕组接地时，可以产生一个交直流叠加的复合电压，如图 6-10 所示。由于直流电压发生器的滤波电容是通过试验变压器高压绕组接地，直流电压发生器必须通过绝缘变压器进行供电，绝缘变压器需耐受相应的交流分量电压值。如果试验变压器设计为在试品击穿情况下能承受相应的直流电压值，则不需要额外的耦合及保护单元。否则，必须对试验变压器进行保护。

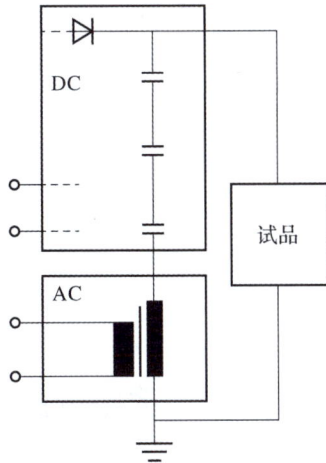

图 6-10　交直流叠加的复合电压试验系统

思考题 ❓

6-1　列出所知道的电气设备上出现的组合电压或复合电压类型，并简述所列电压产生的原因。

6-2　采用交流和雷电冲击发生器来产生组合电压或复合电压，需要采取什么保护方法？如果产生的电压幅值相同，保护水平是否相同？

— 第 **7** 章 —

局部放电测试

本章主要讨论高电压耐受试验时介质薄弱点处的局部放电（Partial Discharge，PD）现象。如果电气设备在正常工作电压下有一定程度的局部放电，则这种放电过程会在其正常工作的全部时间内持续地发展下去，这将加速绝缘物的老化和破坏，发展到一定程度时，可能导致整个绝缘物的击穿。所以，测定电气设备在高电压耐受试验时的局部放电强度与变化规律，能预示设备的绝缘状态，也是防止绝缘电老化的重要手段。

7.1 局部放电现象

绝缘介质中的局部放电是由于介质缺陷所引起的，如空气介质中的尖锐边缘、液体和固体介质中的气泡等。这些缺陷会导致介质中局部电场的增强，当电场超过介质耐受场强时，就会引发介质中的自持电子崩，导致介质局部导电或局部击穿，绝缘介质的其他区域仍保持绝缘状态。由于局部放电与气体分子的电离有关，这种放电现象不仅发生在环境空气中，也发生在固体介质的气隙或液体介质的气泡和水蒸气中。自 20 世纪初以来，人们对绝缘介质的基本放电机制进行了广泛研究，认为绝缘介质中的局部放电是最终绝缘击穿的前兆。

大型电气设备的绝缘结构比较复杂，采用的材料多种多样，整个绝缘系统的电场分布是不均匀的。另外，由于设计或制造工艺上不尽完善，容易出现绝缘系统中含有气隙，或是在长期运行过程中绝缘受潮，水分在电场作用下发生分解产生气体而形成气泡。因为气体的介电常数比固体或液体绝缘材料的介电常数小，即使绝缘材料处于不太高的电场中，气隙或气泡部位的场强也会比较高，当气隙或气泡内的场强达到一定值后，就会发生气隙或气泡的局部放电。另外绝缘介质内部存在缺陷或混入各种杂质，或者在绝缘结构中存在某些电气连接不良，都会造成局部电场集中，引发固体绝缘表面放电或悬浮电位放电。因此，局部放电检测在电气设备绝缘性能评估方面就显得越来越重要。20 世纪 60 年代以来，局部放电测量已成为高压电气设备质量验收测试的一项重要内容。

根据 IEC 60270 和国家标准，局部放电是指桥接导体间部分绝缘介质的一种电气放电，它可以发生在导体附近或不在导体附近。由于局部放电一般是在纳秒范围内形成电子雪崩，每次局部放电事件都与载流子迁移引起的极快速电流脉冲有关，一次放电产生的脉冲持续时间远小于 $1\mu s$，如图 7-1 所示。

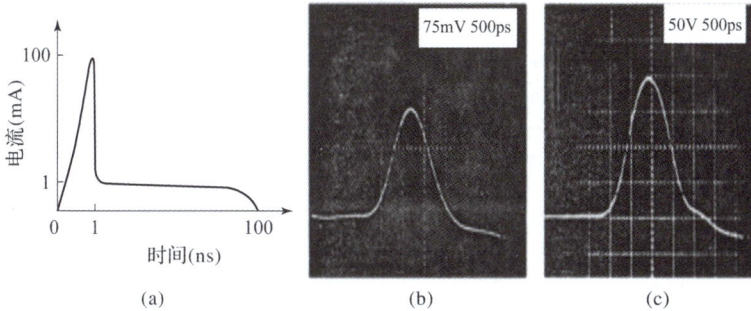

图 7-1　局部放电的典型电流波形

（a）气泡放电的仿真波形；（b）尖端局部放电；（c）悬浮电位放电

介质内气隙的局部放电往往是造成绝缘劣化的主要原因。例如环氧浇注绝缘和挤压成型的聚乙烯绝缘等内部常不免有气泡，多层介质如电缆绝缘或电容器绝缘在纸层或塑料薄膜的层间也不免存在气隙，此外固体介质与电极的接触处也可能有气隙。介质在工作电压作用下，由于气隙中场强比固体介质中高，而气隙的击穿场强远低于固体的击穿场强，因此介质中可长期存在局部放电而并不击穿。局部放电产生的活性气体如 O_3、NO、NO_2 等将对介质产生氧化和腐蚀作用，此外由于带电粒子对介质表面的撞击，也会使介质受到机械损伤和出现局部过热，导致绝缘介质的劣化。

7.2　局部放电模型

众所周知，局部放电产生的瞬变电流脉冲只能在高压电气设备的端子上进行检测，而且这种外部可检测的脉冲电流与流经介质绝缘缺陷的内部脉冲电荷相关。为了研究局部放电的电荷迁移，可采用简单气隙模型，如圆形、椭圆形等（见图 7-2）来代替实际介质缺陷，以建立外部脉冲电流与内部脉冲电荷的关系。为此，人们提出电容模型和偶极子模型两种局部放电模型。

7.2.1　电容模型

为了研究交流电压作用下绝缘介质中的局部放电现象，人们模拟一种层压固体介质中气隙放电，建立了火花间隙与电容串联的局部放电简单模型，如图 7-3 所示。这也是最早提出的局部放电模型。为了更准确描述气隙的局部放电特性，人们对所述模型进行了不断改进，最后提出了三电容模型，如图 7-4 所示。

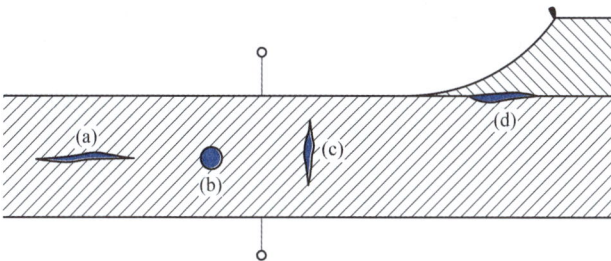

图 7-2　固体介质中典型的气隙形状

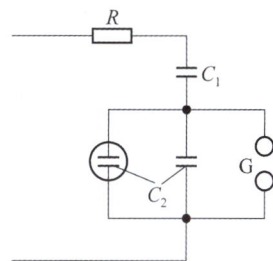

图 7-3　局部放电早期模型

189

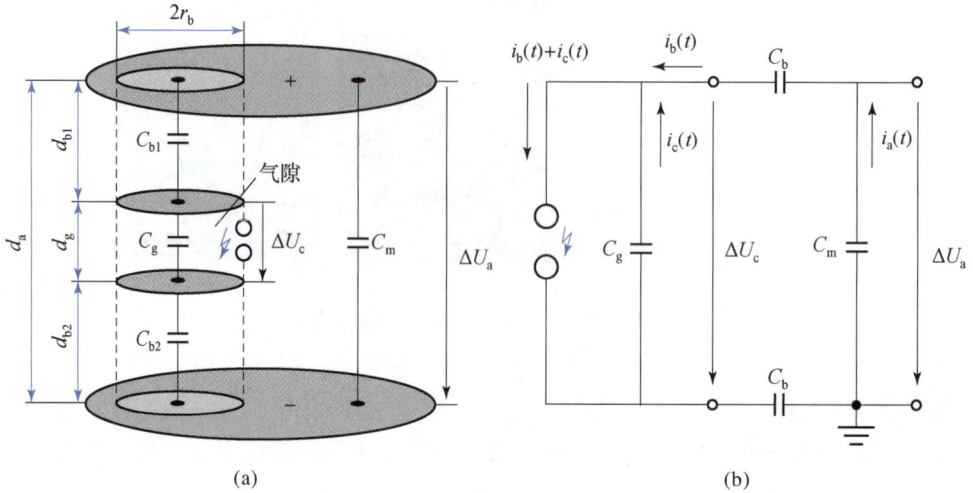

图 7 - 4 局部放电的三电容模型

（a）平板间隙中气隙模型；（b）电容等效电路

图 7 - 4（b）为描述介质中局部放电过程的等效电路图。图中 C_g 为空气隙的电容，C_b 是与空气隙串联部分的介质电容，而 C_m 则为除 C_b 与 C_g 以外绝缘完好部分的电容。通常情况下 $C_m \gg C_g \gg C_b$。由于电容 C_g 在较低电压 U_g 时就开始放电，故等值地用放电间隙 g 与 C_g 并联来表示。

图 7 - 4 中电极间加上瞬时值为 $u(t)$ 的交流电压时，C_g 上的电压瞬时值 u_g 为

$$u_g = u(t) \frac{C_b}{C_g + C_b} \tag{7-1}$$

当 u_g 随 $u(t)$ 增加达到空气隙的放电电压 U_g 时，气隙内发生放电，气隙上电压急剧下降，如图 7 - 5 所示。由图可见，C_g 上电压降至 U_r 时气隙中放电熄灭（一般气隙的放电熄灭电压 U_r 明显低于放电的起始电压 U_g）。气隙中放电熄灭后，C_g 又开始充电，直到 C_g 上电压再次达到 U_g 发生第二次放电。如此后 C_g 上的电压未达到 U_g 而外施电压已过电压峰值 ［见图 7 - 5（b）］，则 C_g 上电压也随外施电压的瞬时值变化并改变极性，直至达到 $-U_g$ 时再发生放电。气隙每次放电时，试品两端的电压会有一很微小的电压突降，因此电源通过电源阻抗 Z_s 向试品充电，在回路中形成电流脉冲。通过对回路中电流脉冲的检测，即可判断试品中有无局部放电和放电的强弱。

现在分析气隙击穿时的放电电荷量。C_g 在达到 U_g 时放电，使 C_g 上电压急剧降至 U_r，由于回路中存在电感，电源不能马上对试品补充电荷。因此在图 7 - 4 中间隙 g 两端的电压变化为 $U_g - U_r$，而对间隙 g 放电的电容量为 $C_g + C_m C_b / (C_m + C_b)$，据此可得到间隙 g 一次放电时的电荷量 q_r 为

$$q_r = \left(C_g + \frac{C_m C_b}{C_m + C_b} \right) (U_g - U_r) \approx \Delta U_c C_g \tag{7-2}$$

式中：q_r 称为空气隙 g 的真实放电量，但因 C_g、U_g、U_r 无法测得，因此，q_r 也无法通过测量得到。

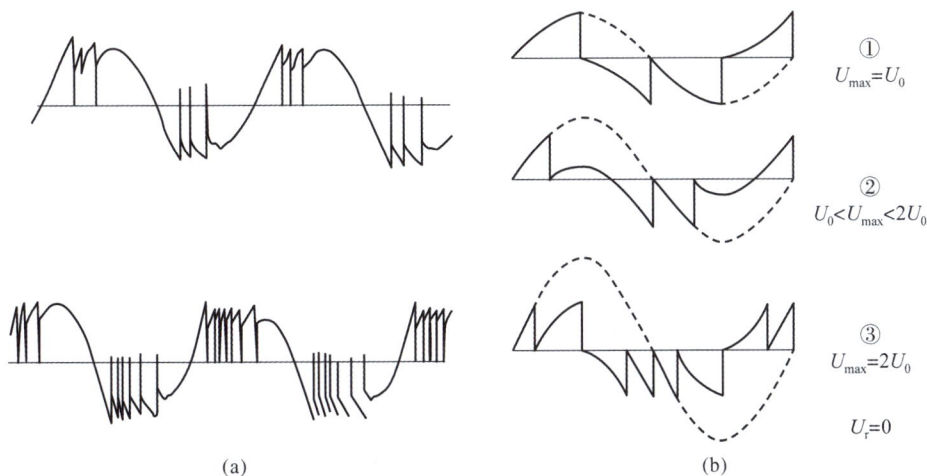

图 7-5　不同电压下局部放电过程与波形
（a）实验波形；（b）仿真波形

由图 7-4（b）可以看出，间隙放电电流除了来自电容 C_g 的瞬态电流 $i_c(t)$ 外，还有就是来自电容 C_b 的瞬态电流 $i_b(t)$。瞬态电流 $i_b(t)$ 和流经电容 C_{b1} 和 C_{b2} 的电荷 q_b 同时都会流经电容 C_m，即 $q_a = q_b$。电容 C_m 可认为是试品的等效电容，可采用以下方法来估计试品两端可检测到外部电荷的变化 q_a

$$q_a = \Delta U_a C_m = q_b \approx \Delta U_c C_b \tag{7-3}$$

图 7-4（b）中可看出，$d_g \ll d_{b1} + d_{b2} \approx d_a$。比较式（7-2）和式（7-3）可看出，$q_a \ll q_r$。

q_a 称为视在放电量，即根据气隙放电时试品上电压变化 ΔU_a 和试品电容来确定放电的电荷量大小。通常情况下，ΔU_a 是可以检测的，而 C_m 也是可知的。因此，在进行局部放电检测时，可检测局部放电的视在放电量 q_a。但必须注意到，q_a 可能会远小于 q_r，而 q_r 是不可检测的。

单次局部放电的能量 W 也是评估局部放电对绝缘介质性能影响的一个重要参数，局部放电的能量 W 可表示为

$$W = \frac{1}{2}\left(C_g + \frac{C_m C_b}{C_m + C_b}\right)(U_g^2 - U_r^2) \tag{7-4}$$

因 $C_m \gg C_b$，式（7-4）可近似写为

$$W = \frac{1}{2}(C_g + C_b)(U_g + U_r)(U_g - U_r)$$

$$= \frac{1}{2}q_r(U_g + U_r) = \frac{1}{2}q_a\frac{C_g + C_b}{C_b}(U_g + U_r) \tag{7-5}$$

假设气隙 C_g 放电时试品上对应的电压为 U_i，根据式（7-2）和式（7-3），则 U_i 与 U_g 的关系为

$$U_g = U_i\frac{C_b}{C_g + C_b} \tag{7-6}$$

将式（7-6）代入式（7-5），可得到单次局部放电的能量 W，即

$$W = \frac{1}{2} q_a \frac{U_i}{U_g} (U_g + U_r) \tag{7-7}$$

若近似地认为 $U_r = 0$，则

$$W = \frac{1}{2} q_a U_i \tag{7-8}$$

q_a 和 W 分别是一次局部放电脉冲的电荷量和能量，半周期内会产生多个脉冲。GB/T 7354—2018《高电压试验技术 局部放电测量》还规定了局部放电测量重复率 N：在选定的时间间隔内记录到的局部放电脉冲数与该时间间隔的比值，而且只考虑高于规定幅值或规定幅值范围内的脉冲。

此外，衡量局部放电强度的参量还有平均放电电流、平均放电功率以及局部放电的起始电压与熄灭电压等。局部放电相关的参量定义可参见 GB/T 7354—2018。

7.2.2　偶极子模型

自 20 世纪 80 年代以来，人们一直对电容模型的视在放电量概念提出疑问，因为它是基于电容网络模型推导出来的，不能准确反映气体放电的物理特性。绝缘介质中的空腔或气隙局部放电不是通过火花放电，而是由于气隙或空腔内电离过程产生的载流子而充电。当正负极性载流子沉积在阳极侧和阴极侧的气隙或空腔边界处时，会建立偶极矩，如图 7-6 所示。空间电荷场（通常称为泊松场），与施加试验电压引起的静电场（通常称为拉普拉斯场）相反。因此，当静电场足够高时，引发局部放电。局部放电产生的空间电荷场又迅速抑制气体分子电离，形成纳秒范围内的局部放电持续时间。

根据图 7-6，可采用连续性方程来描述局部放电的瞬态电流过程。这意味着由在空腔内移动的载流子引起的电流 $i_c(t)$，可以像位移电流 $i_b(t)$ 一样流过固体介质柱，该介质柱由图 7-6（b）中的电容 C_{b1} 和 C_{b2} 来表示。载流子引起的瞬态电流 $i_c(t)$ 会引起电容 C_m 的电荷迁移，形成瞬态电流 $i_a(t)$，并造成外部电压的变化。由此可得出，在试品端点处检测到的外部局部放电电荷 q_a 应该等于流经腔体的内部局部放电的电荷量 q_r，这与电容模型所提出的视在电荷的概念正相反。

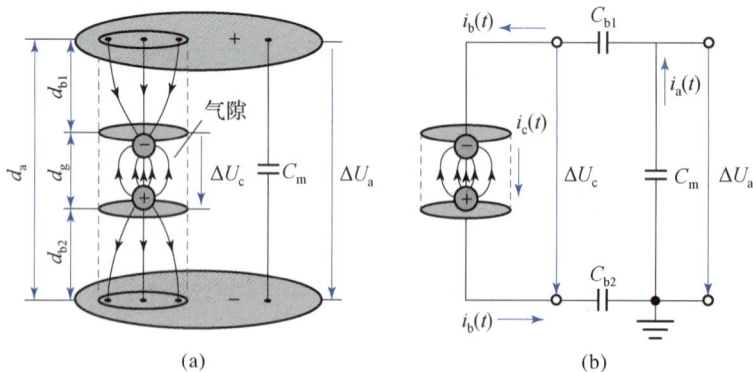

图 7-6　局部放电偶极子模型
（a）载流子迁移模型；（b）等效电路模型

由于局部放电的持续时间通常在纳秒量级，我们可以假设电极之间拉普拉斯场在局部放电持续时间内保持恒定，并且考虑偶极矩的建立处于准均匀场条件，而不是相关文献中通常研究的球形、椭球形甚至圆柱形空腔，只需考虑极性相反的载流子分离所引起的泊松场，由此可计算局部放电的电荷迁移量。

为了计算局部放电的电荷迁移量，首先考虑单个电子和正离子的运动，而电子和正离子运动到电极时会受到两个介质层的阻碍，如图 7 - 7 所示。假设气隙的局部放电起始场强为 E_i，只有电子和一个正离子从 $x=x_i$ 位置分别向正、负电极迁移。电子和离子迁移的总能量 W_a 可表示为

$$W_a = W_e + W_p = F\int_{x_i}^{0}\mathrm{d}x + F\int_{x_i}^{d_c}\mathrm{d}x = eE_i d_c$$

（7 - 9）

假设单次局部放电造成 n_i 个分子电离，则单次局部放电时转移至电子崩的总能量 W_t 为

$$W_t = en_i E_i d_c$$ （7 - 10）

根据图 7 - 6（b）所示的电路模型，假设施加电压为 U_i，瞬态电流 $i_a(t)$ 的持续时间为 t_d，则载流子迁移的总能量可表示为

$$W_t = U_i\int_{0}^{t_d} i_a(t)\mathrm{d}t = U_i q_r$$ （7 - 11）

比较式（7 - 10）和式（7 - 11），则气隙局部放电的电荷量可表示为

$$q_r = en_i d_c(E_i/U_i)$$ （7 - 12）

式（7 - 12）中，d_c 和 E_i 分别为气隙沿电场方向的高度和放电起始场强，这两个参数也是不可测量的。根据偶极子模型，在试品端点处检测到的外部局部放电电荷 q_a 应该等于流经腔体的内部局部放电的电荷量 q_r。因此

$$q_r = q_a = C_m\Delta U_a$$ （7 - 13）

图 7 - 7 载流子迁移的电场能量计算模型

7.3 局部放电的检测

7.3.1 局部放电的检测回路

当绝缘介质中发生局部放电时，会伴随产生电脉冲、介质损耗增加和电磁波辐射等电信号以及光辐射、振动、材料分解和气体压力变化等非电现象。因此，局部放电检测可分为电和非电两类。非电方法一般很难定量分析，因此一直采用电脉冲测量来评估局部放电危害程度，即所谓的脉冲电流法。图 7 - 8 为 IEC 60270 推荐的局部放电脉冲电流法测量回路。

图 7 - 8 中，Z_m（包括 Z_{m1} 和 Z_{m2}）为检测阻抗，C_k 为耦合电容器，它为试品 C_x 和检测阻抗之间提供一个低阻抗的通道，C_k 越大则测试灵敏度越高。当试品 C_x 两端因局部放电而引起外部电压变化 ΔU_a 时，经 C_k 耦合而产生脉冲电流，并在检测阻抗 Z_m 上

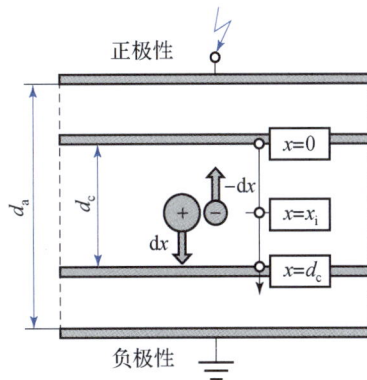

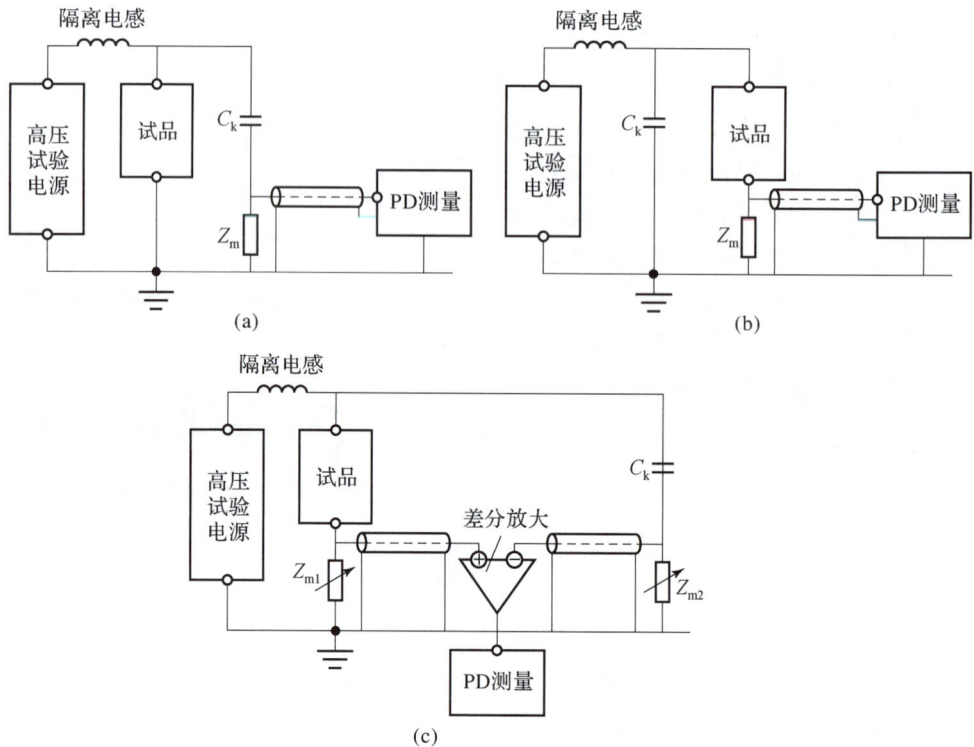

图 7-8 局部放电脉冲电流法测量回路

(a) 并联法；(b) 串联法；(c) 平衡法

转化为脉冲电压，通过测量此脉冲电压来获取局部放电的相关参量值。图中的隔离电感用于阻塞局部放电脉冲电流，使之不致被变压器入口电容所旁路，同时可降低来自电源的噪声干扰。因此，隔离电感应该是高压低通滤波器。PD 测量仪器用以测量和显示 Z_m 上的脉冲电压，应具有信号采集、放大、存储和分析以及抗干扰等功能。在局部放电测试的试验电压下，整个测量系统除试品外，试验电源、隔离电感、耦合电容和整个回路接线等，都应该不发生局部放电或局部放电（含噪声）应低于允许局部放电幅值的 50%。

局部放电检测回路的接法分为两大类。一类称为直接法，包括并联法和串联法。图 7-8（a）中，Z_m 和 C_k 串联后与试品 C_x 并联，适用于试品一端接地的情况。图 7-8（b）中，Z_m 和 C_x 串联后与 C_k 并联，适用于试品需要对地绝缘的情况。另一类为平衡法，如图 7-8（c）所示。这种电路能有效地抑制电源或试品高压端的干扰，回路中可采用与试品相同或相似的试品来代替耦合电容 C_k。

检测阻抗是为了撷取局部放电所产生的高频脉冲信号，是连接试品和局部放电测量仪器的关键部件。对于局部放电检测，不仅要求 Z_m 具有很好的高频响应特性，满足局部放电检测的灵敏度，而且要求 Z_m 上形成的脉冲持续时间尽可能短，以保证所需要的脉冲分辨率。另外，还需要检测阻抗对试验电压所产生的低频信号加以消除或减弱。

检测阻抗 Z_m 可分为 RC 型和 RLC 型两大类，如图 7-9 所示。图中 C_m 除了检测阻抗要求的电容外，还包括与测量系统相连的电缆电容、放大器的输入电容等。

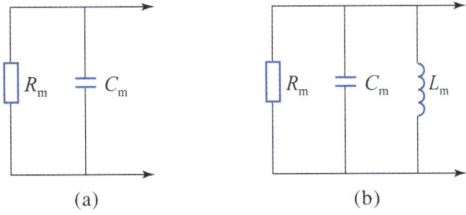

图 7-9 两类检测阻抗的基本电路
(a) RC 型；(b) RLC 型

采用 RC 型检测阻抗时，局部放电引起外部的电压变化，产生的视在电荷量为 q_a 时，检测阻抗上的输出电压 u_m 为指数衰减波，可表示为

$$u_m = \{q_a / [C_m + C_x(1 + C_m/C_k)]\} \exp(-\alpha_m t) \tag{7-14}$$

式中：$\alpha_m = 1/\tau_m$ 为检测回路的脉冲信号衰减参数，其中 τ_m 为检测回路的时间常数，$\tau_m = R_m[C_m + C_x C_k(C_x + C_k)] = R_m C_t$，$C_t$ 为检测阻抗两端的总电容。

脉冲分辨时间是指测量系统输出的两个连续脉冲之间波形重叠而造成的脉冲幅值的不确定性不超过 10% 时的最小间隔时间。RC 型输出电压 u_m 为非周期性的单极性脉冲，每个脉冲可认为与绝缘介质内部局部放电脉冲一一对应。检测回路的衰减时间常数 α_m 决定波形脉冲分辨时间。RC 型阻抗的脉冲分辨时间可表示为 $t_R = 3/\alpha_m = 3R_m C_t$。$\alpha_m$ 越大，脉冲衰减越快，脉冲分辨率越高，但太大会影响局部放电检测的准确度。R_m 和 C_m 会影响局部放电检测灵敏度，R_m 小会降低检测灵敏度，而 C_m 小则可提高检测灵敏度。

采用 RLC 型检测阻抗时，视在电荷量 q_a 在检测阻抗上形成的输出电压 u_m 为衰减振荡波，可表示为

$$u_m \approx \{q_a / [C_m + C_x(1 + C_m/C_k)]\} \exp(-\alpha_m t) \cos(\omega_m t) \tag{7-15}$$

式中：$\alpha_m = 1/(2R_m C_t)$，$C_t = C_m + C_x C_k(C_x + C_k)$；$\omega_m$ 为检测回路的振荡频率，$\omega_m \approx (1/L_m C_m)^{1/2}$。

由于 RLC 型检测阻抗上的波形是衰减振荡波，当脉冲波形叠加时，脉冲分辨时间可能增大，也可能减小。RLC 型阻抗的脉冲分辨时间可表示为 $t_R = 3/\alpha_m = 6R_m C_t$。检测阻抗连接在试品的低压侧与地面之间时，也即图 7-8 (b) 所示的串联法下，系统可以达到较高的局部放电检测灵敏度，但这种方法一般不太采用。一方面，一般情况下试品的接地很难断开；另一方面，检测阻抗必须承受全部的负载电流，而且一旦发生试品击穿，快速瞬态电流可能超过千安量级，易造成测量仪器的损坏。因此，检测阻抗通常与耦合电容 C_k 串联，并通过检测阻抗的器件设计以及过电压保护单元来保护测量仪器，如图 7-10 所示。检测电阻 R_m 上的电流通过电感 L_s 来分流，并将交流电流耦合到电容 C_m 中。过电压保护单元 Op 来抑制因绝缘击穿而引起的瞬态过电压。图 7-10 中，L_s-C_m 构成了一个局部放电耦合的高通滤波器，滤波器的下限频率应选择千赫兹级的下限频率，

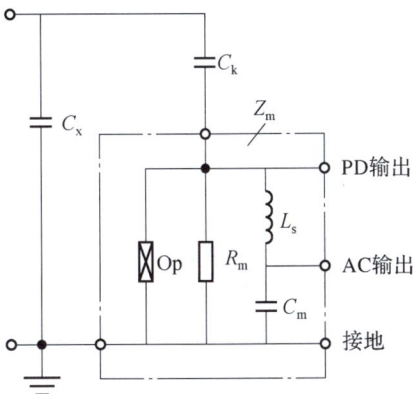

图 7-10 检测阻抗的输出保护与基本功能

以捕获不同类型缺陷局部放电脉冲的完整频谱。

套管抽头模式常用于变压器及其套管的局部放电测量，如图7-11所示。该方法一般用于电容式绝缘套管，套管抽头对地绝缘。在套管抽头位置接入局部放电检测阻抗，抽头对地存在末屏电容C_2，而耦合电容则是利用套管电容C_1。

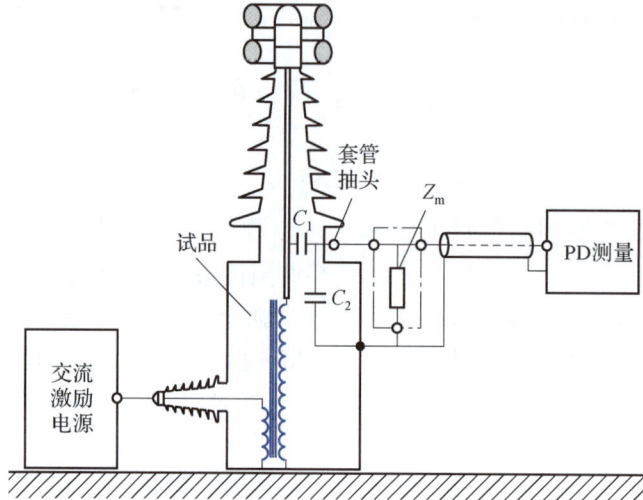

图7-11　变压器感应电压试验时的局部放电测量

7.3.2　局部放电检测系统与校准

局部放电检测系统除检测阻抗外，还应该包括信号放大与采集、信号处理与分析以及显示与存储等单元，如图7-12所示。由于局部放电时的q_a、u_m、ΔU_a都是十分微弱的信号，必须将其放大方可进行测量或显示。微弱信号检测时会存在大量噪声和干扰，必须减弱或消除噪声或干扰后再进入检测单元。放大单元还需要具有滤波、选频等功能，以适用于不同频带局部放电信号的检测。放大后的信号由数字采集系统进行采集并存储，以便于后续信号的处理与分析。为了便于分析局部放电类型，需要同步采集试验电压信号，并通过椭圆时基对检测到的局部放电信号进行椭圆扫描，可清晰地显示一个工频周期内局部放电信号特征。椭圆扫描频率取决于试验电压的频率。局部放电测量时的背景干扰还可通过时间窗来进行抑制，利用一个可选通的时基区域，将可能出现干扰

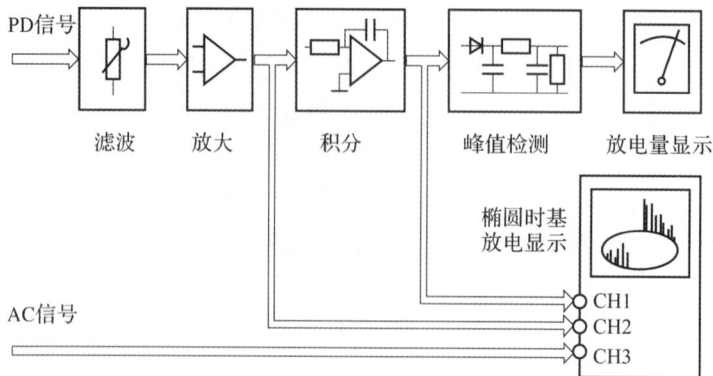

图7-12　局部放电检测系统基本功能框图

的一部分时基关闭，而放电量检测与显示仅对开通部分中的信号作出响应。由于时间窗的存在，局部放电测量仪可分为宽带和窄带两大类。

IEC 标准规定，宽带局部放电检测仪的上、下限频率 f_1、f_2 及 Δf 带宽的推荐值为

$$30\text{kHz} \leqslant f_1 \leqslant 100\text{kHz}, 130\text{kHz} \leqslant f_2 \leqslant 1000\text{kHz}, 100\text{kHz} \leqslant \Delta f \leqslant 970\text{kHz}$$

其中，$\Delta f = f_2 - f_1$。规定脉冲分辨时间 T_r 的典型值为 $5 \sim 10\mu s$。

窄带局部放电检测仪的中心频率 f_m 和 Δf 带宽的推荐值为

$$50\text{kHz} \leqslant f_m \leqslant 1000\text{kHz}, \quad 9\text{kHz} \leqslant \Delta f \leqslant 30\text{kHz}$$

脉冲分辨时间 T_r 的典型值为 $80\mu s$。值得注意的是，对于宽带测量仪，积分性能只受上限频率 f_2 的控制，而不受下限频率 f_1 的控制。因此，原则上也可以采用窄带滤波电路，其特点是带宽 Δf 远低于局部放电信号准积分所需的中心频率 $f_m = (f_2 - f_1)/2$。在这种情况下，振荡响应包络的最大值与脉冲电荷成正比。窄带局部放电检测主要优点是噪声抑制性能好，通过调整中心频率，可以有效地抑制无线电干扰等连续高频噪声。在对变压器、旋转电机等感性设备进行局部放电测试情况下，快速局部放电暂态信号易在绕组内形成振荡响应信号，持续时间可能会超过 $100\mu s$，此时会造成脉冲间的相互叠加而导致较大的测量误差。另外，窄带局部放电检测仪也不推荐用于局部放电电荷量的检测，而主要用于局部放电脉冲幅值的检测，可得到局部放电起始电压和熄灭电压，也可以用于介质的绝缘状态评估。

根据 IEC 60270 规定，局部放电测量仪可采用准峰值检测与放电量读数相结合的方法，用于测量"重复发生的最大局部放电幅值"。引入这个概念是当局部放电脉冲幅度在一个非常大的范围内变化时，可获得或多或少相对稳定的读数，而且还可以有效抑制随机出现的低重复率噪声脉冲。根据 IEC 60270 规定，准峰值检测时的充、放电时间常数应分别为 $\tau_1 \leqslant 1\text{ms}$ 和 $\tau_2 \approx 440\text{ms}$，以便获得完整的脉冲序列响应。在局部放电检测时，一般强烈建议采用椭圆时基或相位分辨的局部放电脉冲与电荷量，可有助于识别潜在的局部放电缺陷和干扰噪声。

随着数字技术的发展，采用高速 A/D 转换器将捕捉的局部放电信号数字化，已成为局部放电测量系统的新趋势，并结合带通滤波来抑制干扰，数字带通滤波器由可调数字滤波器和数值积分器组成。数字局部放电测量仪器的主要优点不仅能够获取和存储局部放电起始时刻的局部放电量、试验电压值以及相位角等局部放电特征参数，还可采用以下基本特征对非常复杂的局部放电进行深入分析，例如：①采用相位分辨 2D 和 3D 模式及脉冲序列模式的统计分析，能够分类和识别局部放电，并进行噪声抑制；②基于波形分析和频谱图，进行局部放电脉冲聚类，以分辨不同缺陷的局部放电模式；③可采用时域反射法或多通道数字技术对电力电缆或变压器等进行局部放电定位。

局部放电检测仪测得的局部放电脉冲幅值与试品的视在放电量 q_a 成正比关系，但二者具体关系与检测回路、仪器性能等有关，必须通过校准来确定整个回路及仪器的刻度因子对局部放电脉冲幅值的影响，方可得到局部放电的视在电荷量 q_a。校准必须在实际试验条件下按照试品的实际测试回路来进行，校准回路如图 7-13 所示。

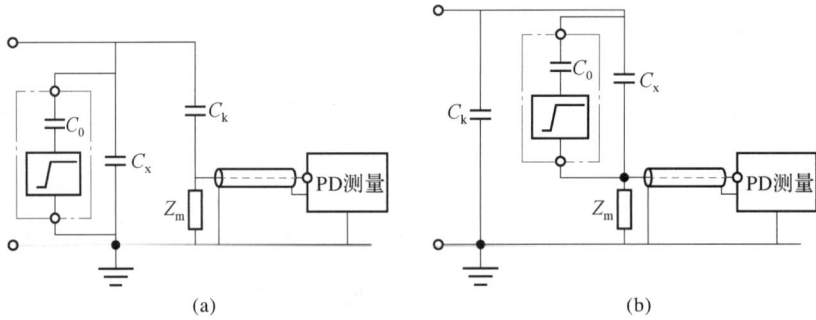

图 7 - 13　局部放电的校准回路

（a）并联法；（b）串联法

局部放电校准程序的目的就是根据检测仪读取的局部放电脉冲幅值来确定局部放电电荷量 q_a 计算所需的刻度因子 S_f。采用输出幅值为 U_0 的方波电压发生器串联一个已知的小电容 C_0，与试品 C_x 构成一个并联的有源支路来模拟试品 C_x 上产生的局部放电。当 $C_0 \ll C_x + (C_k C_m)/(C_k + C_m)$ 时，注入 C_x 的电荷量为 $q_0 = U_0 C_0$。因此，当试品的两端注入一个已知大小的校准电荷量 q_0，产生的脉冲幅值为 M_0（或高度为 L_0）时，则放电量的刻度因子为

$$S_f = q_0/M_0 (\text{pC/mm}) \quad 或 \quad S_f = q_0/L_0 (\text{pC/div}) \qquad (7 - 16)$$

标准规定，校准电荷量 q_0 应选在试品规定的局部放电量值的 $50\% \sim 100\%$ 之间进行，S_f 一般应在此范围内的某一值下确定。经校准后，去掉校准用的局部放电模拟支路，保持检测回路的接线和参数不变以及检测仪的带宽、放大系数和灵敏度不变，方能保持刻度因子不变。对试品进行局部放电测试时，在检测仪上显示的局部放电脉冲幅值为 M_p，或放电量的读数是 L_p，则测得试品的视在放电量为

$$q_a = S_f M_p (\text{pC}) \quad 或 \quad q_a = S_f L_p (\text{pC}) \qquad (7 - 17)$$

图 7 - 13 所示的校准方法也称为直接校准方法。局部放电校准时也可采用间接校准方法，其方法是：接好整个试验回路，将已知电荷量 q_0 注入测量阻抗 Z_m 两端，则检测仪的响应为 β。再以一等值的已知电荷量 q_0 注入试品 C_x 两端，则检测仪的响应为 β'。这两个响应之比即为回路刻度因子 S_f，即

$$S_f = \beta/\beta' = 1 + C_x/C_k \qquad (7 - 18)$$

采用直接校准法，校准方波发生器在试品施加试验电压时必须脱离试验回路，不能与试品内部放电脉冲直观比较。而采用间接校准法，校准方波发生器可接在试验回路，校准脉冲能与试品内部放电脉冲进行直观比较。

校准电容 C_0 应尽可能小，一般应小于 200pF，但其最小值受方波发生器连线的杂散电容影响，最小应不低于 10pF。同时，在去掉校准模拟支路后，C_0 的大小不应影响局部放电测试回路的参数，其最大值不应大于 $0.1C_x$。

校准方波的上升时间（峰值的 $10\% \sim 90\%$）应接近真实局部放电脉冲的波前时间 T_r，标准规定 T_r 应不大于 60ns。对于上限频率高于 500kHz 的宽带测量系统，必须满足 $T_r \leqslant 0.03/f_2$ 的要求，以便产生一个几乎不变的幅值频谱。方波持续时间 T_d 应不小于 5μs，方波电压偏差 ΔU 应不大于 $0.03U_0$，具体波形和参数可参见图 7 - 14。

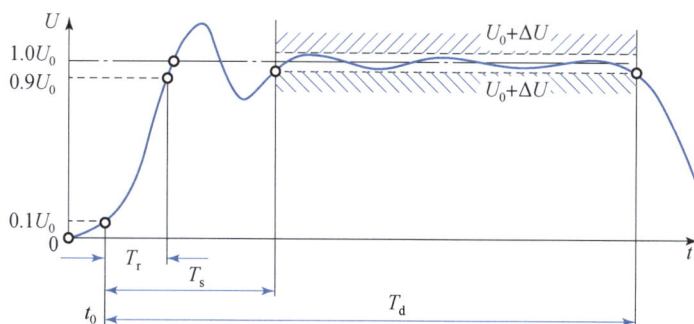

图 7-14 局部放电校准脉冲的波形定义

进行电气设备局部放电检测时，除了在试验电压下测定视在放电量外，经常还需要测定局部放电起始电压 U_i 和局部放电熄灭电压 U_c。国家标准对 U_i 的定义为：当试品上施加的电压从某一观察不到局部放电的较低值开始，逐渐增加到初次观察到试品中重复产生局部放电时的电压；U_c 的定义为：当试品上施加的电压从某一观察到局部放电的较高值开始，逐渐降低至试品中停止出现重复性局部放电时的电压。实际上，局部放电起始电压是局部放电脉冲"幅值等于或小于某一规定的较低值时的最低施加电压"。

图 7-15 (a) 所示是某一 110kV 套管局部放电测试时的一种典型校准回路，校准回路不同位置处的波形如图 7-15 (b) 所示。由于高压套管电容 C_1 与测量阻抗 Z_m 构成高通滤波器，C_1 接近 200pF，电阻性测量阻抗为 50Ω，高通响应的特征时间常数约为 10ns。采用电子积分器对测量阻抗上的信号（CH2）进行积分，可得到与阶跃校准电压成正比的电荷信号（CH3）。

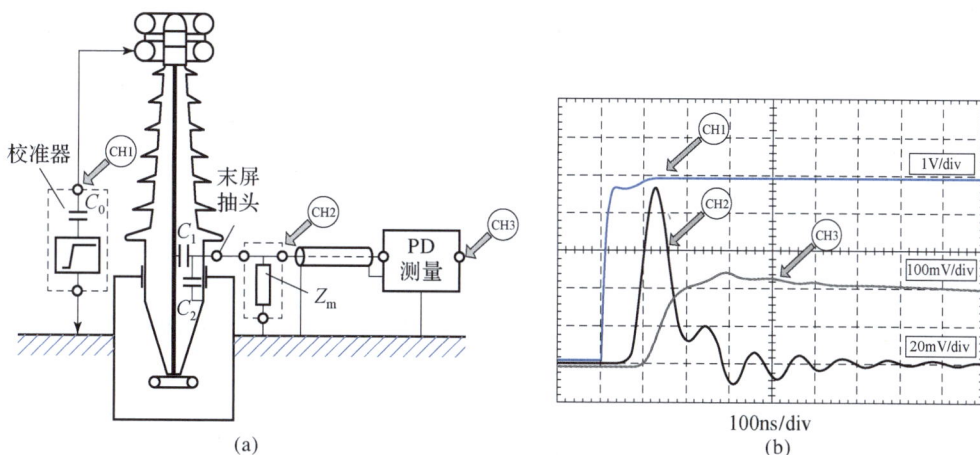

图 7-15 某 110kV 套管局部放电测试校准

(a) 套管局部放电校准回路；(b) 校准时回路不同位置处的波形

局部放电校准器的性能测试包括电荷量、特征时间和电压等参数测试。IEC 60270 推荐的最简单方法是将校准器 C_0 的电荷 q_0 通过阻尼电阻 R_d 注入电容 C_m 中，要求 $C_m \geqslant 100C_0$。此时，$q_0 = C_m U_m$。IEC 60270 中推荐的另一种方法是将校准器 C_0 的电荷

q_0 注入到已知的测量电阻 R_m。由于 C_0 与 R_m 的串联组成一个高通滤波器，必须对 R_m 上出现的时变电压 $u_m(t)$ 进行积分，以确定被测校准器产生的电荷量 q_0。

7.4 局部放电检测时的干扰与抗干扰措施

在局部放电测试时，往往会由于各种干扰而使测量结果不准确，或者使得测试工作无法进行下去。局部放电干扰可分为连续的周期型干扰、脉冲型干扰和白噪声。周期型干扰包括系统高次谐波、载波通信以及无线电通信等。脉冲型干扰分为周期脉冲型干扰和随机脉冲型干扰。周期脉冲型干扰主要由电力电子器件动作产生的高频涌流引起。随机脉冲型干扰包括高电压线路上的电晕放电、其他电气设备产生的局部放电、分接开关动作产生的放电、电机工作产生的电弧放电、接触不良产生的悬浮电位放电等。白噪声包括线圈热噪声、地网的噪声和动力电源线以及变压器继电保护信号线路中耦合进入的各种噪声等。

图 7-16 给出了局部放电和典型干扰的椭圆时基谱图。图 7-16（a）给出了气隙局部放电典型谱图，可以看出每次放电的大小即脉冲高度并不相等，且放电不会出现在试验电压过峰值后的一段相位上，而是出现在试验电压绝对值上升部分的相位上。图 7-16（b）、（c）是尖端对平板或大地介质及尖端对大地间存在绝缘屏障的放电。一般在较低电压下产生电晕放电，放电脉冲总叠加于电压的峰值位置。如位于负峰值处，尖端处于高电位；如位于正峰处，尖端处于低电位。随着电压的升高，正半周会出现幅值较高、数量不多的脉冲。图 7-16（d）是悬浮电位放电的谱图。悬浮电位放电时，正负极性脉冲幅值相等、脉冲间隔或频率相同，正负极性脉冲成对出现，幅值不随电压升高。放电量基本不变，与放电起始的电压有关，熄灭电压与起始电压基本相等。图 7-16（e）是接触不良的干扰信号，是一系列不规则脉冲，对称分布于电压零点两侧，在电压峰值处不会出现脉冲，而且随着电压的升高干扰信号所占幅值增加。图 7-16（f）是晶闸管导通与截止所引起的干扰信号，是一种幅值、位置均固定的干扰信号，脉冲数和间隔取决于晶闸管整流设备的相数。

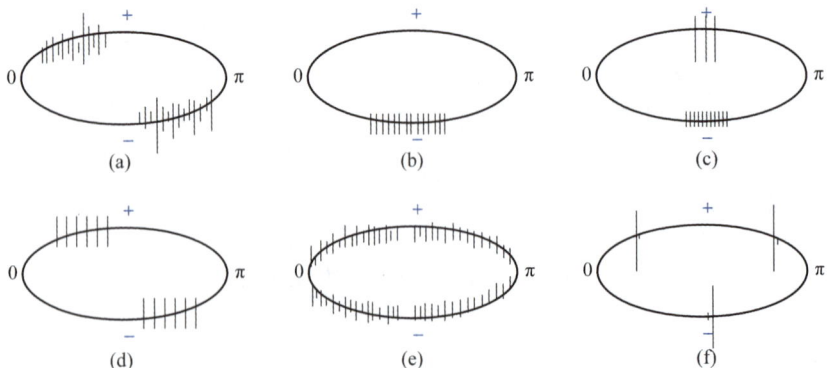

图 7-16　局部放电和典型干扰的椭圆时基谱图

（a）介质中的气隙局部放电；（b）尖端对平板或地的电晕放电；（c）存在绝缘屏障时的尖端放电；
（d）悬浮电位放电；（e）接触不良的干扰信号；（f）晶闸管的干扰信号

局部放电产生的信号十分微弱，仅为微伏量级，就数值大小而言，很容易被外界干扰信号所淹没。因此，必须采取有效的抗干扰措施来抑制干扰信号的影响。干扰的抑制方法如下：

（1）对于来自电源的干扰。可通过在电源中设置滤波器加以抑制，应能抑制处于检测仪频宽的所有频率，但能让低频率试验电压通过。

（2）对于来自接地系统的干扰。可通过单独的连接，把试验回路连接到适当的接地点来消除。所有附近的接地金属均应接地良好，不能产生电位浮动。

（3）对于来自外部的干扰源。如高电压试验、附近的开关操作、无线电发射等引起的静电或磁感应及电磁辐射，均会耦合到放电试验回路，并误认为局部放电脉冲。需要采用薄金属皮、金属板或铁丝网来加以屏蔽，有条件时可修建屏蔽试验室。

（4）对于试验电压引起的外部放电。如果试区内存在接地不良或悬浮物体，在试验电压下会出现充电和放电现象，这可通过波形判断来加以区别，也可通过超声波检测仪对这种放电进行定位。试验时应保证所有试品及仪器接地可靠，必要时接地连接采用螺钉压紧。

干扰的抑制总是从干扰源、干扰途径、信号后处理三方面考虑。找出干扰源直接消除或切断相应的干扰路径，是解决干扰最有效最根本的方法，但要求详细分析干扰源和干扰途径，且一般不允许改变原有试验变压器或试验电源的工作方式。因此，对干扰所能采取的措施总是很有限。对于经测量阻抗耦合进入监测系统的各种干扰，可采取各种信号处理技术加以抑制。一般从以下几方面区分局放信号和干扰信号：工频相位、频谱、脉冲幅度和幅度分布、信号极性、重复率和物理位置等。具体的可概述如下：

（1）频域开窗法。选择合适的检测频带来抑制干扰。一是在硬件方面，可在检测系统中引入带通或带阻滤波器，抑制干扰频带而将局部放电信号放大；二是在软件方面设计数字滤波器来抑制干扰信号。

（2）时域开窗法。真实局部放电信号一般重复发生在试验电压固定相位上，而干扰信号也会在时间上或相位上固定，且基本上不与干扰在时域上相互叠加，可采用电子技术或软件方法对干扰信号不予采集或置零，而对局部放电信号进行采集和放大。

（3）平均技术。对于随机干扰信号，一般遵从正态分布，而局部放电一般重复发生在试验电压固定相位上，若将采集的数据样本取其代数和的平均值，可减弱随机干扰信号强度而提高信噪比。

（4）脉冲极性鉴别法。脉冲极性鉴别的原理框图如图 7 - 17 所示。若试品内部局部放电，检测阻抗 Z_m 和 $(Z_m)_1$ 将输出两个极性相反的脉冲，通过比较 Z_m 和 $(Z_m)_1$ 上脉冲信号极性，可鉴别是试品局部放电还是试品之外的干扰信号。

以上局部放电抗干扰措施，可根据具体情况针对性选用，也可同时采用多种措施。

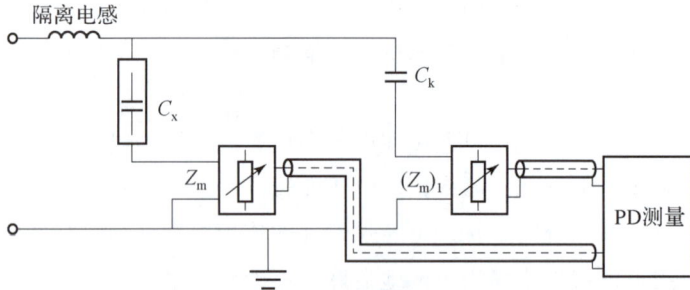

图 7 - 17　脉冲极性鉴别的原理框图

7.5　局部放电的定位

局部放电发生时会引起局部过热、材料分解等化学和物理反应，伴有电脉冲、电磁发射、声、光、热以及放电导致绝缘材料分解而产出气体等现象。通过检测这些物理现象、化学过程所产生的电量与非电量信号，可实现局部放电检测，同时可实现局部放电的定位。按照局部放电的电量与非电量检测原理，可将现有的局部放电定位方法分为：电气定位法、行波（或电磁波）定位法以及声波定位法。

电气定位法的基本原理是：当设备（如电力变压器）内部发生局部放电时，产生的电流脉冲沿变压器绕组传播到达测量端，该电流脉冲包含了局部放电位置的信息，可通过对放电脉冲进行分析来确定局部放电的位置。根据分析局部放电位置信息不同，电气定位法可分为：起始电压法、多端测量定位法、极性法、幅值衰减法等，但电气定位法存在抗干扰能力差和普适性差等问题。

行波（或电磁波）定位法：对于电力电缆、GIS 等同轴型电气设备，当内部出现局部放电时，局部放电产生的脉冲信号或特高频电磁波会沿电力电缆或 GIS 母线同轴传播，脉冲信号到达其两端时会发生折反射，如图 7 - 18 所示。

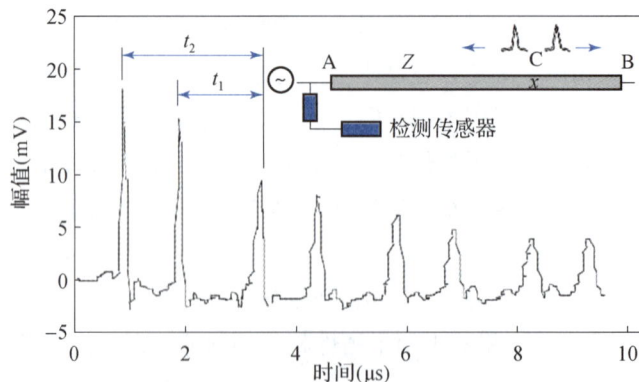

图 7 - 18　电缆局部放电点行波定位法示意图

根据局部放电点至检测传感器时间的行波传播时间和速度，即可计算出局部放电点至传感器的距离。检测传感器的布置取决于局部放电信号的强弱和传播特性以及现场干扰情况，可视具体情况在一端布置或双端布置，当电缆或 GIS 较长时，可分段多点布置。若已知电缆长度 l，电缆中行波的传播速度为 v。当采用一端进行局部放电检测时，传感器接收放电信号及其反射信号的时间分别是 t_1 和 t_2，则放电点与检测传感器之间的距离为 $x = l - v(t_2 - t_1)$。当采用两端进行局部放电检测时，两端传感器接收到放电信号的时间分别是 t_1 和 t_2，则放电点与较近传感器间的距离为 $x = [l - v(t_2 - t_1)]/2$。由于现场经常出现严重干扰，行波（或电磁波）定位法在实际应用时会出现局部放电信号很难检测的现象，这种方法受现场环境的影响很大。

行波定位法也常用于电缆故障点定位。通过向电缆中输入快前沿低压脉冲，这种脉冲会以行波形式在电缆中传播，当行波达到故障点时，会因为故障点处的阻抗无法匹配而产生反射行波，通过对反射波传播回低压脉冲波输入位置的时间统计，再根据行波传播速度，就可求出电缆中故障点所在的位置。如果电缆的故障属于高阻接地故障，则因反射行波不明显而无法通过低压脉冲进行故障点定位。采用脉冲电流法可以弥补上述缺点。当输入脉冲电压能造成电缆局部放电位置处发生绝缘击穿时，电缆上会出现短路电弧，产生跃变的电流行波，通过对电流行波的检测以及电流行波的极性，可得出放电点的位置。

声波定位法是根据局部放电产生的超声波传播时间或波束方向来确定放电源的空间位置。根据超声波到达各传感器的时间差进行定位的方法称为时间差定位方法，根据超声波束传播方向进行定位的方法称为相控阵定位方法。超声波时间差定位方法是目前现场应用最广泛的一种方法，按照基准信号的不同，又可将其分为"电—声"法和"声—声"法两种。"电—声"法是指利用电脉冲或电磁波信号作为基准，获取超声波的传播时间，再根据超声波的传播速度而计算出放电点至传感器的距离，然后得到放电点的位置。"声—声"法则利用超声波信号到达多个超声传感器的时间差，经过系列计算来确定局部放电点的具体位置。

超声波"电—声"法有多种方法可以确定放电点的位置。一种是以电信号作为参考基准［见图 7-19（a）］，不断移动超声传感器的位置，使获得的超声信号幅值最强、时延最短，此时放电点距离超声传感器最近，然后再结合被测设备的具体结构，即可大致判断局部放电点的位置。

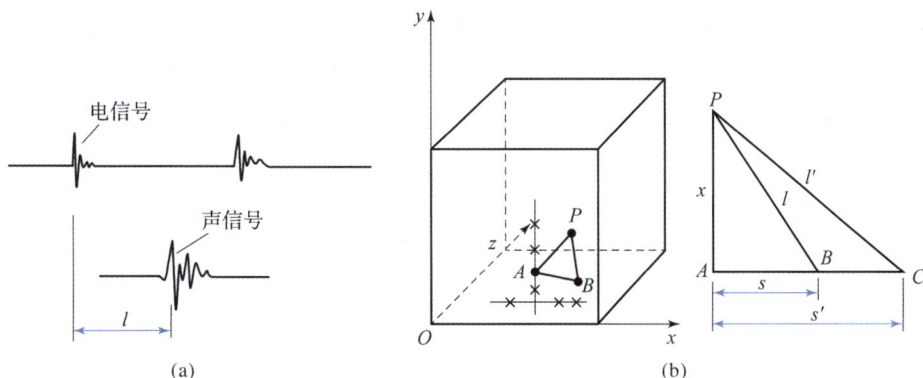

图 7-19 超声局部放电定位方法

（a）声波时延的确定方法；（b）双传感器定位方法

超声"声—声"法则是利用双传感器，甚至三个以上传感器来测得局部放电的声波时延，从而对局部放电进行定位。对于电缆类同轴结构设备，采用双传感器即可进行放电点的定位，但对于电力变压器等复杂结构设备，若采用双传感器，需要通过改变传感器位置，并进行多次测量才能进行放电点的定位。测试时，双传感器布置在变压器油箱的某一水平位置上，同时沿水平线调整传感器的位置，使得双传感器测得的时延相等，并作出这两个传感器连线的垂直平分线。然后，将双传感器布置在此垂直平分线上，依据上述同样的方法得到时延相等时双传感器在垂直平分线上的位置，垂直平分线上双传感器连线的中点 A 即为放电点 P 对箱壁的垂直投影，A 点也称为距离放电点最近的位置。再将一个传感器置于 A 点，另一个传感器置于垂直平分线距离 A 点为 s 的 B 点，如图 7-19（b）所示。图 7-19（b）中，$\triangle PAB$ 是直角三角形，通过测出 A、B 两点传感器的时延差 Δt，就可得到放电点 P 的位置。设超声波的波速为 υ，声波由放电点 P 至 A、B 两点的时间分别为 t_A 和 t_B，则有

$$x = \upsilon t_A, \quad l = \upsilon t_B, \quad \Delta t = t_B - t_A \tag{7-19}$$

可得

$$x = l - \upsilon t = (x^2 + s^2)^{1/2} - \upsilon t = (s^2 - \upsilon^2 t^2)/2\upsilon t \tag{7-20}$$

对于复杂结构的电气设备，如变压器，若采用三个甚至更多的传感器，通过一定的算法则可方便地进行放电点的定位。在变压器油箱三个不同位置上布置三个超声传感器，三个位置不共线也不共面，其位置可用三个坐标来表示，即 $A_1(x_1, y_1, z_1)$、$A_2(x_2, y_2, z_2)$、$A_3(x_3, y_3, z_3)$，而放电点的位置为 $P(x, y, z)$。若放电点 P 至三个传感器的时间分别为 t_1、t_2、t_3，则放电点 P 至三个传感器的距离可列方程

$$PA_1 = \upsilon t_1, \quad PA_2 = \upsilon t_2, \quad PA_3 = \upsilon t_3 \tag{7-21}$$

将放电点 P 和三个传感器地位置坐标代入上述方程，可列三个方程组，方程组的解即为放电点地位置坐标。以上定位方法都是假定超声波是按直线由放电位置传播至传感器，而且认为声波速度不变。实际情况下，局部放电产生的超声波在变压器内传播时，会经过油、油纸、铁心以及箱体钢板等材料，不仅会在不同的界面上发生折射和反射，而且经过不同材料的声波速度也不同，声波的传播非常复杂。上述定位方法也是一种近似定位，如果精确定位，还需要其他方法的辅助。相控阵定位方法是近年来引入变压器局部放电定位的一种新方法，它通过超声波传感器线阵对空间信号场进行多点并行采样，采用多信号聚类算法，提取所获得的线阵信号及其空域特征信息来计算放电点的方向和位置。

除了非电量声测法用于局部放电定位外，油中溶解气体的色谱分析、SF_6 气体分解物的色谱分析也常用于局部放电发生与否的判断和定位。当变压器等充油设备绝缘介质发生局部放电时油纸绝缘体将分解出 H_2、CH_4、C_2H_2、C_2H_6、C_2H_4、CO 等气体，这些气体会溶解于油中，或释放到油面上，并在一定温度和压力下达到动态平衡。同样地，GIS 中出现局部放电时也会造成 SF_6 气体和绝缘材料分解出 SO_2F_2、SOF_2、CF_4、H_2S、SO_2 以及 SOF_4 等。采用气相色谱分析，可测得分解物的组成和含量，不仅可以分析放电类型，而且可以分析放电的危害性。对于 GIS 设备，通过分解物的检测，还可

以判断局部放电或故障发生的气室。油中溶解气体分析无各种干扰的影响，数据可靠，对诊断变压器内油纸绝缘状态积累了相当的经验，并形成了国际和国家标准。油中气体的分解、溶解、积累和平衡需要一定的时间，而且油中气体检测也需要一定的时间，这种方法对突发性故障的诊断则存在一定的局限性，但较适合于长期潜在性的故障。

7.6 现场局部放电检测方法

局部放电测试是电气设备交接试验和预防性试验的重要试验项目，需要在现场开展。与高电压实验室的条件相比，现场局部放电测试有三个方面的特殊问题：一是现场的干扰比较严重，局部放电检测灵敏度比实验室内要低 2 个数量级，需要加强抗干扰措施；二是需要解决适合于现场测试的局部放电检测传感技术，可方便在现场安装和测试，而且不影响被测设备的结构与性能；三是如何解决现场试验电源问题，尤其是当试品电容量较大时。

7.6.1 局部放电事件的可视化

7.4 节介绍了一些抗干扰措施，可以用于现场局部放电测试。但是，现场局部放电测试时，由于现场的干扰比较严重，上述抗干扰措施并不能很好地解决现场干扰问题。通过将局部放电事件可视化，可分辨典型局部放电的类型和位置，有助于有效检测局部放电信号。

局部放电事件的可视化可追溯到 1928 年，劳埃德（W. L. Lloyd）和斯塔尔（E. C. Starr）采用电子束示波器得到了局部放电的典型李萨如图，如图 7 - 20 所示。通过李萨如图，很容易理解局部放电电荷量与交流电压幅值、相位的关系。在 1936～1954 年间，阿曼（A. N. Arman）和斯塔尔（E. C. Starr）等人发明了局部放电检测技术，而经典李萨如图则发展为椭圆基谱图，通过示波器记录局部放电脉冲串，并将局部放电脉冲串与交流电压相位相关联，形成了目前常用的椭圆基谱图。

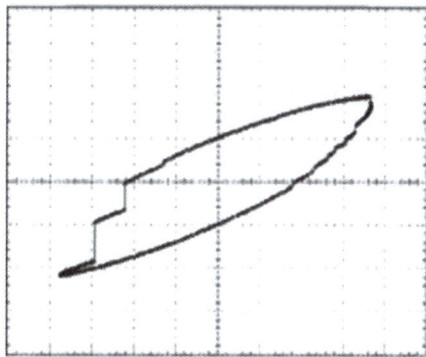

电荷量：500pC/div；交流电压：4kV/div

图 7 - 20　局部放电的李萨如图

随着数字技术的发展，人们可方便地得到局部放电脉冲与交流相位的关系，这也成为目前最常用的一种局部放电可视化方法。图 7 - 21 所示为典型的尖—板空气间隙局部放电脉冲与交流相位的关系图。空气中高电位尖电极会出现电晕放电，电晕放电也是局部放电的一种形式。在起始电压下电晕发生在交流电压的负半周，放电脉冲为特里切尔（Trichel）脉冲，而 Trichel 脉冲特征表现为几乎恒定的脉冲幅值和时间间隔，在试验电压一定的范围内与电压高低几乎无关。因此，可重复的 Trichel 放电脉冲可用于局部放电测试电路的性能检测，也可用于复杂环境下局部放电脉冲极性的鉴别。

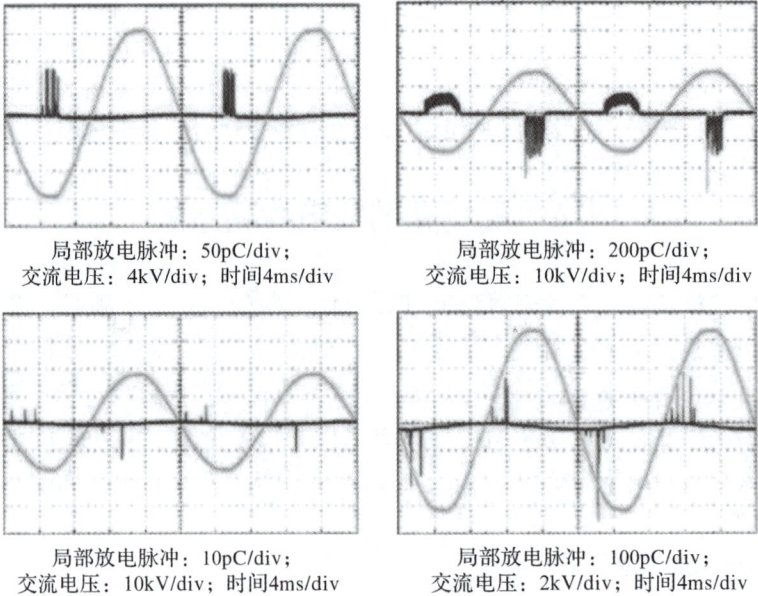

局部放电脉冲：50pC/div；
交流电压：4kV/div；时间4ms/div

局部放电脉冲：200pC/div；
交流电压：10kV/div；时间4ms/div

局部放电脉冲：10pC/div；
交流电压：10kV/div；时间4ms/div

局部放电脉冲：100pC/div；
交流电压：2kV/div；时间4ms/div

图 7-21　空气中尖—板间隙电晕放电与交流相位的关系

　　统计是局部放电特性测试的基本步骤。通过计算机的统计分析，可获得相位分辨的局部放电模式图，如图 7-22（a）所示。自 20 世纪 80 年代以来，计算机辅助统计分析方法被广泛用于局部放电的模式识别。

　　目前的数字式局部放电检测仪都可对脉冲电荷量 q_a 与重复率 f_i，起始时刻 t_i 与起始相位 φ_i，起始电压 u_i 与熄灭电压 u_q 等局部放电参量进行统计分析。基于上述参量的统计，可得到局部放电累积相位分辨模式，如图 7-22（b）所示。局部放电数据是以实时方式采集并存储在计算机内，当实际局部放电测试完成后，可以再次回放这些数据。因此，经统计分析得到的局部放电相位分辨模式还可以再次与实时测量相比较，来进一步改善局部放电测试的准确性。

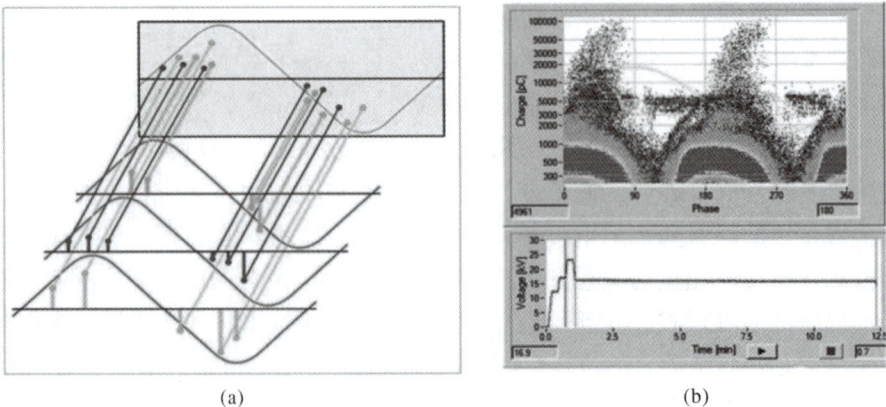

(a)

(b)

图 7-22　局部放电累积相位分辨模式
（a）局部放电累积相位分辨模式统计方法；（b）典型的相位分辨 PD 模式图

针对电气设备局部放电现场检测场景，运用扬声器阵列技术，可组成多路扬声器嵌套阵列，通过相互交错设计，确保空间中各个方向局部放电声信号的均匀采集，构建空间分辨率一致的声接收系统。通过将阵列中各个传感器所采集到的信号进行滤波、加权叠加后形成波束，然后通过波束形成算法，计算声源位置以及空间各点局部放电声信号的强度。基于声源定位、声学成像等技术，以热力图的形式实时显示局部放电在空间的分布状态，实现局部放电的可视化，如图 7 - 23 所示。声学成像技术能够对稳态、瞬态以及运动声源进行快速识别和定位，可用于检测输电线路电晕、变电站内高电压设备局部放

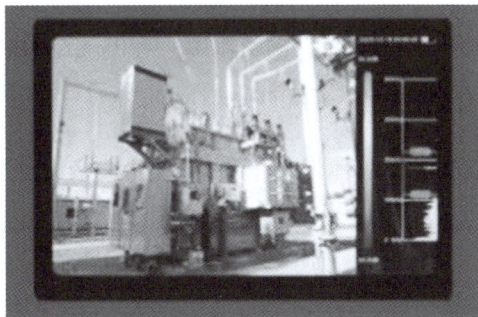

图 7 - 23　局部放电超声波成像仪

电、电抗器与电容器的噪声和异响、配电开关柜局部放电以及气体泄漏等。

7.6.2　现场局部放电测试的传感技术

特高频法、宽频电流法和超声检测法是目前现场局部放电检测常用的三种方法。相比于电学类检测方法，超声检测法抗电磁干扰能力强，比较适用于复杂电磁环境下变压器的局部放电检测。

1. 特高频法

特高频法是针对信号频率介于 $300 \sim 3000\text{MHz}$ 范围内局部放电电磁波的检测方法。每一次局部放电过程都伴随着陡度很大的电流脉冲，并激发电磁波，包含低频至数吉赫兹（GHz）频率成分的能量分布。当放电气隙比较小、绝缘强度比较高时，放电过程比较短，电流脉冲的陡度会很大，特高频法就是通过监测这种电磁波信号来实现现场局部放电检测。局部放电产生的电磁波可以通过金属箱体的接缝处、观察窗或气体绝缘开关的衬垫传播出去。通过在上述位置处布置超高频传感器，可检测局部放电电磁波信号。图 7 - 24 为现场 GIS 局部放电检测时观察窗口布置的超高频传感器基本结构。

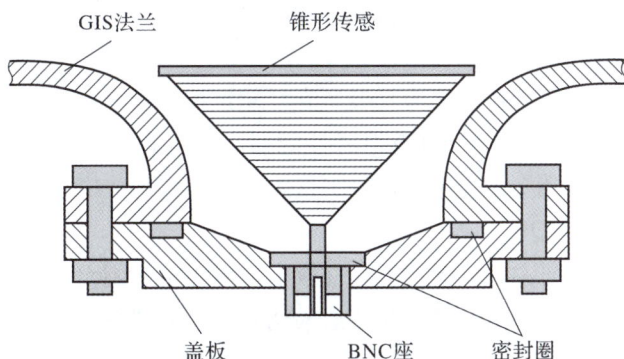

图 7 - 24　GIS 局部放电检测用超高频传感器基本结构图

现场进行电气设备局部放电检测时，变电站的背景噪声和空气中电晕产生的电磁干扰，其频率一般很低，可用宽频法对其进行有效抑制；而广播电视的信号频率，由于其

中心频率是比较固定的,可采用窄频法将其与局部放电信号加以区别。

2. 高频电流传感器(HFCT)

HFCT 是主要针对 3~30MHz 频率范围的电流脉冲进行检测的传感器,用以反映现场电力设备的局部放电。当电气设备内部发生局部放电时,高频电流会沿着接地线向大地传播,通过在地线上安装高频电流传感器,可检测局部放电脉冲电流信号,如图 7-25 所示。高频电流传感器一般采用罗哥夫斯基线圈方式,在环状磁芯材料上绕制多匝导电线圈,高频电流穿过磁芯中心,会在线圈上产生感应电压,通过测量感应电压的高低即可得到局部放电脉冲电流信号。高频电流传感器的测量回路与被测电流之间没有电气连接,属于非侵入式检测法,不影响被测设备的运行,比较适合于现场电气设备局部放电检测。此方法灵敏度高、安装方便,但高频信号易受外界干扰。随着数字滤波技术的发展,该检测方法得到了较广泛的应用。

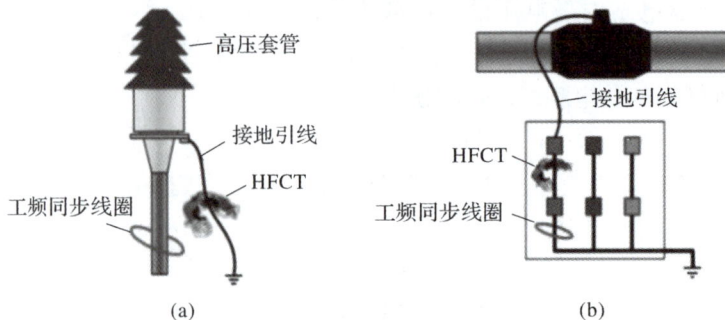

图 7-25 高频电流传感器局部放电检测

(a)电缆终端局部放电检测;(b)电缆中间接头局部放电检测

3. 超声传感器

传统的局部放电声波检测技术主要是采用压电陶瓷(Piezoelectric Transducers,PZT)传感器,通过紧贴于变压器外壳接收其内部 PD 产生的超声波信号。这种传感器技术成熟、操作简便,但其灵敏度较低。特别是对于大型电力变压器,内部结构十分复杂,局部放电产生的超声信号经多层介质衰减,传播至壳体的信号极小,采用 PZT 传感器进行局部放电检测的效果往往很差。

近年来,随着光电子器件的飞速发展,光纤超声传感器受到研究人员的关注。相比于 PZT 传感器,光纤超声传感器具有绝缘性能好、抗电磁干扰性能优异、尺寸小等优势,可深入变压器内部感知微弱超声信号,这为变压器局部放电检测提供了一种全新的解决方案。

目前,国内外诸多研究机构已针对局部放电检测需求研制出各种光纤传感器。光纤传感器的基本工作原理是将激光经过光纤送入调制器,使得待测参数与进入调制区的光相互作用后,导致光学特性(如光强、波长、频率、相位、偏振态等)发生变化。通过测量被测参量对光学特性的影响,即可得到被测参量。根据光纤在传感器中的作用,光纤传感器可以分为两类:一类是功能型传感器,又称为传感型传感器;另一类是非功能型,又称为传光型传感器。

（1）传感型光纤传感器。传感型光纤传感器是利用光纤对外界因素（如温度、压力、电场、磁场等）的敏感性，将输入物理量变换为调制的光信号，称为光纤的调制效应。当外界环境因素，如温度、压力、电场、磁场等改变时，其传光特性，如相位与光强，会发生变化。因此，如果能测出通过光纤的光相位、光强等变化，就可得到被测物理量的变化。这类传感器又被称为敏感元件型或功能型光纤传感器。基本系统如下：将激光器点光源光束扩散为平行波，经分光器分为两路，一路为基准光路，另一路为测量光路。外界参数（温度、压力、振动等）引起光相位变化，对干涉条纹的数量及移动进行测量，就可获得温度、振动或压力等。

（2）传光型光纤传感器。传光型光纤传感器是由光检测元件（敏感元件）与光纤传输回路及测量电路所组成的测量系统。其中光纤仅作为光的传播媒质，所以又称为传光型或非功能型光纤传感器。根据传感原理的不同，又可分为两类：一类是光栅型光纤传感器，另一类是干涉型光纤传感器。

1）光栅型光纤传感器：光栅式传感器是指利用光纤中的光栅结构对光信号进行调制和解调的一种传感器。光栅是一种周期性的折射率变化结构，可在一块长条形光学玻璃上进行密集等间距平行刻线，刻线密度为 $10 \sim 100$ 刻线/mm，构成光栅结构。当光信号通过光栅时，会发生衍射现象，使得光信号的频率发生变化。通过测量光信号的频率变化，可以得到光栅所收到外界物理量的信息。由光栅形成的叠栅条纹具有光学放大作用和误差平均效应，因而能提高测量准确度。

光栅型光纤传感器可用于测量温度、压力、应变等物理量。电气设备发生局部放电时，会伴随产生超声波，超声波会造成光栅发生应变，进而引起光衍射特性的变化。因此，采用光栅型光纤传感器检测超声信号，可检测电气设备发生的局部放电。光纤属于绝缘体，还具有抗干扰能力强的特点，可在复杂的环境中稳定工作。该类传感器可深入电气设备内部以及高电位部分进行温度、振动以及局部放电等信息的测量。

2）干涉型光纤传感器：按照干涉原理，可分为马赫-曾德尔干涉（Mach-Zehnder Interference，MZI），法布里-珀罗干涉（Fabry-Perot Interference，FPI），迈克尔逊干涉（Michelson Interference，MI）等。下面重点介绍 FPI 光纤传感器。

FPI 光纤传感器是一种利用光纤构成 F-P 干涉腔的光纤传感器。这种多光束干涉型光纤传感器主要分为两大类：本征型光纤传感器（IFPI）和非本征型光纤传感器（EF-PI），与本征型光学声传感器相比，非本征型光学声传感器灵敏度更高，测量频带更宽。

本征型光纤传感器是在光纤的端面镀很高反射率的膜，构成真正意义上的多光束干涉。这种干涉是由光纤波导组成 F-P 干涉腔，光被限制在波导中传输，因此没有一般 F-P 腔中需要两个端面严格平行的问题。

非本征型光纤传感器也称为外腔式光纤 F-P 干涉传感器。两根光纤端面镀高反射膜后，插入毛细管中，或者一根光纤端面镀高反射膜，再加入高反射振动膜片，构成中间是空气的 F-P 干涉腔（见图 7-26）。F-P 干涉腔可以固定在压电换能器上进行调节，也可由毛细管固定，形成固定腔长的 F-P 干涉仪。由于毛细管与光纤外径能够紧密匹配，因此光纤端面能够自动实现对准。在 EFPI 传感器中，设腔长是 L，当相位差 $\delta = 2\pi 2 / \lambda$

等于 π 的整数倍时（λ 是真空中的光束波长），F-P 空腔出现谐振，改变腔长就会改变谐振条件，造成投射峰发生移动。设在腔长为 L_a 时，EFPI 的投射峰波长为 λ_0，则腔长变化量 ΔL 引起的波长变化量 $\Delta\lambda$ 为

$$\Delta\lambda = \frac{\Delta L}{L_a}\delta_0 \qquad (7-22)$$

当宽带光源从光纤左端入射时，光束会在微腔的两个反射面与空气界面处反射并叠加，形成 F-P 干涉光谱，其输出光强度可以表示为

$$I = I_1 + I_2 + 2\sqrt{I_1 I_2}\cos\varphi \qquad (7-23)$$

式中：I_1 和 I_2 分别是两束反射光的强度；φ 为初始相位，当满足 $\varphi=(2m+1)\pi$ 时，干涉条纹出现波谷，其中 m 为整数。

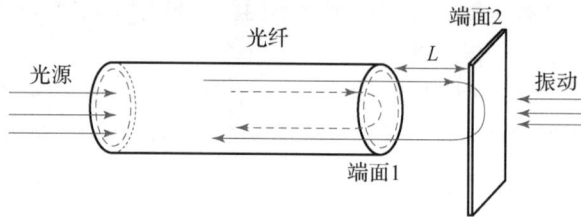

图 7-26　EFPI 传感器基本结构图

对于两个相邻波谷的中心波长 λ_1 和 λ_2，其波长间隔可用自由光谱范围（FSR）表示，即

$$\text{FSR} = \frac{\lambda_1\lambda_2}{2nL} \qquad (7-24)$$

式中：n 为 EFPI 传感器空腔中的气体折射率；L 为 EFPI 空腔的长度；λ 为自由空间中的光波长。

当空腔内气压 P 升高时，空腔内气体的折射率随之增加，EFPI 的干涉光谱也随之发生变化。假设空腔长恒定，通过追踪第 m 级干涉条纹波谷的中心波长 λ_m，EFPI 的气压灵敏度可以表示为

$$\frac{\mathrm{d}\lambda_m}{\mathrm{d}P} = \frac{\mathrm{d}\lambda_m}{\mathrm{d}n}\frac{\mathrm{d}n}{\mathrm{d}P} = \frac{\lambda_m}{n}\frac{\mathrm{d}n}{\mathrm{d}P} \qquad (7-25)$$

式中：$\mathrm{d}n/\mathrm{d}P$ 在室温下可认为是一个常数，为 $2.8793\times10^{-9}/\text{Pa}$。

式（7-25）表明，干涉光谱的波长变化与空气中的压力呈线性关系，较长的工作波长可提供更高的灵敏度。因此，可采用覆盖长波长范围的宽带光源来提高传感器的灵敏度。

EFPI 光纤传感器对局部放电信号的感知主要是基于局部放电产生的超声波，超声波作用于传感器振动膜片时，膜片会发生变形而引起 F-P 空腔的腔长以及空腔内的气压发生变化，继而引起 EFPI 的干涉光谱随之变化。超声波作用于不同材料类型的膜片时，膜片的变形程度会有所不同。因此，EFPI 光纤传感器对局部放电检测灵敏度在很大程度上取决于振动膜片的特性。EFPI 光纤传感系统相比其他光纤传感系统，具有检测灵敏度高、适宜多点测量、解调系统简单等优点。同时，EFPI 光纤传感系统抗电磁

干扰能力强，适合在电气设备强电磁环境下工作。

7.6.3　现场局部放电信号的频谱分析

变压器的局部放电超声信号的频谱分布很广，且各频率的超声信号所占的分量也各不相同；超声信号在线检测中的噪声主要有励磁噪声、散热器风扇和油循环油泵噪声、磁滞噪声等。这些噪声的强度超过局放超声信号。因此，要有效的检测局部放电超声信号，就应对局放超声信号进行频谱分析，以了解噪声与超声信号的特征。

1. 噪声频谱分析

根据某 500kV 变电站电力变压器的噪声频谱分析结果，变压器两侧面的最强噪声频率为 1.5kHz，强度较次的噪声频率为 4.68kHz；散热器侧的噪声强度高于非散热器侧，两侧面的噪声频率均低于 15kHz 范围内，属于低频可听噪声。变压器铁心磁噪声频率在 10～65kHz 范围内。用截止频率为 70kHz 的高通滤波器对这种低频噪声进行滤波，滤波后的噪声强度已相当弱。经滤波后的噪声频率分布范围很宽，且各种频率噪声的频谱幅值基本相当，类似于白噪声频谱。对其他电压等级变压器的噪声频谱分布与上述 500kV 变压器大致相同，即分布在低于 65kHz 频率范围内。

2. 变压器局部放电超声信号频谱分析

由于局部放电以及其产生的超声信号都具有一定程度的随机性，使得每次局部放电超声信号的频谱都有所不同，主要表现为频谱峰值频率的变化；但整个局部放电超声信号的频率分布范围却变化不大。局放产生的超声波，从声学角度上分析有两类：其一是气泡或气隙放电，由于气泡的尺度为几个微米至几百个微米，其击穿时声发射频率可从几千赫至几百千赫；另一类是介质在高场强下游离击穿，发射的声波频谱将更宽、声谱将更高。第二类放电特征是间断、大脉冲，如针对板放电。通过模拟局部放电的针、板放电试验，可以发现超声波频谱有一定的随机统计规律：频谱能量大都集中在 50～300kHz 频段。

综上所述，变压器的噪声频率分布在低于 65kHz 的范围内，局部放电超声信号的频率分布与扰动噪声频率分布有明显差别。

实验和理论分析表明，传播媒质对超声吸收系数随频率的平方增长，即频率越高，吸收系数越大，声波在传播途中的衰减越厉害。因此系统必须利用低频段的超声信号，以保证系统具有较高的检测灵敏度，但又要尽量避开变压器铁心自身振动、噪声等干扰（小于 60kHz）和其他电磁噪声干扰。故超声定位系统通频带取 70～180kHz 频段较为合理。

3. 声压幅度与放电量的关系

当放电量较大时，声压幅度正比与放电量，可认为是线性规律。因此，根据检测到的超声信号幅值变化，可估计局放的大小和绝缘劣化进程。

电力变压器内绝缘结构十分复杂，但经由浸泡后的绝缘介质与变压器油的声阻抗十分相近，它们构成许多间隙声信道。当变压器油中或较外围区域出现局部放电故障时，其声信号总能较强地传输到油箱外壳耦合良好的传感器上。这使得绝大多数局放超声信号能被检测到，只有发生在绕组内部较小的局部放电（电荷量为数百 pC），因绕组的衰减而难以检测到。

思考题与习题

7-1 试定性分析一下用脉冲电流法测试局部放电时，耦合电容的大小如何影响检测灵敏度的。

7-2 局部放电会产生介质损耗，可否通过测试介质损耗的方法来测量局部放电，并简要说明。

7-3 同样长度的两根电缆，电压等级不同，如果在其内部出现同样大小气泡，当气泡发生局部放电时，通过局部放电仪测得的两根电缆的局部放电量是否相同，并说明理由。

7-4 如果同样大小的气泡出现在电缆的径向不同位置，此时局部放电起始和放电量是否相同，并简述理由。

7-5 对一台电力变压器（$C_x = 8000\text{pF}$）进行局部放电试验前的放电量校准测试，校准器 $U_0 = 10\text{V}$，$C_0 = 20\text{pF}$，显示器上读数 $M_0 = 10\text{mm}$，问此时检测系统的刻度因子 S_f 是多少？

7-6 同题 7-5，若试品的局部放电起始电压 $U = 50\text{kV}$ 时，显示器上读数 M_p 为 5mm，问此时视在放电量 q_a 为多少？

7-7 同题 7-5，若试品改为 $C_x = 0.8\mu\text{F}$ 的一台电容器，仍用同一检测系统和 C_k、C_0、U_0，问此时的刻度因子是多少？若 C_x 的视在放电量为 1000pC 时，显示器上读数 M_p 为多少？

7-8 同题 7-5，若将 C_k 的电容值从 3000pF 改为 6000pF，C_x 的视在放电量仍为 1000pC 时 S_f 和 M_p 又为多少？

— 第 **8** 章 —

介电特性测试

8.1 多层介质吸收现象

许多电气设备的绝缘都是多层结构的。在外施直流电压下，流过多层介质的电流会逐渐减小，并趋于某一恒定值（即泄漏电流）。这种多层绝缘介质在充电过程中逐渐吸收电荷的现象称为多层介质吸收现象。多层介质的吸收特性可以粗略地用双层介质来分析，如图 8-1（a）所示。当开关 S 合上，直流电压加到双层绝缘介质上后，电流表 A 的读数变化如图 8-1（b）中曲线所示。直流电压加上瞬间，电流很大，回路电流主要由电容电流分量组成。经过一定时间后，电容 C_1 和 C_2 充电完成，C_1 和 C_2 当于开路，回路电流为流过电阻 R_1 和 R_2 的电流，称为泄漏电流 I_g，此时 I_g 取决于绝缘电阻 R_1 与 R_2 之和，这就出现了由最初的电容电流到最终的泄漏电流之间的过渡过程。当试品电容量较大时，这一过渡过程会很慢，甚至达数分钟或更长。图 8-1（b）中阴影部分的面积为双层介质在充电过程中逐渐"吸收"的电荷 Q_a。这种逐渐"吸收"电荷的现象称为"吸收现象"，对应的电流 i_a 称为吸收电流。它是由于介质中偶极子逐渐转向，并沿电场方向排列而产生的。

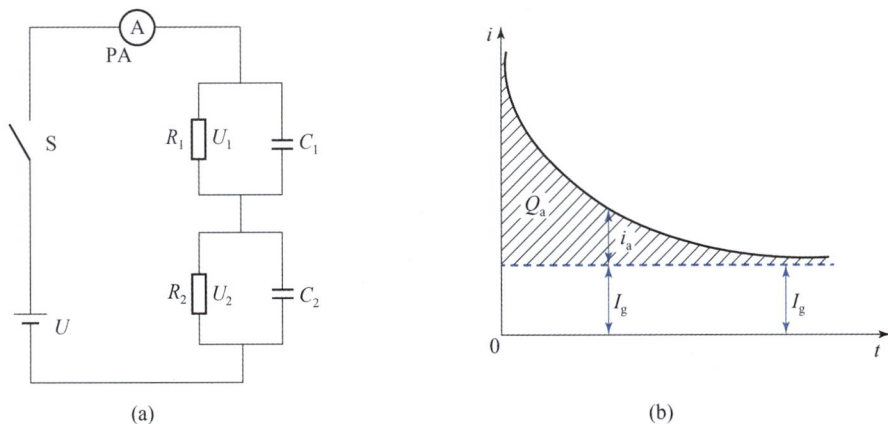

图 8-1 双层介质的吸收现象

（a）双层介质的等效电路；（b）介质吸收特性曲线

图 8-1 中 C_1 和 R_1 与 C_2 和 R_2 分别表示介质 1 和介质 2 的等值电容和绝缘电阻。当开关合上时介质两端突然有一个很大的电压变化，在极短的时间内（$t=0^+$）介质上的电压按电容分压，此时

$$U_1 = U \frac{C_2}{C_1 + C_2} \qquad (8\text{-}1)$$

$$U_2 = U \frac{C_1}{C_1 + C_2} \qquad (8\text{-}2)$$

当达到稳态后，介质上的电压将按电阻分压，此时回路电流

$$I = I_g = \frac{U}{R_1 + R_2} \qquad (8\text{-}3)$$

而

$$U_1 = U \frac{R_1}{R_1 + R_2} \qquad (8\text{-}4)$$

$$U_2 = U \frac{R_2}{R_1 + R_2} \qquad (8\text{-}5)$$

由 $t = 0^+$ 至电压达到稳态时，一般会有一个过渡过程，例如，当式（8-4）中 U_1 比式（8-1）中的 U_1 要小时，在过渡过程中 C_1 要放电，同时 C_2 要进一步充电。这个过渡过程的快慢取决于时间常数 τ，即

$$\tau = (C_1 + C_2) \frac{R_1 R_2}{R_1 + R_2} \qquad (8\text{-}6)$$

由此可见，加上直流电压后，流过试品的电流由两部分组成。一部分为传导电流 I_g，其大小与绝缘介质的总绝缘电阻（$R_1 + R_2$）成反比；另一部分为吸收电流 i_a，其大小与绝缘介质的均匀程度密切相关，如绝缘介质为均匀介质，或 $C_1 R_1 \approx C_2 R_2$，则吸收电流很小，吸收现象便不明显。如果绝缘介质很不均匀，或者 $C_1 R_1$ 与 $C_2 R_2$ 相差很大，则吸收现象十分明显。

不同设备的绝缘介质，在相同的电压下，其总电流随时间下降的曲线不同。即使同一设备，绝缘介质受潮或有缺陷时，其总电流也要发生变化。当绝缘介质受潮或有缺陷时，吸收现象会不明显，总电流随时间下降较缓慢，而试品的绝缘电阻与电流成反比。因此，根据吸收比的变化，可以初步判断绝缘介质的状况。通常用吸收比 K_a 这一概念来表示：

$$K_a = \frac{R_{60}}{R_{15}} = \frac{\dfrac{U}{I_{60}}}{\dfrac{U}{I_{15}}} = \frac{I_{15}}{I_{60}} \qquad (8\text{-}7)$$

式中：I_{15} 和 R_{15} 分别为加压 15s 时的电流和对应的绝缘电阻；I_{60} 和 R_{60} 分别为加压 60s 时的电流和对应的绝缘电阻。

显然，对于不均匀试品的绝缘介质，如果绝缘状况良好，则吸收现象明显，K_a 值远大于 1；如果绝缘严重受潮，由于 I_g 大增，i_a 迅速衰减，K_a 值接近于 1。

绝缘电阻和吸收比可反映介质的绝缘性能。绝缘电阻和吸收比的测试可采用绝缘电阻表或绝缘电阻测试仪。规定所加电压 60s 后测得的数值为被试品的绝缘电阻。为了避免试品上可能存留残余电荷而造成误差，测试前应将试品接地放电一段时间，对电容量较大的试品（如发电机、电缆、电容器和大型变压器），更应充分放电。由于吸收电流持续时间很长（几分钟至几十分钟，甚至更长），在根据泄漏电流确定试品的真实绝缘

电阻时，电压加上后必须等待足够的时间，再进行绝缘电阻的测量。

测量吸收比时，先驱动绝缘电阻表达额定转速，待指针指到∞时，用绝缘工具将相线迅速接至试品上，同时记录时间，分别读取 15s 和 60s 的绝缘电阻值，然后根据式 (8-7) 来得到吸收比。

测试时应特别注意温度对绝缘电阻的影响，一般绝缘电阻随温度上升而减小。原因在于当温度升高时，绝缘介质中的极化加剧，电导增加，致使绝缘电阻值降低。温度变化的程度与绝缘材料的性质和结构有关，因此，测量时必须记录温度，以便进行比较。

值得注意的是，不论是绝缘电阻的绝对值还是吸收比的值都只是参考性的，如不满足最低合格值，则绝缘介质中肯定存在某种缺陷；但是，如已满足最低合格的数值，也还不能肯定绝缘是良好的。运行经验表明，有些设备的绝缘介质，即使有严重的缺陷，只要不是贯通性的，用绝缘电阻表测得的绝缘电阻值或吸收比仍可能满足规定的要求，这主要是因为绝缘电阻表的电压较低的缘故。所以，根据绝缘电阻或吸收比的值来判断绝缘状况时，不仅应与规定标准相比较，更应与过去的试验结果相比较，与同类设备的数据相比较，以及将同一设备的不同部分（例如不同相之间）的数据相比较，当然也应该与本绝缘介质的其他试验结果相比较，才可能得出正确的结论。

8.2 介电响应测试技术

介电响应是电介质在外施电压下电气性能参数随时间和频率变化的响应特性。对平板电极间的电介质材料施加高压直流电压，平板电极的电容被迅速充电后，回路中可检测到微小的电流。此电流不仅与电介质材料的直流电导率有关，而且与电介质材料的极化现象有关。经过一定的时滞后，电介质材料内部建立起偶极矩。当直流电源断开，并对平板电极进行短接放电时，会发生退极化现象。由于电介质材料极化后，载流子返回原点需要一定的时间，退极化也需要一定的时滞。因此，在去除短接后，平板电极之间可测得所谓的"回复电压"（也称为"恢复电压"）。这种介电响应现象最早由 Maxwell 在 1888 年发现，1914 年 Wagner 提出了等效电路模型（见图 8-2），并进行了详细解释。该模型由基本电容 C_0 和直流电阻 R_0 以及反映不同弛豫时间常数（$\tau_1=R_1C_1$，$\tau_2=R_2C_2$，$\cdots$，$\tau_n=R_nC_n$）

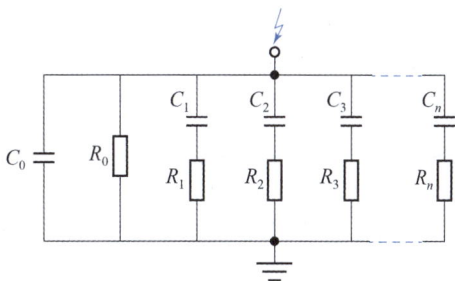

图 8-2 介电响应的等效电路模型

的 R-C 元件组成，可表征与典型极化现象相关的转变频率，如俘获载流子、界面极化和取向极化以及离子和电子极化等。

介电响应测试时，根据激励电压源的不同，可分为时域介电响应法和频域介电响应法。时域介电响应法主要包括回复电压法（Return Voltage Method，RVM）、极化/去极化电流法（Polarization and Depolarization Current，PDC），而频域介电响应法主要为频域介电谱法（Frequency Domain Spectroscopy，FDS）。

8.2.1 回复电压法

RVM 是最早出现的介电响应测试方法［见图 8-3（a）］，其原理及试验步骤简述如下：闭合开关 S1，将直流电压 U_d 长时间（t_c）作用在试品电介质材料上，试品电介质

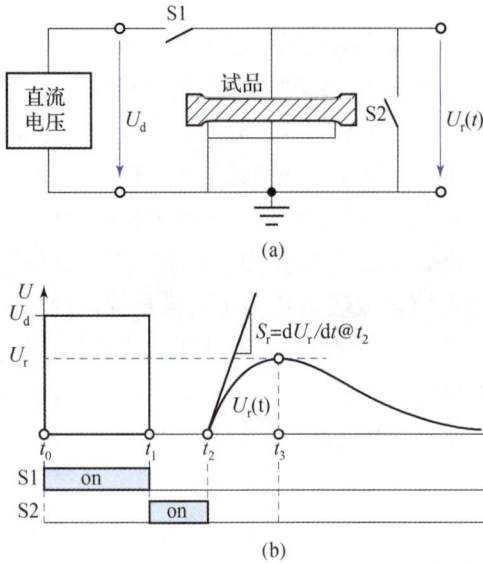

会产生极化现象，内部偶极子发生定向排列，材料表面出现束缚电荷。然后，断开开关 S1，同时闭合开关 S2，对试品进行时间为 t_d 的短接放电，此时材料表面电荷被立即释放，同时内部会发生去极化过程。最后，断开开关 S2，被试电介质两端开路，介质内部的去极化过程仍在继续，被极化的电荷会逐渐返回其自由状态。自由电荷会在电极间呈现一个电势差，引起被试电介质材料的两端电压先升高，达到峰值，然后下降，直至零值，这就是前面所介绍的回复电压，如图 8-2（b）所示。根据回复电压波形，可得到回复电压的峰值（U_{rmax}）、初始斜率（S_r）、最大峰值时间（$t_{max} = t_3 - t_2$）等基本参数。在充电电压 U_d 与充放电时

图 8-3　回复电压法的基本原理

（a）基本电路；（b）测试过程与典型曲线

间比（t_c/t_d）保持不变的条件下，逐步增加充电时间 t_c 和短接时间，重复如上试验步骤，即可得到回复电压峰值 U_{rmax} 与充电时间 t_c 关系曲线（一般称为极化谱）。从极化谱可以得到最大回复电压的峰值所对应的时间，定义为主时间常数 τ_{cd}，τ_{cd} 是极化谱最重要的特征量，会随着电介质材料实际状态的变化而发生变化。

介质材料回复电压法测量时，U_{rmax} 与 S_r 的测量值会受到试品的几何尺寸影响，而 t_{max} 则由多组松弛时间常数所决定。当试品固定时，U_{rmax} 主要与充电电压有关，t_{max} 与 S_r 则反映介质材料的极化情况。通常，t_{max} 越大，S_r 越小，材料的绝缘状态越好。当绝缘受潮、脏污或老化时，材料介电性能变化会影响回复电压曲线。因此，通过回复电压法，可评估电介质材料的绝缘状态。

图 8-4 给出了油纸绝缘在不同含水率情况下的极化谱曲线。一般来说，极化谱中每一个回复电压的最大值都对应一个特定的弛豫时间常数，它通常与介质老化程度存在显著关联。根据实际经验，极化谱可用来评定介质材料的绝缘状况，特别是油浸纸绝缘的含水率和聚合度等。

8.2.2 极化/去极化电流法

与回复电压法类似，极化/去极化电流法是另一种时域介电响应测试方法，其基本测试原理为：介质材料在阶跃电压下会充电（极化），而电压去除后，介质材料被短路时会放电（去极化），通过测量充电（极化）电流和放电（去极化）电流，从而得到介质材料的时域介电响应。如图 8-5 所示，测量开始时，先合上开关 S1，向被测介质材

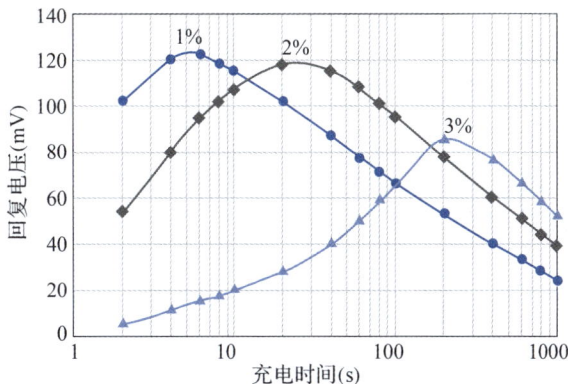

图 8-4 不同含水率情况下油纸绝缘的极化谱曲线

料施加电压为 U_d 的阶跃激励，介质材料充电，电压持续时间为 t_p。然后，测量充电过程中流过被测介质材料的极化电流 $i_p(t)$；再后，断开开关 S1，并合上开关 S2，将介质材料短路，使介质材料放电，并维持 t_d；最后，测量放电过程中流过被测介质材料的去极化电流 $i_d(t)$。由于充电和放电瞬间，会出现很大的瞬时电流，为防止瞬时大电流造成电流测试仪表的损坏，测试时通过开关 S3 的切换，可对瞬时大电流进行旁路，并对极化/去极化电流进行测量。考虑到直流电源的响应速度，在进行极化/去极化电流测试时，一般只记录和分析开关切合 1s 后的极化/去极化电流。

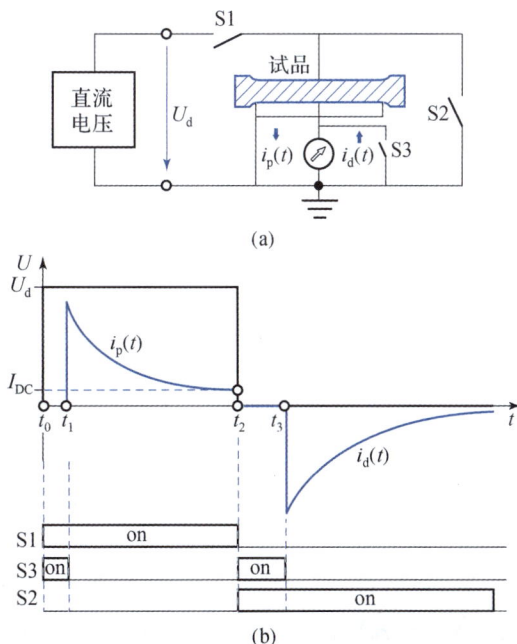

(a)

(b)

图 8-5 极化/去极化电流法的基本原理
(a) 基本电路；(b) 测试过程与典型曲线

由图 8-5 可见，极化电流或多或少会呈指数衰减，并趋向于由直流电阻控制的稳态值 I_{DC}。尽管去极化电流与极化电流的极性相反，但两者的时间函数几乎相同，所不同的是，由于介质材料被短路，去极化电流不能反映介质材料的阻性电流。

研究表明，油纸绝缘的不同老化状态、不同含水量以及不同的绝缘结构都会影响极化/去极化电流曲线，可根据极化/去极化电流曲线分析油纸绝缘的老化状态及水分含量。

通过对去极化电流的积分，可以得到恢复电荷，由此可对介质材料的绝缘状态进行评估，其原理和电路如图 8-6 所示。

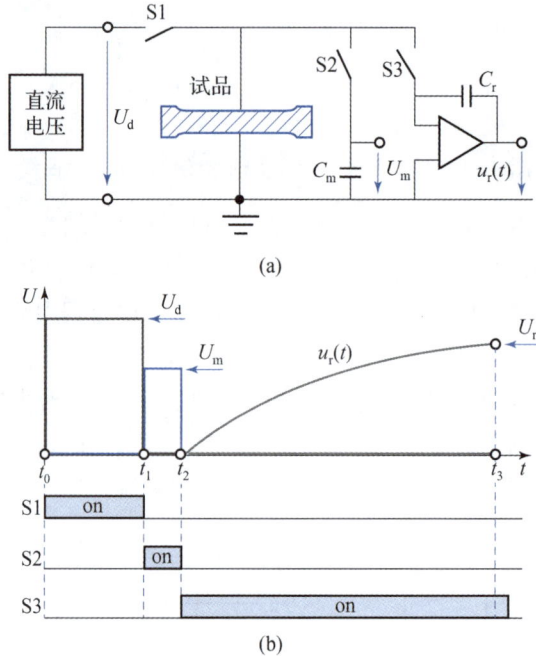

(a)

(b)

图 8-6　去极化电荷法基本原理

(a) 基本电路；(b) 测试过程与典型曲线

根据回复电压以及极化/去极化电流的测试方法，首先对被测介质材料施加恒定的直流电压 U_d，通常为几千伏，电压施加时间应选在 $2 \sim 10 min$ 之间。在电压施加期间，开关 S1 处于闭合状态，而其他开关保持断开状态。当电压时间达到 t_1 时刻，在开关 S1 断开瞬间，快速闭合开关 S2。当 $C_m \gg C_0$ 时，被测介质材料等效电容 C_0 中的电荷几乎完全转移到已知电容 C_m 上。根据施加电压以及已知电容 C_m 上的电压值，可得到被测介质材料的电容 C_0，即

$$C_0 \approx C_m \frac{U_m}{U_d} \tag{8-8}$$

然后，断开开关 S2，几秒钟后迅速合上开关 S3，将被测介质材料的残余电荷进行释放，并通过有源积分器测得恢复电荷 $q_r(t)$。恢复电荷 $q_r(t)$ 决定于积分器输出电压 $u_r(t)$，即

$$q_r(t) = C_r u_r(t) \tag{8-9}$$

当积分器输出电压达到稳定值 U_r 后，去极化过程结束，总恢复电荷 $Q_r = C_r U_r$。可采用极化指数来评估介质材料的绝缘状态，即

$$F_p = \frac{Q_r}{Q_m} = \frac{C_r}{C_m} \frac{U_r}{U_m} \tag{8-10}$$

根据实际经验，交联聚乙烯电力电缆的极化指数应不高于 10^{-4}。不同绝缘材料的极化指数是不同的，需要进一步研究。

8.2.3 频域介电谱法

与回复电压法及极化/去极化电流法不同，频域介电谱为不同频率下介电响应的测试方法。其基本测试原理为：对于线性、均匀的介质材料，当施加角频率为 $\omega = 2\pi f$ 的交流电压 $U^*(\omega) = U_0 e^{j\omega t}$ 时，流过介质材料的电流 $I^*(\omega)$ 可表示为

$$I^*(\omega) = j\omega C^*(\omega) U^*(\omega) = [j\omega C(\omega) + G(\omega)] U^*(\omega) \tag{8-11}$$

式中：$G(\omega) = \omega C_0 \varepsilon_r''$；$C(\omega) = C_0 \varepsilon_r'$；$C_0$ 为真空电容；$C^*(\omega)$ 为介质材料的复电容，用于表征介质材料的介电特性。

将 $G(\omega)$ 和 $C(\omega)$ 代入式（8-11），可求出流过介质材料的电流 $I^*(\omega)$ 为

$$I^*(\omega) = [\varepsilon_r'(\omega) - j\varepsilon_r''(\omega)] j\omega C_0 U^*(\omega) = j\omega C_0 U^*(\omega) \varepsilon_r^*(\omega) \tag{8-12}$$

式中：$\varepsilon_r^*(\omega) = \varepsilon_r'(\omega) - j\varepsilon_r''(\omega)$，为复相对介电常数。其中，$\varepsilon_r'$ 为 ε_r^* 的实部，对应于电容项；ε_r'' 为 ε_r^* 的虚部，对应于损耗项。可以得到

$$\tan\delta(\omega) = \varepsilon_r''(\omega)/\varepsilon_r'(\omega) \tag{8-13}$$

$$C^*(\omega) = [\varepsilon_r'(\omega) - j\varepsilon_r''(\omega)] C_0 \tag{8-14}$$

传统工频介质损耗测试仅在 $50\,\text{Hz}$ 下进行，对复杂油纸绝缘系统而言，单一频率下的损耗因数不足以反映介质材料绝缘状态的变化。频域介电谱通过在更宽的频域范围内测量介质材料的损耗和复电容，可反映出油纸系统的绝缘状态、含水量和绝缘结构的微小变化等。

图 8-7 是频域介电谱基本测试电路图。测试采用变频交流电源，测试频率的范围一般为 $10^{-3} \sim 10^6\,\text{Hz}$。通过对试品上电压以及流过试品电流进行测量，再经过数据处理，可得到试品的相对介电常数、介质损耗因素、体积电阻率以及复电容等参数。通过测量不同频率点的 $\tan\delta$、C^* 等参数，作出 $\tan\delta - f$、$C^* - f$ 曲线，获得介质材料的频域介电特性，可对介质材料的绝缘状态进行评估。

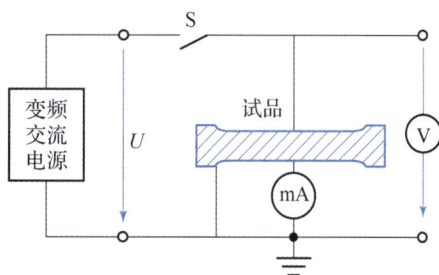

图 8-7 频域介电谱基本测试电路图

8.3 介质损耗与电容测试

8.3.1 概述

高压设备绝缘结构均由各种绝缘介质所构成，通常需要承受工频高压。介质的电导、极性介质中偶极子转动以及介质中的气隙放电等，使得介质在高电场下会产生损耗，这种损耗称为介质损耗 P。当高压设备介质损耗增加时，会造成设备温度增加，甚

至出现热点温度，进而会出现热崩溃或热击穿。因此，自 20 世纪初出现高压交流输电以来，介质损耗测试就已成为高压设备介电耐受中必不可少的试验项目。图 8 - 2 中介质材料的等效电路模型在工频电压下可简化为图 8 - 8 （a） 所示电路，即试品电容 C_s 与一个反映介质损耗的电阻 R_s 相串联的电路。

如图 8 - 8 （a） 所示，当绝缘介质上施加角频率为 ω 的工频交流电压时，绝缘介质中流过电流 I_s，在试品电容上产生比电流落后 $\pi/2$ 的电容电压 $\dot{U}_C$ 和与电流同相位的电阻电压 $\dot{U}_R$，两者构成试品上所施加的试验电压 $\dot{U}_s$。由于 R_s 与 C_s 构成串联电路，试验电压 $\dot{U}_s$ 与回路电流 $\dot{I}_s$ 间的相位角为 φ。根据图 8 - 8 （a） 可得

$$\tan\delta = U_R/U_C = P_R/P_C = \omega C_s R_s \tag{8-15}$$

则介质损耗

$$
\begin{aligned}
P &= U_s I_s \cos\varphi \\
&= U_s^2 \omega C_s \sin\varphi/[1 + (\omega R_s C_s)^2]^{1/2} \\
&= U_s^2 \omega C_s \tan\delta/(1 + \tan^2\delta)
\end{aligned}
\tag{8-16}
$$

由图 8 - 8 （b） 可得

$$\tan\delta = I_R/I_C = P_R/P_C = 1/(\omega C_p R_p) \tag{8-17}$$

则介质损耗

$$P = U_p I_p \cos\varphi = U_p I_C \tan\delta = U_p^2 \omega C_p \tan\delta \tag{8-18}$$

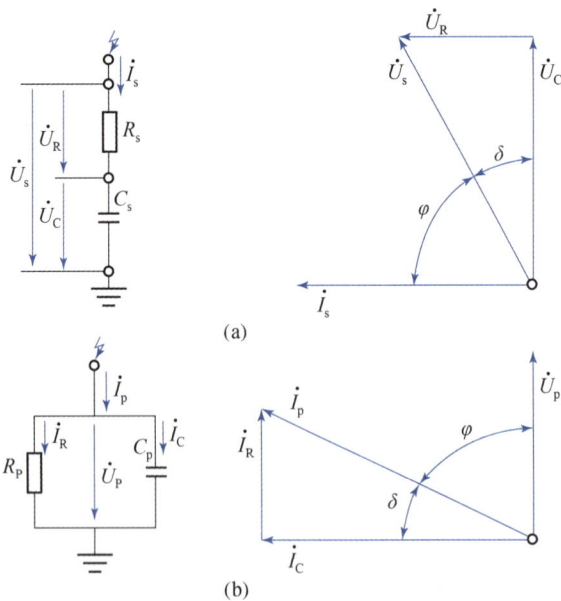

图 8 - 8　有损耗介质的等效电路与电压电流相量图

(a) 串联电路；(b) 并联电路

从图 8 - 8 及式 （8 - 15）、式 （8 - 15） 可知，δ 可反映介质材料损耗的大小，故称为介质损耗角，而它的正切值 $\tan\delta$ 则是衡量介质损耗的重要参量。$\tan\delta$ 也称为介质损耗因数，是交流电压作用下电介质中阻性（有功）功率与容性（无功）功率的比值（$P_R/$

P_C），是一个无量纲的数，反映的是单位体积中介质材料能量损耗的大小。绝缘介质的损耗角一般都比较小，通常不超过 1°，其损耗正切值也很小，可见式（8‐15）与式（8‐16）所反映的介质损耗也基本相等。因此，具有损耗的介质材料或绝缘结构，通常都可用图 8‐8 所示的电阻、电容串联电路或电阻、电容并联电路来等效，有

$$C_p = C_s / (1 + \tan^2 \delta) \tag{8‐19}$$
$$R_p = R_s [1 + (1/\tan^2 \delta)] \tag{8‐20}$$

在一定的电压和频率下，介质损耗角正切值（$\tan\delta$）与绝缘介质的形状、大小无关，只与介质的固有特性有关。$\tan\delta$ 可以有效地发现绝缘受潮、穿透性导电通道、绝缘内含气泡的游离、绝缘分层和脱壳以及绝缘体有脏污或劣化等缺陷。因此，$\tan\delta$ 的测量被广泛用于电气设备的品质管理、绝缘状态监测与劣化判定等目的。

测量 $\tan\delta$ 值，最常用的方法是采用高压交流平衡电桥（也称为西林电桥）。

8.3.2　西林电桥的基本原理

西林电桥的基本原理如图 8‐9 所示，一般由四个臂组成，两个高压臂：一个是试品，一个是标准电容器。图中 C_x、R_x 为试品串联等效电路的电容和电阻，R_3 为无感可调电阻，C_N 为高压标准电容器，C_4 为可调电容器，R_4 为无感固定电阻，G 为交流检流计。

当电桥平衡时，检流计 G 无电流通过，说明 B、C 两点间无电位差，电桥处于平衡状态。此时存在

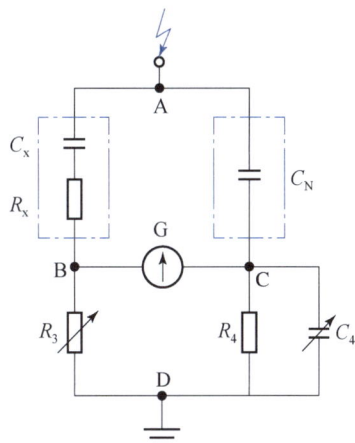

图 8‐9　西林电桥的基本原理

$$Z_x Z_4 = Z_2 Z_3 \tag{8‐21}$$
$$Z_x = R_x + (1/j\omega C_x), \quad Z_2 = 1/j\omega C_N$$
$$Z_3 = R_3, \quad Z_4 = [R_4 (1/j\omega C_x)] / [R_4 + (1/j\omega C_x)]$$

Z_x 的形式取决于采用什么等效电路来代表试品。将 Z_x、Z_2、Z_3 和 Z_4 代入式（8‐21）并展开，同时将实部和虚部分开，可求得

$$C_x = C_N R_4 / R_3, \quad R_x = R_3 C_4 / C_N \tag{8‐22}$$

采用串联电路时

$$\tan\delta = \omega C_s R_s$$

故测得的介质损耗正切值

$$\tan\delta = \omega C_4 R_4 \tag{8‐23}$$

若采用并联电路，同样可得到

$$C_x = C_N R_4 / [R_3 (1 + \tan^2 \delta)] \approx C_N R_4 / R_3, \quad R_x \approx R_3 / (\omega^2 R_4^2 C_4 C_N) \tag{8‐24}$$

介质损耗正切值

$$\tan\delta = 1/\omega C_p R_p = \omega C_4 R_4 \tag{8‐25}$$

由此可见，无论采用哪一种等效电路，由西林电桥测得的 $\tan\delta$ 是相等的，电容值也基本相同。当采用工频 50Hz 时，为了方便计算，通常选取 R_4 值为 $1000/\pi$，C_4 值以

微法为量级选取，将其代入式（8-22），则得到

$$\tan\delta = C_4/10$$

例如，电桥平衡后，可调电容 $C_4 = 0.02\mu F$，则 $\tan\delta = 2\times10^{-3}$。

对于许多高压电气设备，如变压器、大电机以及电缆等，其外壳直接接地或无法对地绝缘，此时不能采用图 8-9 所示电路，需要采用反接法或改进电路，如图 8-10 所示。

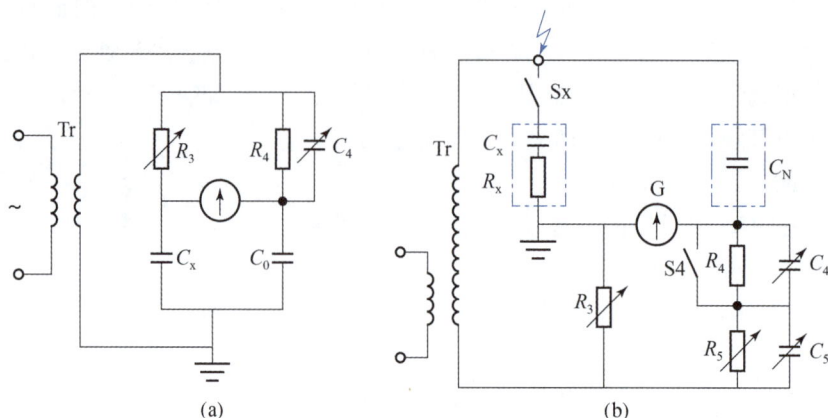

图 8-10　试品直接接地时的西林电桥接线图
(a) 反接法；(b) 改进电路

当采用图 8-10（a）所示的接线图时，试品的一端（接地端）接地，此时调节臂 R_3、C_4 则处于高电位，需要通过屏蔽网接高压电源。电桥平衡条件以及介质损耗计算方法和正接法西林电桥一样，只是由于检流计 G 和调节臂均处于高电位，故必须采取可靠的绝缘措施，以保证设备和测试人员的安全。

对于直接接地的试品，也可采用图 8-10（b）所示的改进电路。在此情况下，测试结果可能会受到高压电源和电桥电路之间杂散电容的强影响。为了解决此问题，首先对电路进行预平衡：通过开关 Sx 先将试品与高压电源断开，并闭合开关 S4，通过调节辅助元件 R_5 和 C_5，使得检流计电流为零，即电桥平衡。然后，保持辅助元件 R_5 和 C_5 不变，断开开关 S4，并闭合开关 Sx，对试品进行高压测试。与正接法试验一样，通过调节 R_3 和 C_4 使得电桥平衡，可得到介质损耗正切值以及试品的电容值。

当试品的电容量很大时，流过试品 C_x 电流会较大，不仅会造成电桥平衡时电阻 R_3 会很小，降低了测量的准确度，而且可能会造成电阻 R_3 的损坏。为此，可在电阻 R_3 旁并联分流电阻进行保护。

8.3.3　数字化电桥

经典的西林电桥能够测量变化量小于 10^{-5} 的 $\tan\delta$ 以及 1pF 以下的电容值。对于损耗因数测量，其不确定度约为 1%；而对于电容量的测量，其不确定度约为 0.1%。然而，西林电桥测量 $\tan\delta$ 时，由于受电磁场以及外界干扰因素的影响，很难调节电桥平衡，而且不适用于测量快速变化的介电特性。为了克服这一缺点，在 20 世纪 70 年代第一台微型计算机问世时，就引入了基于计算机的损耗因数和电容全自动测量电桥，然后

又逐步发展为数字化电桥。数字化电桥测量 tanδ，不仅可容易地调节电桥平衡，而且可防止外界干扰，提高了测量准确度。

数字化电桥原理是利用传感器获取试品上电压信号 u_v 和电流信号 u_i，经前置 A/D 转换电路数字化后，送至数据处理的计算机或数字处理芯片，经分析处理后得到电压电流之间的相位差 δ，最后得到 tanδ 的测量值，其原理接线如图 8-11 所示。

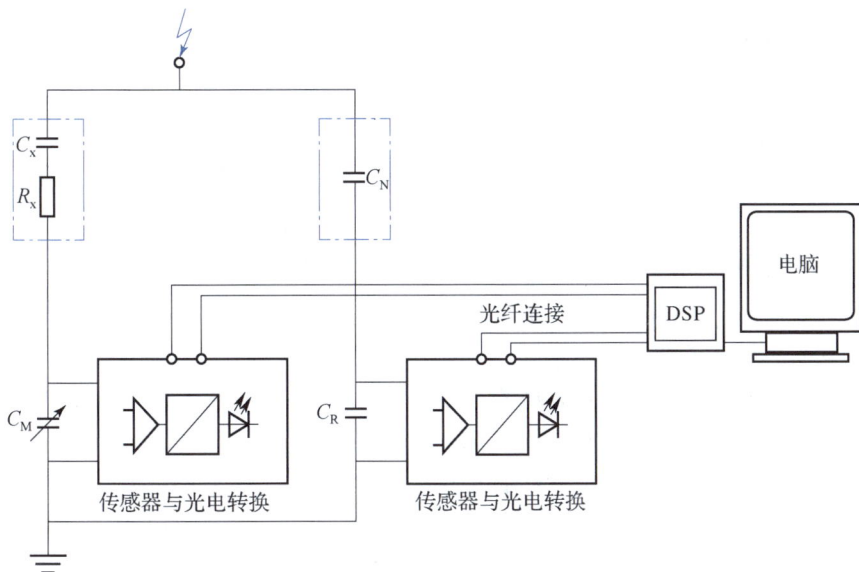

图 8-11　数字化电桥的原理接线图

数字化介损测量仪器包括标准回路（C_N）和被试回路（C_x）。标准回路由内置高稳定度标准电容器与测量线路组成，被试回路由试品和测量线路组成。测量线路由高稳定度及无损耗电容与前置放大器、A/D 转换器等组成。通过严格同步，由测量电路分别测得参考回路电压与被试回路电压，再由 DSP 运用数字化实时采集方法，通过数学运算获得参考回路与被试回路信号的相位差，从而得出试品的电容值和介质损耗正切值，如图 8-12 所示。根据数据处理方法的不同，可分为过零电压比较法、谐波分析法、自由矢量法等。

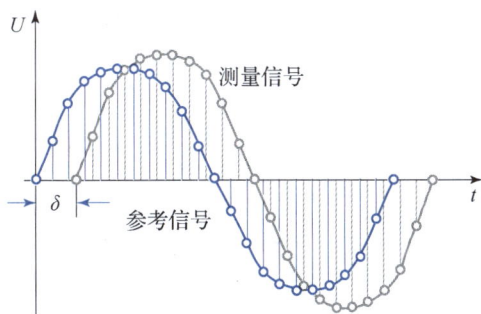

图 8-12　数字化电桥的测量信号与数字化

由于数字化电桥实际上是在频率无关的模式下测量非平衡电桥的相位角，因此实际介质损耗的测试不受频率波动的影响，而且还可以在很宽的范围内进行介质损耗的测试，通常测试频率可在 0.01～500Hz 之间选择。

8.3.4　外界电磁场对电桥的干扰

1. 外界电场的干扰

外界电场的干扰包括试验时的高压电源和其他高压带电体引起的干扰。

由于高压引线会对低压电极与引线、测量臂元件等之间产生杂散电容，而标准电容器的电容一般仅 $50\sim100$pF。试品电容一般也只有几十到几千 pF，所以这些杂散电容的存在就有可能使测量结果产生较大的不准确度。

如果高压引线上出现电晕，则还有电晕漏导与上述杂散电容相并联。

至于桥体部分对地杂散电容的影响，可以忽略不计，因为这些杂散电容是等值地并联在测量桥臂上，而且测量桥臂的电抗值是远小于杂散电容的电抗值。

其他外界高压带电体与桥体之间，也存在着杂散电容，流过杂散电容的干扰电流流过桥臂，同样也会提高测量的不准确度。

2. 外界磁场的干扰

电桥工作时处在交变磁场中，电桥环路内将感应出一干扰电动势，会造成测量结果的不准确。

消除上述两种干扰因素的最简单而有效的办法是将电桥的低压部分（最好能包括试品的低压电极在内）全部用接地的金属网屏蔽起来，引线也用屏蔽电缆线，以消除上述干扰所造成的测量不准确。

在排除外界电磁场干扰，正确地测出 $\tan\delta$ 值后，还需要对 $\tan\delta$ 的测量结果进行正确的分析判断。为此，还要了解 $\tan\delta$ 与哪些因素有关。

（1）温度。温度会影响介电材料的基本性能参数，也就会对 $\tan\delta$ 产生直接的影响，其影响程度随材料、结构的不同而不同。一般情况，$\tan\delta$ 是随温度上升而增加的。现场试验时，设备温度是变化的，为便于比较，应将不同温度下测得的 $\tan\delta$ 值换算至 20℃。

应当指出，由于试品真实的平均温度很难测定，换算系数也不是十分符合实际，故换算后往往有很大误差。因此尽可能在 $10\sim30$℃ 的温度下进行测试。

（2）试验电压。一般说来，良好的绝缘，在其额定电压范围内，$\tan\delta$ 值是几乎不变的（仅在接近额定电压时 $\tan\delta$ 值可能略有增加），且当电压上升或者下降时测得的 $\tan\delta$ 值应是基本一致的，不会出现闭环回路状的曲线。如果绝缘中存在气泡、分层、脱壳等，情况就不同了。当所加的试验电压尚不足以使绝缘介质中的气泡或气隙放电时，其 $\tan\delta$ 值与良好绝缘无显著差异；当所加试验电压足以使绝缘中的气泡或气隙放电，或者电晕、局部放电发生时，$\tan\delta$ 的值将随试验电压的升高而迅速增大，如图 8-13 所示。因此，测定 $\tan\delta$ 时所加的电压，最好接近于

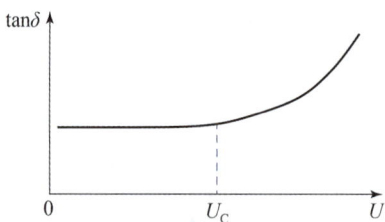

图 8-13 绝缘中存在气泡时品质因数与施加电压的关系

试品的正常工作电压。所加电压过低，则不易发现绝缘中的缺陷，过高则容易对绝缘介质造成不必要的损伤。

（3）试品电容。对电容量较小的设备，如套管、互感器等，测量 $\tan\delta$ 值能有效地发现局部集中性和整体分布性的缺陷。但对电容量较大的设备，如大中型变压器、电力电缆、电容器、发电机等，测 $\tan\delta$ 只能发现整体分布性缺陷。因为局部集中性缺陷所引起的损耗增加只占总损耗的极小部分，通过测量 $\tan\delta$ 来判断设备绝缘状态就很不灵

敏。因此，通常对运行中的电机、电缆等设备进行 tanδ 测试，只能判断试品的整体受潮、老化或分布式气泡、裂纹等缺陷。

对于可以分解为几个绝缘部分的试品，分解后进行 tanδ 测试，可更有效地发现缺陷。例如测量变压器的 tanδ 时，对套管 tanδ 单独进行测量，可有效地发现套管的缺陷。

（4）试品表面泄漏。试品表面泄漏可能影响试品内部绝缘 tanδ 的值。特别是试品的结构尺寸较小时，需特别加以注意。为消除表面泄漏，除应将套管表面擦干净外，还可通过屏蔽加以解决。但应注意，屏蔽线不应改变试品内部的电场分布。

思考题 ?

8-1 什么是电介质材料的吸收现象？通过吸收现象如何反映电介质材料的受潮或有缺陷？

8-2 什么是电介质材料的介电响应？画出其等效电路图。

8-3 介电响应有哪些测试方法，介电响应特性如何反映电介质材料的绝缘状态？

8-4 画出有损介质的串联和并联等效电路及其相量图，并给出串联和并联电路的介质损耗正切的表达式。

8-5 西林电桥的基本原理是什么？其正接法和反接法各自适用于什么场合？

8-6 影响西林电桥测量准确性的因素有哪些，如何防止？

—— 第 **9** 章 ——

现场介电耐受试验技术

9.1　现场介电耐受试验系统的要求

9.1.1　现场交接试验要求

高压设备的介电耐受试验不仅仅限于工厂试验，而是贯穿设备的整个寿命周期。在现场安装的高压设备，尽管各部件，甚至整机已通过了出厂试验，还必须通过现场交接试验，以验证运输与现场安装等对设备质量的影响以及设备的完整性，试验合格后方能投入使用，确保设备的运行可靠性。高压设备在现场进行大修后、更换部件后或有必要时，也需要进行现场介电耐受试验。现场试验须遵循这一原则，即施加电压应能反映设备实际运行时的电场应力，且具有可重复性。

高压设备绝缘缺陷具有很大的不确定性和分散性，很难在不同试验电压之间建立一般等效性，为此，所施加的电压必须能反映实际运行的典型电场应力，其原理实质就是通过试验电压来验证绝缘配合。因此，对于新型设备，其性能质量的测试，包括现场交接试验等，都是必不可少的。试验时，运行条件下典型电场应力和相关试验电压的选择可参考 IEC 60071 - 1 标准，但对于现场试验，试验电压的允许偏差要比实验室更宽一点。

下面是经过多年实践用于现场交接试验的一般要求：

（1）试验电压应反映服役中的电场应力；

（2）试验电压在其定义参数的允许偏差范围内应能重现，允许偏差既反映了试验电压产生的可行性，又反映了实际电场应力在服役中的分散性；

（3）由于不同试验项目都涉及相同的交接时的质量控制体系，所有交接试验应具有相互可比性；

（4）交接验收试验需要明确合格或不合格的标准或可比对的测试程序。"直接"耐受试验的结果不需要解释，而基于测量的"间接"试验需要在标准或合同中加以约定。

对于非自恢复性绝缘的耐受试验，需要详细考虑并选择试验电压值与试验持续时间，既要保证耐受试验对正常绝缘不产生影响，又能使得绝缘缺陷发生击穿而被充分检测出。为了进一步防止耐受试验对正常绝缘介质的损伤，在试验时可同时进行局部放电、介质损耗等检测。国际大电网会议（CIGRE）曾推荐了一种带局部放电检测的耐受试验程序，如图 9 - 1 所示。

由图 9-1 可见，在升压和降压过程中检测不同电压阶梯时的局部放电特性，如果升压和降压过程中局部放电特性都非常一致，说明耐压试验对试品绝缘介质没有损伤。需要指出的是，该试验程序只是用于判断耐压试验对试品绝缘介质影响与否，而不是设备交接试验时的局部放电测试程序，不同电压等级或不同设备的局部放电测试程序，需要参考 IEC 或国家标准单独进行。

现场交接试验还涉及是否可交付的结论。如果按照相关标准，设备通过全部的交接试验，表明该设备质量是可靠的，可交付使用。

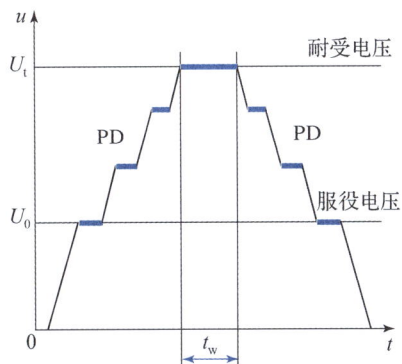

图 9-1 一种带局部放电检测的耐受试验程序

9.1.2 现场诊断性试验要求

高压设备经过长期服役后，其绝缘介质会出现老化而影响运行可靠性。另外，雷电或开关操作产生的过电压以及外部短路产生过电流等会侵入设备，对设备绝缘造成损伤等。为了评估设备的绝缘状态，需要进行现场诊断性试验。通过诊断性试验，对设备绝缘状态进行分类，如"安全、可靠""继续运行并保持监测""性能不足，需要维修或更换"。

设备绝缘状态评估很难通过一次耐受试验做出，需要通过一系列试验和测试，甚至还需要参考历史数据的变化趋势等综合评价。这些试验和测试包括不同电压下的局部放电测试、介电响应测试等。可根据局部放电起始、熄灭电压、重复频率以及介质损耗、极化/去极化电流、泄漏电流等来评估绝缘状态。当进行介电耐受测试时，试验电压应高于服役电压，但不高于交接试验时的耐受电压值。

如果设备进行了维修，或更换了部件，维修或更换后的可靠性应通过试验进行检验，但设备其他部分的绝缘可能会发生老化。在此情况下，可采用诊断性试验方法，以免服役老化的绝缘介质承受过高的耐受电压。

9.1.3 现场试验系统的总体要求

现场介电耐受试验系统总体要求如下：

（1）试验电压的选择。这一要求具有最高优先权。试验电压既要反映被试设备所承受的电场应力，又要在现场可以方便地产生。另外，所选择的试验电压对试验系统设计和功率需求也有显著影响。对于交接试验，应根据绝缘配合所要求的试验电压进行选择；而对于诊断性测试，应考虑各项试验对绝缘状态评估的有效性，综合选择试验电压。

（2）质量和紧凑性。由于现场试验的空间环境（如变电站内）非常狭小，一是大型设备吊装比较困难，二是高电压试验的净空距也受很大限制。因此，现场高电压试验系统的质量应尽可能轻，以方便搬运；整个系统应尽可能紧凑，以便留出更多的试验净空距。

（3）可移动性和组装性。不管是运输过程中的移动，还是试验过程中的移动，都需要尽可能小的尺寸和尽可能轻的质量，以便设备各部件进行运输，能抵抗机械冲击，并防止运输过程中环境条件对设备性能和可靠性的影响。但现场安装也会存在很多困难，如吊装、安装环境条件恶劣等，现场应尽可能减少安装或组装工作。因此，对于大型高电压试验系统，应采用模块化设计，减少现场安装工作，同时也便于运输和现场移动。

（4）试验功率。试验功率也是制约现场电压选择和高压试验设备质量等的一个主要因素。由于现场试品大都是容性设备，可通过振荡电路或谐振原理等来优化平衡有功试验功率和无功功率的需求。如交流耐受试验，可采用串联谐振，而对于电缆线路，可采用振荡波等，这个可大大降低现场大容量设备耐受试验对电压源功率的要求。

（5）控制和测量系统的可操作：由于现场试验环境复杂、干扰因素众多，不仅需要对控制和测量系统进行有效保护外，还需要具有操作方便，尤其是可方便调节试验电压和波形等。另外，如试品故障、试验系统故障、馈电中断时，控制和测量系统能快速保存所有的测试数据和测量结果等。

对于大容量高压设备，现场高压耐受试验经常会遇到很多困难，可根据上述总体要求，找到一个折中方案来选择合适的高压测试系统，不能指望一种系统能适用于电压等级相同的所有设备。另外，现场试验还需考虑到成本以及试验窗口的限制等。

9.2　现场耐受试验电压的施加

9.2.1　交流耐受试验

工频交流电压是最重要的现场交接试验电压，特别是当进行局部放电测试的交流耐压试验时。因此，它也经常作为现场其他试验电压施加的参考。实验室测试的交流试验电压频率范围为 $45\sim65\text{Hz}$，但对于现场测试，由于现场试品的电容量大，交流电压通常由移动式、频率可调的串联谐振系统来产生，根据 IEC 60060 - 3 的标准要求，试验时可允许更宽的频率范围和电压容许偏差，见表 9 - 1。

表 9 - 1　IEC 60060.3 规定的现场交流试验电压容许偏差

试验电压值	试验电压频率	试验电压容许偏差	波动系数	测量不确定度
峰值/$\sqrt{2}$	$10\sim500\text{Hz}$	试验时间≤1min：≤±3% 试验时间＞1min：≤±5%	≤$\sqrt{2}(1\pm15\%)$	电压：≤5% 频率：≤10%

尽管 IEC 60060 - 3 给出了较宽的试验电压容许频率范围，但实际上频率对试验结果还是存在较大影响，如图 9 - 2 所示。对于完好绝缘，随着频率的增加，其耐受电压或场强下降，试验电压频率在 $20\sim300\text{Hz}$ 时，其击穿电压值与 50Hz 的相比，最大偏差会超过 15%。当存在绝缘缺陷时，不同缺陷影响不同介质材料击穿过程的机制也会不同，因此，频率的影响也会更复杂。另外，根据局部放电图谱来看，在 $20\sim300\text{Hz}$ 范围内频率对局部放电特性的影响相对较小。因此，不同的专业委员会又给出了更严格的限制。从目前大量现场试验来看，$30\sim100\text{Hz}$ 已得到普遍认可，试验时耐受电压的最大偏差可控制在 5% 以内。

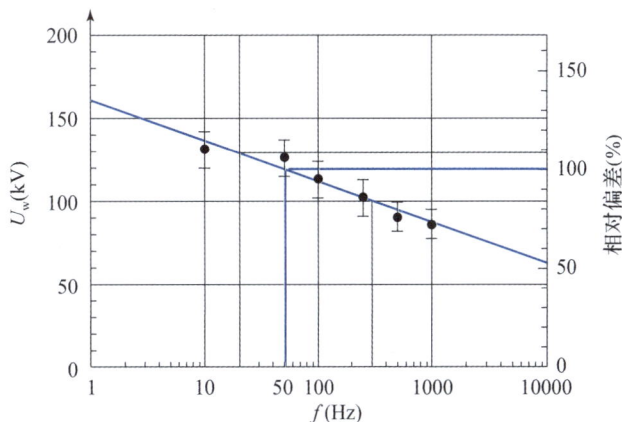

图 9-2　不同频率电压下电缆绝缘耐受特性

由于电源波形或由于试验变压器铁心饱和及调压器的影响，致使试验电压波形畸变，当电压不是正弦波时，峰值与有效值之比不等于 $\sqrt{2}$，其中的高次谐波（主要是三次谐波）与基波相重叠，造成峰值电压偏高。由于过去现场大多采用电压表测有效值，所以试品上可能受到过高的峰值电压作用。为避免试验电压波形畸变，可采用以下措施：①避免采用移圈式调压器；②电源电压应采用线电压；③试验变压器一般应在规定的额定电压范围内使用，避免使用在铁心的饱和部分；④可在试验变压器低压侧加滤波装置。为了避免电压波形畸变造成所施加的电压偏高，现场应采用峰值电压表等方法同时测量交流电压的峰值。

有绕组的试品进行外施交流耐压试验时，应将被试绕组自身的两个端子短接，非被试绕组亦应短接并与外壳连接后接地。交流耐压试验时加至标准规定的试验电压后，电压应持续一段时间（若无特殊说明，一般均为 60s），同时保证电压稳定。升压必须从零（或接近于零）开始，绝对不可以冲击合闸。在 75% 试验电压以前，升压速度可以是任意的，超过 75% 电压后，应均匀升压，均为每秒 2% 试验电压的速率升压。耐压试验后，迅速均匀降压到零（或接近于零），然后切断电源，并进行接地放电。

GIS 现场安装，有时会不可避免地引入自由导电微粒，而自由导电微粒对运行条件下 GIS 绝缘介质会产生重要影响。如开关开断后，其母线会存在直流残余电压，导致自由导电微粒起跳，并在间隙间运动，甚至附着到绝缘子表面，进而导致间隙击穿或绝缘子闪络。雷电或操作冲击电压下电压变化太快，不会引起粒子的任何运动。交流电压下，由于电场方向的变化，微粒运动的方向也随之改变。因此，交流电压下微粒运动具有较大的不确定性，会发生滚动、突发起跳或悬停等，但通过检测微粒运动时的超声信号，可对自由导电微粒进行检测，但交流电压的加压时间对现场 GIS 中自由导电微粒的检测有较大的影响，需要合理制定加压时间。

为考核全绝缘变压器的纵绝缘、分级绝缘变压器的主绝缘和纵绝缘，应按 GB 1094.3—2017《电力变压器　第 3 部分：绝缘水平、绝缘试验和外绝缘空气间隙》规定的程序进行短时感应耐压试验（ACSD）或长时感应耐压试验（ACLD）。串级式电压互感器的感应耐压试验可参照进行。为了防止变压器铁心饱和，应提高施加的交流电压电源频率，使 $f > 100\mathrm{Hz}$，但不宜高于 $400\mathrm{Hz}$。试验持续时间 t 应按 $t = 120 \times$ 额定频率/试验频率来计算，但不得少于 $15\mathrm{s}$。

当电压等级较低、试品电容量不是很大时，可采用电感并联补偿的工频试验变压器，而对于更大电容量的试品或更高电压等级的试品，一般采用串联谐振装置。

9.2.2 直流耐受试验

直流电压是指单极性（正或负）的持续电压，它的幅值用算术平均值表示。由高电压整流装置产生的直流电压包含有纹波的成分。因此，高压绝缘试验中使用的直流电压，是由极性、平均值和纹波因数等参数来表示的。

根据不同试品的要求，试验电压应能满足试验的极性和电压值，还必须具有充分的电源容量。根据 IEC 60060-3 的标准要求，现场试验时直流电压参数可允许更宽的容许偏差，见表 9-2。

表 9-2 IEC 60060-3 规定的现场直流试验电压容许偏差

试验电压值	试验电压纹波系数	试验电压容许偏差	测量不确定度	
			电压值	纹波
算术平均值	3%	试验时间≤1min：≤±3% 试验时间>1min：≤±5%	≤3%	≤10%

直流耐受试验时，一般需进行泄漏电流的测试。当直流电压加至试品的瞬间，流经试品的电流有电容电流、吸收电流和泄漏电流。电容电流是瞬时电流，与试品电容量和加压速度有关，而吸收电流也在较长时间内衰减完毕，最后逐渐稳定的电流为泄漏电流。因此，直流电压升压时，应平稳匀速而且连续加压至试验电压值，升压过程中应监测直流发生器输出电流变化以及流过试品泄漏电流的变化。若出现电流值突然增大或减小等异常现象时，应立即停止试验，查明原因。

在泄漏电流测试时，一般先把微安表短路 $1\mathrm{min}$，然后再打开进行读数。对于大容量设备，如果 $1\mathrm{min}$ 时电流还不稳定，可取 $3 \sim 10\mathrm{min}$，或直到电流稳定才记录。为了防止外绝缘的闪络和易于发现绝缘受潮等缺陷，通常采用负极性直流电压进行泄漏电流测试。

试验结束后，一般需待试品上的电压降至 $1/2$ 试验电压以下后，将试品经电阻接地进行放电，最后再直接接地进行充分放电。对于大容量试品，如长电缆、电容器、大电机等，需长时间放电，以使试品上的充电电荷充分泄放。

9.2.3 冲击耐受试验

现场冲击耐受试验不能替代直流或交流耐压试验，其试验的完成都必须要结合直流或交流耐压试验。由于现场试验一般是针对完整的一套设备，如整条电缆、一台变压器或整间隔 GIS 等，试品的电容量会很大，现场雷电冲击耐受试验时，其波前时间参数会超出标准规定的要求。另外，当试验电压达到特高压等级时，冲击电压发生器和相关试验回路的尺寸就会随之增加，回路电感也随之增加。电压等级增加后，试品（如 GIS）的电容量也会增加。这两个参数的增加会导致波前时间为 1.2μs（1±30%）标准波形的产生非常困难，IEC 相关委员会认为，必要时可放宽雷电冲击波前参数的要求。根据 IEC 60060‐3 的标准要求，现场试验时冲击电压参数可允许更宽的容许偏差，见表 9‐3。

表 9‐3　IEC 60060‐3 规定的现场冲击试验电压容许偏差

冲击电压类型	试验电压值	试验电压容许偏差	波前时间（μs）	波尾时间（μs）	测量不确定度	
					电压值	时间
LI/OLI	峰值	≤±5%	0.8～20	40～100	≤±5%	≤±10%
SI/OSI	峰值	≤±5%	20～400	1000～4000	≤±5%	≤±10%

但是，西安交通大学的研究结果表明，当雷电冲击电压波前时间增加到 2μs 时，对于 GIS 内部尖刺、微粒等缺陷，其 50% 放电电压比 1.2μs 时的会增加 5%～10%，如图 9‐3 所示。如果采用波前时间为 10μs 的振荡型雷电冲击，其 50% 放电电压比 1.2μs 时的会增加达 30% 以上。由此可见，波前时间的增加会降低雷电冲击耐受试验的有效性。另外，振荡型冲击耐受试验时，为了提高效率，通常采用欠阻尼或不进行阻尼，一旦试品发生击穿，可能会产生更高幅值的暂态电压，对试品造成不必要的二次损伤。

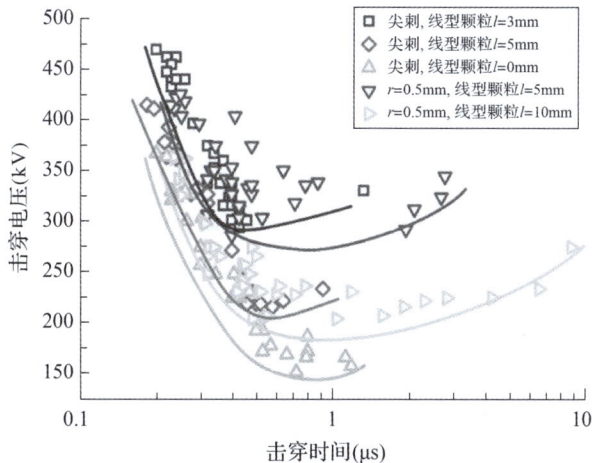

图 9‐3　不同波前雷电冲击下 GIS 内部尖刺的放电特性

为了解决现场耐受试验时的雷电冲击波前时间太长的问题，西安交通大学研制了一种紧凑型冲击电压发生装置，如图 9‐4 所示。通过将冲击电压发生器的放电回路由螺旋形改为"Z"形，并进一步降低脉冲电容器、火花间隙等电感，同时采用 SF₆ 气体绝缘，再进一步降低整个放电回路电感，可将冲击电压发生器本体电感降为传统冲击电压发生器的 1/5～1/10，发生器带负载（电容量）能力可增加 1～2 倍，可对特高压 GIS 进行整间隔的冲击耐受试验，而波前时间可控制在 2μs 以内。

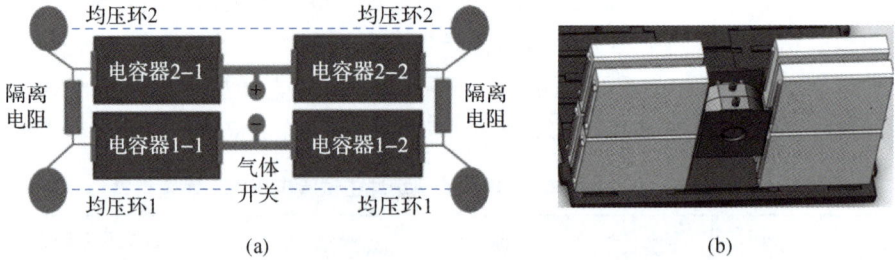

图 9 - 4 低电感冲击电压发生器的放电回路

(a) 侧视图；(b) 三维结构图

9.2.4 阻尼振荡型交流电压耐受试验

随着交联聚乙烯（XLPE）电力电缆的广泛应用，人们发现直流电压试验已不适于 XLPE 电缆试验，而现场需要对整条电缆进行耐受试验。此时试品的电容量很大，即使采用串联谐振方法，其试验系统在现场应用也面临很多问题。另外，随着电缆电压等级的提高，试验设备的体积、质量等极大地限制了现场试验。自 20 世纪 90 年代开始，人们提出了阻尼振荡波交流电压（Damped Alternating Voltage，DAC）试验技术，其产生电路及波形如图 9 - 5 所示。为此，IEC、CIGRE 等机构对 DAC 波形参数进行了规定，推动了 DAC 试验技术在世界范围内的应用。

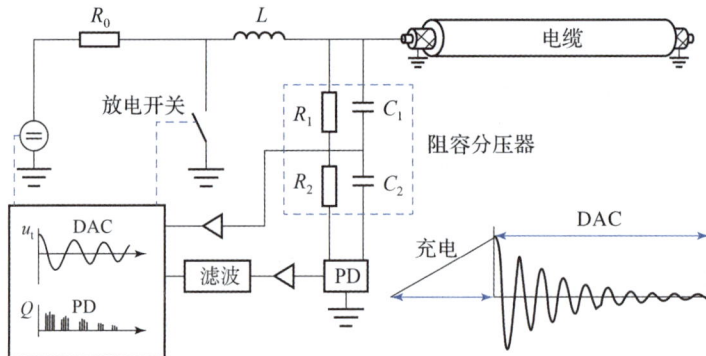

图 9 - 5 电缆现场试验用 DAC 发生器与波形示意图

首先，高压直流电压源经保护电阻 R_0 和电抗器 L 对被试电缆充电，当被试电缆充电至试验电压时，断开直流电压源，并迅速合上放电开关；然后，被试电缆经电抗器 L 对地放电，产生阻尼振荡型交流电压（DAC），其电压波形可表示为

$$u_t \approx U_t e^{-\delta t} \cos(\omega' t) \qquad (9-1)$$

式中：$\delta = R/(2L)$；R 为回路总的电阻值；$\omega' = 1/\sqrt{LC_x}$。

电缆充电电压、DAC 电压波形由阻容分压器进行测量，试验时可在 DAC 作用下测试电缆的局部放电特性。电缆充电时间取决于直流升压速度、保护电阻 R_0 的大小等，而 DAC 波形的振荡频率决定于被试电缆的电容量 C_x 和电抗器 L 的大小，即 $f_r = 1/(2\pi\sqrt{LC_x})$；波形衰减振荡的阻尼系数（$D_f$）定义为同极性第 2 峰值与第 1 峰值之比，主要决定于回路总的电阻值 R；DAC 试验持续时间取决于 DAC 的施加次数 N_{DAC}，例如

$N_{DAC}=50$。IEC 60060-3 规定，在进行局部放电测试时，只考虑阻尼振荡部分，而不考虑电缆充电的直流部分，并规定了 DAC 测试时的电压参数容许偏差，见表 9-4。

表 9-4 IEC 60060-3 规定的阻尼振荡型电压容许偏差

试验 电压值	试验电压 容许偏差	DAC 频率 （Hz）	阻尼系数 （D_f）	测量不确定度	
				电压值	时间/频率
峰值	≤±5%	20～1000	≤40%	≤±5%	≤±10%

对于 DAC 电压耐受试验，需要考虑以下 5 个试验参数：

1）最大耐受电压水平 U_t，单位为 kV；

2）最大耐受电压 U_t 下 DAC 施加次数 N_{DAC}；

3）施加的 DAC 电压频率 f_r，单位为 Hz；

4）DAC 阻尼振荡系数 D_f；

5）DAC 充电时间，单位为 s。

DAC 电压试验时，一般采取以下步骤（见图 9-6）：首先，采用逐级升压法，每级电压需施加 5 次，直至最高耐受电压 U_t。升压步长可根据设备的额定电压 U_0，选为 $0.2～0.5U_0$。然后，保持最高耐受电压 U_t 不变，对试品重复施加 DAC 电压，DAC 电压的持续时间取决于施加次数 N_{DAC}，例如 IEC、IEEE 建议 $N_{DAC}=50$。

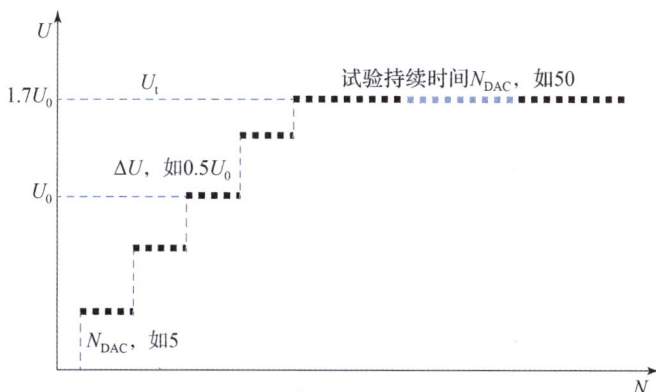

图 9-6 DAC 电压的施加方法

9.3 介电耐受试验时过电压防护

9.3.1 耐受试验时绝缘击穿过电压

现场耐受试验时，如果试品内部存在缺陷而发生击穿或放电时，击穿或放电点附近电压会急剧下降，相当于原有电压上叠加了幅值相等、极性相反的陡前沿暂态电压。从波过程角度分析，上述陡波前暂态电压会在击穿或放电点形成前行波和反行波，如果试品电气长度足够大，如电缆线路、GIS 分支母线等，前行波和反行波会在传播方向上产生折反射，进而形成过电压。击穿点的放电过程越快，陡前沿暂态电压的波前时间就会越短,较短的电气长度下就会产生过电压。例如,GIS 采用 SF_6 气体绝缘,一旦发生间隙击穿或绝缘子沿面闪络,产生的暂态电压波前时间约为几十纳秒,也就是说,对于几十米的 GIS,内部绝缘击穿产生的暂态电压波前时间可能远小于其电气长度,暂态电压会在其内部来回传播而产生较高幅值的暂态过电压。因此,现场对电缆、GIL 以及带长分支母线的 GIS 进行耐受试验时,有必要考虑试品击穿或放电产生的过电压。

本节以 GIS 现场雷电冲击耐受试验为例来说明。若雷电冲击耐受时被试 GIS 内部发生绝缘击穿,击穿后的典型电压波形如图 9-7 所示,其中,图 9-7(a)给出了内部放电后出现的波过程,在某些节点处波过程叠加而产生高频振荡电压,其幅值高于所施加的雷电冲击电压幅值;图 9-7(b)为某些节点处波过程未叠加而产生的暂态电压,但过电压幅值未超过所施加电压的幅值;图 9-7(c)则给出了放电点的电压波形,由于雷电波前时间大于试品的电气长度,内部绝缘击穿后未发生波过程,故放电后在故障点位置发生低幅值振荡,不会出现暂态过电压。

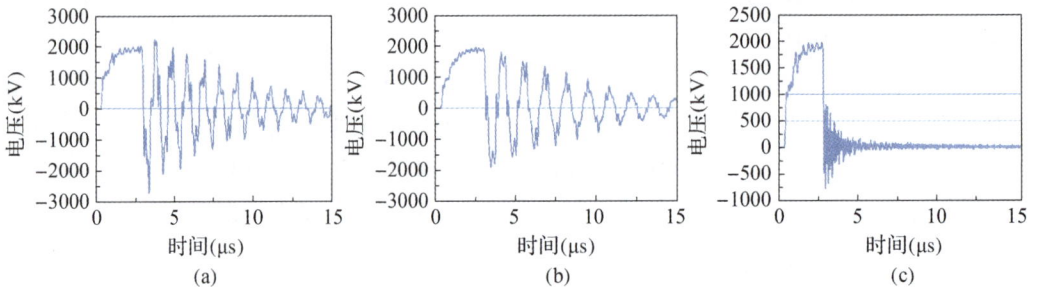

图 9-7 GIS 内部击穿后的典型暂态电压波形
(a) 高幅值振荡电压;(b) 低幅值振荡电压;(c) 放电点电压

以某特高压 GIS 站为例,仿真计算不同试验工况下试品内部击穿时的过电压特性。负载结构示意图和仿真模型如图 9-8 所示,雷电冲击电压由 I 母侧或 II 母侧套管施加,施加电压幅值为出厂试验的 80%,即 1920kV,雷电冲击电压波前时间小于 $2\mu s$。图 9-8(a)中的节点 A 为 I 母侧套管根部,节点 B 为 I 母侧分支母线末端,节点 C 为 I 母侧隔离开关右侧,节点 D 为 I 母侧断路器内部。图 9-8(b)为仿真电路图。改变故障点位置,可得到不同位置绝缘击穿时的暂态过电压特性。

图 9-9 为 I 母侧不同位置绝缘击穿时的各节点暂态电压幅值。由图 9-9 可以看出,I 母侧套管根部绝缘子发生闪络后,节点 C 处电压水平最高,其暂态电压出现在负极性,最大值为 2720kV,过电压倍数为 1.37,其他各工况下均未出现过电压倍数高于 1.25 的过电压。

根据图 9-8(b)所示仿真电路图,可计算不同接线方式下不同位置放电时的各节点暂态电压值。计算发现,一旦 I 母侧、II 母侧分支母线末端绝缘子闪络后,在 II 母侧套管顶部分别出现了 1.78 倍与 1.75 倍的高幅值暂态过电压。由此可见,试品的电气长度以及分支结构等会影响暂态过电压特性。对于图 9-8 所示的 GIS,在进行雷电冲击耐受试验时,由于 GIS 电气距离大,而且存在分支母线,波过程更加复杂,由此更易产生高幅值的暂态过电压。

(a)

(b)

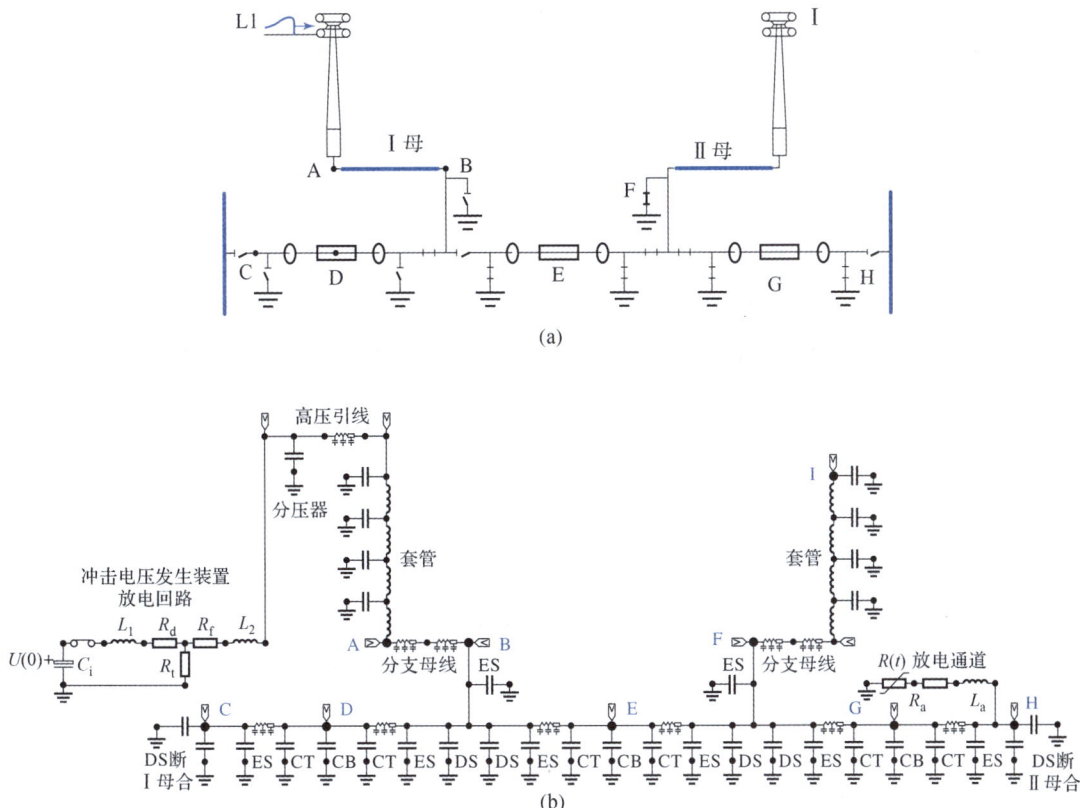

图 9-8 特高压 GIS 负载结构示意图与仿真模型

(a) 内部放电位置与过电压计算的节点位置；(b) 仿真电路图

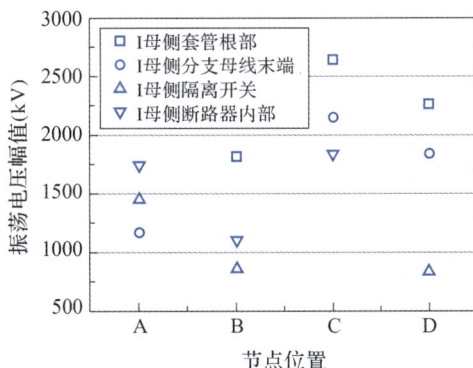

图 9-9 Ⅰ母侧不同位置绝缘击穿时各节点暂态电压幅值

对于电气距离较长的设备，如电缆、带分支母线的 GIS 以及长距离 GIL 等，由于电容量很大，其现场交流耐受试验一般采用串联谐振装置。当试品内部发生绝缘击穿时，由于电气距离较长，很容易发生波的折反射，暂态过程会更复杂，其幅值甚至会超过试品的雷电冲击耐受水平。以某特高压 GIL 为例，采用串联谐振系统进行交流耐受试验。GIL 总长约 5.53km，波阻抗范围为 $73\sim83\Omega$、对地总电容约 $0.225\mu F$，试验时的谐振频率约 55Hz，试验电压 1150kV。

当首端（电压施加端）发生绝缘击穿时，末端（GIL 另一端）会出现过电压，但幅值一般不会超过雷电冲击耐受水平；当末端发生内部击穿时，首端（电压施加端）可能会出现 2.0p.u. 的暂态过电压，其典型波形如图 9-10 所示。在实际耐受试验时，当某相 GIL 的试验电压升高至 900kV（有效值）时，GIL 内部发生了绝缘击穿，随后解体检查发现，在距离首端约 2900、3460、4110m 和 5460m 处均存在高压导体对外壳的放电点，说明一次绝缘击穿导致多处的绝缘击穿。由于 GIL 长度达到几千米，内部绝缘击穿时的暂态电压波前时间约为几十纳秒，会在 GIL 首末端出现波的折反射。另外，由于采用串联谐振装置，当内部发生绝缘击穿时，尽管谐振会很快失去，输出电压急剧降低，但谐振电抗器储存的能量在后续过程中必须要释放出来，并与波过程相叠加，产生更为复杂、高幅值的暂态过电压。

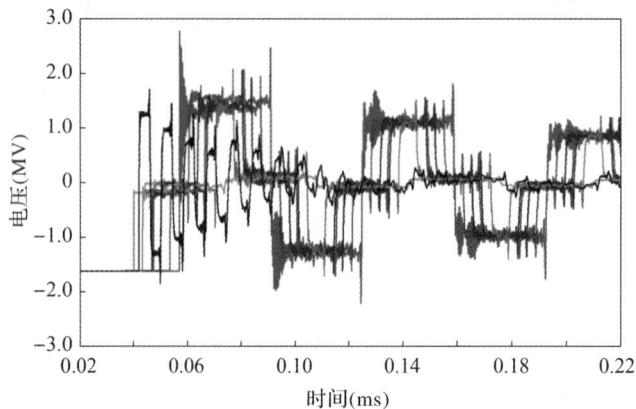

图 9-10 某 GIL 内部击穿时不同位置的暂态过电压波形

9.3.2 耐受试验时的过电压防护

由 9.3.1 节可以看出，对于长距离 GIL、电缆以及带分支母线的 GIS，在现场耐受试验时，不管是雷电冲击耐受还是交流耐受试验，一旦内部发生绝缘击穿，将产生波前时间较短的暂态电压。由于其电气距离较大，暂态电压的波前时间会小于设备的电气距离，因此，暂态电压会在设备内部，如 GIL 首末端之间或末端套管端部与电压施加端之间来回传播，形成典型的行波过程，并产生高幅值的暂态过电压。由于 GIL 接近理想传输线，行波能量无法快速损耗，暂态电压幅值衰减较慢，将对 GIL 设备内部绝缘构成威胁，甚至在其他绝缘薄弱环节造成上文所提到的次生绝缘击穿。长距离电缆、GIL 等设备现场耐受试验时，需要采取一定的措施或方法来抑制现场耐受试验时的暂态过电压，具体措施或方法如下。

1. RC 串联阻尼方法

由上述现场耐受试验时的暂态过电压计算分析可知，电缆、GIL 等长距离管线设备首、末端阻抗不连续，在长距离管线内部形成了复杂的波过程而产生过电压。因此，可采用首端或末端加装 RC 串联阻尼装置来加以抑制，其原理电路如图 9-11 所示。图中，R_0、L_0 为单位长度的电阻和电感；G_0、C_0 为单位长度的电导和电容；R、C 为并联阻尼装置总串联电阻和电容。

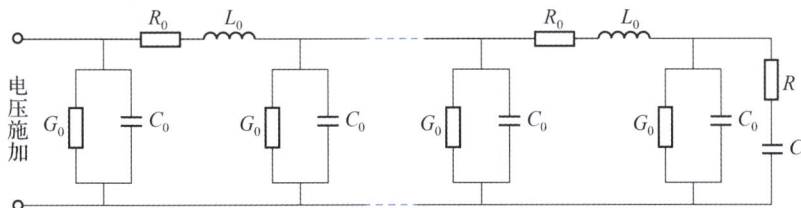

图 9-11 长距离管线设备耐受试验时的暂态过电压抑制原理电路

根据图 9-11，为了抑制波来回传播所产生的暂态过电压，长距离管线末端 RC 串联阻尼装置的阻抗应与管线波阻抗（$Z_0 = \sqrt{L_0/C_0}$）相匹配，即

$$Z_0 = R + 1/\omega C \tag{9-2}$$

由于电缆、GIS 等设备内部绝缘击穿时，其击穿过程一般比较快，大约在几纳秒至百纳秒之间，由此产生的暂态电压波前时间也在此范围内。如果末端并联的 RC 串联阻尼装置中的电容足够大，例如 2000pF，在此波前时间下该电容可看作近似短路，此时 $Z_0 \approx R$。

现场 GIL 或电缆两端一般都有出线套管或终端头，电压通过首端套管进行施加，而 RC 串联阻尼装置则可在末端与套管或终端头并联。实际情况下，GIS 或 GIL 波阻抗为 $50 \sim 100\Omega$，RC 串联阻尼装置电阻、电容值与低阻尼冲击电压分压器接近，可在末端并联低阻尼冲击电压分压器来抑制暂态过电压，如图 9-12 所示。

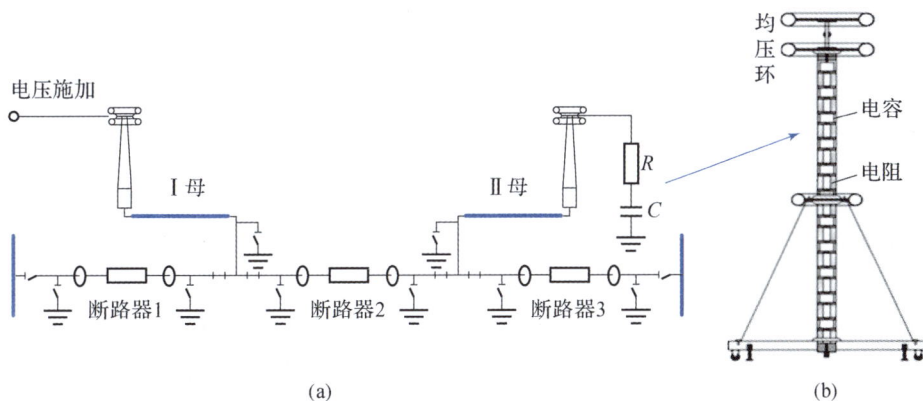

图 9-12 低阻尼冲击电压分压器的结构与接入方法示意图

(a) 阻尼装置接入方法；(b) 低阻尼冲击电压分压器

由于现场设备结构复杂，为保证暂态过电压得到很好的抑制，实际现场应用时，还需通过详细仿真来选取 RC 串联阻尼装置的电阻、电容等参数。选取时还需满足以下要求：① RC 串联阻尼装置不影响施加电压的波形；②被试设备内发生放电后，不会导致其他节点处振荡电压幅值升高；③ RC 串联阻尼装置需要能承受被试设备的耐受电压以及设备放电后产生的暂态过电压。

接入过电压抑制的阻尼装置后，全部间隔进行雷电冲击耐受试验时，空载套管顶端振荡电压幅值随抑制器参数变化，暂态电压幅值与阻尼装置参数的关系如图 9-13 所示。由图 9-13（a）可知，随着阻尼装置电容 C 的增大，空载套管顶端暂态电压幅值逐渐降低。当电容 C 增大至 800pF 时，暂态电压幅值开始逐渐低于 2400kV，而电容 C 的增大又将导致试品电容量的增大。在雷电冲击耐受时，电容增大会导致雷电冲击波前时间的增加，而串联谐振交流耐受试验时，需要更大功率的串联电感。因此，在保证过电压抑制效果的情况下，电容 C 的取值应尽可能小。由图 9-13（b）可知，随着阻尼电阻 R 的增加，空载套管顶端暂态电压幅值出现先降低再升高趋势，当阻尼装置电容 $C=$ 800pF，且电阻 R 在 $90\sim100\Omega$ 范围内取值时，暂态电压幅值可低于 2400kV。这是由于电阻 R 与 GIS 的波阻抗接近，可以防止波的折反射，从而使暂态电压幅值逐渐降低。因此，阻尼电阻 R 的选择一般与试品，如电缆、GIS 的波阻抗相等。

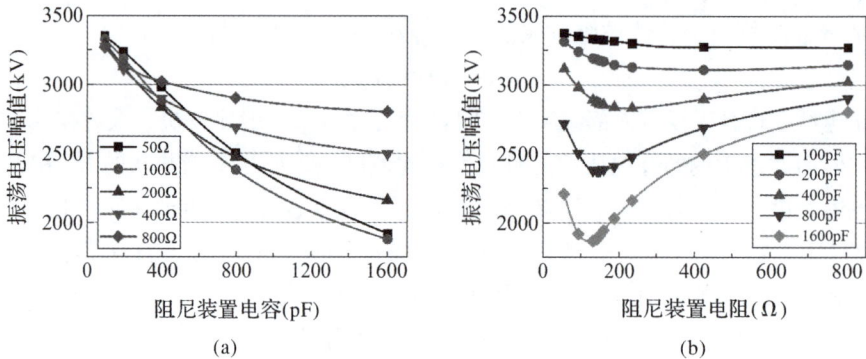

图 9-13　暂态电压幅值与阻尼装置参数的关系
（a）电压幅值与电容的关系；（b）电压幅值与电阻的关系

2. 长距离设备的分段试验

通过合理分段，使得试验时每段的电气距离小于绝缘击穿时的暂态电压波前时间，此时暂态电压不会在设备内部来回传播而产生高幅值的暂态过电压。例如，图 9-12 所示的带长分支母线的 GIS，可通过断路器的开合来进行分段试验。可断开断路器 2，闭合断路器 1，被试对象如图 9-8（a）中红色部分，试验过程中内部击穿产生的暂态电压特性如图 9-9 所示。也可以断开断路器 1，闭合断路器 2、3，则被试对象如图 9-14（a）所示。或者断路器 1、2、3 全部闭合进行试验，则被试对象为全部的 GIS 间隔。

由于试验布置方式的不同，耐受试验时如果发生内部绝缘击穿，内部各节点的暂态电压特性也不同。根据图 9-8 所示仿真电路，可计算不同试验布置下不同位置绝缘击穿后的暂态电压特性，各节点暂态电压特性如图 9-15 所示。

比较图 9-9 和图 9-15，可以看到，Ⅰ母侧套管根部绝缘子发生闪络后，节点 H 处出现了过电压倍数超过 1.4 的高幅值过电压，其他工况下该节点未出现过电压倍数高于 1.25 的过电压；而Ⅰ母侧、Ⅱ母侧分支母线末端绝缘子发生闪络时，节点 I 处分别出现了高幅值过电压，最大过压倍数分别 1.78 与 1.75，这对Ⅱ母侧空载套管的绝缘构成了极大威胁。与图 9-8 所示接入单台断路器的情况相比，图 9-14 所示的两种试验布置方式下，随着被试 GIS 间隔数的增加，电气距离显著增加，导致被试 GIS 内一旦发生绝缘击穿，由此引发的暂态过电压幅值会显著增加，而且随着节点与空载套管距离的减小，各节点过电压幅值呈增加趋势。空载套管的存在，相当于传输线末端并联了一个电容，会严重影响波的传播过程，进而产生高幅值的暂态过电压现象。

(a)

(b)

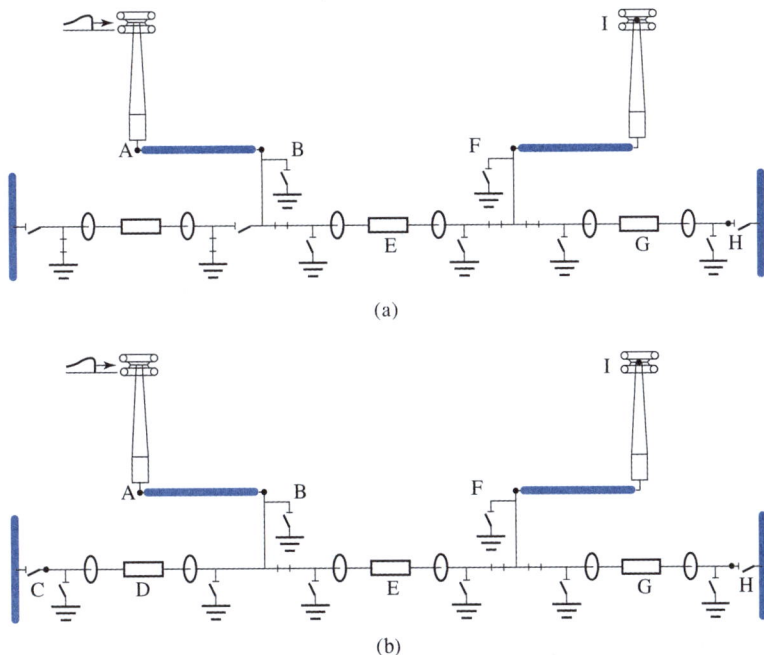

图 9-14　不同断路器闭合时的试验布置

（a）接入两台断路器时的试验布置；（b）接入全部三台断路器时的试验布置

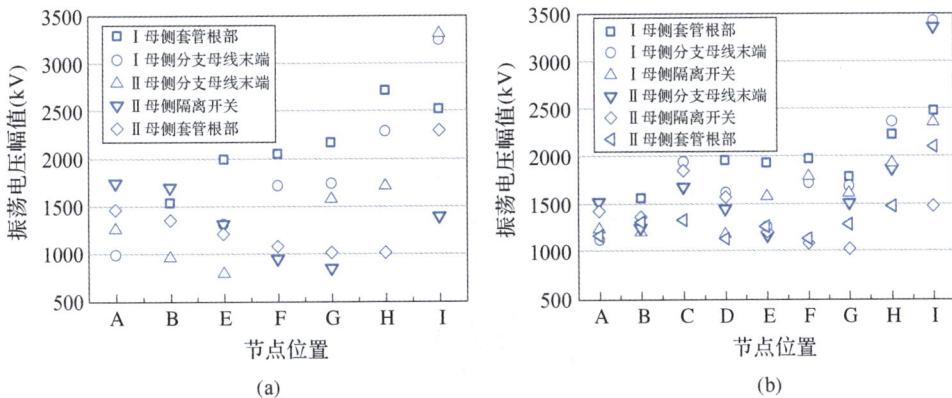

(a)

(b)

图 9-15　不同试验布置方式下各节点暂态过电压特性

（a）接入两台断路器时的试验布置；（b）接入全部三台断路器时的试验布置

9.4　大容量设备现场耐受试验示例

9.4.1　现场交流耐受试验

苏通 1100kV GIL 综合管廊工程是淮南—南京—上海交流特高压输变电工程泰吴Ⅰ线和Ⅱ线的一部分。苏通 GIL 综合管廊工程采用长江下方的隧道敷设方式，起于长江北岸（南通）引接站，止于南岸（苏州）引接站，隧道内敷设两回 1100kV GIL 管线，隧道内 GIL 管线长度约 5530.5m，计及两端套管出线，单相 GIL 总长度约 5800m。由于运输限制以及安装现场的复杂性，1100kV GIL 管线大量采用现场安装，必须通过现场的全电压耐受试验来检验安装质量以及运输过程对部分组部件绝缘性能的影响。由于苏通1100kV GIL具有长距离、大容量、高电压等级的特点，且处于隧道环境下，对1100kV GIL现场交流耐受试验装备及技术提出了新的要求。考虑到1100kV GIL处于隧道环境，尽管中间设置有隔离单元，但无法在隔离单元进行电压施加或安装过电压限制装置。因此，苏通GIL综合管廊工程1100kV GIL现场交流耐受及局部放电试验采用整段加压方式，电压从南岸引接站的出线套管引入。

1100kV GIL每米电容量约为45pF，单相GIL的电容量超过260nF，约为一般特高压单相GIS电容量的30～60倍。现场交流耐受试验装置采用变频式串联谐振装置，试验接线与现场布置如图9-16所示。

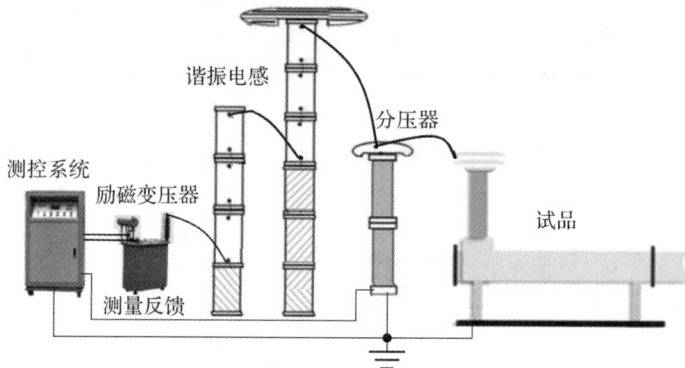

(a)

(b)

图9-16　1100kV GIL现场交流耐受试验接线示意图

(a) 现场接线示意图；(b) 现场试验实际布置图

试验时，首先调整系统频率（试验频率一般控制在30～200Hz范围内），使系统达到谐振状态，然后采用逐步升压法进行升压。升压要求匀速缓慢，当试验电压达到试验电压U_t的75%时，以每秒（2%±1%）U_t的速率进行匀速升压。当电压值达到200kV，保持20min；然后继续升压至300kV，保持20min；继续升压至450kV，保持10min；再继续升压至664kV，保持10min；再继续升压至797kV，保持5min；然后再升压至900kV，保持1min；最后升压至1150kV，保持1min。在1150kV、1min交流耐压试验通过后，将电压降至 797kV，进行局部放电试验，测试时间 45min。加压程序如图 9-17 所示。试验电压测量值的容差应保持在规定值的 ±3％ 以内，局部放电试验采用超声波法进行检测。局部放电检测时应进行三相横向比较，检测时要求平稳地将传感器放在 GIL 外壳的各测点上。待信号稳定后，观察、记录信号特征，发现异常信号后，应改变检测频率上下限等参数设置，进行多方位、多模式测量。

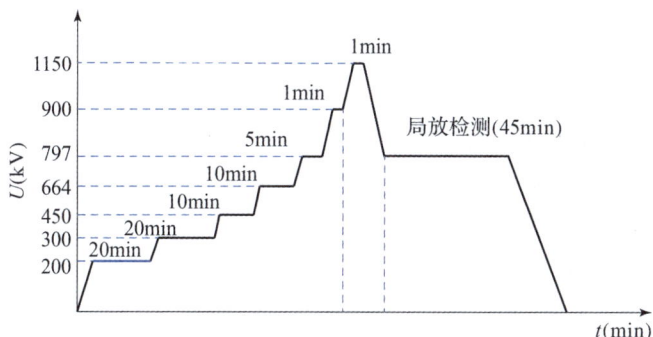

图 9-17　1100kV GIL 现场交流耐受试验加压程序

图 9-17 所示的 1100kV GIL 现场交流耐受试验加压程序中，由电压 200kV 至耐受电压 1150kV，升压过程采用了多个电压阶梯。这是考虑到 1100kV GIL 现场安装时会不可避免地存在自由导电微粒，为了防止自由导电微粒可能会导致 GIL 运行时的绝缘击穿，现场采用多级阶梯加电压的交流耐受试验方法。通过阶梯加电压，实现自由导电微粒的逐级捕获，从而消除自由导电微粒对 GIL 绝缘性能的影响。

9.4.2　现场冲击耐受试验

由于现场 GIS 由多间隔组成，而且还经常带有长分支母线，现场 GIS 的电容量会很大，尤其是特高压 GIS。当进行雷电冲击耐受时，其波前时间会较长，甚至远大于标准雷电冲击波前时间。如前节所述，如果对完整 GIS 进行雷电冲击耐受试验，不仅会由于试品电容量大，雷电冲击波前时间会严重超出标准，造成试验的有效性降低，而且会由于整套 GIS 试验时的电气距离较大，一旦试品内部发生绝缘击穿，会产生显著的暂态过电压，进而造成被试设备的二次损伤。因此，现场 GIS 进行雷电冲击耐受试验时，需要进行合理分段。

以图 9-8（a）所示特高压 GIS 站为例，该变电站采用 3/2 接线，单台断路器负载电容量在 4500～5500pF 范围。为了在雷电冲击耐受试验时其波前时间尽可能短，将该特高压 GIS 分为三段来进行试验，每一段一般只包含单台断路器。第一段带有分支母线 I，如图 9-8（a）所示的灰色部分；对第二段进行试验时，电压仍从 I 母侧施加，但断开断路器 1，合上断路器 2；第三段试验时，冲击电压需要从 II 母侧套管施加，此段包含断路器 3 以及分支母线 II，但需断开断路器 2。

此外，现场试验条件更为复杂，更长的高压导线会引入额外的电感，使得发生装置带负载能力更差。因此，需要从冲击电压发生装置的结构设计、波前电阻分布、放电球隙和低电感脉冲电容器等方面来降低整个试验回路的电感。本次现场雷电冲击耐受试验，采用了低电感设计的标称电压 3000kV 气体绝缘冲击电压发生装置，装置采用环氧绝缘圆筒型外壳，内部采用 0.3～0.35 MPa 的 SF_6 气体作为绝缘介质，将脉冲电容器、充电电阻、气体火花开关等部件密封于环氧筒内。采用 15 级双边充电回路，通过 30 组脉冲电容器及 15 个气体火花开关实现电压的叠加，脉冲电容器和气体火花开关直线布置、紧凑地排列于环氧筒中，发生器回路尺寸小，电感极低，确保其带大容量负载能力，舍去放电模块中的波前电阻，只用输出部位一个外部波前电阻进行波前时间调节，波尾电阻外置。装置采用智能测控系统实现充电电压、开关内部气压以及触发脉冲的精确控制，配合弱阻尼电容分压器实现输出电压波形的采集、处理及显示。冲击电压发生器的触发脉冲由纳秒脉冲源产生，并通过高压电缆引入发生器本体前三级开关的触发电极上，实现发生器同步触发。综合考虑现场装卸工作量与运输高度限制，冲击电压发生装置采用两段式模块化设计，上下模块可快速对接安装，减小现场试验工作量。其中，下段设计为 7 级，标称电压为 1400kV；上段设计为 8 级，标称电压为 1600kV。两段高度均小于 3.8m，分段运输能够满足运输高度要求。配合移动式履带底盘车，在试验现场能够轻松移动、转向，减少了装置重复拆装的工作量，提高了试验效率。现场试验接线与实际布置如图 9 - 18 所示。

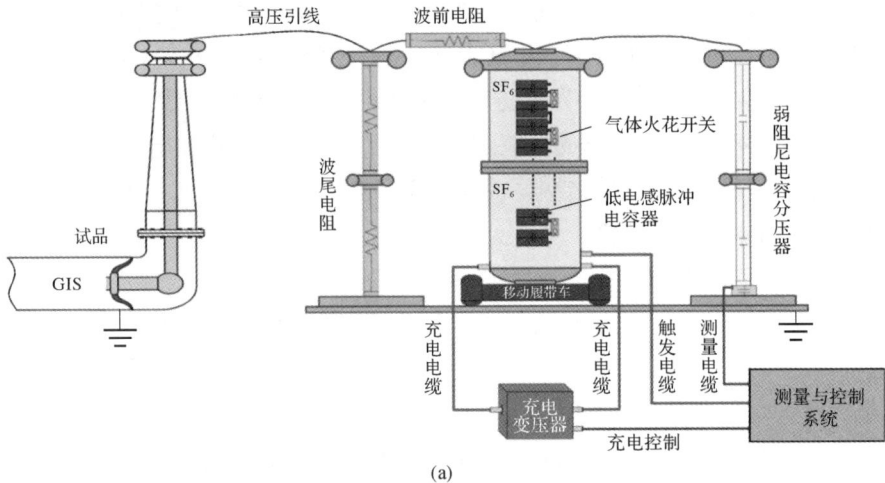

(a)

(b)

图 9 - 18　现场雷电冲击试验接线与布置示意图

（a）现场雷电冲击试验接线示意图；（b）现场实际布置示意图

对于特高压 GIS，按照现行现场冲击电压试验规程，应采用 80％出厂试验电压值，即 1920kV。根据 9.3 节，按照上述分段方法进行 1920kV 雷电冲击耐受试验时，如果 GIS 内部出现绝缘击穿，由此引发的暂态过电压水平一般也未超过 2400kV。因此，现场耐受试验电压选择为 1920kV，试验电压波前时间不超过 3μs。试验时，三相分别进行，对正、负极性各进行三次雷电冲击试验。

从图 9-19 中可以看出，不同电场不均匀系数下，该方案 1705kV 试验电压下绝缘缺陷检出概率 $P_{n=3}$（3μs，1705kV）远小于 1920kV 试验电压下的检出概率 $P_{n=3}$（3μs，1920kV）。此时，$P_{n=3}(3\mu s,1705kV)＝5.45\%$，$P_{n=3}(3\mu s,1920kV)＝90.23\%$，试验电压的降低大幅降低了缺陷检出概率。由图 9-19 中还可以看出，波前时间十几微秒的振荡雷电冲击下的缺陷检出概率 $P_{n=3}$（$T_f＞10\mu s$，1920kV）也高于 $P_{n=3}$（3μs，1705kV）。虽然波前时间缩短，但绝缘缺陷检出概率因试验电压的缘故反而大幅下降。因此，在原有试验方案的基础上，制定阶梯式加压方式，选取 1705、1800kV 和 1920kV 作为试验电压。设冲击试验波前时间 $T_f＝3\mu s$，试验电压值 $U_t＝1705$、1800、1920kV。若每一电压值下的试验次数为 n，则三次冲击耐受试验的绝缘缺陷检出概率可由下式求得

$$P_{n=3}＝1-(1-P_1)(1-P_2)(1-P_3) \tag{9-3}$$

式中：P_1、P_2、P_3 分别为三次施加电压下的放电概率。

通过有效性分析方法计算，可得 $P_{n=1}$（标准 LI，1920kV）＝90％条件下、不同试验方案下，绝缘缺陷检测有效性随电场不均匀系数变化关系，如图 9-19 所示。

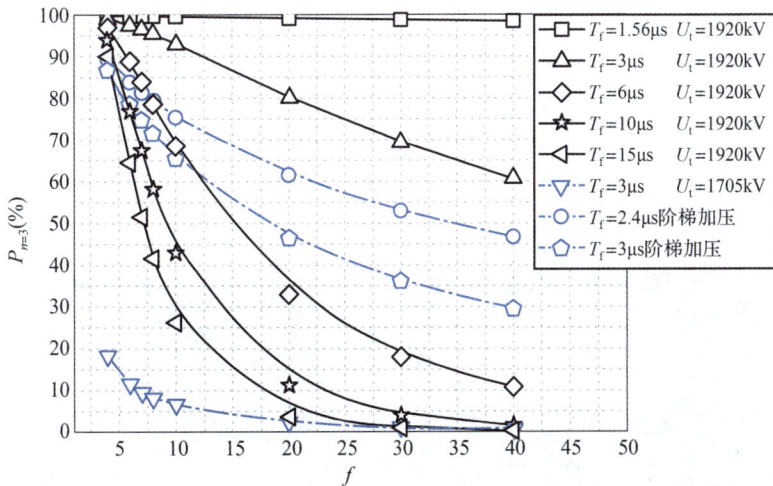

图 9-19 绝缘缺陷有效性随电场不均匀系数变化关系

根据上述计算与分析结果，制定特高压 GIS 现场冲击试验方案。

（1）第一阶梯正极性冲击电压试验（＋1705kV）。在 50％该阶梯电压（853kV）下进行调波，得到波前时间、过冲系数与半峰值时间满足要求的雷电冲击电压，其中要求波前时间不大于 3μs。在 75％阶梯试验电压（1279kV）下进行一次冲击试验，校核冲击电压发生装置的电压输出效率；将电压升至 1705kV，进行第一阶梯正极性冲击试验。

考虑 SF$_6$ 气体放电的"跟随现象"，建议两次冲击电压施加时间不小于 5min，从操作规范方面提高冲击电压检测绝缘缺陷的有效性。

（2）第二阶梯正极性冲击试验（＋1800kV）。将电压升至 1800kV，进行第二阶梯正极性冲击电压试验。

（3）第三阶梯正极性冲击耐受试验（＋1920kV）。将电压升至第三阶梯 1920kV，进行正极性冲击耐受试验。

若完成了三次正极性冲击试验且被试 GIS 未发生放电，则认为正极性试验通过，再按照上述流程进行负极性冲击试验；若被试 GIS 因其内部某点存在缺陷而发生放电，则应立即根据超声波定位系统的测量结果，确定放电 GIS 腔体并对其进行解体检查，查找放电点、分析放电原因并确定缺陷类型，缺陷修复后再重新进行耐压试验。

在试验过程中，某一 GIS 间隔在进行正极性耐压试验时发生放电，击穿时冲击电压波形如图 9-20 所示。

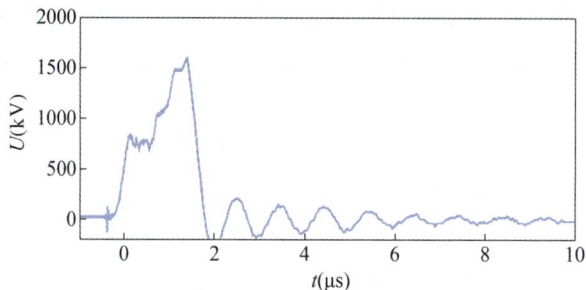

图 9-20　GIS 内部击穿后的冲击电压波形

该次试验预加电压为波前时间为 2.2μs 的正极性 1800kV 冲击电压。放电发生在冲击电压波前部分，放电点对应电压为 1601kV。通过放电定位系统，准确判别放电气室。打开气室发现导体上有一个放电点，外壳有两个放电点，如图 9-21 所示。根据放电位置，分析认为导体上存在细微金属毛刺，放电由毛刺起始，在放电发展过程中，放电通道发生分叉，导致外壳出现两个放电点。

图 9-21　GIS 内部放电点位置及其形貌

思考题 ?

9-1　为何通常采用负极性直流电压进行电气设备的泄漏电流测试？

9-2　长距离电气设备，如电力电缆、GIL 输电管线等，如何进行交流耐压试验？

9-3　长距离电气设备进行耐压试验时，一旦内部发生绝缘击穿，为何会产生暂态过电压？如何进行防止或保护？

9-4　全绝缘变压器的纵绝缘、分级绝缘变压器的主绝缘和纵绝缘进行交流耐压时，应如何进行试验？

第 10 章

高电压实验室

10.1 高电压实验室的主要设备及其参数

高电压实验室的试验设备种类及其参数决定于它将从事的任务。不同高电压实验室根据各自的任务，可以在不同的方面有所侧重。但从主要设备来看，差别不会很大，因为高电压实验室无非是提供几种高电压试验电源：交流高压、直流高压、雷电冲击电压、操作冲击电压等。对一般高电压实验室，上述高压设备都是需要的，只是具体参数上会有所不同。

高电压实验室的电压水平，常常是以它能满足多种高电压等级设备试验需要或实验研究来代表，例如 220kV 级、500kV 级或是 1000kV 级实验室等。

在确定电源设备参数之前，应先掌握所要试验的电气设备电压等级或研究的对象，然后从试验标准中找出相应于这个等级的电气设备最大试验电压值。但实验室电源设备的额定电压（或标称电压）应高于试品所需最高试验电压值，主要考虑到在研究工作中可能要进行设备的放电研究。试验设备的绝缘裕度一般较低，而且额定容量也较低，如果在额定电压或额定容量下较长时间工作，会出现绝缘损坏或过热风险，因此，实验室试验设备一般不能长时间工作。另外，大多数试验设备在有负荷时的实际输出电压会低于空载时的额定电压，而且试验设备长期使用，还会出现性能劣化。由于这些原因，试验设备的额定电压要高于所需的试验电压。试品所需耐受电压应乘以一定的系数才能得出试验设备的额定电压，这个系数主要取决于以下三方面：①安全运行的要求，一般都取系数为 1.1~1.2；②负载的影响，各装置所取系数很不相同，像冲击电压发生器，尤其是操作冲击电压发生器，由于利用率低，要取较大的系数，一般为 1.3~1.7，工频变压器输出电压受负载影响较小可取系数为 1；③研究工作的需要，一是不同试品放电特性的研究，二是放电分散性的影响，这两种情况下，综合考虑一般取为 1.1~1.3。

试验设备除了要确定额定电压，还要确定额定容量。这与试品的性质有很大关系，如电容电流的大小、泄漏电流的大小，都与试验设备所需容量有很大关系。电缆厂和电容器厂所需冲击电压发生器和变压器的容量、试验污秽绝缘子所需变压器的短路电流值，都是这方面的具体实例。另外，还要考虑不同试品以及不同试验电压下耐受电压试验时间的影响，交流电压试验的耐受时间一般为 1min 或 5min，而直流电压试验的耐受时间会长达 2h。随着特高压的发展以及人们对试验考核的进一步认识，在出厂试验时通常会采用多阶梯的升压方法，这大大增加了试验设备的使用时间。因此，在决定参数时，必先搞清试品的性质以及试验要求等。

10.2　高电压实验室的净空距离

高电压实验室的净空距离是指：①室内高压试验设备、高压测量系统和试品与墙、天花板和地之间应有的间隔距离；②高压试验设备、高压测量系统和试品之间应保持的间隔距离；③高压试验设备、高压测量系统和试品与室内其他带电或不带电设备和物体之间应有的间隔距离。净空距离决定于三方面的要求：①安全距离，即无论设备或试品等都不应该在试验时对周围物体放电，要求它们与周围物体之间的间隔距离应大于放电距离，并有一定裕度；②测量准确度，即要求周围物体与测量系统间的距离应足够大，周围带电物体以及接地物体等不影响测量系统的准确度；③试验环境，即要求试品在接近实际运行状态下（一般是在标准规定的模拟状态下）进行试验，周围带电物体以及接地物体的存在不影响试品内外部的电磁场分布，从而影响试验结果。图 10 - 1 表示按净空距离来决定试验室尺寸的示例。

3000kV冲击发生器、分压器与截断球隙

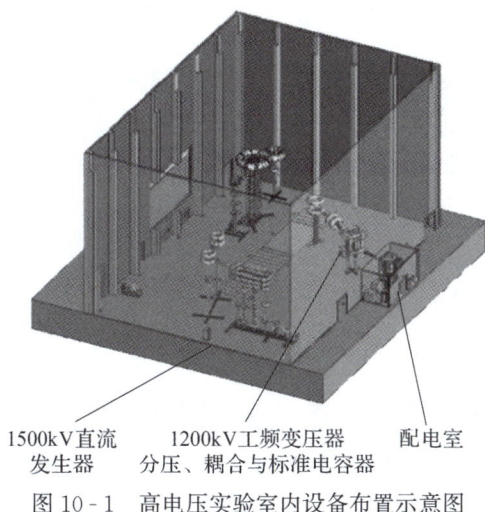

1500kV直流　　1200kV工频变压器　　配电室
发生器　　分压、耦合与标准电容器

图 10 - 1　高电压实验室内设备布置示意图

空气间隙的放电电压与电压性质、电极形状和大气条件等都有关系。不同电压应有不同的距离要求，如工频、直流、雷电冲击和操作冲击作用下空气间隙的放电电压是不相同的。在同种电压下，放电距离还受电极结构、电压极性和波形的影响。通常从较危险的一种情况出发来考虑净空距离，故按放电电压较低的正极性的直流、雷电冲击和操作冲击电压来考虑，而操作冲击电压按波前时间为 $100 \sim 250\mu s$ 的波形来考虑。放电电极虽有各种形式，但在估计放电距离时，也按最危险的一种形式：棒—板电极，即正极性棒对负极性平板来考虑，其放电电压可参考图 10 - 2。平原地区高电压实验室在估计放电距离时可按标准大气状态考虑，净空距离对放电距离的裕度系数可以掩盖大气状态变化对放电电压的影响。这个裕度系数一般取为 1.5。超高压和特高压实验室建设时，裕度系数的大小对实验室的造价影响很大，可按具体情况来酌定。

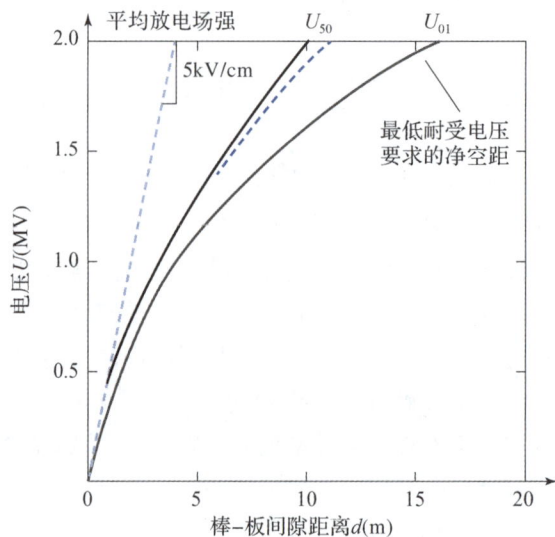

图 10 - 2　空气中正极性棒—板间隙的放电电压

　　由于高压实验室的空间成本很高，因此必须采用合适的屏蔽和控制电极来达到更短的距离。因此，特高压实验室的净空距主要由试验设备、试品等巨大的屏蔽电极决定的。

(a)

(b)

图 10 - 3　高电压实验室设备布置与屏蔽电极

(a) 设备典型布置；(b) 典型屏蔽电极与架构

为了保证测量准确度，各种高压测量装置都有一定的净空距离要求。如测量球隙对周围物体间的最小允许距离，见表 3-1。要求分压器对周围的净空距离不小于本身高度的 1.5 倍，显然测量装置的净空距离最少不小于放电的间隙距离，实际应为后者的若干倍。例如，我们知道分压器的最低高度决定于它的对地放电距离，所以分压器的净空距离至少应大于放电距离的 1.5 倍。

外绝缘的闪络电压受周围物体的影响，尤其在操作冲击电压下影响更为显著，所以要求试验时试品尽可能接近实际运行状态。根据外绝缘的试验标准，试验时试品对周围物体的最小距离应大于放电距离的 1.5 倍。在超高压和特高电压试验室中，不仅试验电压高而且试品尺寸大，要满足这个要求有时会有困难，完全排除带电体和墙、天花板等接地体的影响不大可能，可按照具体情况来酌定。实验室的主要设备布置除了要满足净空距离外，还要考虑某些试验时辅助装置的位置（如湿闪试验时的淋雨装置）、走线是否合理、操作和运输是否方便等技术上的问题。在满足技术要求的前提下，还应从经济上进行核算，使试验室的高度不要过高，跨度不要过大，面积不要过大，从而尽可能节约投资。

10.3　高电压实验室的屏蔽

10.3.1　屏蔽的作用和原理

屏蔽是解决电磁兼容（Electromagnetic Compatibility）问题的重大措施之一。电磁兼容是指设备或系统在其电磁环境中能正常工作，且不对该环境中任何事物构成不能承受的电磁干扰的能力。高电压实验室内既有较多的强干扰源（如高电压、大电流试验中的设备），同时又有一些敏感设备（如局部放电的测量仪器、数字存储示波器等），其电磁兼容问题较为突出。

高电压实验室的屏蔽目的，一是要把电磁场的影响限定在某一范围之内，使之不能影响其他设备；二是要保护某个空间内不受外界电磁场的影响，以便局部放电等微弱信号测量时有较低的背景噪声水平。由于高电压实验室内放电是短暂的，只对外界产生瞬间干扰，而反过来，外界对高电压实验室的干扰往往是长时间的。如果出现持续的干扰，实验室会在一定时间内不能从事某些试验，如果白天不满足试验要求，可晚间进行试验等。

屏蔽一般可分三类：静电屏蔽，磁屏蔽和电磁屏蔽。

静电屏蔽是防止静电场的影响，它的作用是消除两个电路之间由于分布电容的耦合而产生的干扰，其作用原理如图 10-4 所示。图 10-4（a）中，A 代表带正电荷的导体，B 代表低电阻金属材料容器，B 的外壳接地。导体 A 上存在正电荷 $+Q$，这里假定 $+Q$ 是不变的，好比试验室内的直流高压电源，由 $+Q$ 发出的电场线终止于 B 内表面等量负电荷 $-Q$ 上，B 的外表面上不再有电荷，没有电场线穿过金属容器 B。因此，只要 $+Q$ 四周有一层接地金属网，就可被完全屏蔽。假若 A 上电荷 Q 是交变的，类似于交流电源，B 上感应电荷不断改变极性，接地线上就会有持续的电荷流过，B 的外表面上也会有剩余电荷，B 外边就会存在静电场和感应电磁场。因此这种方法不可能对交变电场起完全屏蔽作用。图 10-4（b）中，外部存在干扰电场 $\vec{E}$，完全封闭的金属箱处于电场 $\vec{E}$ 中，电场 $\vec{E}$ 进入金属的一侧会感应出负电荷，而电场 $\vec{E}$ 离开的一侧会产生正电荷，其内部不会出现电场的干扰。因此，可通过完全封闭的金属容器对外部电场进行静电屏蔽，其内部仪器，如局部放电测量仪器等则不会受到干扰。

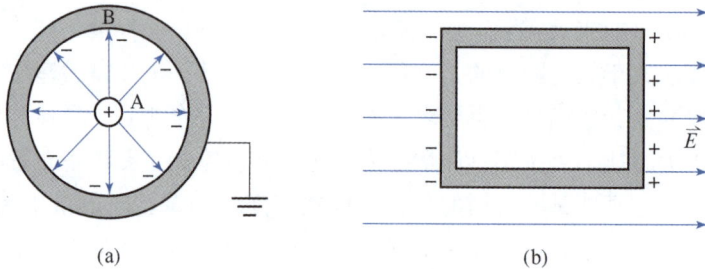

图 10-4　静电场干扰的屏蔽原理示意图
（a）内部静电场干扰；（b）外部静电场干扰

　　磁屏蔽主要用于低频，并采用高磁导率的材料，以防止磁感应。高磁导率材料的磁阻比起空气小很多，可以对外界磁场起到磁通分路的作用，将敏感器件周围的磁力线集中到屏蔽材料中，从而使屏蔽体内的磁场大大减弱，对敏感器件起到了磁屏蔽作用。也可采用高磁导率材料将其包围起来，高磁导率材料给磁力线提供了通过的捷径，磁力线不再扩散到外部来，因此起到屏蔽作用，但这只适用于做小件仪器的屏蔽。低频磁屏蔽要有一定厚度，可采用坡莫合金等材料。

　　电磁屏蔽的原理主要是利用两种机制：反射损失和吸收损失。反射损失是由于屏蔽体与外部空间的波阻抗不匹配，导致由外部空间入射的电磁波在屏蔽体表面形成反射而产生的损耗；吸收损失则是外部空间电磁波穿过屏蔽体时，其能量被屏蔽体所吸收的现象。无论是空气或金属介质，对电磁波的传播都呈现一定的阻抗特性，波阻抗是介质内电场与磁场强度的比值。空气波阻抗的数值因场源性质及距离而不同。在远区电磁场，电磁波的传播是电场与磁场同时存在。对于在远区电磁场，空气的波阻抗为

$$Z_0 = \sqrt{\mu_0 \varepsilon_0} \approx 376\Omega \tag{10-1}$$

　　阻抗波的大小决定于此处的电磁波与此电磁波波源的距离，如果距离已达远区范围，波阻抗就为定值。若距离在近区的范围，波阻抗会随着这个距离而变化，而且还受到此电磁波的波源种类影响。波源种类主要为磁场波源和电场波源两大类。在近区（即源与敏感设备间的距离远小于电磁波波长的 1/6 时）又可分为高阻抗场（电场）及低阻抗场（磁场），前者条件下空气波阻抗大于 Z_0 值，一般小于 3kΩ，取决于至波源的距离；后者条件下波阻抗小于 Z_0，一般大于 40Ω，同样取决于至波源的距离。金属的波阻抗甚小，以铜为例，在频率 f 为 100MHz 时，它的波阻抗为 368mΩ；在 f 为 1MHz 时，其波阻抗仅为 36.8mΩ。根据电磁波传播理论，当电磁波投射到金属表面时，在屏蔽体外侧界面上及里侧界面上，由于空气波阻抗与金属波阻抗的差异必将引起反射损失 L，有

$$L=(Z_0+Z_s)^2/(4Z_0Z_s) \tag{10-2}$$

式中：Z_0 为空气的波阻抗；Z_s 为金属的波阻抗。

对于不同的场源种类及距离，存在不同的空气波阻抗和反射损失。反射损失可用分贝（dB）来表示。对远区平面波场

$$L=168-10\lg(f\mu_r/\sigma_r) \quad \text{dB} \tag{10-3}$$

式中：μ_r 为金属的相对磁导率；σ_r 为金属的相对电导率。

进入金属内的电磁波，由屏蔽体的外侧界面传到内侧界面的过程中，将会产生吸收损失 A，即

$$A=0.131t\sqrt{f\mu_r\sigma_r} \quad \text{dB} \tag{10-4}$$

式中：t 为金属板厚度，mm；其他符号同上。

屏蔽体的屏蔽性能以屏蔽效能 S 来考量。S 的定义为，没有屏蔽体时空间某点的电场强度 E_0（或磁场强度 H_0）与有屏蔽体时被屏蔽空间在该点的电场强度 E_1（或磁场强度 H_1）之比值。为了便于表达和运算，常采用对数单位分贝（dB）进行度量，即

$$S_E=20\lg(E_0/E_1) \tag{10-5}$$
$$S_H=20\lg(H_0/H_1) \tag{10-6}$$

在远区电磁场下可认为

$$S=S_E=S_H \tag{10-7}$$

屏蔽效能 S 的理论值，在当上述吸收损失 A 大于 10dB 时，可认为

$$S\approx L+A \tag{10-8}$$

根据《实验室认可准则》中电磁兼容检测领域认可的补充要求（CNAS-CL01-A008：2023《检测和校准实验室能力认可标准在电磁兼容检测领域的应用说明》），高压屏蔽室的屏蔽效能应达到如下要求：$f=0.014\sim1\text{MHz}$ 时，$S>60\text{dB}$；$f=1\sim1000\text{MHz}$ 时，$S>90\text{dB}$。

对于体积很大的高电压实验室来说，要求 $S>90\text{dB}$ 很难做到或成本很高，一般要求高电压实验室的屏蔽效能 $S\geqslant60\text{dB}$，即采取屏蔽后使干扰电磁场强度应减弱到 1/1000 或更小。GB/T 12190—2021《电磁屏蔽室屏蔽效能的测量方法》规定了高性能屏蔽室屏蔽效能的测试和计算方法，规定在频率 f 为 100Hz～20MHz 时，可采用大、小环天线来测量磁场屏蔽效能。

10.3.2　高电压实验室的屏蔽结构

高电压实验室中试验室的结构尺寸一般都很大。电磁屏蔽时，要求对它的六个面都要进行屏蔽，形成一个大法拉第笼。目前采用的屏蔽方法有两种：用金属网或金属嵌板。

如是混凝土建筑，可用金属网做屏蔽。最好是铜网，为了降低成本，也可采用镀锌铁丝网，网眼当然越密越好，一般采用的网眼为 30mm 左右。整个地面下也要加上屏蔽网，并与接地网进行可靠连接。上、下、左、右的屏蔽网都必须焊接起来，金属网的连接点也必须焊接，以保证屏蔽内涡流路径畅通无阻，否则会降低屏蔽效能。如果采用金属板墙壁，金属嵌板便可兼作屏蔽，但要保证金属嵌板之间在电气上良好导通。

实验室的门窗应有良好屏蔽。窗上应挂屏蔽网，这个屏蔽网应和墙的屏蔽网在电气上连成一体。门一般采用金属的，由于门需要经常开闭，门在关上时，门的金属板和墙的屏蔽应能可靠接触。门窗的闭合接触部分一般采用磷青铜，并应采用一定的结构方式，以保证门、窗的活动部分与墙的屏蔽层具有良好连接。

高电压实验室的屏蔽效能与屏蔽所用材料和结构形式等有关，还与施工工艺、接地网等有关。例如，铜胜于铁，板胜于网。但从网本身来讲，网孔的大小、线径的粗细、网眼连接点等都会影响屏蔽效能。从板本身来讲，板与板间焊点直径的大小、焊点间距离的长短、板上吸音孔的大小和密度等都会影响屏蔽效能。屏蔽效能的确定是比较困难和繁杂的，目前也缺少现成方法，只能通过实测结果来决定屏蔽效能。需要了解的是：

1）大地屏蔽效能不佳，屏蔽必须做成有六面的大法拉第笼；

2）板屏蔽效能比网好，钢筋混凝土也有一定屏蔽效能，六面钢筋混凝土的屏蔽效能与五面的（缺地面屏蔽）相当；

3）双层屏蔽可以提高效能，双层网为单层网屏蔽效能的 1.5 倍。采用双层屏蔽时，除接地部分外，两层之间要隔开一定距离，层间不能有短路，否则会降低屏蔽效能。但钢筋混凝土建筑与单层屏蔽网配合，并不能使屏蔽网效能有明显提高。

为了能获得低噪声水平，除了对实验室进行屏蔽外，还要防止外部干扰可能通过管道、线路等窜入室内。凡是金属管道和栏杆等穿过实验室时都必须与屏蔽连接好，否则它们会像天线一样把干扰引入。凡是进入实验室的配电线要先通过隔离变压器和滤波器。电源滤波性能的好坏，关系到实验室的噪声水平。除了滤波器本身的质量与性能外，滤波器的安装方法和安装质量对滤波性能影响也很大。它的安装必须要做到：进入屏蔽室的每根电源线，无论是相线还是地线都要装设电源滤波器；滤波器应安装在电源线穿越屏蔽壁的入口处。屏蔽可分为主动屏蔽（又称有源屏蔽）及被动屏蔽（无源屏蔽），前者是为了使处于屏蔽之内的干扰源不向外泄漏电磁波；后者则是为了防止外界的电磁波，使之不入侵到屏蔽的内部。对于有源屏蔽室，电源滤波器应安装在屏蔽壁的内侧；对于无源屏蔽室，则应安装在屏蔽壁的外侧。所有的电源滤波器最好都集中在一起，并在靠近屏蔽室的接地点处安装。这样，滤波器的屏蔽外壳接地方便，且接地线尽可能短。为了尽可能地排除内部的干扰源或减弱它的作用，试验电源的局部放电起始电压应高于试验电压，所有高压电极和高电压引线，都应有合适的曲率半径和光滑洁净的表面状态并应接触良好，所有不带电的金属部件都应良好接地。实验室内的照明器具常常成为噪声的来源，各种照明器具的噪声特性不同，应采用噪声水平低的照明设备，必要时还得把灯光关掉。

10.4 高电压实验室的接地与接地布置

10.4.1 接地的作用

高电压实验室中的高压大试验厅以及它的辅助装置的房间都应有良好的接地装置，以保证工作接地和保护接地的需要。工作接地是指为了保证试验装置及试验系统（如测量系统）的正常工作和为了保持系统电位的稳定性而设置的接地，如屏蔽室的接地、分压器的接地等。保护接地是指装置金属外壳的接地，悬浮金属物体的接地，闲置暂时不用的电容器两极的短路接地等。它的作用是装置由于绝缘不良而使其金属外壳意外带电时，可将其对地电压限制在规定的安全范围以内，消除或减小电击的危险性；另一个作用是消除感应电产生的触电危险性。接地是指通过可靠的金属引线，接到接地装置上去，该接地装置应有足够小的接地电阻值。对于高电压实验室来说，把工作接地装置和保护接地装置分开是很困难的，而且也是没有必要的。除非实验室的某个计算机房或精密仪器辅助房间设置在离试验厅足够远的距离以外，此时才可以考虑设立它们的专用接地装置。

对于装有屏蔽的高电压试验厅来说，屏蔽层需良好接地，但此时的接地仅是为了起固定电位的作用，其接地装置的接地电阻值，没有必要追求太小。对于无屏蔽的高电压试验室，可在试验区内的地面上铺设大块金属板（铜板最好，铝次之），或由较大块金属板拼连成一大整块金属板在一点接地，此接地点最好邻近分压器的位置。高电压设备放在此金属板上，设备的接地点用宽铜带与板相连。所有测量电缆、控制电缆应从板下的电缆管道中通过。在有屏蔽的高电压试验室，当四壁及天花板采用钢板拉网作屏蔽体时，地面最好是用金属板，六面体都要焊接得很好，最后在下端良好接地。有时考虑金属板铺设在地面上会影响混凝土层的施工，则可用两层铜丝网或双层钢板网取代。它们与埋在下面的接地装置应良好焊接，并应有若干接线端引出地面。根据标准规定，若试验区地面下有大面积的金属板或细孔金属网，则可以利用它作为试验的接地回路。所以它作为屏蔽六面体的一个面，在大型高电压实验室的条件下，允许同时作为接地回路之用。不过虽也可看作是接地装置的一部分，但这些地面下的金属板或网一般处在混凝土层之间，所以散流作用并不好。无论是地面附近的屏蔽层或是接地网的扁钢导体，降低它们沿地平面方向的阻抗，有利于降低各点间的电压差。

10.4.2　接地措施的实施

有屏蔽措施的实验室，屏蔽的接地电阻值不必做得太小，但对于未装有屏蔽层或屏蔽效果不佳的高电压实验室，其接地电阻必须做得很小，一般应小于 0.5Ω。CNAS-CL01-A008：2023 文件要求屏蔽室的接地电阻不高于 4Ω。采用一层钢板拉网做成的屏蔽体，其接地装置在条件允许的前提下，接地电阻最好是不高于 1Ω。土壤若是黏土或是其他低电阻率的土壤（电阻率在一年四季都低于 $10^4\Omega\cdot cm$），则接地装置的电阻值较易满足要求。

接地装置由多根垂直接地体（大多用钢管或角钢）与水平的扁钢焊成，它是一个接地网。钢管、角钢、扁钢要有一定的厚度，以免年久腐蚀及在施工中损坏。有关的尺寸可查阅相关电工手册及电机工程手册。垂直接地体的长度宜取为 $2\sim2.5m$，其长度不要取得太长。接地体太长，不仅会造成施工困难，而且从冲击散流的观点来说，接地体的深处，由于电感效应，散流量很小，接地体的利用率很低。垂直接地体之间距离可取其长度的 2 倍左右，相距太近会相互影响，使接地体利用效果降低。接地体上端离地面的距离不应小于 $0.6m$，并应处在冰冻层以下。典型接地极接地电阻的计算方法和接地措施的实施细则等可查阅相关的国家标准及手册。

10.4.3 接地回路的布置

高压试验设备的接地端和试品接地端或外壳应良好接地，接地线应采用多股编织裸铜线或外覆透明绝缘层铜质软绞线或铜带，接地引线与设备接地点连接时，应采用螺栓固定或采用焊接固定，接地线截面积应能满足试验要求，但一般小于 $4mm^2$。接地线应通过螺栓连接在固定的接地桩（带）上，接地线长度应尽可能短，且明显可见。不得将接地线接在水管、暖气片和低压电气回路的中性点上。试验电源测控系统应通过配电装置上的接地点进行接地，配电装置所用的接地线截面积一般小于 $25mm^2$。数字示波器等测量仪表应通过隔离变压器进行供电，其接地应通过测量电缆进行单点接地。进行高电压试验时，试验设备附近的其他仪器设备应短接，并可靠接地。

图 10-5 为高电压试验时接地回路的典型布置示意图。试验区域、接地回路应尽可能紧凑，尤其是冲击电压和冲击电流试验时。整个接地回路布置时，试品电流应通过接地引线直接流入试验电源。测量系统的接地应直接连接接地桩，与接地桩之间的接地引线应尽可能短。特别注意的是，测量系统的接地点不能选在试品与试验电源之间的接地引线上。

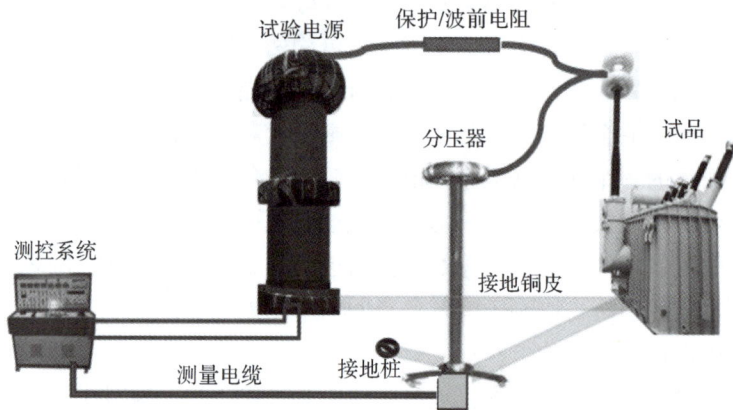

图 10-5 高电压试验时接地回路的典型布置示意图

10.4.4 接地系统的性能试验

加拿大魁北克水电局高电压实验室研究了用地网作为高电压试验回路时的瞬态响应，提出了评价接地系统的"开环电压"和"闭环电流"两个特性指标。

1. 开环电压

单导线的始端接地网，导线距地网高 h（如 $h=40mm$）并与地网平行架设，导线伸长 25m。在导线始端通入冲击大电流至地网，利用地网作为试验回路，在导线末端的地网处电流被引出。在通入冲击大电流时，测量导线末端与该处地网之间的电压峰值即为开环电压。开环电压以 V/kA 为单位。显然，开环电压值除与地网状况相关外，与通入的冲击电流波前的上升时间 T 也相关，T 越短则开环电压越高。上述的开环电压测量与行业标准中所要求进行的干扰试验方法有某些相似。只是后者采用的是同轴电缆，且要求在试验现场的实际条件下进行。电缆始端处于电压转换装置的下端，末端连接示波器。

2. 闭环电流

单导线架设情况与上述情况大致相同，但导线的始、末端都在当地接在地网上。在导线始端处通入地网冲击大电流时，可测得导线上所流过的闭环电流。闭环电流以 A/kA 作为单位。在用测量电缆进行该项试验时，相当于电缆两端均短路接地，在电缆外皮中可测得闭环电流。

按上述方法进行开环电压及闭环电流的试验比较复杂，且地网的工作条件也与一般的工作情况不相符合。可实地测量一下同轴电缆在最高冲击电压下球隙放电时的开环电压，验证它的干扰水平处于标准规定值以下即可。

10.4.5　接地放电

接地放电，是将经过试验后的试品高压端与接地端（或低压端）、试验设备的高压输出端与接地端，采用专用的接地棒进行短路，使试品或试验设备内的电荷释放至大地，最终设备的高压端电位与地电位相等。对高电压试验设备和试品放电应使用接地棒，绝缘长度按安全作业的要求选择，但最小总长度不得小于 1000mm，其中绝缘部分 700mm。

使用接地棒时，手不得超过握柄部分的护环，接地线与人体间的距离应大于接地棒的有效绝缘长度。对高电压试验设备及试品在高电压试验前、试验后的放电，应先将接地棒的接地线可靠地连接在接地桩（带）上，再用接地棒接触高电压试验设备及试品的高压端，进行接地放电。对大电容的直流试验设备和试品以及直流试验电压超过 100kV 的设备和试品接地放电时，应先用带放电电阻的接地棒放电，然后再直接短路接地放电。变更冲击电压发生器波头和波尾电阻或更换直流发生器极性前，应对电容器及充电电路逐级短路接地放电或启动短路接地装置。放电后将接地棒挂在高压端，保持接地状态。再次试验时，应在试验前取下接地棒。

高电压试验后，对高电压试验设备和试品进行接地放电时，从接地棒接触高电压试验设备和试品的高压端至试验人员能接触的时间，一般不短于 3min。大容量试品的放电时间，应在 5min 以上。

10.5　高电压实验室的基本安全规则

高电压试验对人身及设备都有巨大危险，稍一疏忽，即足以酿成无法挽回的惨痛损失，因此每个高电压实验室必须有完善的安保措施和周密的安保规则，一定要防患于未然。但更重要的是，每个高压工作者除了具有必需的安保技术知识外，还必须深刻认识到安保制度在高电压试验中的重要性，对己对人都应严格要求，按规章办事。高电压实验室的安全措施及安保规则，虽在细节上可因实验室具体情况不同而各异，但一些最基本的安保规则大体上还是一致的，概括要点如下：

（1）任何人在进入高电压试区以前，必须确知高压电源已拉闸，高电压试验装置已接地。如高压电源虽已拉闸但高电压试验装置尚未接地，进入者必须先用放电杆使装置充分放电，然后才能接近装置及可能带电的导线。

（2）高电压试验装置、可能带电的导线以及试区周围必须围以高约 2m 的金属网遮栏，全部遮栏必须可靠接地，遮栏有门以供出入，门上必须有连锁装置，当门开启时，高压电源自动切除。遮栏与带高电压的装置及导线间应根据装置电压保持一定安全距离。在临时试验区，周围应围上活动遮栏，或至少用隔断或绝缘绳等围出试验区范围，并且用红色警告牌以及红灯标明安全界限，同时应设专人监视，严防无知者闯入试区。

（3）高电压实验室应有良好的接地系统，凡是实验室内不许带电的金属部分都应可靠接地。高电压试验装置都有一点接地，低压装置及控制桌等也应有一点接地，这些固定接地应用粗金属线与接地系统牢固连接。试验完毕应用接地的放电杆或自动接地装置（见图 10-6）对已切除电源的高压装置、母线、试品等进行充分放电。放电杆用足够长度的轻便绝缘材料做成，接地线应采用多股金属裸线。

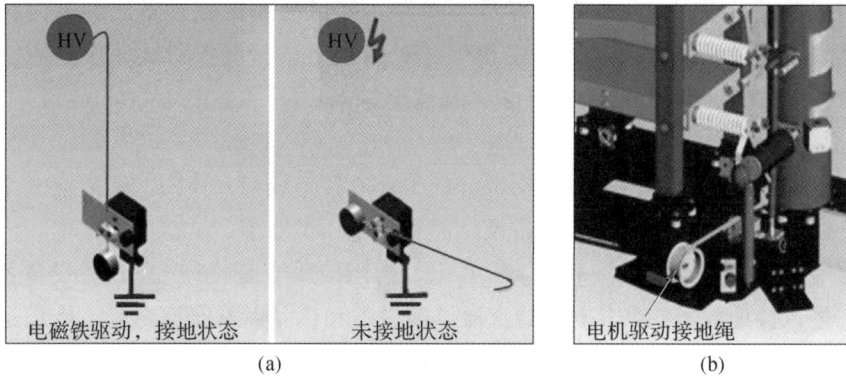

图 10-6　自动接地装置

(a) 接地开关；(b) 接地绳

凡闲置试区内的电容器必须两极短接接地，做完试验的电容器必须充分放电，只有当目睹电容器处在被短路接地的情况下，才能接触电容器改变接线。

高电压实验室的接地系统只起固定电位作用，切忌作为大电流的放电回路。

（4）应有明显标志来表明高压电源开关的断连位置，在每次试验开始前应先检查装置接地是否良好，连线是否正确，装置是否正常，在合闸前应检查接地杆是否撤除，遮栏门是否已关闭，工作人员是否已全部退至遮栏外，并应用警铃、警灯或高呼"高压合闸"，务必使在场人员皆知即将进行高电压试验。在升压过程中操作者不得擅离职守或分神，凡遇异常现象或出现问题必须讨论时，应先切除电源。

（5）高电压实验室中严禁烟火。高电压实验室应有完备的消防设备，在进行油纸等易燃物试验时，应在手边有沙箱及灭火器，以防万一。如实验室内有大容量的储油容器应考虑必要的安全措施。

（6）高电压试验工作者应具有足够的业务知识和安保技术知识，应熟悉所用装置性能。做高电压试验时，为便于互相检查，不得少于两人。凡精神失常或神志不清者不得参加试验。

（7）如发生触电事故，首先切断电源。事故者如已失去知觉，应立即对其施行人工呼吸，并即刻送医抢救。

思考题 ?

10 - 1　高电压实验室接地有哪些作用，接地装置设计的原则是什么？

10 - 2　大容量电容性设备进行直流耐压后如何进行接地放电？

参 考 文 献

［1］张仁豫，陈昌渔，王昌长. 高电压试验技术［M］. 3 版. 北京：清华大学出版社，2003.

［2］Hauschild W，Lemke F. High-voltage test and measuring techniques［M］. Berlin：Springer-Verlag Heidelberg，2014.

［3］IEC. IEC 60060-1：2010. High-voltage test techniques—Part 1：General definitions and test requirements［S］. Geneva：International Electrotechnical Commission，2010.

［4］IEC. IEC 60060-2：2010. High-voltage test techniques—Part 2：Measuring systems［S］. Geneva：International Electrotechnical Commission，2010.

［5］IEC. IEC 60270：2015. High-voltage test techniques—Partial discharge measurements［S］. Geneva：International Electrotechnical Commission，2015.

［6］IEC. IEC 60071-1：2019. Insulation co-ordination—Part 1：Definitions，principles and rules［S］. Geneva：International Electrotechnical Commission，2019.

［7］IEC. IEC 61083-1：2021. Instruments and software used for measurements in high-voltage and high-current tests—Part 1：Requirements for instruments for impulse tests［S］. Geneva：International Electrotechnical Commission，2021.

［8］IEC. IEC 60052：2002. Voltage measurement by means of standard air gaps［S］. Geneva：International Electrotechnical Commission，2002.

［9］国家标准化管理委员会. GB/T 16927. 1-2011. 高电压试验技术 第 1 部分：一般试验要求［S］. 北京：中国标准出版社，2011.

［10］国家标准化管理委员会. GB/T 16927. 2-2013. 高电压试验技术 第 2 部分：测量系统［S］. 北京：中国标准出版社，2013.

［11］国家标准化管理委员会. GB/T 311. 6-2005. 高电压测量标准空气间隙［S］. 北京：中国标准出版社，2005.

［12］Hauschild W，Mosch W. Statistical techniques for high-voltage engineering［M］. London：Peter Peregrinus Ltd. ，1992.

［13］Dixon W J，Mood A M. A method for obtaining and analyzing sensitivity data［J］. Journal of the American Statistical Association，1948，43（241）：109-126.

［14］Carrara G，Dellera L. Accuracy of an extended up-and-down method in statistical testing of insulation［J］. Electra，1972，23：159-175.

［15］王秉钧，王昌长，谈克雄. 数理统计在高电压技术中的应用［M］. 北京：水利电力出版社，1990.

［16］Van Brunt R J. Stochastic properties of partial discharge phenomena［J］. IEEE Transactions on Electrical Insulation，1992，26（5）：902-948.

［17］Vardeman S B. Statistics for engineering problem solving［M］. Boston：IEEE Press-PWS Publishing Company，1994.

［18］IEEE Standards Association. IEEE Std 4-2013. IEEE standard for high-voltage testing techniques［S］. New York：IEEE，2013.

[19] IEEE Power and Energy Society. IEEE Std 400. 4-2015. IEEE guide for field testing of shielded power cable systems rated 5 kV and above with damped alternating current (DAC) voltage [S]. New York：IEEE，2015.

[20] Wada J，Ueta G，Okabe S. Evaluation of breakdown characteristics of N2 gas for non-standard lightning impulse waveforms—Breakdown characteristics under single-frequency oscillation waveforms and bias voltage [J]. IEEE Transactions on Dielectrics and Electrical Insulation，2011，18 (5)：1759 - 1766.

[21] Wada J，Ueta G，Okabe S. Evaluation of breakdown characteristics of CO_2 gas for non-standard lightning impulse waveforms under non-uniform electric field—Breakdown characteristics for single-frequency oscillation waveforms [J]. IEEE Transactions on Dielectrics and Electrical Insulation，2011，18 (2)：640 - 648.

[22] 马径坦. 直流叠加冲击电压下 SF_6 气体间隙及绝缘子沿面放电特性研究 [D]. 西安：西安交通大学，2019.

[23] Knudsen N，Iliceto F. Flashover tests on large air gaps with DC voltage and with switching surges superimposed on DC voltage [J]. IEEE Transactions on Power Apparatus and Systems，1970，PAS-89 (5)：781 - 788.

[24] Okabe S，Ueta G，Utsumi T，et al. Insulation characteristics of GIS insulators under lightning impulse with DC voltage superimposed [J]. IEEE Transactions on Dielectrics and Electrical Insulation，2015，22 (6)：1 - 9.

[25] 乔学光，邵志华，包维佳. 光纤超声传感器及应用研究进展 [J]. 物理学报，2017，66 (7)：191 - 209.

[26] 国家标准化管理委员会. GB/T 7354—2018. 高电压试验技术 局部放电测量 [S]. 北京：中国标准出版社，2018.

[27] Lloyd W L，Starr E C. Investigation of the AC corona using a cathode-ray oscilloscope [J]. ETZ，1928，49：1279.

[28] Arman A N，Starr A T. The measurement of discharges in dielectrics [J]. Journal of the Institution of Electrical Engineers，1936，79：67 - 81.

[29] Gubanski S M，Boss P，Csepes G，et al. Dielectric response methods for diagnostics of power transformers [J]. Electra，2002，202：25 - 33 (Report of CIGRE TF 15. 1. 9).

[30] Beigert M，Henke D，Kranz H G. Isothermal relaxation current measurement，a destruction free tracing of pre-damage at synthetic compounds [C] // 7th ISH. Dresden，Germany，1991：Paper 72. 5.

[31] Lemke E，Schmiegel P. Complex discharge analyzing (CDA) —an alternative procedure for diagnosis tests on HV power apparatus of extremely high capacitance [C] // 8th ISH. Graz，Austria，1995：Paper 56. 17.

[32] Schering H. Bridge for loss measurement (in German) [J]. Tätigkeitsbericht der Physikalisch-Technischen Reichsanstalt，Braunschweig，Germany，1919.

[33] Strehl T，Engelmann A. Mobile test system for insulation diagnostics of electrical equipment (in German) [J]. ETZ，2003，18：1 - 10.

[34] IEEE Standards Association. IEEE P1861/D1-2012. Draft guide for on-site acceptance tests of electric equipment and commissioning of 1000 kV AC and above system [S]. New York：

IEEE，2012.

[35] 国家标准化管理委员会. GB/T 1094.3—2017. 电力变压器 第3部分：绝缘水平、绝缘试验和外绝缘空气间隙 [S]. 北京：中国标准出版社，2017.

[36] Gockenbach E，Hauschild W. The selection of the frequency range for high-voltage on-site testing of extruded insulation cable systems [J]. IEEE Electrical Insulation Magazine，2000，16（6）：11 - 16.

[37] Hauschild W. Critical review of voltages applied for quality acceptance and diagnostic field tests on HV and EHV cable systems [J]. IEEE Electrical Insulation Magazine，2013，29（2）：16 - 25.

[38] 陈维江，颜湘莲，王绍武，等. 气体绝缘开关设备中特快速瞬态过电压研究的新进展 [J]. 中国电机工程学报，2011，31（31）：1 - 11.

[39] 文韬. 冲击电压波形参数对 GIS 典型绝缘缺陷检测有效性的影响 [D]. 西安：西安交通大学，2017.

[40] 刘泽洪，韩先才，黄强，等. 长距离、大容量特高压 GIL 现场交流耐压试验技术 [J]. 高电压技术，2020，46（12）：4172 - 4181.

[41] 中国国家发展和改革委员会. DL/T 474.4—2006. 现场绝缘试验实施导则—交流耐压试验 [S]. 北京：中国电力出版社，2006.

[42] 严璋，朱德恒. 高电压绝缘技术 [M]. 3 版. 北京：中国电力出版社，2015.

[43] 日本电气学会绝缘试验方法手册修订委员会. 绝缘试验方法手册（修订版）[M]. 陈琴生，译. 北京：水利电力出版社，1987.

[44] 吕仁清，蒋全兴. 电磁兼容性结构设计 [M]. 南京：东南大学出版社，1990.

[45] 中国电力企业联合会. DL/T 992—2006. 冲击电压测量实施细则 [S]. 北京：中国电力出版社，2006.

[46] 国家标准化管理委员会. GB 26861—2011. 电力安全工作规程—高压试验室部分 [S]. 北京：中国标准出版社，2011.

[47] 中华人民共和国住房和城乡建设部. GB 50169—2016. 电气装置安装工程接地装置施工及验收规范 [S]. 北京：中国计划出版社，2016.

[48] Carrara G，Zafanella L. UHV laboratories：Switching impulse clearance tests [C] // IEEE Power Summer Meeting. New York：IEEE，1968：Project No. 68 CP 692 - PWR.